# 企業文化塑造的
# 理論與方法（第二版）

編著　陳麗琳

S 崧燁文化

# 內容提要

本書是一本高等院校本科與研究生層次使用的管理類專業課程的教材。

本書圍繞企業文化塑造的有關理論和方法進行闡述。第一章介紹了現代企業中領導與員工的雙向困惑，提出管理精細化的策略和措施以及企業文化的起源與學習企業文化的三大目標；第二章介紹企業文化的概念與特點；第三章介紹企業文化的正功能和負功能；第四章介紹企業文化的三層次、四層次與新四層次理論；第五章介紹行業視角、期待狀態和實際運作中的企業文化類型；第六章至第九章介紹新四層次理論的具體內容；第十章介紹企業文化建設中的問題與塑造方法；第十一章闡述企業文化四層次結構要素設計；第十二章介紹企業家在企業文化塑造中的作用；第十三章介紹中國式企業文化建設和管理的有關方法；第十四章介紹跨文化管理產生的衝突、原因以及進行戰略管理的方法。每章均有與知識點相關的問題案例與思考題。

本書也可以作為從事企業文化管理工作的有關人員或者在工商管理實踐中需要提高領導能力的企業領導人和管理人員使用的工具書。

# 第二版前言

在世界經濟充滿變數的今天，企業的生存環境日益複雜，新技術、新法規、新標準不斷湧現。怎樣才能使組織更好地應對這種變化從而進行有效的管理，越過死亡陷阱到達成功的彼岸，這是呈現在管理者面前的一項重要任務。經過多年的探索，人們已經達成了共識：21世紀是文化管理時代。企業文化就是企業的核心競爭力，是企業管理最重要的內容。

《企業文化塑造的理論與方法》一書作為管理類專業本科生和研究生研習的教材，也被一些企業作為企業文化塑造的重要藍本和參考資料，得到了學界和企業的好評。四川省社科院陳德述研究員評論道：「這部書不但有系統的理論，還有豐富的實踐經驗，是一部理論與實踐相結合的優秀的教科書。」四川大學黎永泰教授評述說：「陳麗琳教授主編的《企業文化塑造的理論與方法》作為本科生與MBA大學通用教材，理論系統，有很強的綜合性和創新性，又有很強的實踐性，對於提高這門課程的知識性、理論性、實踐性、操作性有很大幫助，為學生加深對組織文化的理解，對人力資源開發的推進以及幫助企業培養企業文化都是極好的指南。」不少公司的管理者學習了本書，聽了筆者的課程後都紛紛表示非常實用，特別是用DISC理論去分析團隊人員特質，以及用不同方式進行有效的文化管理已經引起一些公司高層的重視。MBA的學員們認為通過學習本書對企業文化是如何起作用的已經有了較為深刻的認識。

本書所提供的理論範式和操作方法，對於企業文化理論和方法的學習者來說，是一些有用的信息。然而，隨著時代的發展，企業文化的方法更加豐富多樣，在一批企業文化諮詢機構的努力下，在企業文化塑造的工具開發方面有了更多的成績。本書再版適應時代需要，注意了三個方面的調整：一是增加了對企業文化塑造更為有利的工具的介紹和方法更新；二是在附錄裡增添了方便學習研討的案例；三是對一些過時的案例和說法進行了更新，對錯漏進行了修正。

如今，在國家層面上，文化建設已經被提到很高的高度，大部分企業對於組織文化建設也已經有一定的認識。以前國有企業尤其是社會責任重的企業，如航空公司和一些事業類單位的文化建設主要是源於思想政治工作的需要，理論和方法也基

本雷同。但是，現在不少國有企業甚至國資委和很多事業單位已經開始用科學的組織文化建設的理論和方法來指導組織的文化建設了。這說明科學的組織文化管理理論與方法論已經開始在更多的層面上發揮效用。我們期待科學的企業文化理論能被更多的組織所用，能為更多的組織的文化建設貢獻更大力量。

陳麗琳

# 前　言

### 企業文化落實——企業持續發展的動力

　　進入21世紀以來，隨著我國經濟的持續快速增長，企業文化建設的內外環境都發生了很大變化。以前很多管理者說起企業文化，就說「不要弄那些虛無縹緲的東西，把指標搞上去才是正理」。但是，隨著經濟的迅猛發展，各種不確定性因素不斷增加，企業經營中不斷出現的各種危機使人們不得不考慮深層次的問題；大量自主意識強、個性鮮明的知識型員工、「80後」員工在企業中佔有重要位置，管理由粗放到細化的時代已經到來。企業要增添持續發展的動力，必須提高內部管理的要求，必須重視企業文化的管理，必須在有效的內外溝通中提高企業的知名度、美譽度和文明度。

　　現在，老闆們甚至很多的管理者們都會強調企業文化的重要性，紛紛要求塑造、重塑或者改造企業文化；新上任的企業掌門人急切需要知道企業如何以新的姿態、新的角色展示新的精神風貌，獲得新的驕人業績；企業中高層領導的后備力量——MBA的求學者們也被企業期望能為本單位的企業文化建設出謀劃策；求職大軍的主力——大學畢業生們在艱難的求職路上也不斷被要求瞭解企業文化，甚至在轉正時被要求寫出企業的文化要素與發展目標。企業文化對職場中人來說，似乎成了職業發展必不可少的重要工具。

　　因此，學習企業文化理論與塑造方法的有關知識，瞭解自己期望進入的企業或者欲謀求發展的企業的文化管理狀況，掌握企業的文化規律，思考更上一個層次的企業文化內涵，為企業的文化管理出力獻策等成為眾多人的需要。通過對企業的價值觀、發展目標的理解，人們可以尋找自己與求職企業或者所在企業核心價值觀的契合之處，從而確定自己對企業的價值所在：是不是真正適應企業文化的員工？是不是企業需要聘用的人才？

　　在這樣的歷史條件下，筆者編寫本書就有了新的任務和責任，需要在新的視野下，去尋找企業真正需要的東西，去探索職場中人需要瞭解與學習的企業文化內容。

經過調查，筆者認為，隨著企業文化理論研究的深入和企業文化建設實踐的深化，目前對企業來說重要的不是要不要實施企業文化的問題，也不是企業文化能否導入的問題，而是企業文化怎樣落實的問題。因此，本書重點探討了以下問題：

一、在近幾年調研的基礎上，重點探討了企業文化落實的問題

為了研究企業文化管理的執行力問題，筆者對一些企業的企業文化建設情況開展了調查，經過對調查資料的分析，筆者認為：在現代企業環境中，企業文化精神、制度和物質三層次結構理論顯得過於粗疏和難以執行。企業在塑造與建設企業文化的過程中，必須根據實際的運作情況，進一步細化並落實企業文化，提高企業文化的執行力。

因此，筆者進一步深化了四層次的企業文化塑造理論，對文化建設的程序與方法做了較詳盡的介紹。這無論是對需要專家介入設計企業文化方案的企業還是自行設計建設企業文化的企業，都將有實質性的幫助；對需要設計企業文化方案的職場中人，也提供了很好的工具。期待這些方法和步驟的介紹，對企業文化的落實能有更好的幫助，在為企業獲得持續發展的動力方面，提供一些有益的啟示。

二、根據企業文化塑造中的問題，對企業文化四層次結構的要素做了設計

從眾多企業的企業文化建設的實踐狀況看，企業文化的建設和發展是很不平衡的，有的企業起步早，已經有很不錯的文化聲譽，但仍需要在社會發展中不斷深化和發展；有的企業上層熱、中層溫、基層冷，重要的文化理念難以落實，行為和理念「兩張皮」；有的企業的企業文化管理片面追求外在的形象包裝、內部活動的豐富多彩等有形的內容，忽視企業精神的塑造；有的企業對企業文化建設雖有所認識，甚至有比較強烈的願望，但仍然是由自發的文化在支配企業的運作；還有的企業沒有文化管理的意識，企業運作完全憑領導人的頭腦風暴或者借鑑別人的形式，「今天一個口號，明天一條標語」，完全不考慮是否適應企業的需要，沒有真正把企業文化建設同企業管理有機地結合起來。

為此，筆者認真探索了企業文化的結構要素，並對四層次理論的文化建設要素進行了設計說明，尤其對企業文化的網路和企業文化目標落實的關鍵性問題提供了工具性的介紹。希望對已經形成較好文化聲譽的企業在文化更新方面提供新的角度，對文化建設需要落實的企業提供一些新的工具，對需要進行企業文化全面塑造的企業提供基本的可用的資料，也為企業文化的理論研究與實踐提供新思路。

三、根據現代企業面臨的新問題，擴展了一些企業文化研究的內容

多年來，企業文化的研究者和實踐者們已經做了大量的工作，企業文化的研究更加趨向於社會層面和心理層面。筆者融合了相關研究成果，以求更貼切地反應新的研究成果。例如，把 DISC 理論引入企業文化建設和管理中，希望在企業管理的精細化、尋求企業員工對企業有更多認同、形成向上的企業文化力方面更有作用。此外，還根據很多企業在其他省市或者國外設立分公司或分支機構所面臨的問題，進行了跨文化管理的探討。

四、章首案例與章本思考題的設計為學習者們提供更貼切的幫助

本書為學習者設計了章首案例,使大家可以帶著問題進行有關知識的學習和研討;在章末設計了思考題,讓大家可以進一步思考有關的知識點,或者進行相關的研究。本書可以作為管理類本科生與研究生以及 MBA 學員學習企業文化課程的教材,也可以作為企業管理人員和企業文化管理工作者進行企業文化管理的工具書。

企業的文化管理路子還很長,需要做的事情還很多。但是,從提升企業核心競爭力的高度進一步提高認識,加強企業文化建設的落實;理清思路,制定規劃,統籌安排,協調發展,引領先進企業文化在企業中發揮主導作用,從而獲得企業持續穩定發展的動力是企業必須思考的事情。職場中的人們也需要更多的智慧弄清楚企業真正的文化傾向,尋求自己對企業文化的高度認同,以求得自己的目標與企業的目標協同發展,讓自己成為企業願景的一個要素。總之,真正實現員工與企業的雙贏,是企業文化管理的最高境界。

21 世紀是知識經濟的時代,是全球競爭的時代。知識經濟的重要特點是學習與創新。誰擁有文化優勢,誰就擁有競爭優勢、效益優勢和發展優勢。在這個時代,能成功的企業將是採用新企業文化和新文化行銷策略的企業;在這個時代,能成功的人士一定是掌握了文化武器和能引領組織形成良好文化的功臣。前通用電氣首席執行官韋爾奇曾說,最終的競爭優勢在於一個企業的學習能力以及將其迅速轉化為行動的能力。企業是這樣,企業中人何嘗不是這樣!期待著《企業文化塑造的理論與方法》一書的出版能為企業以及企業中人提供更有用的資訊,為企業的持續穩定發展盡一分力量。

陳麗琳

# 目　錄

## 第一章　企業文化引論　1

章首案例：企業文化是大公司才需要的嗎？　1
第一節　新時代的管理需要借助文化力　2
第二節　企業文化的起源與發展　9
第三節　學習探討企業文化的目標　17
思考題　18

## 第二章　企業文化的概念與特點　19

章首案例：別具一格的文化個性　19
第一節　企業文化的概念　20
第二節　企業文化的一般特點　25
第三節　新經濟時代企業文化的突出特徵　30
思考題　33

## 第三章　企業文化管理的功能　34

章首案例：著名的豐田模式怎麼了？　34
第一節　企業文化的正功能　35
第二節　企業文化的負功能　41
思考題　43

## 第四章　企業文化的結構層次　44

章首案例：結石娃娃的悲劇　44
第一節　三層次結構理論　45
第二節　四層次結構理論　49
第三節　新四層次的塑造理論及應用　50
思考題　55

## 第五章　企業文化的類型　57

章首案例：誰應該被淘汰？　57
第一節　行業視角的企業文化類型　58
第二節　期待狀態的企業文化類型　60
第三節　運作中的企業文化類型　63
思考題　72

## 第六章　企業文化的思想內涵　73

章首案例：非主流企業文化案例　73
第一節　企業哲學　74
第二節　企業的經營理念　81
第三節　企業精神　84
思考題　92

## 第七章　企業文化的信息網路　94

章首案例：戴爾的開放式信息網路　94
第一節　企業文化信息的含義與特點　95
第二節　企業文化信息網路的構成　96
第三節　企業文化信息網路的管理制度　100

| 第四節 | 企業文化信息網路中存在的問題與解決辦法 | 103 |
| 思考題 | | 107 |

## 第八章　企業文化的行為規範　　108

| 章首案例：廣泛影響行為與政策的三條準則 | | 108 |
| 第一節 | 企業行為規範概述 | 109 |
| 第二節 | 企業的整體行為 | 111 |
| 第三節 | 企業的組織內部行為 | 112 |
| 第四節 | 企業員工個體行為 | 114 |
| 思考題 | | 115 |

## 第九章　企業文化展示的企業形象　　116

| 章首案例：由企業的LOGO看其企業文化的缺失 | | 116 |
| 第一節 | 企業形象概述 | 117 |
| 第二節 | 企業形象的外部表現 | 120 |
| 第三節 | 企業形象的內部展示 | 125 |
| 第四節 | 企業形象的塑造 | 127 |
| 思考題 | | 130 |

## 第十章　企業文化建設中的問題與塑造方法　　131

| 章首案例：松下，經營之神的文化塑造 | | 131 |
| 第一節 | 企業文化建設中的問題 | 133 |
| 第二節 | 企業文化塑造的基礎程序與方法 | 137 |
| 第三節 | 企業文化建設的評估 | 158 |
| 第四節 | 企業文化更新 | 162 |
| 思考題 | | 166 |

## 第十一章　企業文化四層次結構要素設計　167

章首案例：企業文化方案為什麼流產？　167
第一節　企業文化的思想內涵設計　168
第二節　企業文化的信息網路設計　173
第三節　企業文化的行為規範設計　177
第四節　企業文化的形象設計　181
思考題　183

## 第十二章　企業家在企業文化塑造中的作用　184

章首案例：企業家的作為決定企業的不同命運　184
第一節　企業家是企業文化建設的第一主體　185
第二節　企業家是企業文化發展與變革的核心　189
第三節　企業形象是企業家形象的彰顯　191
第四節　企業家文化與企業文化的聯繫與區別　193
思考題　195

## 第十三章　中國式企業文化的建設和管理　196

章首案例：生生不息的華為文化　196
第一節　吸收西方企業文化的精華　197
第二節　吸收東方企業文化的精華　209
第三節　吸收中國優秀管理文化精髓　220
第四節　塑造有中國特色的優秀企業文化　233
思考題　251

## 第十四章　跨文化管理　252

章首案例：廣州標致解體的原因——文化差異　252

第一節　跨文化管理概述　253
第二節　跨文化管理中出現文化衝突的原因　259
第三節　跨文化管理的戰略與方法　263
思考題　273

# 附錄　274

# 參考文獻　286

# 后記　290

# 第一章　企業文化引論

## ● 章首案例：企業文化是大公司才需要的嗎？

有人講了這樣一個故事：兩個好朋友同時創業，幾年后其中一個人的公司已經小有名氣，而另外一家還是舉步維艱。於是后面這家公司的老板就問他的朋友：「我們是同時創業的，我們的條件和機會差不多，為什麼你發展得那麼快，我到現在還是那麼艱難呢？」

他的朋友並沒有做正面回答，反而問了他三個問題：「你的公司有沒有足以令員工激動並願意與你共進退的發展目標？你有沒有將你的思路與價值觀跟你的員工分享？你有沒有經常刻意去創造一種讓員工充滿激情的工作氛圍？」聽完朋友的問題，這個老板陷入沉思之中：公司發展這麼多年，自己一直忙於業務發展，怎麼會有時間來考慮這些問題？這些東西不是大公司才需要的嗎？[1]

---

[1] 葉芃. 文化：不應漏掉的一環 [J]. 企業文化, 2007（1）.

# 企業文化塑造的理論與方法

## ● 第一節　新時代的管理需要借助文化力

### 一、現代企業中領導與員工的雙向困惑與思考

1. 企業領導人與員工的困惑

當今世界，企業之間的競爭已經白熱化，企業領導人都期待著企業這艘戰艦能乘風破浪、勇往直前，然而，不少的企業領導人卻被兩大問題困擾著，這就是企業的動力與效率的問題：為什麼我們的企業文化沒有達到自己想要的效果？我提出的企業目標為什麼無法實現？為什麼我期望的文化氛圍不能形成？為什麼企業沒有活力？為什麼員工沒精打採？怎樣才能讓員工把工作做到位？企業領導人何時才能從繁重的事務中掙脫出來？不搞績效，員工做一天和尚撞一天鐘，一搞績效，大家又你爭我奪，失去了和諧；工資增加了，福利增長了，為什麼看不到效率？做企業危機多，風險大，遇到風浪的時候，有多少人還在我身邊？怎樣才能凝聚人心？怎樣才能增添企業的力量？這一連串的「為什麼」是企業領導人的困惑，也是制約企業發展的關鍵問題。

在企業領導人對企業中的很多現象困惑不解的時候，員工們也很鬱悶：我在企業圖什麼，就為了一個飯碗？我憑什麼為企業賣命？我的未來在哪裡？我的出路在何方？我的苦悶誰瞭解？我的需要誰知道？這些困擾員工的問題悶在員工的心裡，如果長期得不到解決，久而久之，企業自然失去了活力，企業的發展之路也將變得困難重重。

2010年的職場中有兩個熱詞——「橡皮人」和「裸辭」，就展現了現代企業中讓員工很無奈的兩個現象；而「富士康」的「14連跳」更是讓人觸目驚心！我們的企業怎麼了？我們的員工怎麼了？

2. 關於困惑的思考

(1) 關注自我的思維方式導致以自我為中心的行為方式

關注自我，是目前多數人的思維習慣。當一個人進入青春期以後，就開始了關注自我的歷程。每一個人都是一個宇宙。人們不斷地成長，不斷地獲得知識與經驗，不斷地獲得成功的體念，於是不斷地強調以自我為中心的意識。然而，我們有關注自我的需要，卻在一個需要關注他人和現實情景才能成功的社會裡生存並且尋求發展。當我們在一個複雜的社會中，在一個充滿挑戰的企業環境裡，由於現實與頭腦中信息的不對稱和不完全，我們常常不容易得到自己想要的成功。如果我們只是耗費著自我宇宙裡的信息和資源，漠視他人和現實中的各種客觀因素，生活在自己的世界裡，一旦現實與期望的差距超過一定界限，我們輕則懊惱、鬱悶、心情不爽；重則頹喪、埋怨所有的人對不起自己，與所處環境格格不入，最后甚至發展到厭世。

## 第一章　企業文化引論

作為企業的領導人和管理者，作為企業的員工，各自在不同的場景中都有不同的困惑和苦惱，有不同的期望和要求。然而，大家都在探索：我們能為企業做些什麼才能獲得想要的成功呢？

顯然，我們不僅要關注自我言行的舒適度，還要關注他人的思維方式和行為方式；不僅要關注自己已有的知識和經驗，還要關注現實情境下的特殊境況；不僅要關注現在的生存狀況，還應該關注未來的發展。這樣才能夠將自我與他人、與企業、與社會融為一體，才能將現在與未來形成有機聯合，才能形成適宜於社會與企業的行為模式，才能用天賦的創造力去構築自己美好的宇宙世界，才能一步一步走向自己期望的未來，才能使生命顯示出非凡的意義。

（2）突破物質領域的限制，進入文化管理的領域

要解決以上難題，企業的領導必須突破對物質領域的管理習慣，對不能直接創造利潤的精神領域的管理產生濃厚的興趣，學會文化管理。這是有相當難度的事情。但是，就因為有難度，才能激起真正的管理者的挑戰慾望，才能促使管理者去攀登。只有不斷地攀登，才能形成高度；有高度，才有視野；視野開闊了，就可能有更好的觀念。觀念決定思路，思路決定出路，出路決定命運，已經成為人們的共識。

從一般的意義上講，企業文化是指以企業價值觀為核心的企業意識形態，是企業長期的穩定的一貫的思維方式與行為方式。用文化作為根本手段進行管理就是精神領域的管理，就是企業文化的管理。

## 二、現代企業的生產要素

古典經濟學認為，任何生產都必須具備勞動、資本和土地三要素，現代人把它歸結為人、財、物。但是，是否擁有這些企業就能生存與發展呢？回答是否定的。那麼，是否擁有高學歷、高職稱、高能力的人才就一定能成功呢？回答是不一定！在本章的卷首案例中，兩家創業時情況相近的企業最後卻出現了不同的結局，為什麼？

要解決企業領導人的困惑和員工的鬱悶，企業領導人應該關注自己的思維方式，要思考：我的出發點在哪裡？我的心在哪裡？我有怎樣的思維習慣和行為習慣？員工的行為方式背後又有怎樣的思維方式呢？他們的心又在哪裡？

顯然，現代企業的生產要素早已不是簡單的人、財、物了。那麼，還有哪些是決定企業發展的生產要素呢？

如何用活現有的資金，如何讓現有的人才發揮出最大的積極性，使企業獲得最好的效益，這就是問題的關鍵，而這個關鍵就是管理。所以，管理作為現代企業最重要的因素應該是沒有疑義的。然而，管理中還有哪些是影響企業發展的關鍵因素呢？從1988年開始，哈佛商學院把「當代影響企業發展業績的重要因素」作為重要課題，通過對世界各國企業的長期分析研究，得出的結論是：「一個企業本身特

## 企業文化塑造的理論與方法

定的管理文化，即企業文化，是當代社會影響企業本身業績的深層重要原因。」

從一般的意義上說，決定兩家企業競爭結果的主要因素是人的意識、觀念、素質。這些決定了企業的最高目標、價值取向、經營理念、管理原則、戰略戰術等重要的管理要素。這樣的管理與管理中員工通過企業環境、經營行為、工作態度（情感）、方法技巧等所作的回應（在現代管理中，這種管理以及回應氛圍足以影響企業的成敗），二者形成了普遍的、穩定的、一貫的行為方式。這就構成了企業文化。

因此，在現代企業中，如果說企業文化是企業的一種生產要素，也是非常合適的。

### 三、企業文化的管理是精神層面的管理

根據四川大學教授黎永泰先生的研究，企業運作有四個層面。第一個層面：在物質層面上運作。其要素是成本、現金、實物，與自然的物理化學運動非常接近，記錄著增加、減少和改變。企業人員只知做事，沒有目標和期盼。這樣的企業沒有靈魂，處於必然王國階段，受盲目性支配，如流水一般。因此，沒有國家保護的民營企業平均壽命為3.2年，常常如曇花一現。第二個層面：在商業層面上運作。企業與員工是機會主義者，有商標，有一定的商譽，有行銷手段，重視「勾兌」。企業與政府、銀行、稅務等一些部門的官員情感「勾兌」、關係聯絡，相互提供方便，使一些經營者和官員走上貪污腐敗之路。同時，經營者也轉移了對經營管理本身下功夫的方向，民營企業自身造血功能日益弱化。這類企業的運作策略是酒色賭毒，善於使用雕蟲小技，看似精明而無遠大抱負。第三個層面：在社會層面上運作。這樣的企業仍然在必然王國中，但企業已開始思考所擔負的社會責任、企業的基礎是什麼、憑什麼在社會生存。企業會深思熟慮與各方面的關係，想要造福一方，追求社會地位。第四個層面：在精神層面上運作。要運作好物質，首先要運作好精神。想在物質層面上真正優秀，就必須先在精神層面上優秀。

20世紀最偉大的 CEO 傑克·韋爾奇說，我們不是為了活著，而是為了生活；不是為了工作，而是為了事業；不是為了成功，而是為了偉大。這在思想上達到了一個非常高的高度，一般人難以企及。但在企業文化的角度，讓企業文化成為管理思想、管理制度和管理方法，是可以由必然王國到自由王國的。把企業提高到精神層面上運作，用精神力量支配物質力量的管理戰略就是企業文化的管理。

### 四、借助文化力，為企業的發展增添羽翼

有學者說，給定了文化的、意識形態的、觀念的和知識的因素後，人們的行為就會受到他們「心靈結構（Mental Structure）」的影響。這種「心靈結構」反應在企業中就是企業文化在企業內形成的一定思維框架和評價參照體系。它成為一種集體無意識機制，促進和制約著管理活動的開展，而且保證企業發展的連貫性。這種

## 第一章　企業文化引論

心靈結構形成了一種獨特的群體意識，一種獨特的文化力量。企業要借助這樣的心靈結構形成向上的促進組織發展的文化力，就應該建立以人為本的企業文化。

1. 建設以人為本的企業文化

以人為本的企業文化強調以人為中心的管理，指在管理過程中以人為出發點和中心，圍繞著激發和調動人的主動性、積極性、創造性展開的，以實現人與企業共同發展的一系列管理活動。

以人為本的企業文化的基本理念是尊重人、理解人、關心人、依靠人、發展人和服務人。其基本原則是重視人的需要；培養員工、鼓勵員工去實現自身的發展需要；組織設計以人為中心，讓員工與企業協同發展。其特點是通過組織為員工創造一個人性化的工作環境來充分發揮員工的主動性、積極性和創造性，最大限度地挖掘員工的潛能，從而更好地實現個人目標和組織目標的契合。

以人為本的企業文化是構建知識型員工自我激勵機制的基礎，是有力的環境保障。以人為本的企業文化建設對於知識型員工和「80後」自主意識特別強的員工具有重要作用。

2. DISC 理論是現代企業文化管理的重要工具

中國現代著名思想家梁漱溟說，人類不是渺小，是悲慘。因為無法深深地進入自己，對自己提出方法，所以悲慘。美國著名管理顧問史蒂芬‧布朗在《經理人常犯的十三項錯誤》中把一視同仁的管理方式列為致命錯誤的第五項。現代企業管理中，要從粗放式管理到精細化管理，必須認真深入地瞭解自己，也要很好地瞭解他人。

（1）DISC 是一種「人類行為語言」

DISC 的理論基礎為美國心理學家威廉‧莫爾頓‧馬斯頓博士在 20 世紀 20 年代的研究成果，20 世紀 90 年代以后開始用於管理領域。馬斯頓博士是研究人類行為的著名學者，他的研究方向有別於弗洛伊德和榮格所專注的人類異常行為，DISC 研究的是可辨認的正常的人類行為。這是一種個人行為模式系統，是處理團隊中的衝突、親子教育，因需要而表現為行動的系統。

企業決策者的性格決定了高層管理者的個性。如果決策者是一個行事果斷、注重效率的人，他就會認為這些個性在領導工作中很重要。他可能就會把個性謹慎、注重人際關係的員工視為懶惰、效率低的人。如果決策者的性格穩重，凡事注重分析，三思而后行，就會認為這些個性很重要，就會將步調很快、經常有新的想法的員工視為不可靠的人。漸漸地，公司高層主管就會具有這樣或者那樣的相同的行為模式。其實，在一個團體中，在不同的情況下，需要不同的行為模式。採用一視同仁的管理方式的經理人常常在管理中有挫敗感，而且還想不通為什麼。相反，成功的經理人看重下屬的個性差異，清楚他們的優缺點，採取因人而異的管理策略。

（2）DISC 的步調與優先順序

①步調。每個人都有內在馬達在運轉，有的人高速運轉，有的人徐緩前進。這

## 企業文化塑造的理論與方法

些特點並沒有好壞之分，只是不同而已。

步調快的人常常顯得外向、主動、好勝、有主見、果斷、興趣廣泛。他們傾向於快速做決定，喜歡冒險，充滿自信；他們以行動為標記，閒不下來，果斷敢言，給人以強有力的第一印象；他們精力充沛，做任何事情都很迅速，同時容易對慢性子的人失去耐性。

步調慢的人常常表現出內向、審慎、被動的特徵。他們或者性格含蓄、穩重（典型代表：中老年男性），或者文靜、害羞（典型代表：年輕女性）。他們看重秩序和安全，不願意冒險，因而有些優柔寡斷；他們警覺，不喜歡意料之外的變化和驚喜；他們協作能力強，關注細節，善於聆聽、發問；他們常常保留自己的意見，點到為止，聽多說少。他們的座右銘：值得做，就認真做。他們的口頭禪：別著急，慢慢來。

②優先順序。這是人們內在的羅盤，是行動背後的動機，指引人們行為的方向。

任務導向的人表現出理性、獨立、冷靜、掌控的特徵。他們理性、偏重事實、防範性強、精打細算，願意訂計劃，並照計劃行事；他們拘謹，喜歡單獨行事，因為這樣能按自己的意思行事；他們不會單憑感覺做決定，而是依據事實與有關數據做決策；他們的話題多傾向於工作與任務，較少論及個人私事，不喜歡閒聊；他們體貼和關注他人較少，除非因需要而改變。在人際關係上，他們有強烈的私人領域意識，不喜歡彼此近距離接觸，警惕性過強，所以，初認識時，往往給人以冷淡、不熱情的印象。

人際導向的人表現為感性、注重關係、輕鬆、親切、輔助的特徵。他們傾向於彈性運用時間，顯得隨和、熱情又反應靈敏；他們樂於與人交談，關懷他人，幫助他人；他們有風度，傾向於不拘小節；他們對別人的感覺以及別人對自己的看法，都相當敏感；他們常常以主觀和感情豐富的詞句分享自己的感受，喜怒形於色，因而容易被瞭解。

團隊中很多衝突出現在步調與優先順序上。瞭解不同人的步調和優先順序，並且理解人與人的不同特質，有利於建立和諧向上的企業文化氛圍。

（3）DISC 各型的人格特質

馬斯頓博士按照步調和優先順序把人分為典型的四個性格類型和非典型性的若干個類型。每個類型都有自己獨特的優勢，也有自己明顯的不足。每種類型都有自己在人際與任務方面的心理需要與獨特的充電方法，也有自己改變與調整的方式。

①D（Dominance）型——任務導向型。他們有強烈的自信心，顯示出勇敢、獨立、實幹、思考、果斷的特質。他們的優點是重視任務的完成，因而腳踏實地，善於制訂計劃；他們有領導慾望，積極爭權，樂於發號施令；他們自信好勝，喜歡挑戰，不易灰心，喜愛運動；他們直率、坦白，說話單刀直入，直奔主題。他們的相對缺點是容易自滿，欠缺耐性，攻擊性強，固執任性，魯莽，變通性差。他們常常直言不諱，不顧及別人的感受；他們快速而倉促地做決定，又常常改變規則與程序，

## 第一章　企業文化引論

卻疏於與人磋商。

D型員工的需要得到滿足，將對任務完成的效率產生積極的影響，對拼搏、向上、重視效率的文化傾向起到積極的作用。同時，D型人要求聽命行事，下屬的意見與自己相左或者反覆解釋時，都會被當作對他的不尊敬。在D型人引導的公司裡，容易形成獨斷專行、「一言堂」的文化氛圍，員工的積極性不易得到發揮。尤其是在團隊建設初期，大部分成員主要關注的是作為個體是否適合這個團體並被接受，個人需要是否可以得到滿足。

②I（Influence）型——人際導向型。I型人的優點是熱誠、樂觀、善於溝通、想像力豐富，以及關注人際關係。他們熱情樂觀，不易被困難壓倒；他們能言善辯，能表達有意義與有趣的事物；他們渴望被接納與讚美。I型人的相對缺點是情緒化、不切實際、做事雜亂無章、隨性、不守規矩。

I型人常常是正式團體和非正式團體的意見領袖，對團隊文化的形成和導向起到關鍵的作用。

③S（Steadiness）型——穩定型。S型人的特徵是穩定、忠誠、配合、樂於助人。他們有團隊精神，易被領導；他們穩定，喜愛老朋友，偏愛熟悉的環境；他們優柔寡斷，沒有主見，需要被引導；他們樂於助人，充滿憐憫的心，容易被人控制。

S型的人在團隊中是輔助者和支持者，保護這類人的積極性對形成和諧有序的文化氛圍以及文化變革有重要作用。

④C（Corrector）型——謹慎型。C型人的特點是善於分析、警覺敏感、高標準、責任心強。他們謹守高標準，雖然不是所有的人都需要高標準；他們做事情注重方式方法，一旦形成模式，更改困難；他們善於分析，注重細節，又容易挑剔；他們警覺，多疑，不合群；他們願意負責任，又容易憂慮太多；他們具有個人的高標準，又容易形成完美主義；他們敏感，具有直覺力，但是又容易被批評傷害。

C型人看重標準，謹守標準，利用他們的優勢和長處對完成任務實現目標有利。同時，他們的積極性被保護有利於團隊形成求實舒暢的文化氛圍。

(4) DISC各型人的不同需要

DISC各型人的充電方式不同，顯示出人們的不同需要。對D型人來說，體能運動尤其是競技性運動可能是休閒的最佳途徑；人們的尊崇和完成任務以後的快感、成就感可能是他們內在的真正需要。對I型人來說，與人交流、讚美與肯定是他們的內在需要，因此，讓他將喜怒哀樂講出來，在溝通中得到滿足，是保護他們積極性的最好方法。對S型人來說，一段時間的繁忙過後，給他們以休閒的時間，讓他們一個人發呆或者看電視、打游戲都可以讓他們消除疲勞；給目標、很好地引導是保護他們積極性的良好方法。對C型人來說，靜靜獨處就是消除疲勞的好方法。讓他們自己安排時間；看書、一個人去散步、一個人整理庭院等，他們會感到很愜意。給他們標準、讓他們幫助制定標準，也是保護他們積極性的有效措施。

## 企業文化塑造的理論與方法

(5) 改變與調整

無論你是領導者還是被領導者，在一個有目標的組織中，你都需要在保有自己優勢的前提下進行一定的調整，這樣才有利於實現組織目標與個人目標的最佳契合。

D 型人對自己的調整方法就是將心比心。在掌控方面，不必隨時隨地都想到要掌控，因為有些事情讓別人去做也許會更好；在溝通方面，回答不必太倉促，應當詳細解釋清楚，尤其吩咐下屬做事時，允許別人發問；在優先順序方面，應該重視人際關係，不僅應重視團隊的業績，也要重視過程對以后業績的影響；當誤會別人或者犯錯時，應坦白承認，並通過請求原諒來表達自己的謙卑。對 I 型人來說，不要隨時都在產生影響，要注意靜心聆聽，讓別人發表意見也是很重要的，真正的影響力的產生是相互的影響。對 S 型的人來說，穩定不代表封閉，傾心吐意、讓別人明白自己的想法是達成自己願望的良好途徑。對 C 型人來說，要明白過度謹慎可能失去很多，滿心讚嘆一切美好的事物，可以給自己減壓，可以贏得更多的成功。

無論是典型的某一種類型的人，還是不夠典型的交叉類型的人，我們都需要用心來調整自己的行為方式。《聖經·箴言》裡面給了我們很好的理由：「你要保守你的心，勝過保守一切，因為一生的果效，皆由心發出。」

認識自己也認識他人是現代企業文化管理的基礎。因為，每一個人都很特別。按照個性管理員工是滿足他們需要的良好方法。只有進行深入細緻、具體準確的科學分析[①]，才能有效地把握組織成員的行為規律，才能通過適當的方式強化組織成員的積極正確的行為，校正消極錯誤的行為；同時，還要建立一種個體行為自我約束機制，使每個組織成員能自覺地對其行為進行自我管理，最終實現對組織成員行為的有效管理。瞭解自己和他人的行為模式，瞭解不同人的不同需要，有利於調動員工的積極性，營造諧和的高效率的團隊文化。

優秀的經理人可以判斷出下屬的需要與動機，並且因人而異調節自我領導方式，使員工的潛力得到全面的發揮。有人需要不斷地被注意和鼓勵；有人渴望充滿挑戰的氛圍；有人喜歡明確的行動任務；有人喜歡自由發揮的空間。適當調整自己的行為模式，以便於建立互惠的關係，這是 DISC 理論的精髓，也是以人為本管理理念落實的體現。

3. 新時代的管理需要借助文化力

新時代的管理需要借助文化力。文化落實的需求催生企業思維方式和行為方式的更新。領導人改變組織意識的重要方法就是改變組織的文化，突破口在行為模式的改變。

日本著名企業家稻盛和夫說，企業家的人格修煉決定企業的命運。人格是天生的性格加上后天的哲學。如果每個企業家都憑自己的天性來經營和管理企業，那麼，就會出現千奇百怪難以控制的情景。因此，企業家必須對天生的性格進行提升、補

---

① DISC 行為模式調查問卷見本書末附錄 1。

# 第一章　企業文化引論

充和完善，讓情操、道德得以昇華，也就是進行人格修煉。對自己的天性（思維方式和行為方式）做一些瞭解和探討，並爭取對自己的行為模式進行調整，對各級管理者管理的有效性進行提升等都是具有重要意義的事情。

## ● 第二節　企業文化的起源與發展

### 一、企業管理的實踐推動企業文化管理的興起

企業文化作為社會文化的一種亞文化，與世界文明史、文化發展史應該是同根同源的，幾乎在企業出現的同時就有了企業文化的存在。但是，一直到20世紀前半期，企業文化在整個企業發展中的作用並不顯著，大量的企業管理者們還沒有意識到企業文化對企業的重要作用。到了20世紀后半期，企業文化的力量才逐漸被人們所認識，並湧現了一大批依靠優秀的企業文化而取勝的企業。

1. 日本經濟崛起之謎

日本是一個由長而狹窄的小島構成的一個資源貧乏、多災多難的國家，火山、地震、臺風等自然災難經常光顧。第二次世界大戰更是給日本的經濟以毀滅性打擊。然而，就在第二次世界大戰后，日本又經受了石油輸出國組織的石油衝擊、外國的貿易限制、國內經濟衰退的考驗，在廢墟上重建了經濟。20世紀60年代日本經濟就開始崛起，到了70年代，日本經濟已經稱雄於世，到1980年就已躍居世界第三位，國民生產總值增長率比美國快一倍。人們不明白，這樣一個神話的背後到底有怎樣的秘密。通過美國學者的研究，他們發現，「日本現象」的根源在於日本企業有一種獨特的管理手段，那就是企業文化的管理。日本企業在發展到一定階段時，企業領導人常常用他們在企業創業階段形成的價值觀和經營理念影響、教育新員工，並逐漸將全體員工的價值認同和行為方式進行整合，最后成為企業內統一的價值體系和行為準則，從而形成了獨具特色的文化管理模式，以文化的力量推動企業的長期發展。

2. 長壽企業的秘訣

企業生生死死似乎是一個常態，人們見慣不驚。但是人們發現了一個有趣的現象：有些企業能夠長盛不衰，始終保持旺盛的生命力，成為百年老字號；有些企業卻如同曇花一現，只有三五年的壽命。即便是一些家大業大、聲名顯赫的大企業也難逃此厄運。據美國《財富》雜誌統計：1970年名列世界500強排行榜的大公司，到了20世紀80年代已有160余家銷聲匿跡，淘汰率高達1/3。為查找這些企業衰敗的原因，西方一些企業管理大師們通過認真研究，發現這些企業都有一個共同的特點：缺乏內動力，沒有先進的企業文化領航。

但是，那些基業長青的企業卻都是重視企業文化建設的學習型組織。世界著名

## 企業文化塑造的理論與方法

的管理諮詢公司——美國的蘭德公司、麥肯錫公司、國際管理諮詢公司的專家通過對全球增長最快的 300 家公司跟蹤后聯合撰寫了《關於企業增長的報告》，其最后一段這樣寫道：「正如《財富》雜誌評論員文章指出，世界 500 強勝出其他公司的根本原因，就在於這些公司善於給他們的企業文化注入活力。」

### 二、企業文化管理理論的誕生與發展

企業文化的經驗累積最早是在日本，但是，把它總結為理論並進行推廣是在美國。美國企業文化的理論研究經歷了三個階段。

1. 尋求文化管理差異的基礎建設階段

20 世紀 70 年代末美國管理界興起了尋求美日兩國在管理方面的文化差異的熱潮，並以四部企業文化著作為標誌開始了企業文化管理的基礎建設時期。

1981 年，美國加利福尼亞大學美籍日裔教授威廉·大內出版了他的專著《Z 理論——美國企業界怎樣迎接日本的挑戰》。該書分析了企業管理與文化的關係，認為企業的控制機制是完全被文化所包容的，並重點闡述了「Z 理論」，提出了在企業中必須建立一種「Z 型文化」的重要觀點。這位具有日美兩國文化背景的學者分析了美國的 A 型組織和日本的 J 型組織之後，呼籲企業界建立一種「Z 型組織」，為此，他認為必須建立一種「Z 型文化」。在《Z 理論——美國企業界怎樣迎接日本的挑戰》一書中，大內教授以卓越的遠見，從案例分析和實踐的角度首次提出了「企業文化」的概念，並詳細闡述了他所認識的「Z 型文化」。從此，管理理論發展到了一個新的階段。

《日本企業管理藝術》是由美國哈佛大學工商管理研究所和斯坦福大學研究院的理查德·帕斯可爾、安東尼·阿索斯合著的管理專著。在該書中，兩位教授提出了至今仍被管理界廣泛引用的企業管理「7S」要素（即「7S」模型），這「7S」要素是指：戰略、結構、制度、人員、作風、技能、最高目標。這七個方面是導致企業經營成功不可或缺的要素，企業只有對這七方面都加以足夠的重視，才有可能取得成功。帕斯可爾和阿索斯教授認為，美國在企業管理中過分重視前三個硬件「S」，即戰略、結構、制度，而這已漸漸不適應現代企業管理中日益複雜的行為，日本企業則在戰略、結構、制度的基礎上，很好地兼顧其他四個軟性因素，也就是說，日本企業還重視企業文化，使企業內部保持了一種良好的文化氛圍，充滿了生機，這就是日本企業 20 世紀七八十年代迅速崛起，超越美國企業的重要原因。帕斯可爾和阿索斯首次分析了企業文化對日本企業的重大影響，闡述了企業文化對企業管理的重大意義。

真正首先把企業文化作為一種系統的理論加以研究，並進行系統、全面論述的，則首推美國學者特雷斯·迪爾和阿倫·肯尼迪合著的《企業文化》一書。他們提出，傑出而成功的公司大都有強有力的企業文化，即有明確的企業經營哲學，有共

## 第一章　企業文化引論

同的價值觀念,有全體員工共同遵守、約定俗成的行為規範,有宣傳、強化這些價值觀念的儀式和風俗。他們指出,正是企業文化這一非技術、非經濟的因素,導致了這些企業的成功。企業文化影響著企業中的每一件事,包括決策、人事任免,甚至員工們的行為舉止、衣著愛好和生活習慣等。企業文化的強弱,可以使兩個條件差不多的企業產生完全不同的經營后果。兩位專家認為,企業文化的整個理論體系,由企業環境、價值觀念、英雄人物、文化儀式、文化網路這五個特定的要素組成,其中,價值觀念是核心要素。對美國企業而言,企業文化又可以被分為強人文化,拼命干、盡情玩文化,風險文化,過程文化四種類型。該書還提出了企業文化的分析方法:應當運用管理諮詢的方法,先從表面開始,逐步深入,觀察公司的無意識行為。《企業文化》於1982年一出版就成為當年最暢銷的管理學著作,成為論述企業文化的經典之作。它的問世,標誌著企業文化理論的誕生,確立了企業文化的理論體系,是企業文化理論發展史上的一個十分重要的里程碑。

同年,美國著名管理專家托馬斯·彼得斯與小羅伯特·沃特曼合著《尋求優勢——美國最成功公司的經驗》,該書分析了企業文化是日、美眾多優秀企業獲得成功的關鍵因素,將對新企業的成功起根本性的作用。他們指出,我們越探索,對那些優秀公司就越有認識,這些優秀的公司和任何日本公司一樣具有牢固的文化傳統。無論是哪些行業,優秀企業總是殊途同歸,保證所有的雇員都成為企業文化傳統的一員。

1984年,奎恩和肯伯雷將奎恩提出的用於分析組織內部衝突與競爭緊張性的競爭價值理論模型擴展到對組織文化的測查,以探查組織文化的深層結構與組織的價值、領導、決策、組織發展策略有關的基本假設。該理論模型有兩個主要維度:一是反應競爭需要的維度,即變化與穩定性;二是產生衝突的維度,即組織內部管理與外部環境。在這兩個維度的交互作用下,出現了四種類型的組織文化:群體性文化、發展型文化、理性化文化和官僚式文化。競爭價值理論模型,為后來組織文化的測量、評估和診斷提供了重要的理論基礎。

至此,理論界對企業文化的分析研究達到了相當的高度和深度,並被世界上眾多企業應用於企業管理實踐中,對企業的發展起到了極其有力的促進作用。

總的說來,20世紀80年代,企業文化的研究以探討基本理論為主,如企業文化的概念、要素、類型以及企業文化與企業管理各方面的關係等。

2. 應用與量化研究的發展階段

20世紀90年代,隨著企業文化的普及,企業組織越來越意識到規範的組織文化對企業組織發展的重要意義,並在此基礎上,以企業文化為基礎來塑造企業形象。因此,組織文化研究在20世紀80年代理論探討的基礎上,由理論研究向應用研究和量化研究方面迅猛發展,出現了四個走向:一是企業文化基本理論的深入研究;二是企業文化與企業效益和企業發展的應用研究;三是關於企業文化測量的研究;四是關於企業文化的診斷和評估的研究。

# 企業文化塑造的理論與方法

（1）適應企業實踐需要的企業文化基本理論研究

20世紀90年代，西方企業面臨著更為激烈的競爭和挑戰，因此，企業文化的理論研究從對企業文化的概念和結構的探討發展到企業對文化在管理過程中發生作用的內在機制的研究，如企業文化與人力資源管理（亞瑟・楊（Authur K. O. yeung），1991）、企業文化與企業環境（邁爾斯・哈塞爾（Myles A. Hassell），1998）、企業文化與企業創新（奧登・比爾吉塔（Oden Birgitta），1997）等。其中具代表性的有以下四部專著：

1990年，本杰明・斯耐得（Beenjamin Scheider）出版的專著《組織氣氛與文化》，其中提出了一個關於社會文化、組織文化、組織氣氛與管理過程、員工的工作態度、工作行為和組織效益的關係的模型。在這個模型中，組織文化通過影響人力資源的管理實踐、影響組織氣氛，進而影響員工的工作態度、工作行為以及對組織的奉獻精神，最終影響組織的生產效益。其中，人力資源管理對組織效益也有著直接的影響。

1990年，霍夫斯帝德及其同事將他提出的民族工作文化的四個特徵（權力範圍、個人主義—集體主義、男性化—女性化和不確定性迴避）擴展到對組織文化的研究，通過定性和定量結合的方法增加了幾個附加維度，構成了一個企業文化研究量表。

1997年，愛德加・沙因的《組織文化與領導》第二版出版。在這一版中，沙因增加了在組織發展各個階段如何培育、塑造組織文化，組織主要領導如何應用文化規則領導組織達成組織目標、完成組織使命等，他還研究了組織中的亞文化。1999年，愛德加・沙因與沃瑞・本尼斯出版了他們的專著《企業文化生存指南》，其中用大量的案例說明在企業發展的不同階段企業文化的發展變化過程。

1999年，特雷斯・迪爾和阿倫・肯尼迪再次合作，出版了《新企業文化》，在這本書中，他們認為穩定的企業文化很重要，他們探尋企業領導在使企業保持競爭力和滿足工人作為人的需求之間維持平衡的途徑。他們認為，企業經理和企業領導所面臨的挑戰是建立和諧的企業運行機制，汲取著名創新型公司的經驗，激勵員工，提高企業經營業績，迎接21世紀的挑戰。

（2）與企業經營業績相聯繫的研究

1991年，密西根大學工商管理學院的金・卡梅隆（Kim S. Cameron）和沙拉・弗里曼（Sarah J. Freeman）發表了《文化的和諧、力量和類型：關係與效益》的研究論文，他們用現場調查的方法以334家研究機構為樣本，研究了文化整合、文化力量和文化類型與組織效益之間的關係。

1992年，美國哈佛大學商學院的約翰・科特（John Kotter）教授和詹姆斯・赫斯克特（James Heskitt）教授出版了他們的專著《企業文化與經營業績》，在該書中，科特總結了他們在1987—1991年期間對美國22個行業72家公司的企業文化和經營狀況的深入研究，列舉了強力型、策略合理型和靈活適應型三種類型的企業文

## 第一章　企業文化引論

化對公司長期經營業績的影響，並用一些著名公司成功與失敗的案例，表明企業文化對企業長期經營業績有著重要的影響，並且預言，在近十年內，企業文化很可能成為決定企業興衰的關鍵因素。

關於企業文化與企業經營業績的研究還有：1995年韋迪（R. K. Divedi）的《組織文化與經營業績》和1997年丹尼爾·丹尼森（Daniel R. Denison）的《企業文化與組織效益》。

（3）對企業文化進行測量

1991年，英國的JAI出版公司的《組織變革與發展》第5卷刊出了五篇關於組織文化的論文，其中，有關企業文化測量的論文有三篇：①密西根大學工商管理學院的丹尼爾·丹尼森（Daniel R. Denison）和格雷琴·斯普利澤（Gretchen M. Spreitzer）發表的《組織文化和組織發展：競爭價值的方法》，論文主要介紹了競爭價值框架，描述在此框架下所定義的四種主要的文化指向，目的在於探討競爭價值模型對於研究組織文化的用途；②科羅拉多州立大學工商研究生院的拉亞蒙德·扎穆托（Rayamond F. Zammuto）和華盛頓美國醫學院學會的杰克·克拉克歐爾（Jack Y. Krakower）發表的《組織文化的定量研究和定性研究》，他們用聚類分析的方法提供了混合研究的範例；③密西根大學工商管理學院的羅伯特·奎因（Robert E. Quinn）和格雷琴·斯普利澤（Gretchen M. Spreitzer）發表的《競爭價值文化量表的心理測驗和關於組織文化對生活質量影響的分析》表明了不同文化類型與生活質量之間的密切關係。

1997年，彼埃爾·杜布瓦（Pierre DuBois）出版了一套《組織文化測量和優化量表》，其中包括用於組織分析的模型和用於組織文化研究的步驟。其模型包括七個方面：①社會—經濟環境（包括社會文化環境和市場競爭等）；②管理哲學（包括使命、價值觀、原則等）；③對工作情景的組織（包括企業組織結構、決策過程等）；④對工作情景的知覺（包括對工作的知覺和對管理的知覺）；⑤反應組織行為（包括工作滿意度、工作壓力、工作動機和歸屬感等）；⑥企業經營業績（質和量兩方面）；⑦個人和組織變量（包括年齡、職位、個人價值觀等）。

（4）企業文化的診斷和評估

1992年，羅杰·哈里森（Roger Harrison）和斯托克斯（Herb Stokes）出版了《診斷企業文化——量表和訓練者手冊》。他們確定了大部分組織共同具有的四種文化，在此基礎上，針對不同企業進行相應的變化，這種診斷可用於團隊建設、組織發展、提高產量等。

1998年，金·卡梅隆和羅伯特·奎因出版了《診斷和改變企業文化：基於競爭價值理論模型》，這部專著為診斷組織文化和管理能力提供了有效的測量工具，為理解企業文化提供了理論框架，同時也為改變組織文化和個人行為方式提供了系統的策略和方法。

關於組織文化評估的專著還未見正式出版，但是，1997年，戴維·比倫

（David E. Birren）、理查德·西爾（Richard Seel）、克利夫（Cliffrh）等在因特網上對此的討論卻十分熱烈，主要是關於企業文化評估的維度和方法。

1999年7月18~21日，在美國波士頓召開了企業文化大會，這是一次企業文化研究專家與企業管理人員共同探討的會議，其主要議題有：泰倫斯（Terrence E. Deal）的「理解現存文化的類型：確定你的組織的優勢和缺陷」，杰瑞·格林菲爾德（Jerry Greenfieldde）的「增加Ben＆Jerry公司員工與顧客的忠誠」，加里·博薩克（Gary Bosakde）的「塑造和維持Sears公司的文化」。

企業文化的研究在20世紀80年代和90年代已經成為管理學、組織行為學和工業組織心理學研究的一個熱點，80年代和90年代也被稱為管理的企業文化時代。

3. 企業文化的應用研究

進入21世紀以後，企業文化研究者們的注意力更多地集中於在企業的管理實踐中的應用。2000年7月3~7日，愛德加·沙因教授在美國的Cape Cod 2000論壇舉辦為期一週的講座，其主題為「過程諮詢、對話和組織文化」。其將企業文化研究成果與管理實踐結合中的問題進行宣講，立足於解決實際問題。

從國外企業文化現象的發現到企業文化研究20多年的迅猛發展來看，他們走的是一條理論研究與應用研究相結合，定性研究與定量研究相結合的道路。20世紀80年代中期，在對企業文化的概念和結構進行探討之後，便馬上轉入對企業文化產生作用的內在機制，以及企業文化與企業領導、組織氣氛、人力資源、企業環境、企業策略等企業管理過程的關係的研究，進而對企業文化與企業經營業績的關係進行量化的追蹤研究。定量化研究是在企業文化理論研究的基礎上，提出用於企業文化測量、診斷和評估的模型，進而開發出一系列量表，對企業文化進行可操作化的、定量化的深入研究。[①]

縱觀美國管理文化的發展，關於人的管理一直是其核心，對人的認識出現了「政治人」、「經濟人」、「社會人」、「複雜人」和「文化人」的逐漸深化的過程，在這一過程中管理則逐漸從對人的行為管理過渡到對人性的管理。不論是「經濟人」，還是「社會人」，不論是X理論還是Y理論，其實質都是注重個人經濟需求和社會需求的滿足，以此提高人的工作效率，從而更有效地實現管理目標。所以，西方管理文化中的人本思想是以個人為中心，是西方個人主義價值觀在管理文化中的具體體現。但是，自20世紀80年代以來，西方管理文化中過於注重個人的人本思想在現實中受到了越來越多的衝擊，從而使得西方管理文化中的人本思想，在同東方管理文化注重集體和諧的人本思想的相互交流中發生一定程度上的轉向。

## 三、東方企業文化的研究概況

日本是企業文化實踐的發源地，然而，日本研究企業文化並將其上升為理論卻

---

① 趙瓊．國外企業文化研究進展［EB/OL］．www.e521.com，2002-02-05．

## 第一章　企業文化引論

比美國等西方國家略遜一籌。日本人在美國重塑企業文化的熱潮中，面對美國人的讚賞和對他們經驗的總結，深感自豪，進一步激發了他們的民族自尊心，同時也啟發了他們對自身經驗的理論探索和實踐總結。不久，日本關於企業文化的研究成果相繼問世，其中，中野鬱次郎所著的《企業進步論》於 1984 年出版。1985 年，社會和學術界開展了題為「21 世紀革新企業研究」的學術研討會，其中對「文化革新方向：企業文化的創造與滲透」進行了深入研究。同年，名和太郎的《經濟與文化》一書面市，從整體上分析了日本經營管理模式的文化背景，探討了文化與經濟的關係、文化力的作用問題。1992 年，水谷內徹也出版了《日本企業的經營理念》一書，在對 410 家企業調查的基礎上，對日本企業的經營理念進行了實證研究，特別是對企業理念的制定者的調查，使企業家與企業文化的關係清晰化。另外，澀澤榮一的《<論語>與算盤》、河野豐弘的《改造企業文化》等都對日本企業文化的研究做出了重要貢獻。在日本企業文化的研究中，特別值得一提的是日本的企業家對自己的管理經驗進行了系統的整理，注重挖掘文化的根源。松下幸之助、上野一郎等對公司文化的概括和總結極大地豐富了企業文化的理論研究。然而，日本企業文化的研究總體上處於感性階段和實踐階段，上升為理論並能切實指導企業文化建設的研究成果不多。

此外，韓國與其他東方國家在企業文化方面的貢獻主要在探索與實踐方面。特別是韓國的一些大企業，在企業文化探索上融東西方文化為一體，構成了適宜於自身發展的企業文化模式，取得了很大的成功。韓國在企業文化的研究方面，卻影響不大。

中國的企業文化研究從 20 世紀 80 年代以來，經過 30 年的發展，中國已經開始形成了系統的、具有中國特色的企業文化理論，並在企業管理實踐中發揮著日益重要的作用。海爾、聯想、華為、蒙牛等一大批企業在企業文化理論的指導下取得了驚人的成就。其企業文化管理實踐不但讓自己的企業獲得了迅速的發展，也為企業文化管理理論做出了卓越的貢獻。

在中國企業文化的研究中，20 世紀 80 年代為介紹探索階段。80 年代中期，企業文化豐富的內涵和新穎的視角，受到了中國理論界和企業界的廣泛關注，作為一種先進的管理理論，企業文化理論被引入中國大陸，企業界掀起了塑造企業精神的熱潮。「企業文化」一詞頻頻出現在報紙和雜誌上。1984 年，中國古代管理思想研究會成立。同時，形成了企業文化的研究熱潮。到 1989 年年底，報紙和雜誌登載的企業文化研究文章達 250 篇，一大批翻譯和編著的企業文化書籍相繼出版。中國企業文化研究會與各省市的企業文化研究會紛紛成立。各省市以研討會和講習班的形式介紹企業文化的理論和成果。其最早的研究者來自哲學、管理等領域。80 年代末 90 年代初，黎永泰、張宗源的《企業文化概論》和一些專家學者開始將企業實踐與文化管理聯繫起來研究。

20 世紀 90 年代為策劃傳播階段。1991 年新華出版社出版了《企業文化叢書》

## 企業文化塑造的理論與方法

一套 10 本。1994 年人民出版社出版了百卷本《經濟全書》，其中包括企業文化。北京、天津、上海、山西等省市設立專項課題，投入經費，開展研究，出版了《中國企業文化概論》《企業文化建設的運作》等研究成果。1999 年《中國企業文化大辭典》一書出版。同年劉光明的《企業文化》出了第一版，2000 年 7 月劉光明的《中外企業文化案例》出版，為企業文化的實證研究提供了良好的條件。2001 年陳春花的《企業文化塑造》出版，該書以企業的文化實踐為基礎進行探討。

同心動力企業文化諮詢公司於 1999 年創辦的企業文化網，是中國第一家企業文化專業網站。網站以其豐富的內容和實戰性、前瞻性、互動性和開放性的特點，成為中國企業文化最具權威性的網路交流平臺。圍繞網站，同心動力公司積極開展企業文化的在線諮詢，得到業界和客戶的普遍好評，後來，又發展了世界企業文化網等多家企業文化的網站。該公司在傳播企業文化知識和推動企業文化建設方面都有不可磨滅的貢獻。

進入新世紀以來，企業文化進入了推進企業變革，支持企業成功，幫助企業打造核心競爭力的企業文化務實階段。中國企業文化論壇在有關部委的幫助下創建，每年選擇一個主題，舉行一次會議。論壇將企業文化理論的研究者與企業文化的實踐者召集到一起，在世界範圍內將企業文化理論與企業文化管理中的經驗和問題聯繫起來研究，使中國的企業文化研究與世界同步發展。

學者們的研究主要集中在以下方面：企業內部和企業兼併過程中的文化整合（例如：集團公司的企業文化如何整合？企業兼併、企業重組過程中企業文化如何整合？民營企業、私營企業如何進行企業文化建設？）；國內企業對歐美等發達國家的企業文化的借鑑（例如：心理契約的研究等）；企業文化及企業形象的群體和個體設計（重視實際操作的內容，包括文化建設諮詢、宣傳畫冊設計製作、影視專題片策劃製作、形象諮詢等）。

在這個時代裡，黎永泰和黎偉的《企業管理的文化階梯》（2003）在廣泛吸收國內外大量理論研究成果及深入考察上百家中外企業經營理念系統的形成過程的基礎上，對企業文化管理的思想、制度和方法進行了獨立建構，形成了一個企業文化管理的框架。劉光明的《集團公司文化》（2005）提出了如何在企業重組兼併、企業跨文化管理的大背景下對集團公司的文化進行整合的十大創新思想，對如何創造一個能使員工奮發學習、不斷進步、攜手努力、克盡已責的組織，提升組織的學習能力和執行力方面提出了很好的對策性研究成果。這些研究成果都具有重要的意義。

## 四、新世紀企業文化研究的趨勢

在新世紀裡，各國經濟決策機構十分重視企業文化和品牌與企業核心競爭力之間關係的研究；實施品牌文化戰略成為新的國際潮流；企業社會責任作為新時期企業文化整合和再造的重要內容，也已成為國際企業文化發展的趨勢。此外，方法論

的研究成為國際文化再造的重中之重。

## 第三節　學習探討企業文化的目標

對即將進入職場或者在職場中的人來說，特別是對企業的管理者來說，學習探討企業文化有三大目標。

### 一、初級目標

瞭解企業文化的基本知識，探索這門年輕學科的奧秘。在學習探討的基礎上，利用它為自己通過面試服務，利用它為自己在企業中適應環境服務，利用它站穩腳跟，利用它為自己謀求更好的發展。我們稍加注意就會發現，有的人參加工作沒多久就如魚得水，工作很愉快，甚至被提拔；有的管理人員到了一個新單位，很快就與員工打成一片，心情愉快，辦事順利。而有的人工作幾十年還在原地踏步，與人交流不是怨這就是怨那；也有管理人員一到單位，發現處處不順，事事不順，不能施展才華和抱負。所有這些不順，除了自己的能力等因素外，沒能認識企業文化、適應企業文化、利用企業文化也是一個重要原因。

### 二、中級目標

當你擁有一定的威望與權力時，例如你做 CEO，尤其當你做老闆時，你可以引導企業文化充滿活力地向著你制定的企業目標的方向發展。這是我們做工商管理或者有志於管理的人們應該達到的目標。美國的企業文化專家沙因說，領導者最重要的才能就是影響文化的能力。領導者的一個重要的職能就是創造文化與必要時改造文化。如果不能引導企業文化的主流，甚至被拋出主流之外，你就會因為不能理解各種文化現象，正確駕馭各種複雜的人際關係而苦惱不已，最終你的滿腹經綸、你的充滿吸引力的目標就可能付諸東流。

### 三、最高目標

個人與所影響的企業在價值觀、情感、態度乃至整體形象方面都達到較高水平。這是一種由內而外的迷人光彩，是理想的目標，是現在的少數人、將來的很多人可望達到的目標。如聯想的柳傳志、海爾的張瑞敏等。

本書希望在建設企業文化的有關理論與方法方面提供一些借鑑。在對企業文化現象進行分析的基礎上，本書可以幫助我們理清思路，找到一些方法。如果對企業文化只做一般瞭解，看看這本書也就可以了。要很好地達到中級目標，需要滿足三

## 企業文化塑造的理論與方法

個條件：第一，閱讀有關參考書，不斷關注企業文化的最新研究成果。第二，積極關注自己身邊的人際關係，身邊人的言論、習慣、行為方式，尤其是身邊企業中人的文化現象，收集有關資料，進行分析、研究。第三，在實踐中進行文化管理的探索與研究，將理論與實踐很好地結合起來，不斷昇華、提高。要達到高級目標，需要各門學科的綜合、中西文化的合璧、個人很深的人生體驗。要達到這個目標，難度很大，但也不是不可能的。

 思考題

1. 企業持續發展的動力是什麼？怎樣理解 DISC 理論在企業文化管理中的作用？
2. 試論東西方企業文化理論與建設實踐的異同。
3. 怎樣認識學習探討企業文化的三大目標？這對我們的職業生涯規劃有什麼意義？
4. 章首案例中兩家企業的發展態勢不同的關鍵點是什麼？由此，我們得到什麼啟示？

# 第二章 企業文化的概念與特點

## ● 章首案例：別具一格的文化個性

微軟公司令人吃驚的成長速度，引起世人的廣泛關注。透過輝煌業績，我們不難發現其成功不僅在於科技創新和優異的經營管理，更重要的是創設了知識型企業獨特的文化個性。

1. 比爾·蓋茨締造了微軟文化個性

比爾·蓋茨獨特的個性和高超的技能造就了微軟公司的文化品位。比爾·蓋茨被其員工形容為一個幻想家，是一個不斷積蓄力量和瘋狂追求成功的人。他的這種個人品行，深深地影響著公司。他雄厚的技術知識存量和高度敏銳的戰略眼光以及在他周圍匯集的一大批精明的軟件開發和經營人才，使自己及其公司矗立於這個迅速發展的行業的最前沿。蓋茨善於洞察機會，緊緊抓住這些機會，並能使自己個人的精神風範在公司內貫徹到底，從而使整個公司的經營管理和產品開發等活動都帶有蓋茨色彩。

2. 管理創造性人才和技術的團隊文化

微軟文化能把那些不喜歡大量規則、組織、計劃，強烈反對官僚主義的 PC 程序員團結在一起，遵循「組建職能交叉專家小組」的策略準則，授權專業部門自己定義他們的工作，招聘並培訓新雇員，使工作種類靈活機動，讓人們保持獨立的思想性。專家小組的成員可在工作中學習，從有經驗的人那裡學習，沒有太多的官僚主義規則和干預，沒有過時的正式培訓項目，沒有「職業化」的管理人員，沒有耍「政治手腕」、搞官僚主義的風氣。經理人員非常精幹且平易近人，從而使大多數雇員認為微

軟是該行業的最佳工作場所。這種團隊文化為員工提供了有趣的不斷變化的工作及大量學習和決策的機會。

3. 始終如一的創新精神

微軟人始終作為開拓者創造或進入一個潛在的大規模市場，然后不斷改進一種成為市場標準的好產品。微軟公司不斷進行漸進的產品革新，並不時有重大突破，在公司內部形成了一種不斷地新陳代謝的機制，使競爭對手很少有機會能對微軟構成威脅。其不斷改進新產品、定期淘汰舊產品的機制，始終使公司產品成為或不斷成為行業標準。創新是貫穿微軟經營全過程的核心精神。

此外，微軟還通過創建學習型組織，使同事們保持密切聯繫，加強互動式學習，實現資源共享，使公司整體結合得更加緊密，效率更高。①

## 第一節　企業文化的概念

### 一、文化的定義

1. 各國學者關於文化的定義

據統計，各國學者對文化下的定義多達一萬多種。本書僅引用幾條並做簡單的分析。

最早表象化的定義：法國啓蒙思想家盧梭（1712—1778 年）在《社會契約論》一書中指出，「文化是風俗、習慣，特別是輿論」。他強調的是群體由認同而累積的行為方式。認識到這一點，對企業文化的研究和實踐有著重要的意義。

最引人思索的定義：英國文化人類學家泰勒 1871 年在《原始文化》一書中提出，「文化或文明是一個有機體，它包括人后天創造的知識、信仰、藝術、道德、法律、風俗等及作為社會成員的個人而獲得的任何能力與習慣」。泰勒將文化與文明混為一體，這是他的缺點。但他揭示了一個重要的真理：文化的有機體屬性。既然文化是一個有機體，那麼，它就會生長、發育、成熟、衰落以至於消亡。要維持它的生命，就要吐故納新，不斷輸入信息、物質、能量，又要消耗物質、能量、信息。也就是說，活的文化一定處於一種運動的形態中，它在一定的條件下必然發生變化，這給企業文化管理和再造的必要性提供了依據。美國的文化人類學家亨根斯、維萊等人將泰勒的文化定義修正為：「文化是複雜體，包括實物、知識、信仰、藝術、道德、法律、風俗以及其余從社會上學得的能力與習慣。」這個定義給我們兩點重要的啓示：其一，文化中有一個重要的因素就是信仰，《聖經》中說：「信是所望之事的實底，未見之事的確據。」這在文化管理中指導人們的行為有著重要意義。

---

① 代凱軍. 管理案例博士評點 [M]. 北京：中華工商聯合出版社，2000.

## 第二章　企業文化的概念與特點

其二，文化是人后天習得和創造的。因此，人在一定的環境中肯定要習得一定的文化，並且在某種條件下會創造出色彩斑斕的文化。

最通俗的定義：根據《辭海》的定義，文化有廣義與狹義之分。從廣義來說，指人類社會歷史實踐過程中所創造的物質財富和精神財富的總和。從狹義來說，指社會的意識形態以及與之相適應的制度和組織結構。其狹義的定義強調了社會意識形態與制度和組織結構的相適應性，對不同組織的文化管理有一定的指導性。

最簡練的定義：湯姆·蘭伯特在《核心管理模式——解決高層理論者面臨問題的50種前沿模式》中說，「它是所處環境中的約定俗成的做法」。定義雖然簡單，卻反應了特定環境中思維方式與行為方式結合后形成的文化現象與文化氛圍。這是組織管理中非常重要的因素。

2. 本書認同的定義

本書讚同這樣一種觀點：從現象學的角度講，文化是一定群體的人們在一定價值觀的指導下，認同某些觀點與行為，否定某些觀點和行為，從而長時間地影響他人的輿論或行為的現象。因此，文化是社會人內在行為和外在行為的規定性，它在一定時間和一定空間中潛移默化地規定了人們行為的指向：讚成什麼，反對什麼，什麼事情應該做，什麼事情不應該做。

文化的核心是價值觀。從動態學的角度看，文化是通過實踐不斷完善和發展自己存在狀態的過程，是人不斷追求真善美的價值生成過程，是人的創造力的靜態存在和動態存在的統一。也就是說，文化既是人們以往文化活動的產物，更是人們在此基礎上不斷生成新文化的過程。對於個人來說，文化是后天在一定的社會環境中通過潛移默化的學習而獲得的一種思維方式和行為方式。

### 二、企業文化的定義

「企業文化」一詞，源於美國英文「Corporate Cultures」，「Corporate」有「團體的」、「法人的」、「共同的」等意思，所以，企業文化又稱公司文化、組織文化和管理文化。在20世紀80年代「Corporate」被西方管理學界頻繁使用時，中國當時實行的是「部——局——公司——廠」這種直線管理格局，例如國家有機械工業部，省設機械廳，市有機械工業公司，下屬機械類工廠，大多數公司都是兼有行政與經營職能的一級組織，為避免發生誤會，就把這個新術語翻譯成了「企業文化」。企業文化實際上是整體文化系統下面的一種分支文化，是用文化學的理論和方法研究經濟與文化融合的現象時產生的一種亞文化學科。

1. 國外學者關於企業文化的含義的理解

關於企業文化的定義國內外大約有400種。人們使用的詞語組合不同，但基本含義是一致的，即指企業在一定價值體系指導下所選擇的那些普遍的、穩定的、一貫的行為方式的總和。

# 企業文化塑造的理論與方法

一些西方學者關注企業文化的含義而不是定義。按照美國學者特雷斯·迪爾與阿倫·肯尼迪合著的《企業文化》中的觀點，企業文化包括五要素：企業環境、價值觀、英雄人物、文化儀式和文化網路。企業環境是「形成企業文化唯一的而且又是最大的影響要素」。①

威廉·大內是較為明確、集中而完整地給出企業文化概念的第一人。他說：「一個公司的文化由其傳統和風氣所構成。此外文化還包含一個公司的價值觀，如進取性、守勢、靈活性——確定活動、意見和行動模式的價值觀。經理們從雇員們的事例中提煉出這種模式，並把它傳達給后代的工人。」②

愛德加·H.沙因認為，「文化」是指：「由一些基本假設所構成的模式，這些假設是由某個團體在探索解決對外部環境的適應和內部的結合問題這一過程中所發現、創造和形成的。這個模式運行良好，可以認為是行之有效的。新成員在認識、思考和感受問題時必須掌握的正確方式。」③沙因強調企業在一定信念基礎上的基本假設。

日本學者水谷內徹認為：「企業文化包含價值、英雄、領導、管理體系、儀式等要素，是管理理念的具體體現。」④

2. 國內學者關於企業文化的定義

國內的學者試圖給企業文化下一個更嚴格的定義。在各有關書籍、報紙、雜誌與學術研討會上有上百種定義。這些定義，由於觀察的角度、涵蓋面的寬窄、所強調的重點等的不同，而呈現出不同的表現方式。

孫兵先生由於率先創建企業文化網，在網上開設企業文化培訓，因此，他的觀點有一定的代表性。他說：「企業文化是企業在經營活動中形成的經營理念、經營目的、經營方針、價值觀念、經營行為、社會責任、經營形象等的總和，是企業個性化的根本體現，是企業生存和發展的靈魂。」⑤

羅長海教授在其專著《企業文化學》中對「企業文化」下的定義是：「企業文化是企業在各種活動中，所努力貫徹並實際體現出來的以文明取勝的群體競爭的意識。」⑥這指的是一種向上的文化力，是從競爭的兩個事實出發下的定義：一是日本企業的生產率在第二次世界大戰后迅速趕上和超過了美國；二是美國也有一批企業，在競爭中長期立於不敗之地。企業文化的提出是美日優秀企業競爭取勝的經驗的總結。

---

① （美）特雷斯·E.迪爾，阿倫·A.肯尼迪. 企業文化——現代企業的精神支柱 [M]. 唐鐵軍，等，譯. 上海：上海科學技術文獻出版社，1989：13-14.
② （美）威廉·大內. Z理論 [M]. 孫耀君，等，譯. 北京：中國社會科學出版社，1984：169.
③ （美）愛德加·H. 沙因. 企業文化與領導 [M]. 朱明偉，羅麗萍，譯. 北京：中國友誼出版公司，1989.
④ （日）水谷內徹. 日本企業的經營理念. 東京：日本同文館，1992.
⑤ 孫兵. 企業文化管理的思想和路徑 [EB/OL]. 企業文化網，2002-03-12.
⑥ 羅長海. 企業文化學 [M]. 北京：中國人民大學出版社，1999.

## 第二章　企業文化的概念與特點

在中國學術界，人們更傾向於按照《辭海》對文化的解釋來理解企業文化。很多人都認為企業文化有狹義和廣義之分，廣義的企業文化是指企業創造的物質財富和精神財富的總和，包括企業硬文化和企業軟文化兩大類。企業硬文化是企業的物質狀態，如機器設備、原材料、產品以及企業技術水平和效益水平等，企業硬文化的主體是物。企業軟文化是指企業在其發展過程中形成的具有本企業特色的思想、意識、觀念等意識形態和企業制度、組織機構、經營活動等行為表現以及呈現於人的企業形象。企業軟文化的主體是人。狹義的企業文化特指企業軟文化。這種觀點所稱的狹義的企業文化即指人們普遍認同的企業文化。

中國社科院工業經濟研究所的劉光明博士在綜合了眾多研究者的意見以后說：「總而言之，企業文化有廣義和狹義之分，廣義的企業文化是指企業物質文化、行為文化、制度文化、精神文化的總和，狹義的企業文化是指以企業價值觀為核心的企業意識形態。」[①]

四川大學的黎永泰教授和黎偉老師合著的《企業管理的文化階梯》一書，從建立一種新的企業管理思想、制度和方法的角度去研究企業文化的概念，將企業文化定義為：「企業文化就是一種以全體員工為中心，以培養具有管理功能的系統的、完善的、適應性的精神文化為內容，以形成企業具有高度凝聚力和活力的管理思想、制度和方法。」[②] 該定義在更開闊的空間裡將企業文化的中心、內容和目標揭示出來，尤其是指出企業文化是一種管理思想、制度和方法，為企業文化管理的可操作性提供了依據。

多年來，中外學者們對企業文化的認識不斷深化，對企業文化在中外企業中的興起、發展做出了很大貢獻。

3. 從管理的角度給出的定義及其要素

筆者在多年為企業做策劃與管理的過程中深深體會到優秀的企業文化的建立和企業文化的改造都是非常困難的。企業文化的內涵非常豐富，單純羅列某幾項內涵作為定義沒有多大意義。我們探討企業文化的目的關鍵是要對企業文化進行有效的管理。

因此，從企業文化管理的角度出發，本書認為：企業文化是一個由管理者引導、全體員工認同並創造的一個不斷發展的信息循環系統，是企業在一定價值觀基礎上形成的群體意識與長期的、穩定的、一貫的思維方式和行為方式的總和，是由一定層次形成的系統構架。

下面對這一定義的要素做進一步的闡述。

要素之一：管理者引導，全體員工認同並創造。如果沒有管理者引導，企業文化是盲目的、自發的、零碎的、不系統的。如果沒有員工認同並參與創造，企業文

---

[①] 劉光明. 企業文化 [M]. 3 版. 北京：經濟管理出版社，2002.
[②] 黎永泰，黎偉. 企業管理的文化階梯 [M]. 成都：四川人民出版社，2003：56.

## 企業文化塑造的理論與方法

化就只能是掛在牆上的標語、喊在嘴上的口號、寫在紙上的報告和總結，而不會是組織長期的、穩定的、一貫的思維方式和行為方式。

要素之二：複雜的信息循環系統。這個信息循環系統可能傳遞正面信息，形成良性循環，也可能傳遞負面信息，形成惡性循環。前者產生一種向上的文化力，引領企業走向成功；后者產生一種向下的文化力，推動企業走向失敗。

此系統的引導者是管理者，尤其是主要領導者，不論是有意識的指揮還是不自覺地引導，他們的倡導至關重要。例如，平安保險公司要求每一位管理者都要從觀念上轉變、認識上提高和行動上落實，從我開始，帶動下屬、同事，自覺以價值最大化的經營理念來指導一切經營管理行為。這是平安企業文化管理卓有成效的保障。全體員工的參與和創造是企業文化成功的基礎。平安企業文化由高層倡導，中層積極推行，基層負責落實。高層領導審時度勢，根據時代與企業發展的需要，及時引導企業更新觀念，利用戰略調整和大型活動推廣文化管理。中層管理者著力營造企業的文化氛圍，通過激勵和矯正使平安的企業文化得以推行。基層管理者要在日常的管理中落實企業的文化內涵，員工在實際展業中體現和創造與企業目標相一致的文化。這是難度較大的一個層面，如果把握不好，容易在效益與內在價值中迷失。有些企業領導層不自覺地用一些言行引導並形成了一些他們事實上不希望得到的企業文化結果。例如，他們喜歡奉承者，自覺或不自覺地提拔吹牛拍馬者，就會形成一種文化導向，這類人會迅速生長出來，干實事的人會悄然隱退；他們喜歡浮誇、喜歡吹出的政績，就會出現「上對下層層加碼，馬到功成，下對上層層加水，水到渠成」的文化景觀，實事求是的風尚會自然消退。

要素之三：企業文化是在一定環境中隨著企業生存發展的需要形成的，也要隨著時代與企業的發展而發展。成功的企業文化不會一勞永逸，要在一定條件下轉化。特別是企業文化的核心價值觀一般是在企業圖生存、求發展的環境中形成的。例如「用戶第一，顧客至上」的經營觀念，是在商品經濟出現買方市場，企業間激烈競爭條件下形成的。企業作為社會有機體，要生存、要發展，但是客觀條件又存在某些制約和困難，為了適應和改變客觀環境，就必然產生相應的價值觀和行為模式；同時，也只有反應企業生存發展需要的文化，才能真正為企業所用，才有強大的生命力。

企業文化的發展一般都要經歷一個初建、逐步完善、定型和深化的過程，實質上是一個以新的思想觀念及行為方式戰勝舊的思想觀念及行為方式的過程，因此，新的思想觀念必須經過廣泛宣傳，反覆灌輸才能逐步被員工所接受。例如日本經過幾十年的宣傳灌輸，終於形成了企業員工乃至全民族的危機意識和拼命競爭的精神。一種新的思想觀念需要不斷實踐，在長期實踐中，通過吸收集體的智慧，不斷補充、修正，逐步趨向明確和完善。

時代的進步，生產方式、生活方式的變化，必然導致人們心理及行為模式的發展和變異。文化的漸進是一條客觀規律，也是實現民族的、企業的新目標、新任務

第二章　企業文化的概念與特點

的必然要求。良好的企業文化一般都是規範管理的結果。因此，企業領導者一旦確認新文化的合理性和必要性，在宣傳教育的同時，便應制定相應的行為規範和管理制度，在實踐中不斷強化，努力轉變員工的思想觀念及行為模式，建立起新的優秀的企業文化。

反之，企業文化會隨著企業的發展和環境的變異而異化，最終，企業會因為這種文化的變異而落敗。豐田汽車 2010 年年初的召回事件對豐田公司的企業業績和形象造成了負面的影響，與這種文化的變異有著必然的聯繫。在美國舉行的聽證會上，豐田總裁豐田章男承認，豐田過去重視的理念由於過去幾年在數量上擴張「太過迅速」，導致豐田忽視了幾個選項的先後順序。他在接受我國央視記者採訪的時候也明確表示，豐田造車先育人的理念沒有落實。

要素之四：一定價值觀的基礎上形成的群體意識與行為方式的總和。以管理哲學為核心的企業文化建設把有利於企業發展的理念培育成對全體員工有利的共同價值觀，形成推動企業走向成功的強大動力。

要素之五：四個層次形成的系統構架。這個構架的具體內容將在第四章及第六章至第九章詳述。

企業文化的各要素能順暢地、準確地傳遞循環，就會形成優良的企業文化系統；各要素不能準確地、順暢地傳遞，或者出現虛假信息，或者斷鏈，就會形成劣質的企業文化。所有這些，筆者將在以後的論述中加以說明。筆者認為，企業文化應從操作的層面上多加考慮，在企業文化的結構層次上下工夫。

## 第二節　企業文化的一般特點

企業文化有很多特點，下面介紹主要的幾點：

### 一、社會性與民族性

企業文化是社會文化在企業的特殊形態，亦稱社會中的「亞文化」。它必然受到作為主文化的民族文化和社會文化的影響和制約。不同的民族、不同的地區、不同的歷史，所形成的企業文化有明顯的區別。從企業文化的形成看，企業文化是企業全體員工經過長期的勞動交往而逐漸形成的為全體成員認可的文化，這些成員的心理、感情、行為不可避免地受到民族文化的熏陶，因而在他們身上必然表現出共同的民族心理和精神氣質，即文化的民族性，這種文化的民族性通過員工在企業文化上得到充分的體現。因此，民族文化是企業文化的源頭，企業文化的形成離不開民族文化。企業文化的民族性要求在培育企業文化過程中充分重視民族文化的作用，在企業文化建設中繼承和發揚傳統民族文化積極合理的一面，克服民族文化中消極

## 企業文化塑造的理論與方法

的一面。

日本的企業文化有鮮明的日本民族的特色，強調團隊意識、家族精神。這種特色與日本民族長期生存的地域狀況有關。臺風、地震、火山等災難的洗禮使日本民族習慣於團結奮鬥，共同戰勝災禍造成的困難。日本的資本主義是在日本封建家族制的基礎上發展起來的，封建家族和村社的意識深深植根於日本傳統文化之中。日本的企業又是由武士階層首先發展起來的，武士階層強烈的民族意識對日本文化有深遠的影響。日本的企業依靠傳統的風土觀念，在長期經營實踐過程中，建立了獨特的思考和行為方式。它是以重視群體為特徵，倡導個體對群體的歸屬，強調群體和諧統一的價值觀。以此為基礎，日本企業建立了民族主義的、家長式的、反個人主義的企業文化。日本企業文化有一個主要特點是日本傳統文化與現代文化的結合。在日本企業文化中，體現了組織上的集團意識和思想上的「和」、「忍」、「信」等觀念。日本將外來文化與本國文化相結合，熔人性精神與無情效率於一爐，形成了既有「原則」，又有「信條」和「精神」的企業文化。

美國的企業文化具有與日本不同的鮮明特色。歐洲的早期移民克服一切困難到美洲淘金，傳承了個人英雄主義和冒險主義的文化。后來，各國移民帶來的民族、種族文化在美國的企業文化中也得到了體現，資本主義私有制所提倡的個人至上、個人奮鬥的個人主義在企業文化中得到了充分發展。美國的企業文化與美國的社會文化有著天然的聯繫。美國的文化源頭主要是基督教文化。這種社會文化背景決定了美國企業文化最大的特點是提倡自由貿易、自由經營，鼓勵個人憑才智和工作致富。美國的企業文化與美國管理理論的發展密切相關。對世界管理理論做出過重大貢獻的管理學家，以及各種學派的理論對美國企業文化的形成和發展也產生了重大影響。美國企業文化的主要特點是強烈的競爭意識，即鼓勵發明創造，制定高水平的工作規範、生產計劃和經營戰略，強調個人競爭。強烈的個人奮鬥意識和進取精神就是美國企業文化的基本價值觀。美國人認為，憑個人成績和個人能力去工作、奮鬥，是培養和造就企業優秀人才的最好方法。

企業所處的地區不同，那麼所形成的企業文化也就不同。這裡首先在於思維方式的不同。有這樣一則笑話：有一個美國人和一個日本人在森林裡散步，突然，一頭獅子張牙舞爪地向他們撲來。日本人馬上換上跑鞋，美國人就嘲笑他說：「你真笨得出奇，你以為你能跑過一頭獅子嗎？」日本人說：「我不必跑過那頭獅子，我只需要跑過你就行。」這笑話正說明，日本人與美國人的思維方式是不同的。其次是習慣不同。由於思維方式的不同形成不同的語言習慣和行為習慣。例如：西方員工向老板說，我給你做了這麼多事，所以你給我那麼多工錢。中國員工可能會說，你給我那麼多工錢，所以我這樣工作。在行為習慣方面，可能出現這種情況：假如告訴一位日本工人，產品中部件的誤差不得超過±5，那麼，他的誤差可能接近0；如果向一位美國工人講同樣的話，那麼，他的誤差可能就在-5～+5之間。這與技術水平沒有關係，只是美國人有按標準範圍做的習慣。最后是輿論導向不同。如果一個

## 第二章 企業文化的概念與特點

職工假日不休息,各地的輿論也不同。在美國,人們會說這人工作效率低,沒辦法才加班,就會瞧不起他;在日本,人們會說他對工作勤勤懇懇,對公司忠心耿耿,從而讚揚他、尊重他;在西歐,人們會說這人傻乎乎的,沒有生活情趣,不會享受假日的樂趣。在同一個國家,也會因地區的不同而出現不同的文化差異。我國沿海地區的企業與內陸地區的企業文化就有明顯的差異。我們不得不承認這樣一個事實,地理環境對社會歷史文化都會有不可估量的影響。不止內陸地區和沿海地區的企業文化有明顯的差異,同是內陸地區,南北方的企業文化也有顯而易見的差異。在世界趨於大一統的今天,有些文化的差異是可以經過觀念的改變和思維方式的訓練加以改變的。日本索尼公司的盛田昭夫常向他的員工們講一個故事:有兩個賣鞋的商人到了非洲的一個偏僻貧窮之地。一個商人給他的公司發電報:當地人都赤腳,沒有銷售前景。另一位商人發的電報卻是:居民赤腳,急需鞋子,立即發貨。盛田昭夫說,這後一位商人就代表了索尼公司的思維方式和經營觀念。即使同一個社會形態中,企業文化也有明顯的差別。我們從前面美日文化的比較中已能得到答案。

每個企業的一切活動都能反應出一定的民族文化和大眾心理。任何先進的管理模式都必須與當地的民族文化相結合,與企業的實際相結合。只有將卓越的管理融入民族文化的精髓之中,發揮傳統民族文化的精華,選擇與借鑑和民族文化深層結構有互補或一致的內容,才能創造出適合中國國情的管理模式。文化的差異已經是當今影響跨國管理的重要因素,跨文化管理對於文化融合問題的解決辦法之一就是尊重當地傳統文化。企業文化的創新並不是說僅僅將中華民族文化融入其中就可以做到,還必須與社會宏觀環境和企業的微觀環境相結合,那樣創造出來的企業文化才是最具有特色的也是最適合企業發展的。中華民族文化對企業文化的影響是多方面的,既有積極的一面,也有消極的一面,我們要採取揚棄的態度,大力弘揚優秀的中華民族文化傳統,摒棄傳統文化的糟粕,按照求實創新的原則,適應時代的要求,努力創造出具有中國特色的企業文化,並使之健康快速地發展。

根據環境心理學的觀點,一定的環境形成一定的文化氛圍。個人的發展與環境文化有密切關係。個人應有很強的文化適應力,否則就與企業活動格格不入。員工在企業中,一定不是習得這種文化,就是習得那種文化。如果企業沒有一種文化讓員工習得,就導致文化失範。員工要習得企業的文化,就必須認同企業的文化,員工不與企業認同,就不能取得好的效率。現在一些企業沒有好文化讓員工習得,所以運作水平低下,這與企業中形成的自發的、零碎的、不系統的文化有關。

## 二、共性和個性

企業文化是共性和個性的統一體。企業的共性文化和個性文化是根據企業的外部客觀環境和內部現實條件決定的。例如社會化大生產必須調動員工的積極性,要求員工具有協作精神、嚴格的紀律和雷厲風行的作風;商品經濟要求與用戶搞好關

## 企業文化塑造的理論與方法

係、講究誠信的道德原則，保證產品和服務質量，爭取顧客的歡迎和信任等。這些都是不以民族和企業特點為轉移的，是商品的生產者和經營者必須遵守的共同的客觀規律。但由於民族文化和所處環境的不同，各企業在自然資源、經濟基礎、人員構成等方面存在差異，客觀上會產生和要求不同的文化特點。例如投資大、見效慢、風險性較大的企業，一般需要遠見卓識、深思熟慮、嚴謹的態度和作風，而生產生活消費品的企業則要求具有靈活、機敏的作風。

如前所述，不同國家的企業文化有其不同的特色，同一國家的企業文化也因行業不同、歷史沿革不同、社區環境不同、產品經營特點不同、人員特性不同而形成了不同的特性。成功的企業文化都具有鮮明的個性。每個企業的企業文化都是在不同的社會歷史和現實條件下形成的，具有其他企業文化沒有的獨特個性，帶有本企業的鮮明個性。與自然界中找不到兩片相同的樹葉一樣，企業界中的每個企業也各有不同的個性和特點，這要求每個企業的企業文化與本企業的個性相適應，進而形成具有獨特個性的企業文化。

一個企業的文化個性，是這個企業在文化上與其他企業不同的特性。它只為這個企業所有，只適用於這個企業，是這個企業生存、發展及其歷史延續的反應。有個性才有吸引力，有個性才有生命力。許多深諳其中道理的企業管理者在長期經營管理實踐中都十分注重建設富有特色、個性鮮明的優秀的企業文化，而這些獨特的優秀企業文化不但有力地促進了企業的發展進步，也給其他企業提供了非常有益的成功經驗。

創建於1937年的麥當勞，從最初的汽車餐廳發展到當今世界上最成功的快餐連鎖店，並躋身世界500強之列，不能不歸功於它的獨特的企業文化和經營理念。麥當勞的創始人雷·克羅先生創業初期，就為自己設立了快餐店的三個經營信念，后來又增加了「V」信條，構成了麥當勞快餐店完整的Q、S、C、V經營理念。

Q（Quality）是指質量、品質。麥當勞對顧客的承諾是永遠讓顧客享受品質最新鮮、味道最純正的食品，從而建立起高度的信用。

S（Service）是指服務。微笑是麥當勞的特色，所有的店員都面露微笑，活潑開朗地和顧客交談、做事，讓顧客感覺滿意。

C（Cleanless）是指衛生、清潔。麥當勞員工規範中，有一項條文是「與其靠著牆休息，不如起身掃地」，全世界一萬多家連鎖店的所有員工都必須遵守這一條文。

V（Value）是指價值。意為提供超過原有價值的高品質物品給顧客。

正是以這一經營理念為核心，加上企業鮮明的形象特徵——以M為標誌的金黃色雙拱門和人物偶像麥當勞叔叔，構建了獨具特色的麥當勞文化，使麥當勞創下了世界最大的連鎖體系記錄。

像麥當勞這樣具有獨特鮮明個性的企業文化的中國企業在近幾年企業文化建設熱潮中也不斷湧現。

## 第二章　企業文化的概念與特點

國內外的優秀企業，都是具有鮮明的文化個性的企業。北京同仁堂的「炮制雖繁必不敢省人工，品味雖貴必不敢減物力」，是同仁堂的祖訓也是它獨有的經營理念。寧波雅戈爾集團的「裝點人生，服務社會」的企業精神，既有行業特點，又有深厚的文化底蘊。特色企業文化具有營造市場氛圍，創造市場空間和機遇，拉動市場經營的潛能和特徵。在雙星集團許多大型連鎖店門前，都放有兩尊分別寫著「無論黑貓白貓，抓住老鼠就是好貓」「不管說三道四，雙星發展是硬道理」的黑貓、白貓雕像，不讓傳統的石獅把門，而是讓「貓」來「站崗」。汪海總裁說：「這其實就是文化經營，人們一看門前的兩只貓，便知道是雙星連鎖店，雙星貓是雙星企業文化的一個獨特代表。連鎖店門前放上貓，一下子就把人們的好奇心給調動起來了，人無我有，很容易被人們當成奇事傳播出去，使得人們紛紛前來觀看，自然，進店買鞋的人就多起來。這樣一來，便創造了一個市場。文化經營可以創造一個市場，拉動市場經營。」

我國企業自覺的文化建設剛開始不久，一般企業還不具備自己獨特的文化風格，更需要重視企業文化個性的發展。首先要認清自己的特點，發揮本企業及其文化素質的某種優勢，在自己經驗基礎上發展本企業的文化個性。企業文化的個性表現為獨特性、難交易性、難模仿性的特質，使其成為企業核心專長與技能的源泉，是企業可持續發展的基本驅動力。

隨著計算機應用的普及和網路技術的發展，世界經濟已經進入了速度經濟時代，亦即新經濟時代。在速度經濟時代，企業間的競爭異常激烈。這要求人們要把發展經濟的方式逐漸轉移到依靠軟環境上來，企業對信息資源、人才資源和無形影響力的需求量劇增，培植個性化的企業文化將是企業在未來競爭中的致命武器。

### 三、穩定性與適應性

企業文化既是長期傳統的遺存產物，又是在現代文明的影響下不斷創新的產物。一種企業文化一旦形成，就具有相對穩定的特點，它不像企業的產品、資金、設備那樣經常處於變化當中，特別是在社會運行機制和企業自身沒有發生重大變化的階段，總是穩定在一定水平上。只有這樣，才能使員工有依據和遵循的可能。但是，一潭死水的文化只能是惰性的文化、死寂的文化。任何優秀的企業文化都是人們在優秀文化傳統的基礎上再創造的結果。

因此，有生機的企業文化總會不斷引進先進的價值觀念，充實企業文化，使企業文化隨著生產力的不斷發展和企業的不斷變化而發展，形成新的適應於發展的企業文化，以適應企業內外環境的不斷變化。特別是當一個企業的文化出現危機時，就一定要加以改鑄、重塑，使企業文化能成為企業目標的助推器。

企業文化的適應性特別表現在對時代精神的反應上。審時度勢、建設企業文化，是企業擁有活力的保證。企業文化建設是企業以價值觀為核心，創新精神為動力，

**企業文化塑造的理論與方法**

共有事業為追求的長期發展戰略。當代企業文化滲透著現代經營管理的種種意識，如商品經濟意識、靈活經營意識、市場競爭意識、經濟效益意識、消費者第一意識、戰略管理意識、公共關係意識等。優秀的企業文化就應該反應出時代的特點。國有企業受計劃經濟影響較深，應變能力較弱，固然需要加強創新的企業文化建設；民營企業雖然機制較活，但受經營者個人固有思維模式的限制，也需要優秀的企業文化調整其思路與戰略。

## 第三節　新經濟時代企業文化的突出特徵

新經濟時代是信息時代、網路時代、求新求異飛速發展變化的時代。在這個時代中，企業文化除了具有前列的特點以外，還在以下方面具有突出的特徵：

### 一、創新文化

創新是企業持續發展的永恆的主題之一，優秀企業文化在培育適宜於企業發展的價值觀時，必須以創新為首要課題。在信息化的背景下，創新的作用得到空前強化，並昇華成一種社會主題。在劇烈變動的時代，成功者往往是那些突破遊戲規則，敢於大膽創新、不畏風險的人。敢於改變遊戲規則的人也就是在思維模式上能迅速改變的人。任何先進的企業機制和技術都是相對的、階段性的。要想始終保持企業的先進性，必須具有較強的機制和技術創新能力，相應地有較強的管理創新能力與之配合。只有不斷地使自己的生產技術、管理方式和行銷策略適應社會發展的要求，即與外部的技術和管理水平相一致，才能生存下來。而只有當自己的這些技術、管理和制度處於社會發展的前沿，才能成為優秀的企業。在信息文明中，明天意味著不確定。怎樣為似乎不可預測的未來增加確定性呢？只有讓自然人或者法人這個經濟活動主體本身的創新意識和創新活力增強。

企業的創新能力，就是以鼓勵創新的企業文化為基礎的經營要素。新時代的企業自上而下，每個毛孔都必須著力創新，通過自身主體創新的確定性來對付明天的不確定性。不隨著客觀環境的變化而改變價值觀和方法論的企業文化，甚至可以扼殺一個企業。所以對一個企業而言，決策模式、管理模式沒有創新是非常危險的。成功的世界級領先企業，更多的是由超越現實的抱負和在低投入產出中表現出來的創造性來維繫的，很少是由工業的文化或制度的承襲而維繫的。

### 二、速度文化

這個世界充滿著變化，一個公司的成敗取決於其適應變化的能力。這就意味著速度就是效益，時間就是金錢。傳統競爭因素的重要性在不斷減弱，而新的競爭越

## 第二章　企業文化的概念與特點

來越表現為時間競爭。新經濟中的現代企業已沒有決策大小的問題，只有速度快慢的問題。美國思科系統公司信奉的企業信條是「在未來的商場中，不再是大吃小，而是快吃慢」。因此，培育起一種重視速度的企業文化成為很多公司的當務之急。

企業速度文化的精髓在於發現最終消費者。新時代市場競爭的焦點不再集中於誰的科技更優良，誰的規模更強大，誰的資本最雄厚，而是要看誰最先發現最終消費者，並能最先滿足最終消費者的需求。這裡並不是說企業可以忽視發展科技，而是要把技術研發看成是工具、手段，滿足消費者的需求才是目的。企業建立良好的速度文化是應對危機的根本。危機是當代企業的殺手，眾多企業由於應對失誤在危機中喪身；不少企業由於沒有建立危機預警機制，危機到來時反應太慢，損失巨大。因此，建立良好的速度文化，是當今社會對企業的要求。

### 三、學習文化

崇尚知識是新時代的基本素質和要求。在經濟全球化、信息爆炸、科技飛速發展的時代背景下，企業持續運行期限或生命週期受到最嚴厲的挑戰，只有通過培養整個企業組織的學習意願、速度和能力，在學習中不斷實現企業變革，開發新的企業資源和市場，才能應對這樣的挑戰。

學習給企業帶來利益和機會。比競爭者學得快的能力，也許是唯一能保持的企業競爭優勢。知識的累積只有學習，創新的起點在於學習，環境的適應依賴學習，應變的能力來自學習，這就需要一種重視學習、善於學習的文化氛圍。因而企業不再是一個終身雇傭的組織，而是一個終身學習的組織。現代企業只能作為一個不斷學習的組織，才能夠善於創造、尋求及轉換知識，同時能根據新的知識與領悟而調整行為，正所謂終身學習、永續經營。

### 四、融合文化

新時代還有一個相當關鍵的東西，就是融合。經濟全球化，導致競爭內涵發生變化，競爭中的合作，使企業必須不斷融合多元文化。同時，經濟全球化也為企業文化的融合鋪平了道路，讓身處這個時代的企業成為跨文化的人類群體組織。通過全球化把各種稀缺要素集中在自己手裡，通過全球性合作實現最佳優勢互補，所以20世紀90年代以來才會出現世界上越來越大的各種兼併和戰略聯盟，以獲取信息、人才和其他稀缺資源。實際上，企業文化中的融合文化是多元文化、合作文化和共享文化的集合。多元優於一元，合作大於競爭，共享勝過獨占，企業有了包容性的融合文化，就能突破看似有限的市場空間和社會結構實現優勢互補和資源重組，在更為廣泛的程度上形成雙贏或多贏的商業運作。

## 企業文化塑造的理論與方法

### 五、理念文化

　　新時代是一個推崇思考，善於思考的時代。企業文化的結構中，企業理念是思想內涵中的重要內容。沒有企業理念，企業文化就沒有了統帥，沒有了聚集力。因此，企業領導人必須在企業價值觀的基礎上提煉企業理念，並且積極地向員工灌輸企業理念。一般來說，要建立優質的企業文化，員工對企業的認識應該樹立起三種理念：第一，企業是企業與員工共同生存和發展的平臺，只有這個平臺不斷地發展壯大，企業的員工才有可能得到更進一步的發展。在此理念的指導下，員工才能自覺地去發展企業。第二，企業是制度共守、利益共享、風險共擔的大家庭。這就是讓員工培養良好的主人公意識，自覺地去維護和遵守公司的規則制度，維護公司的利益。第三，企業是一所大學校，即學習型組織，員工在為企業做出奉獻的同時，自身的素質也會得到提高。企業與員工的共同發展就是在這樣的共同學習下實現的。只有在一個企業裡樹立起這種理念，員工才會發自內心地去愛護企業、維護企業、發展企業。

### 六、績效文化

　　市場經濟是績效經濟，市場經濟的顯著特點是淘汰那些低效率的企業，將有限的資源向高效率的企業轉移。管理最終要以績效為目的，作為高級管理形式的企業文化也是一種績效文化。企業文化推行的結果，就是要持續地為企業、員工和社會帶來物質和精神財富，這是檢驗其績效的標準。當今企業最重視的有兩點：一是效率，二是競爭。不講效率的企業和不講效率的管理都是沒法在競爭中立足的。企業的競爭，無論是外部競爭還是內部競爭，都是為了打破死寂狀態、激發活力、提高企業績效。外部競爭是企業間的競爭，表現在效率與效能的競爭。企業內部的競爭，也就是企業員工之間的競爭同樣是優勝劣汰，適者生存。這樣才能保證企業中的員工的素質穩定在企業需要的水平上。如果做不到這點，企業很難有動力。企業要有高績效，必須有持續的動力。企業最重要的動力有三個：一是企業家的動力。永不知足的創新精神，來自於企業家的個性和企業家的精神需求，這是企業非常重要的偉大動力。二是市場動力。激烈競爭的市場，把「優勝劣汰」這個詞演繹得清清楚楚，使每個人都不敢有任何松懈。三是企業員工的動力。對自己各種需要的滿足形成了員工的動力。企業文化管理就是要充分啟動這些動力，利用這些動力，讓企業在積極向上的精神狀態中，在濃鬱的企業文化氛圍中，提高企業績效，達到企業預定的目標。

### 七、虛擬文化

　　經濟全球化和知識經濟時代的典型產物就是虛擬，就是與信息緊密掛勾的高智

## 第二章　企業文化的概念與特點

能知識密集型產品和產業。企業經營的虛擬化表現在兩個方面：其一，利用高信息技術手段，在全球範圍內通過軟性操作系統整合優勢資源，既增加企業運行的效率和活力，又避免工業經濟時代常規運行中的硬設施投入，從而降低了企業運行成本；其二，只需要保持對市場變化的高度敏感和研發設計能力，而不必將自己的主要精力耗費在低價值產出和常規的普通工業生產中，后者完全可以通過國際分工體系以訂貨或合營方式來實現。由此可見，企業虛擬文化的要旨在於具有靈活、柔性、合作、共享、快速反應、高效輸出等素質。康柏、耐克、可口可樂等美國公司就是虛擬經營的典範，它們不斷地製造新概念，通過概念來進行市場擴張。在新經濟中，企業大小的重要性在減少，因為進入虛擬市場的門檻很低。任何個人都能夠通過網路像大企業那樣地向全球市場提供非物質產品，而既不需要自己擁有生產設備，也不需要擁有銷售網路。

　　虛擬的另外一個含義，是創造消費、購買消費。在全球生產普遍供大於求的形勢下，人們的消費越來越超時化，傳統的消費概念已經過時，發現消費、創造消費、從有限消費轉變為無限消費，就成為虛擬經營的重要內容。在這裡，時間是商品，感情是商品，文化的差異是商品，品位是商品。你能打動消費者，把他的時間買下來，把他的文化品位買下來，新的文化商機就出現了。

### 思考題

1. 怎樣理解「企業文化是一個複雜的信息循環系統」？
2. 怎樣理解企業文化「是在一定環境中隨著企業生存發展的需要形成的，也要隨著時代和企業的發展而發展。成功的企業文化不會一勞永逸，要在一定條件下轉化」？
3. 企業文化的社會性和民族性體現在哪些方面？這對企業文化的塑造有什麼影響？

# 第三章　企業文化管理的功能

## ● 章首案例：著名的豐田模式怎麼了？

　　豐田汽車公司成立於20世紀30年代，真正發展始於第二次世界大戰之後，通過引進歐美技術，並結合日本民族的特點，創造了以「品質」、「可靠性」、「客戶第一」為核心價值觀的企業文化和著名的豐田生產管理模式，工廠生產效率得到極大提升。從1976年豐田汽車年產量突破200萬輛開始，至2008年年銷量897萬輛，豐田公司超越通用公司獨占70多年的全球最大汽車製造商的位置僅僅用了30多年的時間。

　　豐田公司的理念是生產「世界上最高質量、最安全和最可靠的汽車」。豐田公司在其幾十年的成長歷程中，一直在用行動詮釋這個理念，這也讓豐田獲得了很好的聲譽。然而，一場「踏板門」事件，卻讓豐田的形象受損，讓豐田的理念被人質疑。

　　據有關媒體報導，2009—2010年，豐田汽車宣布由於油門踏板存在設計缺陷等問題，在全球召回問題汽車。截至2010年3月累計召回數量已經超過1000萬輛，比豐田2009年全球銷量723萬輛還多40%左右。

　　豐田美國公司相關負責人米勒表示：「最近數月，豐田已對有關某些車輛油門踏板裝置在沒有腳墊情況下會卡住的獨立報告做了調查。調查表明，某些油門踏板裝置在極少數情況下會卡在部分下壓位置或出現回位緩慢的問題。」

　　據有關媒體報導，豐田公司開展汽車召回行動以前一段時間，就已經接到了多起客戶關於行車安全方面的投訴，但直到美國政府施壓后，豐田公司才開始對存有

## 第三章　企業文化管理的功能

安全隱患的汽車進行召回。

在 2010 年 2 月 24 日美國國會眾議院舉行的聽證會上，豐田總裁豐田章男承認，豐田過去重視的第一是安全，第二是質量，第三是數量，但在過去幾年，豐田在數量上擴張「太過迅速」，導致豐田忽視了這三個選項的先後順序。

有關專家分析，在豐田的海外擴張中，為了追求速度和降低成本而採用的全球化生產和採購策略，破壞了汽車零零件設計、開發和供應的封閉式管理模式，無限地放大了公司生產管理鏈條，弱化了豐田公司產品的質量管控能力，導致了產品安全性能的不確定性，為大規模召回事件的發生埋下了不可預測的隱患。

業內人士指出，以豐田為代表的日式製造文化和企業文化，正面臨越來越嚴峻的挑戰。日本戰略管理大師大前研一在《紐約時報》刊文指出，豐田事件的根本原因恰恰在於其著名的「持續改善」理念，因為這在複雜的電控發動機時代成為一個缺陷。「持續改善」理念讓豐田成了世界知名品牌，然而不斷完善生產線操作的同時，企業卻失去了宏觀視角。他認為豐田公司正在失去人性的因素，一個真正的人能夠綜合地瞭解發動機以及零件間相互作用的整體性。豐田必須在「持續改善」理念之上建立一種新的組織文化，以管理重要的安全性能問題，而各種零敲碎打式的改進則影響了安全性能——這是一個管理理念的問題，而不是技術問題。[①]

不同類型、不同特質的企業文化發揮著不同的功能。各類企業文化中優質的部分發揮的是積極功能，或稱之為正功能。這是有利於企業發展的進步方面，最終形成企業文明。各類企業文化中劣質或不足的部分發揮的是消極功能，或稱之為負功能或反功能，如同社會文化中的消極成分甚至是有害部分。進行企業文化管理就是要充分發揮企業文化中正面因素的作用，阻止企業文化中負面因素產生作用，以提高企業的生存發展能力。

## 第一節　企業文化的正功能

企業文化的正功能從整體上來說就是全面優化企業管理，合理配置生產力要素，打造企業的競爭優勢，提高企業的競爭能力，促進企業持續穩定的發展，創造出理想的經濟效益和社會效益。具體地講有以下功能：

### 一、目標導向功能

任何文化都是一種價值取向，規定著主體所追求的目標，因而具有導向功能。

---

[①] 案例據人民網、新華網等媒體發布信息資料編寫。

## 企業文化塑造的理論與方法

企業文化規定著企業發展的戰略方向，企業在選擇經營領域和經營目標時，做什麼、不做什麼，以及怎麼做，都是由企業文化決定的，具體地說是由企業信奉的價值觀和遵循的經營宗旨決定的。這就好像一個人的人生目標和行為方式是由其人生觀決定的一樣。

企業的價值觀、企業精神、群體意識、行為規範如同無聲的命令，發揮著無形的導向功能。一個企業的價值取向，是企業的精神指南，它可以在變動的世界中，為人提供一些固定的東西，如戒律、口號、格言等，好似一種類似宗教和信仰般的精神力量，使人獲得歸宿感和力量。同時，企業價值取向還是企業具體工作的指南，可以提供諸如企業發展目標、產品定位、如何滿足市場與社會、如何對待員工與客戶、如何對待競爭對手等的基本原則，優秀的企業文化既可以保證本企業的利益要求，又可以符合社會整體利益，引導企業健康發展，獲得成功。目標導向功能，突出地體現在它的超前引導方面。這種超前引導是通過企業自上而下的灌輸，自下而上的培養而生的。其包括兩部分：一是基本技術、技能的培訓，二是價值和企業理念的灌輸。后者較前者更為重要，因為它可以對員工起到培養人格、建立共識、確立奮鬥目標的作用。

企業文化的目標導向功能，主要是通過企業文化的塑造來引導企業成員的行為心理，使人們在潛移默化中接受共同的價值觀念，自覺自願地把企業目標作為自己的追求目標來實現的。它反應了企業整體的共同追求、共同價值觀和共同利益，這種強有力的文化，能夠對企業整體和企業的每一個成員的價值取向和行為取向起導向作用。一個企業的企業文化一旦形成，它就建立起自身系統的價值和規範標準，對企業成員個體思想和企業整體的價值和行為取向，發揮導向作用。

企業文化是一個價值取向，規定著企業所追求的目標。卓越的企業文化規定著企業適應健康的、先進的、有發展前途的社會需求；相反，拙劣的企業文化，會讓企業鼠目寸光，迎合不健康的、落後的、沒有發展前途的企業需求。

### 二、控制約束功能

企業的控制行為可分為兩類：一類是外部控制，即通過行政、法制、規章制度等手段來進行控制，它往往帶有強制性。另一類是內部的自我控制，即調動人的積極性。管理大師德魯克說：「我們需要的是用自己發自內心的動力來代替外加的恐懼的刺激。」

無疑，企業需要強制性的外在控制，這是科學管理的基礎。作為一個組織，企業要進行正常的生產經營，必須制定必要的規章制度來規範人在生產經營中的行為，進行「硬」約束。但是，這種外在的約束所起的作用是很有限的。要切實實現「硬」約束，企業必在人財物上增加很多投入，加強監督的力量。即使這樣，也未必就能達到目的，因為員工會覺得不被信任而在實效上大打折扣。

## 第三章　企業文化管理的功能

國內外的企業管理現實告訴我們，僅有科學管理是遠遠不夠的。因為再完善的企業制度都會有漏洞，而企業中員工的個人目標與企業的組織目標不可能完全相同，個人的價值觀與企業的整體價值觀也不可能絕對一致，這就決定了員工的實際行為與組織要求的行為之間必然存在著一定的差距，這種差距的大小必然影響組織目標實現的程度。如果將企業的規章制度、管理規則及各種無形的非正式的和不成文的行為準則有機地結合在一起，就可以對企業員工的行為形成一種無形的群體壓力，使員工不理智、不規範的行為得到控制，並保持相同的價值取向。所以，在強化企業制度安排的同時，必須更強調以一種無形的精神、價值、傳統等因素，形成文化上的約束力量，對職工行為起到約束作用，這就形成一種軟約束，構成了企業文化的控制約束功能。企業文化因為將企業的目標、價值觀和行為方式最大限度地內化為員工自己的目標、價值觀和行為方式，使對員工的外在約束變成了員工的自我約束，從而達到管理的最高境界——無為而治。

優秀的企業文化對職工的行為具有無形的約束力。企業文化是一種非正式規則的心理契約體系，它以潛移默化的形式，在企業員工中形成一種群體道德規範和行為準則，對企業和員工的思想、行為起到約束作用。一旦出現違背企業文化的言行及現象，就會受到群體輿論和感情壓力的抑制。從員工內心來說，由於企業文化可以將個人的目標、信仰與企業目標、信仰融為一體，個人就會認同企業價值觀，使員工產生自覺的行為約束，達到自控目的。企業文化對員工的「軟約束」，可以減弱規章制度等「硬約束」對員工心理發生的衝撞，減少內耗、降低內部交易成本，從而實現企業內部人員的諧和與默契。企業文化好似一種「不需要管理的管理」。把以尊重個人為基礎的無形外部控制和以群體目標為己任的內在控制有機融合在一起，實現外部約束和自我約束的統一就可以達到節約管理成本，提高管理效益的目的。

那麼，怎樣塑造企業文化的「軟」約束呢？企業文化的「軟」約束是通過企業文化的塑造，在組織群體中培養出與制度的「硬」約束相協調的環境氛圍，包括群體意識、社會輿論、共同的習俗和風尚等精神文化內容，造成強大的使個體行為從眾化的群體心理壓力和動力，使企業成員產生心理共鳴、心理約束繼而起到對行為的自我控制，這種無形的「軟」約束具有更持久、更強大的效果。

### 三、協調凝聚功能

良好的企業文化能協調企業和社會之間的關係，使企業自覺地為社會服務；企業文化建設能使企業盡快調整自己，適應公眾情緒，滿足不斷變化的市場需求；企業文化造就的學習氛圍能跟上時代的步伐，跟上政府新法規的實施；企業文化多贏的價值取向可以緩和處於激烈競爭中的企業之間的關係；企業文化的溝通協調功能可以使企業內部為了共同的願景而放棄爭端，一致行動。

## 企業文化塑造的理論與方法

　　文化就是影響與改變，文化力為企業獲得巨大的決策力和凝聚力。文化具有凝聚功能，它可以使一個社會群體中的人們，在同一文化類型或模式中得到教化，從而產生相同的思維方式、價值觀念、行為習慣，產生巨大的認同抗異力量。因為在社會系統中將個體凝聚起來的主要是一種諸如知覺、信念、動機及期望等心理因素，而不是生理的力量。以價值觀為核心的企業文化就是這種心理力量的支撐。

　　企業文化通過企業成員的習慣、知覺、信念、動機、期望等微妙的文化心理來溝通企業內部人員的思想，使人們產生對企業目標、準則和觀念的認同感，對很多問題的認識趨於一致，因而，企業文化通過溝通和協調使企業形成凝聚力。同時，企業文化又是建立在凝聚基礎上的協調力，它可以增加管理層之間、員工之間、管理層與員工之間彼此的信任，有利於相互的交流與溝通；還可以減少不必要的摩擦、衝突和矛盾，使企業人員樂於參加企業事務，發揮自己的聰明才智，為企業群體的發展貢獻自己的力量。企業群體對企業成員進行鼓勵和認可，又會大大加強員工的主人翁意識，增強對群體的歸屬感，使企業形成強大的凝聚力和向心力。

　　企業的凝聚力也是企業和職工的相互吸引力，即企業對職工的吸引力和職工對企業的向心力。它可以通過企業對職工的關心和職工對企業的依戀的情感方式表現出來，構成企業與職工命運共同體的合力，推動企業發展。企業的文化管理模式將親密感情、價值共識與目標認同作為強化企業凝聚力的關鍵因素，注重感情投資，把個人目標同化於企業目標，促使個體凝聚在群體之中，建立共享價值觀，使企業員工能夠感覺到企業目標的實現同時也是個人利益需求的實現，使企業目標的實現成為一個自覺自願的過程，大大增強了企業內部的統一和團結，使企業在競爭中形成一股強大的力量。

　　積極向上的企業文化就像「黏合劑」，能在領導之間、員工之間和領導與員工之間起到溝通、協調、凝聚的作用，形成順向合力和強大的凝聚力，獲得整體效應。沒有企業凝聚力，企業就無法成為一個有機的整體，就不可能充滿戰鬥力。企業文化把員工的個人追求融入企業的長遠發展當中，使員工與企業的追求緊密聯繫起來，將分散的員工個體的力量凝聚成企業的整體力量。特別是企業在困境危難之際，這種企業文化的凝聚作用更能振奮企業精神。

### 四、激勵振興功能

　　文化是一種沒有極限的動力來源。企業文化對企業員工不僅有一種「無形的精神約束力」，而且還有一種「無形的精神驅動力」。

　　企業除運用獎金和分紅等經濟形式來調動勞動者的積極性外，還必須運用精神激勵的形式，培養員工的「共存亡」意識、集體觀念和忠誠、奮鬥、創新等精神。企業文化的核心是形成共同的價值觀念，優秀的企業文化以人為中心，要形成一種人人受重視、受尊重的文化氛圍。這樣的文化氛圍往往能振奮人的精神，形成一種

## 第三章　企業文化管理的功能

激勵機制，使企業成員在內心深處自覺產生為企業奮鬥的獻身精神，從而激發員工的鬥志與工作熱情。而企業群體對企業成員所做貢獻的獎勵，又能進一步激勵員工為實現自我價值和企業發展而不斷進取，達到良性循環的目的。同時，優秀的企業文化還有利於減少人們在面臨認識上的不確定或重重困難時產生的焦慮。置身於一種成熟優良的企業文化中，人們的心情是平穩和愉快的，即使有競爭和壓力，也只會激起向上的動力，而不會產生焦慮的情緒。

企業文化管理模式區別於以往企業管理模式的是，它由重視個體激勵轉變為重視個體與群體激勵的兼顧，為提高企業職工的積極性、主動性和創造性提供了新的手段與方法。企業價值觀不僅使員工明確企業的發展目標，而且會使員工感覺自身的需要不再僅是滿足物質利益，還有比賺錢更重要的東西，就是滿足社會需要和實現自我價值，即完善自我。這種與企業共同目標、信仰相融合的需求心理會激發企業員工忘我的工作精神，主動地將工作做得更好。心理學家費羅姆認為，一個人把自己行為目標的價值看得越大，這種目標對他的激勵作用也越大。這也是企業文化群體激勵的意義所在。

企業文化的激勵振興功能有利於形成良好的激勵環境和激勵機制。這種激勵機制和環境可以使企業行政指揮和命令成為一個組織過程，將職工的被動行為轉化為自覺行動，化外部壓力為內部動力。同時，企業文化給職工以多重需要的滿足，並能對員工各種不同的合理的需要用它的「軟」約束進行調節，通過產生企業群體積極向上的思想觀念以及行為準則，形成員工強烈的使命感和驅動力，成為幫助員工尋求工作意義，建立行為的社會動機，從而調動積極性的過程。正因為這樣，企業文化能夠在企業成員行為心理中持久地發揮作用，避免了傳統激勵方法引起的各種企業行為的短期化和非集體主義性的不良后果，使企業行為趨於合理。

優秀的企業文化是企業成長的動力源，它創造著企業的活力，也激發著職工的工作熱情，使他們的積極性和潛能得到最大限度的發揮。企業文化的激勵振興功能來自於企業文化本身的精神力量。一個企業有了優秀的企業文化就有了取之不盡的精神力量，這就是為什麼一些有遠見的企業家孜孜以求企業文化的原因。

## 五、輻射傳播功能

輻射傳播是任何有生命力的文化都具有的功能。這一點從人類歷史的文化傳播現象中可以找到佐證。無論是6世紀印度的佛教文化傳入中國，還是8世紀中國儒家文化東渡扶桑，抑或當代西方文化的全球擴散，都無一例外地說明了文化的輻射功能。

一定的企業文化展示了企業的管理方式、用人策略。在當今以人力資源為核心的市場競爭中，它能夠吸引企業所需要的高智慧個體加入，提高人力資源的競爭力。優秀的企業文化能使在市場中選擇的消費者增進信賴，從而得到「貨幣選票」。企業

## 企業文化塑造的理論與方法

文化作為一個系統，不僅要在企業內發揮作用，而且還要與外部環境進行交流，要受到外部環境的影響，並通過各種途徑對社會環境產生反作用。

企業文化的輻射傳播作用主要是通過企業與社會的交往來實現的。企業文化的輻射可能是有意識的，也可能是無意識的。企業文化向社會輻射的途徑主要有以下三種：一是物質的間接傳播。通過生產基地、辦公場地與產品服務等間接傳播企業精神、企業價值觀、企業理念等企業文化的中心信息，特別是以產品為載體對外傳送企業文化是最有效的途徑，它們常常能夠間接地展示企業本質的文化信息。二是人員的直接傳播。企業人員與社會交往也是多方面的，他們的價值觀念、道德水準都通過語言和行為展示出來，也就直接地反應出企業文化的特徵。三是媒體傳播。企業常常通過電視、報紙等傳媒和各種公共關係活動宣傳企業文化，達到輻射的目的。優秀的企業就是在自身文化的輻射過程中完成了與外界的有效溝通，樹立了良好的企業形象。松下幸之助的經營哲學、GE的成功秘訣、海爾的星級服務等，無不體現企業文化輻射傳播的功效。

由於企業在當今社會生活中已經占據的重要地位，使企業文化對社會文化有著不可忽視的作用。企業文化的發展，必然通過各種渠道對社會文化產生積極強大的影響，為社會注入新鮮活力，促進社會發展；企業文化的建設也為改造社會的傳統文化提供了實際而有效的方法和途徑。

### 六、教育美化功能

人力資源管理理論認為，人的社會化是分階段進行的，在每一個階段中擔任社會化的主體是不同的，家庭、學校、社會、單位、自我等都是個人社會化的承擔者。如果說一個人要變成社會的有用人才必須經過社會化的話，那麼，一個人要成為企業的有用人才也必須經過這個企業的特定的企業化過程，這個過程就是企業文化對職工個體的教化過程。企業化的最後結果是職工的個人文化與企業文化達成一致，不因文化衝突使企業四分五裂。

優良的企業文化可以美化企業內的社會環境，甚至美化員工的靈魂。它通過建立良好的人際關係，使員工與員工之間找到家的溫暖和兄弟般的友誼，找到情感上的歸屬，從而產生美好的精神享受。企業文化對企業的自然環境也起到了很好的美化作用。

我國第二汽車製造廠車輪分廠各車間的牆壁本來顏色是灰色和黑色，工人一進車間就有一種壓抑感，時間長了也便習以為常。后來廠領導決定美化工作環境，對車間內的顏色重新粉刷，牆裙塗成淺藍色，鋼結構屋架漆成月白色，牆體刷成白色，車間頓時顯得明亮起來，給人以寧靜舒適的感覺。各種生產器械和工具也根據美學原則和專業分工被漆成了不同的顏色，不僅便於產品線的區分，而且與車間內的其他色彩協調起來，使車間內充滿了柔和的氛圍。悅目的色彩美化了生產環境，也美

## 第三章　企業文化管理的功能

化了職工的心理環境,使他們的情緒處於愉悅之中。

企業文化的以上功能都是以文化的形式潛移默化地起著作用,雖然沒有行政手段那樣的直接性和強制性,但卻具有堅韌性和長期性。同時,企業文化的六種功能並不是單獨起作用的,而是相互影響且綜合地發揮著作用。正因為如此,企業文化具有其他管理手段難以達到的巨大作用。

企業文化是企業管理的最高境界。好的企業文化可以使企業起死回生,可以使企業走向輝煌。它滋養了通用、微軟、IBM、英特爾、惠普、瑪麗‧凱、麥當勞、英荷殼牌等一批赫赫有名的企業,它們為社會貢獻了巨大的物質財富和精神財富。優秀的企業文化會以它所具有的各種功能聚合成強大的「企業文化能」直接或間接地對企業乃至社會產生重大作用,比如減少失業率、保持社會穩定、創造更多的價值、衍生機會等。

## 第二節　企業文化的負功能

主流優質或適宜的企業文化發揮著它積極向上、威力強大的正功能,主流劣質的或不適宜的企業文化則產生著消極向下、威力強大的負功能。

### 一、消極保守,阻礙發展

企業對環境的適應是有選擇地進行的。在這個過程中,企業文化好像一個屏障,把環境中的一些因素擋在外面。優良的企業文化把不利於企業發展的因素擋在外面,把有利於企業發展的因素吸納進來;劣質企業文化卻正好相反,把有利於企業發展的因素擋在了外面,而把不利於企業發展的因素吸納進來。企業文化的這種過濾作用還表現在對人才的選擇上,它界定著一個企業的人才邊界,一個企業吸收什麼樣的人,拒斥什麼樣的人,都是由文化的樣式決定的。

當劣質企業文化作為主流文化起作用的時候,企業中消極保守的風氣蔓延,人們不思進取,得過且過,反對任何變革。撞鐘的和尚多,干事的人才少;干的不如看的,看的不如搬弄是非的。在這種文化氛圍中,企業不可能獲得什麼發展。當干的人欲干不能、欲罷不忍的心理矛盾結束時,企業就落得「一片白茫茫大地真乾淨」了。在相當長一段時間裡,中國眾多國有企業裡,這類文化非常普遍,當官的搶位子、奪帽子,企業如官場;員工混一天是一天,遊手好閒。在這樣的氛圍中,干事的要麼奪路而逃,要麼同流合污。

### 二、內部紛爭,業績低下

一個凝聚力差的企業,必然存在內部溝通不暢,紛爭不斷,業績不佳的狀況。

## 企業文化塑造的理論與方法

一些以劣質的企業文化為主流的企業，人與人之間、部門與部門之間各自為政，互相詆毀，能敲掉別人的客戶就是慶幸。你拉一個山頭，我扯一個圈子，各唱各的歌，各哼各的調，眼中只有我和我的小集團，哪管什麼企業目標。在這類企業中，員工不知道企業為什麼存在、我們應當幹什麼，就在於這些企業根本上缺乏核心經營理念，當然更談不上對核心經營理念的明確的概括，這是這些企業始終平庸的重要原因。這樣的企業注定業績低下，無法承擔一個企業應有的社會責任，也就不配存在於社會中。強大的王安電腦與藍色巨人IBM公司多年的對峙，當其正要搶得上風時，王安兩個兒子上演的內部紛爭卻將各種機會拱手讓給了對手，王安電腦由此走上了不歸路。要挽救企業，通常是換掉企業領導人。新領導人必須改造這種劣質的企業文化，如果沒有或不能改造這種文化，新的循環又會開始，直到情況完全改觀。

### 三、自我中心，推向毀滅

我們知道，促成企業成功和發展的因素是很多的，同樣，導致企業衰落和失敗的緣由也非常多。只是組成這一矛盾的各因素之間有一個主次之分罷了。以自我為中心的企業和企業家都不能適應時代的發展，不管眼前如何輝煌，終究逃脫不了失敗的命運。巨人集團曾是中國民營企業中的一顆璀璨的明珠，但在建造巨人大廈時有太多的不理智，數十億的資產也難以償還巨額債務，最后不得不破產謝世。史玉柱認為當時的「巨人集團」在企業文化建設方面存在很多缺陷。比如，說到的做不到，導致企業內部形成「信任危機」；幹部不敢承擔個人責任，出了問題相互推諉，找不到責任人；總是盯住別人的過失而時常原諒自己的錯誤，導致企業人際關係氛圍惡化；總是強調困難和所謂的「苦勞」而置企業的利益於不顧；稍有成就之後就放棄「艱苦奮鬥」的作風，導致企業整體的戰鬥力下降等。其實，史玉柱一手樹立的以自我為中心的獨裁的企業文化才是導致巨人倒塌的主要原因。其獨裁性從以下幾個方面表現出來：①盲目追求發展速度。巨人集團的產值目標：1995年10億元，1996年50億元，1997年100億元。然而不經過科學的論證、沒有必要的組織保證的目標越大其風險也就越大。②盲目追求多元化經營。缺乏科學的市場調查，好大喜功，沒有形成成熟的多元化管理的能力。③不合理的股權結構和決策機制是造成巨人獨裁的主要原因。史玉柱說：「巨人集團也設立董事會，但那是空的。我個人的股份占90%以上，具體數字自己也說不清，財務部門也算不清，其他幾位老總都沒有股份。因此，在決策時，他們很少堅持自己的意見，由於他們沒有股份，也無法干預我的決策。總裁辦公會議可以影響我的決策，但拍板的事基本由我來定。現在想起來，制約我決策的機制是不存在的。」①

居高臨下、盛氣凌人、自我標榜、目中無人等以自我為中心的文化，不僅反應

---

① 熊元俊. 我是著名的失敗者 [M]. 珠海：珠海出版社，2003.

## 第三章　企業文化管理的功能

企業經營理念有問題，而且反應企業作風惡劣，沒有擺正和公眾的關係，其效果可想而知。

### 四、盲目求大，思維障礙

在中國的民族文化中，「大」是一種觀念體系的核心。中國地大物博，房屋造得大，大柱子擎著大梁，裡面有很大的空間，這才有大氣派。在企業裡，人們情不自禁地追求大規模的組織結構，以此形成大規模的生產場面。這種潛意識不能說與古代建築藝術沒有關係。這種民族文化的遺傳，使得辦任何事情，稍不留心，就會出現擴大化趨勢。工程師設計的某一條生產線，確定其月產量為4560件。時隔數月以後，人們在口頭上常常自然地把產量說成是5000多件了。用主觀願望來表述客觀事實，這是中國人的一大習慣，在企業中非常明顯。

在人們的潛意識中，「大一些總會好一些」，所以生產計劃、原材料採購計劃都偏大不偏小。這種傳統文化影響的企業文化，優點是人們經常處於一種有所期望、有所追求的精神境界中，從而有效地引導職工的思想和行動，有利於集體行動所需要的一致性；缺點是容易產生盲目性。20世紀50年代的「大躍進」生產運動就是由於受這種思想影響而發起的。巨人大廈上的投資決策失誤是這種盲目求大思維模式的有力證據。巨人大廈是在1993年全國地產業熱火朝天時開工的，當時計劃投資2000萬元建一棟18層的自動化辦公樓，可是設計人員拿出的是38層的設計方案。然而在具體的實施過程中，由於有珠海市政府有關人員的行政暗示──把巨人大廈建成珠海市的標誌性建築，於是大廈就決定建到64層，而後又因為政治的因素改為70層。史玉柱在沒有進行項目投資的可行性論證和集體科學決策的前提下，憑藉企業家的想當然，就把巨人大廈從38層提高到70層。巨人大廈的「成長」過程，是盲目求大思維的準確反應，患有這種思維障礙的人為數不少。

### 思考題

1. 怎樣理解企業文化的正功能和負功能？
2. 試分析「召回門」事件中，豐田汽車的企業文化有怎樣的變化？為什麼？

# 第四章 企業文化的結構層次

## ● 章首案例：結石娃娃的悲劇

　　三鹿集團是集奶牛飼養、乳品加工、科研開發為一體的大型企業集團。創業初期企業堅持艱苦奮鬥、自力更生和奮發圖強的拼搏精神、奉獻精神；設計企業標示，認識企業文化，提煉企業精神，打造企業品牌，創立名牌產品、名牌企業、名牌人才。

　　企業改制、資產重組以及激烈的市場競爭引發了三鹿集團的企業文化整合與重塑。集團印發了企業形象手冊和企業文化手冊，出版《三鹿人成功之路》，向廣大員工推出一整套文化建設套餐：一張光盤唱出了三鹿精神，為公司文化建設增添了一道靚麗的風景線；一部紀錄片以真實的畫面和生動的配音，展示了三鹿人迎難而上、奮鬥不息的勇氣和取得的巨大成就；一本畫冊包含了三鹿集團五十年奮鬥歷程所取得的豐碩成果；一張報刊凝聚了三鹿的向心力和文化力，為員工、消費者和社會搭建了溝通交流的平臺；一本書籍成為繼承和弘揚三鹿精神的動員令；兩本手冊（形象手冊、文化手冊）為員工的精神文化生活提供了良好的文化「營養餐」。特別是為慶祝建廠五十周年與中央電視臺聯合舉辦「同一首歌」大型演唱會和出版光盤、畫冊，引起全國廣大消費者的普遍關注，效果良好。在不同階段的演變過程中，三鹿文化建設的昇華始終與企業整體發展和改革的逐步深化相輔相成。

　　自1993年起，三鹿奶粉產銷量連續15年實現全國第一。2005年8月，「三鹿」品牌被世界品牌實驗室評為中國500個最具價值品牌之一。2006年「三鹿」位居國際知名雜誌《福布斯》評選的「中國頂尖企業百強」乳品行業第一位。經中國品牌

## 第四章　企業文化的結構層次

資產評價中心評定，三鹿品牌價值達149.07億元。2007年，集團實現銷售收入100.16億元，同比增長15.3%。「三鹿」被商務部評為最具市場競爭力品牌，商標被認定為「中國馳名商標」；產品暢銷全國31個省、市、自治區。按「三鹿人」自己的說法，三鹿一直在快車道上高速行駛，創造了令人振奮的「三鹿速度」。

然而，被各種榮譽包裹的三鹿卻突然從天上掉進了地獄。這緣起於全國數千名嬰兒同患腎結石。

2008年6月28日，甘肅省蘭州市的中國人民解放軍第一醫院泌尿科收到第一例嬰兒患有「雙腎多發性結石」和「輸尿管結石」的病例。後來，發現的患兒涉及湖北、湖南、山東、安徽、江西、江蘇、陝西、甘肅、寧夏、河南10個省份。而這些病例都確證喝了同一品牌——三鹿嬰幼兒奶粉造成。

據報導，2008年8月2日~9月12日，三鹿集團共生產含有三聚氰胺的嬰幼兒奶粉904.2432噸；銷售含有三聚氰胺的嬰幼兒奶粉813.737噸。這些奶製品流入市場後，對廣大消費者特別是嬰幼兒的身體健康、生命安全造成了嚴重損害。

2009年1月22日，河北省石家莊市中級人民法院等4個基層法院一審宣判三鹿問題奶粉系列刑事案件，包括原三鹿集團董事長田文華在內的21名被告，分別被處以死刑、死緩、無期或有期徒刑。3月26日，河北省高院二審裁定，依法維持對田文華的無期徒刑的原判。

2009年2月12日石家莊市中院發出民事裁定書，正式宣布石家莊市三鹿集團股份有限公司破產。[①]

## 第一節　三層次結構理論

### 一、三層次結構理論的基本內容

國內較多學者將企業文化建設的結構分為三個層次：

1. 物質文化層

企業文化的物質層，是以物質為形態的表層企業文化。它包括企業的名稱、象徵物等組成的企業標示；企業的廠房等建築物及其相應的環境；由企業員工創造的產品、提供的服務等經營性成果；各種工作物質設施以及一些文化建設的「硬件」設施等。

企業文化的物質層是人們感受企業文化存在的外在形式，決定顧客對企業的優劣判斷，具有形象性和生動性。

---

① 此案例據有關媒體發布信息資料編寫。

## 企業文化塑造的理論與方法

2. 制度文化層

企業制度是企業組織的基本支撐，是任何一個組織正常運轉不可缺少的要素之一。企業制度主要包括企業領導體制、企業組織機構和企業管理制度三個方面。企業制度以獎懲的方式形成企業規範，達到令行禁止的目的。正式的組織機構保證是制度執行的保證。制度在貫徹執行的過程中形成一定的思維方式和行為習慣。制度文化還應包括企業中那些長期形成的習俗、禮儀、習慣成文與不成文但已約定俗成的制度等。

企業制度文化是企業為實現自己的目標而對企業員工的行為給予一定限制的文化，這種共性的文化對企業員工的行為規範提出了強有力的要求。重視制度文化建設是企業家早有的共識，它是企業文化得以實施的保證，具有鮮明的強制性。

3. 精神文化層

企業的精神文化是企業在生產經營過程中受一定的社會文化背景、意識形態影響而長期形成的一種文化觀念和精神成果。① 人們一般認為，企業的精神文化層主要包括企業哲學、企業理念和企業精神三個內容。企業哲學是對企業經營層次與方向的根本指導；企業理念是對企業經營行為的根本指導；企業精神源於企業生產經營的實踐，是激起員工幹勁的無形力量。

## 二、三層次理論的突出特點與在企業中的運用

三層次結構理論在企業文化引進和建設初期起到了重要作用，因為該理論清楚直觀、簡潔明快、容易理解和宣傳，在導入和塑造企業文化時也簡單易行，也適宜於企業文化諮詢公司為客戶提供條理化和書面化的企業文化設計。

一些企業在較早的企業文化實踐中也運用了三層次理論。海爾集團提出企業文化的同心圓理論，即觀念層、制度層與物質層三個層次理論，這也是一種典型的三層次理論。早期很多企業在建設與導入企業文化時也利用了三層次理論的簡單易行的特點進行了初步的企業文化建設，並且取得了不錯的成績。

## 三、三層次理論的局限

企業文化本身是一個複雜的漸進系統，它滲透於企業內外環境的各個方面，通過潛移默化對人的意識和行為產生影響。三層次結構理論在企業文化塑造的實踐中存在一些不容迴避的問題，例如，如何使設計或者提煉出來的東西很好地融入企業中去，從而對企業產生有利的影響，也就是企業文化的有關內涵如何落實的問題。從2002年5月開始，筆者對四川省內的32家企業開展了相關調查，其中商業企業15家、製造企業5家、加工企業4家、服務企業8家，涵蓋了有限責任公司、股份

---

① 陳軍，張亭楠. 現代企業文化 [M]. 北京：企業管理出版社，2002：145.

## 第四章　企業文化的結構層次

有限公司和民營企業。這些企業均不同程度地進行了企業文化建設，大多數是自己設計並實施建設的，少數是在企業文化管理諮詢公司的指導下實施建設的。我們在對這些企業的調查中發現，企業文化建設普遍存在精神層落實欠佳、制度執行力不強、物質層與精神層未能有機對接和缺乏良好的企業文化管理氛圍等問題。

1. 精神層落實欠佳

不少企業有很好的願景和目標，以及精當的企業精神，大致符合企業實際的理念和核心價值觀，但是這些只是企業文化的大政方針，要將這些精神層面的內容落實到企業的各項工作中去，必須要有企業文化塑造的實施體系，要有溝通、監督和保障體系。而在眾多企業中，我們沒有發現能夠為這些精神層面的企業文化內容提供支撐的完善的落實體系。

從調查的結果來看，不少企業的員工對於現有企業制度和文化的認同度並不高。他們對於企業有不同看法和意見，但是不能通過正常渠道表達，於是只有通過非正常的途徑發洩，逐漸造成了企業內部的不團結，影響了整個企業的凝聚力。在民營企業中，企業家一手遮天的頑疾和傳統文化「忠」的理念造就了不少企業員工對於領導者的逆來順受，領導在工作中常表現為工作分配者的角色。這不僅不利於員工與領導者之間的良性溝通，阻礙了民主空氣的自由流通，同時對企業文化精神層面的內涵落實造成了先天性的不足。目前，一部分企業內部建立了扁平化管理的組織結構模式，對於企業內部人員之間的溝通是非常有利的，但是還需要對這一組織結構進行進一步的優化和完善。

2. 企業制度執行不力

在調查中，我們發現：努力向現代企業管理的方向發展，認真向先進的企業學習，有一整套的管理制度是被調查企業的共有特點。但是，在民營企業中「有了制度不執行」、「重感情輕制度」、「重族內輕族外」等與民營企業特有經濟制度密切相關的不良文化現象大量存在，造成了保障企業文化落實的制度落實情況不佳甚至根本無法落實，企業內部員工凝聚力不足，主人翁意識、企業歸屬感、愛崗敬業精神和社會責任心缺乏。規章制度與實際管理情況差距甚遠，制度文化建設出現了嚴重的「兩張皮」現象。

我們在一家很有影響並準備上市的民營企業的調查中發現，該企業已經制定了較完備的規章制度和明確的員工行為規範。我們知道，這些制度和規範都很精到，如能真正實現，將是一種巨大的力量。但是當我們在問卷中問道：「您認為在本企業內部，有了制度卻沒有嚴格執行的現象常見嗎？」多達80%的人認為企業內部經常發生有了制度卻沒有嚴格執行的現象。這是目前亟待解決的一個問題，也是我國民營企業普遍存在的致命弱點，同時它還是企業創新發展過程中要解決的一個非常關鍵性的問題，解決得不好，不僅將成為推進企業文化建設的主要阻力，而且會影響到企業完整的文化體系的整合，最後給企業帶來致命的傷害。

企業制度是企業管理的基礎，但是制度的最佳表現是融入企業文化，由外在強

## 企業文化塑造的理論與方法

制變為內在強制，這種力量才來得更為深刻，更為巨大。如果沒有企業文化的支撐，企業制度只能對一部分人起作用。特別是當由企業領導層引導的企業潛規則與制度發生衝突時，企業的制度就被架空了，就不能起到它應有的作用了。

3. 物質層與精神層未能有機對接

通過調查，我們瞭解到很多企業已經意識到企業宣傳和企業形象塑造的重要性，在這方面的建設情況總體較好。從視覺識別基本要素到企業物質環境設計、產品造型包裝設計都比較全面，被調查企業都製作了自己的網頁，有屬於自己的企業之歌。從總體上看，企業的物質文化層建設較為完備。這些固然是企業文化中重要的層面，但是，最重要的不是網頁做得有多漂亮，廠歌寫得有多好，而是物質層面的內涵是否與精神層面做到了有機對接，這些企業文化的傳播媒介是否真正發揮了作用。

調查發現，這些企業雖然都有自己的網頁，並且從外觀上看網頁的設計和製作都不錯，內容幾乎涵蓋了企業的各個方面，可是仔細瀏覽會發現企業網頁的文化信息部分都較為簡單，特別是信息更新程度遠遠跟不上企業發展的步伐。在企業文化欄目中，不少企業還設計了最新報導或者公司動態的小欄目。一般企業大概每一兩個月有一次信息發布，多為領導視察、企業獲得新的榮譽等內容，缺乏企業文化管理中必要的新信息。信息內容單一，更新速度不快，缺乏信息接收的平臺。這對於處在信息化高速發展環境下的企業來說，不僅會失去許多商業機會，更重要的是，網路將無法發揮其作為企業文化傳播與信息收集平臺應有的作用。通過調查我們還發現，有20家企業大部分員工不會唱或者不能完整地唱出企業之歌，這些歌雖比不上流行歌曲那樣動聽，但對於企業人而言，它卻是一個企業、一種精神的體現。大部分的企業之歌卻只有在重大集會的時候才響起，甚至就只放音樂沒有歌詞，這不禁讓人質疑其意義何在。

一些公司在企業文化塑造初期成果明顯，但是，企業深層次的文化問題仍然存在，企業要發展，企業文化就必須隨著時代的發展、社會大環境的變化和企業目標的更新而不斷更新。三鹿集團有一整套企業文化的體系，其企業宗旨：為了大眾的營養健康而不懈地進取。企業核心價值觀：誠信、和諧、創新、責任；誠是立身之本，信是興業之本。誠信是三鹿的基本準則，也是三鹿人的基本信念和處事態度。企業精神：勤儉奉公圖大業，務實創新爭一流。企業目標：瞄準國際領先水平，躋身世界先進行列。企業作風：務實創新、聯繫實際、精益求精、快速反應。企業格言：一旦確定了目標，就必須盡最大努力去實現，最重要的是毅力和勤奮。

然而，2004年4月，安徽阜陽「大頭娃娃」事件，三鹿就上過一堂風險警示課。「大頭娃娃」事件的核心是由於奶粉中蛋白質含量不足，導致了兒童營養不良；2005年7月，又出現擅自將正在檢測過程中的產品提前出廠，導致了轟動一時的「早產奶」事件；到2008年6月發現全國數十名嬰兒同患腎結石，這一轟動世界的事件終於把曾經輝煌的「三鹿」推進了死胡同。三鹿集團公司總裁田文華已被判處無期徒刑，另外兩名主要負責人被判處死刑、死緩。事件總算是告一段落，但對於

## 第四章　企業文化的結構層次

患病孩子來說，還得承受發燒、嘔吐、尿閉、腎衰、數小時難以排尿等痛苦。這種恐懼，不管是對孩子還是父母以至大眾，都是難以在短時間內得到抹平的。[1]

精神層面與物質層面的分離，宣傳與實踐的脫鉤導致的不僅是企業發展的問題，而是企業生存與死亡的大問題。

4. 缺乏良好的企業文化管理氛圍

按照企業文化的三層次理論，一些公司的企業文化工程雖然已經轟轟烈烈地開展了，在員工中也起到了一定的作用。但是，員工所處的環境、其固有的觀念與習慣使他們不能完全按照企業新的運行機制執行。在企業文化的信息網路缺位的情況下，良好的企業文化氛圍很難形成。加之，企業運行的潛規則與企業的現代化管理制度有一定的距離，導致員工為避免成為異文化分子而遵行企業現行的規則。自然，企業文化建設就不能達到管理者期望的成效。

我們對這32家企業的企業文化落實情況進行調查，其結果說明以上問題不是一兩家企業才有，而是普遍存在的。只有解決了以上存在的問題，才能夠真正推進企業文化建設。通過調查企業在企業文化建設工程中的實施情況，筆者認真研究了企業文化建設的結構發現，僅用這三個層次進行企業文化塑造在企業文化管理的目標實現上存在執行力的不足。

## 第二節　四層次結構理論

企業文化專家劉光明將企業文化結構分為四層，即精神層、制度層、行為層和物質層。陳軍、張亭楠等也採用了這種四層次結構。[2]

### 一、四層次結構理論的主要內容

企業文化的四層次結構理論就是在三層次理論的基礎上加上了一個行為文化層次。

企業行為文化是企業人在生產經營、人際關係中產生的活動文化，是以人的行為為形態的企業文化。人們一般認為，企業行為包括企業家的行為、企業員工的行為、企業骨幹與模範人物的行為、企業的人際關係等。

企業人在生產經營過程中不斷地產生著行為，這種行為如果得到了一種引導，不斷被強化，就形成了一定的行為方式。企業行為文化以動態形式作為存在形式，它一方面不斷向人的意識轉化，影響企業精神文化的生成；另一方面又不斷向物質

---

[1] 以上內容摘自《京華時報》（2004年5月11日）。
[2] 陳軍，張亭楠. 現代企業文化[M]. 北京：企業管理出版社，2002：112-155.

文化活動轉化，最終物化為企業物質文化。

### 二、四層次結構理論是三層次理論的深化

加上了行為文化層次的四層次理論是三層次企業文化建設理論的深化。

由於企業的行為文化層體現在生產、經營、科研、交際和所有的企業活動中，以動態形式展示。它常常表現為獨特的企業風尚，對形成企業形象有重要作用，所以，它深化了三層次的企業文化建設理論，使企業文化建設從行為的層面上得到強化。

一般說來，企業的行為文化通過規定與制度的手段來規範全體員工的行為，是企業核心價值觀的反應，是法律、道德、科學技術和文化意識在企業的具體表現，是企業經營作風、精神面貌、人際關係的動態體現。因此，企業的行為文化層作為企業文化的中間層在企業文化的建設中起到了重要的作用，是三層次理論的深化。

## 第三節　新四層次的塑造理論及應用

企業文化四個層次的結構對於認識企業文化與在行為層面彰顯企業文化起到了良好的作用。但是，對於建設企業文化的企業來說，要讓企業文化真正發揮重要作用，還需要在企業文化的層次結構上下很深的功夫。本書從企業文化建設的角度，深入研討了企業文化的四層次理論，為表述的方便，姑且稱之為新四層次理論。

### 一、新四層次結構理論的來源

海爾企業文化「同心圓理論」分為三層，實際上，海爾真正實施企業文化時卻不是這樣簡單。海爾企業文化建設中有一個非常重要的層次，這就是企業文化的信息網路。這個信息網路的總綱就在海爾的掌舵人手上。張瑞敏說，第一，我是設計師；第二，我是一個牧師。牧師是傳經布道的，我要傳播海爾文化。海爾在各管理層次之間有著暢通的聯繫通道，便於各種信息的分析和傳遞。尤其是海爾的企業文化中心擔負著非常重要的任務——文化傳播和信息收集。因此，海爾才形成了觀念層、制度層和物質層的有機結合。如果沒有這樣的文化傳播網路，沒有對良好理念到位的宣傳和實施，海爾能否取得今天的成就就是一個未知數。當然，海爾的信息溝通渠道也不是完美無缺的，由於缺乏對這一層次的有意識的建造和整合，下面的一些信息反饋到上層也不是很暢通的。

一些企業文化建設效果較好的企業或多或少地建設了一些信息渠道。信息網路缺失或者信息渠道單一的企業雖然也在塑造企業文化，但是企業文化各個層面的聯繫卻是松散的，沒有很好地發揮信息渠道的作用。

# 第四章　企業文化的結構層次

近 20 年來，企業的外部和內部環境都發生了許多本質的變化。當今的世界已進入一個信息傳遞高速化、商業競爭全球化、科技發展高新化的知識經濟時代，它是建立在知識和信息的生產、分配以及應用基礎之上，以高速信息網路為基礎設施，以知識資本為主要資本形態，以無形資產投入為主要投入方式，以知識密集型的軟產品為主導產品形式的可持續發展的新型經濟。[①] 國內的經濟環境也變化明顯：產品的大量生產使需求達到飽和，出現了多樣化的趨勢，顧客對產品的消費在質量、時間、服務等方面提出了新的要求，顧客需求的個性化趨勢明顯。企業處於這樣激烈的市場競爭環境中，不得不重新審視自己的管理思想和經營策略。

隨著外部環境的變化，企業對內部管理的要求更高了，企業文化管理受到重視，企業內外的溝通成了企業發展的迫切需要。企業文化建設的實際呼喚著能適應現代企業競爭環境需要的，能對企業文化內涵進行落實的新的建設結構。傳統的簡單化的三層次管理已經不能滿足真正的文化管理的需要，我們必須思考並建立更系統更符合企業實際的文化管理體系。

## 二、新四層次建設理論的內涵

本書提出的四層次結構理論包括思想內涵、信息網路、行為規範和企業形象四方面內容。

1. 思想內涵

思想內涵是企業文化的第一個層次，也是企業文化建設中最重要而深潛的一個層次。它包括企業哲學、企業的經營理念和企業精神。這一層次的建設一般來源於企業創始人和高層管理者的經營理念。

企業哲學主要有企業的價值體系和綜合處理信息的方法，它在總體上規範了企業的經營宗旨和行為。經營理念是企業經營的指導思想，是經過整理後可以宣示於人的條理性思想，就是企業的使命和經營目標，直接決定了企業的經營行為。企業精神指企業在生產經營實踐活動中形成的促進企業發展並能激發職工干勁的一種無形的力量。

思想內涵的作用在於它是企業意識形態的總和，對其他幾個層次的內容起規範和指導作用。

2. 信息網路

信息網路是指在企業文化這樣一個複合型的管理系統中，影響企業價值觀、企業精神、企業決策、企業生產經營行為方式、企業形象與企業效益的所有信息的綜合系統。它是連接企業組織各種信息通道的網狀結構。它包括正式渠道、非正式渠道和縱橫交錯的立體式渠道三種。正式渠道猶如一個人的動脈血管，非正式渠道猶

---

① 蘇天賜. 現代企業如何迎接經營環境變化帶來的挑戰 [J]. 管理科學文摘，2005（11）.

## 企業文化塑造的理論與方法

如靜脈血管與經絡系統。只有全身的動靜脈血管與所有經絡系統都通暢，人體才是健康與充滿活力的。在企業的信息網路中，各種信息往往不是以單一的渠道或方式發布，而是縱橫交錯，如蛛網般密布，以立體的網路式發布和接收的，因此，就存在著縱橫交錯的立體式渠道信息網路。中國企業如果能夠構建健康有效的正式網路系統，使其充分發揮計劃、組織、領導、控制等管理職能；規範並著意塑造非正式文化網路，使其傳播正面的文化信息；注意充分利用傳統與現代信息技術建立企業文化的立體交叉的信息網路，那麼，企業文化就一定能真正起到對企業目標的高度支撐作用。

不少企業對信息網路的建設沒有重視，無論是正式渠道、非正式渠道還是立體式渠道都處於一種無序的狀態。它們的溝通在平時僅滿足於座談會和一般性的交流，在危機時刻更是無視信息網路的作用，單純地期望否認事實、蒙混過關。甚至有些國際知名企業，在危機時溝通也常常策略失當，導致企業損失慘重。寶潔公司在2005—2006年的一年多時間裡，在SK-Ⅱ危機事件中所做的不是平息消費者怒氣，而是始終保持強硬高姿態。該公司或是公開質疑起訴方「動機不純」，或就SK-Ⅱ含腐蝕性成分的媒體報導高調發表聲明。這就造成了一個不利的局面：強硬姿態對不少網友的情緒更是火上澆油，使得媒體和網友們「豎起耳朵」，對SK-Ⅱ的相關信息非常關心，一有風吹草動就「揭竿而起」。在產品被出入境檢驗檢疫機構檢出含有違禁成分的情況下，寶潔的公開聲明首先強調SK-Ⅱ「把質量和安全放在首位」，緊接著表示「未添加」違禁成分，這樣的明顯與事實相悖的說法勢必引來公眾的反感，使大家認為SK-Ⅱ沒有責任感。在全國媒體的指責及消費者的討伐聲中，寶潔一向高傲的尊嚴似乎被撕得支離破碎、狼狽不堪，最終宣布暫時退出中國市場。

可見企業在內外溝通方面還需要進一步加強，特別是在溝通的全面性和徹底性方面。顯然，企業應該對內部人員間的溝通和對消費者、媒體公眾以及政府等外部對象的溝通機制進行重新塑造，全面地建設企業文化的信息網路。企業不僅要敢於溝通，還要善於溝通；不僅要增加溝通的頻率，還要注意提高每次溝通的效率，做到溝通的徹底性和全面性。有了良好的信息渠道，企業就形成了一股循環往復的信息流，在一定的時間和空間的作用下，企業的良好的向上的信息網路就形成了。

### 3. 行為規範

行為規範包括傳統企業文化中人們一般認可的制度文化，但又比制度文化更廣泛。事實上，企業行為規範不是規章制度所能概括的，除了企業正式制定的規章制度能對企業人的行為進行規範以外，非正式制度所引導的行為規範，也就是企業的潛規則，對企業人的規範作用也很大，有時甚至超過正式的規章制度所起的作用。非正式制度形成的行為規範可能建立在正式制度基礎之上，並且形成對正式制度的一種反應和強化，也可能不是建立在正式規章制度之上，而是由有一定權力與威望的人引導的，是企業真正實施的行為規範。由於不同企業所信奉的管理哲學不同，企業領導層身體力行的效應不同，所以他們所實施的管理制度和實踐結果也會不一

## 第四章　企業文化的結構層次

樣,而這種管理制度與實踐的不同則會導致具有不同行為方式的企業文化,這就在事實上形成了不同的行為表現。而這,已經是企業文化行為規範的結果了。

筆者的團隊在調查中,有一道問題:「您認為企業的核心價值觀是否貫穿企業行為的各方面,並對各項工作產生強有力的支撐和推進?」有一家企業多達62%的員工認為該企業核心價值觀完全貫穿了企業行為的各方面,36%的員工認為該企業核心價值觀只在部分工作和部分人身上體現,2%的人認為完全沒有體現,這表明仍然有一部分員工還不能完全將該企業文化納入自己的思想理念中,這是企業文化建設中普遍存在的核心問題。建設企業文化重在實踐,貴在落實到基層,「文化要固化於制,內化於心,外化於行」。因此,在企業文化的建設中,企業領導人應該更多地關注企業文化的滲透與落實。企業的行為表現如果直接反應了企業的行為規範的潛規則,而不是企業的規章制度,那麼企業的制度和文化就分裂了,企業文化的正面效應可能就較為微弱了。

4. 企業形象

企業形象包括外部形象和內部形象。外部形象主要指企業的名稱標誌、建築裝飾、標語口號、文化儀式、知名度、美譽度、信任度、文明度、支持度等;內部形象主要指企業風尚、工作氛圍、設施擺放組合、員工裝束等。不少企業在企業形象的塑造方面有很好的設計和實施,但是,沒能把知名度、美譽度、信任度、文明度和支持度等企業外部形象的軟件要素結合起來,沒有把工作氛圍、企業的風尚等內部形象要素結合起來,所以,企業形象就流於物質形態,而沒有上升到有機的文化形態,企業也就當然處於一種必然王國而不是自由王國階段了。

如今,不少企業的品牌價值觀得到良好落實,企業的知名度和美譽度不斷提高,如果能夠在新的企業文化體系下根據企業現在的實際情況運行企業文化的實施方案,對於企業的中長期目標來說,都是有重要作用的。

### 三、企業文化各層次之間的相互關係

企業文化所有內容的相互關係是:內層是外層的依據;外層是內層的表象。由內到外層層顯現;由外到內層層深化。

若以一棵大樹來比喻企業文化,那麼,思想內涵為根本,企業哲學為樹根,企業精神、經營理念為樹干,正確、通暢的信息渠道為血脈,行為表現為樹杈,企業形象為樹冠。正是由於有很好的價值觀與經營理念,有紮實的行動基礎,企業才有光輝的形象。尤其需要強調的是信息網路這個企業的血脈系統,沒有它,這棵樹就是枯樹、假樹、死樹。總之,若只管外表華麗,不顧內在實質,那麼一旦衣敝妝殘,露出其本來面目,豈不可悲?如成都的「老君酒」,1992年我們為其策劃了一整套的外觀形象。企業又花巨資在成都的主要媒體做廣告,但由於企業對其經營理念和行為規範缺乏準確的總結與規範,造成廣告形象與企業的主體意識嚴重相悖,企業

## 企業文化塑造的理論與方法

員工的形象也與倡導的形象不符。最后，酒不是原來的酒，企業也非以前的企業了。

只有將企業文化的全部內涵作為一個整體來考察，找出其中的不同層次及其內在聯繫，才能準確地理解企業文化，才能弄清企業文化與CIS（理念識別系統＋行為識別系統＋視覺識別系統）的關係。顯然，CIS可以導入，企業文化卻不能導入。因為，CIS的三大識別系統在企業文化體系裡屬於外顯價值觀和人為飾物的範疇，而企業文化反應的是企業的本質特徵，企業文化的體系是一個有機的整體，它主要是以企業的信息網路為載體的，存在於任何企業的任何時間與空間，外部導入的東西不易融入企業的血液和經脈，而一旦融入，就已經成了企業文化。因此，企業文化不是可以簡單地從外部導入的。企業文化是一個複雜的整體，然而，只要分清了層次，理順了關係，整個企業文化便能提綱挈領、一目了然。在操作上也能分層設置目標，制定具體措施以達到良好效果。

### 四、新四層次塑造理論的系統性與應用性

1. 企業文化的系統性與結構性

企業文化是一個系統，是由企業內相互聯繫、相互依賴、相互作用的不同層次、不同部分結合而成的有機整體。系統理論的不同特徵在企業文化中得到了充分的反應，例如，整體性：企業文化的建設著眼於社會這個整體，社會效益原則從根本上制約著企業文化，影響著企業最高目標的實現。結構性：企業文化的各構成要素，以一定的結構形式排列。它們各有其相對的獨立性，同時又以一個嚴密有序的結合體出現。整體的意義已經超出了被分割開來的要素本身，系統理論中「整體大於局部之和」的原則在此完全適用。因此，企業內部一旦構成了自身的優秀的文化，就將發揮出難以估量的功能和作用。

企業文化涉及企業的各部門，滲透在各項工作之中，對企業的生存和發展具有舉足輕重的作用。然而，以往對於企業文化，無論是研究還是實踐，大多集中於表層的企業形象，少數達到了第二層的行為表現，極少深入到第三層信息網路和第四層的精神核心。儘管不少企業都提到了經營宗旨之類的核心內容，但往往只具其「形」而不具其「神」，流於一種宣傳階段，也就不可能真正發揮核心作用。

2. 新四層次理論更具有可操作性

從形式上講，新四層次結構理論不只是比三層次結構理論增加了一個層次，而是對企業文化的有關要素進行了重新整合。從內容上講，新四層次結構理論比三層次結構理論等相關層次理論更具有可操作性。新四層次理論更關注文化的生成性和細微性特徵。

（1）信息網路建設是企業文化真正發揮作用的關鍵紐帶。

美國哈佛大學教育研究院的教授特雷斯・迪爾和麥肯錫諮詢公司顧問阿倫・肯尼迪在他們的名著《企業文化》一書中把企業文化的整個理論系統概括為五個要

## 第四章　企業文化的結構層次

素：企業環境、價值觀、英雄人物、文化儀式和文化網路。他們從美國文化信息傳播的特點出發，認為文化網路是指非正式的信息傳遞渠道。這是由某種非正式的組織和人群以及某一特定場所組成，它所傳遞出的信息往往能反應出職工的願望和心態。[1]

在西方企業中，正式文化網路發達，非正式文化網路不發達；在東方企業中，正式文化網路不發達，非正式文化網路發達。這兩種文化傳播形式各有其優缺點。企業在企業文化建設的實施過程中，必須改變信息網路建設的無序狀態，有意識地去建立適宜於自身企業文化建設的信息網路，才能更好地落實企業文化精神層面的內涵，使企業文化的各個結構形成有機地整合關係，使企業文化真正具有執行力。

從內容上講，一些企業文化建設的機構把企業文化建設稱之為「三大戰略」，主要內涵是整合企業精神文化、建立價值理念系統、規範企業行為文化、建立行為規範系統、創造企業形象文化、建立形象識別系統。[2] 這樣的設計非常有利於企業文化諮詢公司的運作，但是，與企業文化的實際建設還有相當的距離。

（2）新四層次理論更關注文化的生成性和細微性特徵。

第一，筆者將散見於各處的一些概念例如企業哲學、經營理念、企業精神、價值觀、企業宗旨、使命等概念統一於企業文化的思想內涵系統之中，在企業文化的思想內涵中講述了企業哲學（包括價值觀和方法論）、企業理念和企業精神三個重要方面，並將其他的相關概念蘊含其中，以利於人們理解它們之間微小的差別。這對於設置企業文化的目標，制定企業文化的方案有一定的幫助。第二，對一般學者與企業認同的物質文化、制度文化和精神文化三大層次作了更為符合實際的修正。把物質文化現象與企業的知名度、美譽度等典型的文化現象聯繫在一起，將其作為企業在一定價值觀基礎上形成的企業形象來考察，使文化的內涵更加豐厚。把企業的制度文化擴展為包括正式規章制度與非正式規章制度的行為規範，重點研究了企業的潛規則，而這其實正是企業行為的真正的規範力。對企業的精神文化問題，筆者把它放到思想內涵中去詳加論述，力求使其概念更為清晰。這種企業文化結構層次的劃分對企業文化塑造特別是企業轉型期的企業文化再造有一定的意義。

### 思考題

1. 試述企業文化的三層次結構與四層次結構的主要內容，並說說它們有什麼重要區別。

2. 新的四層次理論有哪些主要內容？怎樣認識新四層次理論對企業文化落實的

---

[1] （美）特雷斯・E. 迪爾，阿倫・A. 肯尼迪. 企業文化——現代企業的精神支柱 [M]. 唐鐵軍，等，譯. 上海：上海科學技術文獻出版社，1989.

[2] 張雲初，等. 讓企業文化起來 [M]. 深圳：海天出版社，2003：42-44.

## 企業文化塑造的理論與方法

影響?

3. 三鹿的企業文化建設的程序和措施是什麼?這樣的建設程序與企業文化落實有怎樣的關係?

4. 如果可能,你將向三鹿類的企業文化建設提出怎樣的建議?

# 第五章　企業文化的類型

## ●章首案例：誰應該被淘汰？

　　下面有五種人，各具特點，如果你是老板，你想淘汰哪一個人或者哪幾個人？
　　A. 文章寫得頂呱呱，公司大大小小的文件報告都要勞他動筆，但工作責任心不強，一有時間就干私活。
　　B. 大事干不了，小事又不干，倚仗后臺硬而為所欲為，但社會活動能力強，出了問題只要他到有關部門露一下臉，事情就會得到圓滿解決。
　　C. 典型的老黃牛，技術過硬，勤勤懇懇，由於不善鑽營，工作幾年了，「長」字仍沒弄一個；閒時愛發點牢騷。
　　D. 是個愣頭青，常跟領導頂牛，每年總結會上他反應問題最多。但他為人熱心、真誠，樂於助人，有正義感，對公司忠誠。
　　E. 銷售天才，公司缺少他，員工收入就會受到影響，常以其手中擁有的重量級客戶而擁權自重，對上級領導不感冒，另外貪點小財，生活不檢點。
　　如果必須淘汰一位或者幾位，您選擇淘汰誰？為什麼？

　　企業文化豐富繁雜，劃分角度不同，標準不同，可以有不同的類型。研究企業文化的類型，有利於企業考察自己的文化狀況，根據企業的不同階段與特殊情況進行企業文化的建設，使企業文化的管理更具有有效性。對企業文化類型的研究，國內外學者們已經有很多著述，下面介紹一些有代表性的類型劃分。

企業文化塑造的理論與方法

## 第一節　行業視角的企業文化類型

肯尼迪與迪爾的四種類型學說無論是對企業文化分類的研究，還是對初入職場的人關於行業的選擇來講，都有重要的意義。

在《企業文化——現代企業的精神支柱》一書中肯尼迪與迪爾根據企業經營活動風險的大小、信息反饋的快慢，將企業文化劃分為強人文化、猛干猛玩文化、賭博文化、過程文化四種類型。

### 一、強人文化及其特徵

強人文化存在於高風險、快反饋的行業，如證券、廣告、影視、出版、公關、體育等。例如好萊塢的影視業，拍一部電影就要耗費成千上億的巨資，是否賣座盈利在一年內或更短的時間就能一目了然。強人文化要求企業家和員工要有堅強的意志，有承擔風險、接受考驗的性格，有極強的競爭意識和進取精神，對於成功和挫折的考驗都有極大的承受力。追求「最大」、「最佳」、「最偉大」是強人文化的突出特徵。崇尚個人明星、個人英雄；「玩命的英雄」是這一文化的準則。他們可能行為粗野，但只要每次行動都能開啓成功的按鈕，他們就是英雄。他們對機遇特別敏感，對每一次機遇都特別對待，期望獲得新的成功。他們認為儀式象徵著成功，所以把一些在成功時舉行的儀式，變成一種不可改變的習慣或傳統。

強人文化形成了獨特的個人文化象徵：衣著注重打扮，時髦流行，與眾不同；住宅注重特色和檔次，喜歡度假式別墅；體育喜歡一對一的競爭性活動；語言愛生造獨特性的、有個性的詞語；接待客人以自我為中心；處理人際關係喜歡獨來獨往。強人文化的優點是對高風險的事業和環境有很強的適應性和承受力，不怕失敗，敢於決斷；面對競爭，精神抖擻，動力十足。其缺點是追求短期行為和效益，爭做個人英雄，公司的價值觀必須服從個人的價值觀，把普通象徵物和儀式變成迷信；理性不足，非理性有餘，成員急躁，急功近利，缺乏思考，思想與行為不成熟。

### 二、猛干猛玩文化及其特徵

這種文化類型存在於行業風險很小但績效反饋極快的企業，如房地產、經紀公司、計算機公司、汽車批發商、大眾消費公司等。這類企業經營業績的好壞很快就能重新調整過來。例如，某房地產公司開發了一幢結構不十分合理的住宅，通過一定程度的降價，該住宅很快就銷售一空。這類文化的特點是過程具有調整性，並不是一次定成敗，可以通過績效反饋，多次調整達到理想的效果。

這種文化的突出特徵就是工作時拼命干，空閒時拼命玩。他們牢固地樹立了「發現客戶的需要就努力去滿足」的信念，確信行動就是一切，做什麼是已經確定

## 第五章　企業文化的類型

了的，只要努力去做，就一定能達到目的。他們崇尚群體的力量，肯定只有群體才能贏得世界，因此喜歡群體性的刺激性活動，例如籃球或足球。這種文化崇尚中產階級的衣著和公寓；語言幽默有趣，隨機應變；對來客熱情、周到而不繁瑣；與同事關係密切，常在一起飲酒談天閒聊。

猛干猛玩文化的優點是對於工作和生活都很重視認真，行動迅速，群體協作精神較強，適合於完成工作量大且需反覆調整的工作。不足之處是缺乏深沉思考和敏感反應的一面，做事容易按部就班，常常使勝利者對自己採取行動的后果不能做長遠的預測，使今天的成功成為明天失敗的根本原因。

### 三、賭博文化及其特徵

這種文化往往在風險大、反饋慢的行業中存在，如石油開採、礦產開採、航空航天、原創性新產品開發行業等。一個項目的投資動輒上百萬或者上億元，卻需要幾年甚至更長的時間去研究開發和試驗，最后才能判斷是否真的可行。這種文化表現為決策過程反覆權衡和深思熟慮，一旦決策做出，便堅持到底、強力推進，在沒有反饋的情況下也必須堅持到底，就此一搏。

賭博文化對於理想、信念堅定不移，認為理想和信念總有一個合適的成功機會，只要敢於堅持便必定能夠成功。它敬重權威、技術能力、邏輯性和條理性，在長時間得不到反饋的情況下，權威的力量、邏輯和技術的能力成為困難中支持人們的信念和在行動中去創造未來的力量。賭博文化以例行的會議為主要儀式，層級關係分明，決策自上而下做出，不能容忍不成熟的行為。

賭博型文化形成了自己的文化特色：員工衣著保守而得體，與自己身分地位相符；住宅高級而豪華，等級區分嚴格，但總體超凡不俗；體育運動高尚而超群，如玩高爾夫球；語言文雅、文化素養高且知識淵博；接待儀式正規而莊重，講究一絲不苟；同事關係中切磋、探討之風盛行。這種文化知識含量高、結果重大，適合於高風險、高收益、產生長遠結果的企業。但這種文化往往缺乏激情、節奏緩慢、按部就班，容易產生官僚主義。

### 四、過程文化及其特徵

這種文化形成於風險小、反饋慢，特別要求注重過程的行業，如學校、制藥公司、醫院、銀行、保險公司、金融服務組織、防疫部門、公共事業公司等。這些行業的任何一次銷售，對公司的生存和發展都沒有顯著影響，員工也幾乎得不到任何反饋。

這種文化的突出特徵：崇尚過程和具體細節完全正確，強調嚴格按程序辦理。這類文化對企業員工的要求是遵紀守時，謹慎周到，不容出現不必要的錯誤；否則，會導致重大的醫療事故或巨資不翼而飛。因此，每一件小事都要認真處理，一通電

話、一段新聞記錄、一份報告、一個文件都會放在重要位置予以認真對待。在過程文化中，人們衣著保守並和自己的身分等級具有一致性，住宅一般化，體育方面喜歡閒適的、消遣性的活動，在儀式方面周到而深入。過程文化的優點是強調過程的重要性，它養成了文化的細緻性、周密性和周到性的性格，但這種文化容易導致程式化、保守、繁瑣和忘記大局。

肯尼迪和迪爾以風險性和業績反饋標準劃分的四種企業文化，能充分考慮行業特殊性對企業文化的影響，使文化適應行業特徵的要求而被放到恰當位置。這使職場中的人對企業文化的大致把握和即將進入職場的人對企業的選擇有很大的指導意義。不過，在現實中不可能有如此典型的企業，而且在企業的不同部門，其亞文化也會有明顯的不同。例如，行銷部門可能奉行強人文化，生產部門可能奉行猛干猛玩文化，研發部門可能奉行賭博文化，財會部門可能奉行過程文化等。

## 第二節　期待狀態的企業文化類型

企業文化作為一種社會亞文化形態，如同社會文化一樣，有它積極向上的一面，也有消極陰暗的一面。文化本身就有優質文化與劣質文化之分。以「三綱五常」為核心的封建文化是劣質文化，以獨裁、個人崇拜為特徵的專制文化是劣質文化，而民主的、科學的、積極向上的文化則是優質的、先進的文化。優質的企業文化闡釋著文明進步的含義，劣質的企業文化演繹著各種爭端與不幸。任何一個企業都具備企業文化，但都有優劣之分，重要的是在某一個階段，企業文化的主流是優還是劣。理想的企業文化是指其主流具有鮮明的優異性。它具有積極向上、促進企業發展的作用，能給公眾良好的印象。

### 一、先進的企業文化及其特徵

現代優秀的企業已不同於傳統企業的純營利性組織，而是在社會生活中扮演著越來越重要的角色，不斷引導著人類在觀念甚至工作和生活狀態的改變，創造著日新月異的新生活。基於此，筆者提出了這個先進的企業文化的概念。先進的企業文化是高層次的文化管理，是企業整體與人類社會所追求的一種理想狀態，是企業共同追求和認同的文化。其特徵表現為：

1. 遵從人類進步的正確方向

企業文化的方向和人類進步與發展的方向一致，永遠走在社會發展的前列，引導著社會與消費者不斷更新觀念，去追尋更為美好的生活。企業在實現人類共同的追求中實現自身的價值和利益的最大化。在這類企業文化的追求中，企業要定出高瞻遠矚的戰略規劃，必須對當今社會發展的方向和前景有深刻的洞察和切實的把握，

## 第五章　企業文化的類型

有對先進的世界文化和民族文化的深刻理解，有強烈的社會使命感和責任感。在這類企業文化中，企業管理的本質是文化制勝。

2. 植根於民族文化的沃土

先進的企業文化，要植根於民族文化的沃土，充分挖掘本民族的文化精髓，結合行業與企業的實際形成具有顯著個性的企業文化。同時，先進的企業文化要體現面向科學、面向大眾的文化理念，傳播現代人文精神，使我們的企業文化既成為達到企業經營目標的有利手段，又發揮傳播優秀文化的載體，實現經濟效益和社會效益的最佳結合。

3. 具有極強的包容性

先進的企業文化，必須體現極強的包容性，體現面向世界、積極開放的文化理念，實現文化融合。在具有民族文化靈魂的基礎上，不局限於一時一地，對人類優秀的傳統文化和人類不斷創造的現代文化都能兼收並蓄，並且在必要的時候，善於順應潮流，修改夢想，大膽創新。

4. 實現消費者與企業人和利益相關者的全面滿足

人類社會發展的方向是人的價值高於物的價值，社會利益高於經濟利益，客戶需求高於生產需求。先進的企業文化要通過對有關方面根本利益的滿足，去實現有關人士的全面發展。

先進的企業文化體現了企業文化的最高理想狀態。儘管要讓某一家企業去實現它顯得很困難，但是它應該是一個鼓勵人們去追尋的目標。可能單一的企業永遠都達不到這種理想狀態，因為它是隨著企業與社會的發展而不斷提高的，但是在立足於企業實踐的追尋中，企業文化的質量會不斷提高，企業人會在這種追求的實踐中得到理想的發展。正如被稱為20世紀第一職業經理人的杰克·韋爾奇所說，我們不是為了活著，而是為了生活（有意義）；不是為了工作，而是為了事業；不是為了成功，而是為了偉大（為人類創作生活和生存方式，與人類的事業聯繫在一起）。這在思想上是一個非常高的高度，一般人難以企及。但在企業文化的角度，先進的企業文化的管理思想、管理制度和管理方法，已經由必然王國上升到了自由王國的境界。

## 二、優質的企業文化及其特徵

優質的企業文化也是企業文化的一種理想狀態，是企業成熟的標誌。它是在現實的企業文化的基礎上經過提煉、淨化的一種美好的企業文化類型。

任何一個有願景的企業都希望努力建設優質的企業文化。然而，什麼是優質的企業文化呢？這是一個值得深入研究、深入探討的課題。優質的企業文化具有以下特徵：

## 企業文化塑造的理論與方法

1. 具有科學的人文思想

一個企業的文化只有基於人性本原，才具有無限的包容性，並獲得終極性的認同和尊重，進而才會具有凝聚人心的作用。任何一個企業的文化如果背離了人性，那麼，這種文化就是一種扭曲的文化，一種缺乏包容性的文化，根本不可能被員工、消費者、社會公眾所認同。

在與消費者、供應商等外部人士制訂的相關計劃中，優質的企業文化必須是基於人性的。只有從人性的基本需要出發，才能不斷創造出適合市場需要的產品。我們可以從惠普、IBM和摩托羅拉等企業的文化中發現這一點，這些企業之所以能有今天的成就和地位，與它們以人為本的企業文化是分不開的。

在對內部員工、股東等相關利益者的安排中，優質的企業文化必須尊重人性。馬斯洛的需要層次理論給優質的企業文化以良好的啟示。優質的企業文化應該從人性的基本需要出發，認真分析，深入探討生理需要、安全需要、社交需要、尊重需要和自我實現需要五個層面的聯繫與區別，盡量去滿足不同的人群可能偏重的不同需要，以達到最好的激勵目的，從而促使企業文化質量不斷提高。

尊重人性是所有優質企業文化的核心和基礎。倘若把優質的企業文化比喻為一座大廈的話，那麼，尊重人性就是它的基礎。儘管很難看出它的實際價值，但如果我們從足夠長的時間跨度上和經歷風雨（危機）的角度來審視它的話，它的價值就顯得無比重要和不可替代。

2. 企業家管理個性與企業組織個性的完美結合

企業家的管理個性是企業家人生價值觀與過去管理經驗教訓的總結、思考以後的行為表現。只有當企業文化充分體現了企業領導者的個性時，企業領導者才可能做到對企業文化的身體力行和不遺余力地宣講。企業的組織個性，體現了企業在經營管理過程中一些成功的精神特質和做法，這些精神特質和做法，尤其是精神特質，對企業未來的成功具有極大價值。在一個初創與轉軌期的企業，企業家個性直接決定了企業文化的質量與發展方向；在一個成熟的企業中，企業家的個性則必須融入已經成熟的企業文化中，與企業文化完美結合，才能創造出優質的企業文化。由於優質企業文化的這種獨特的個性特徵，可以使企業的品牌個性得到很好的文化滋養。因為，品牌個性往往根植於企業的文化個性，而沒有個性的品牌，就不可能成為一個卓越品牌。同時，這種文化個性作為企業的靈魂，是競爭對手所無法模仿的，是企業核心能力的基本要素之一。

3. 遵守基本的商業準則

基本商業準則是指企業在市場競爭中的基本游戲規則，例如誠信、公平競爭、雙贏或多贏等。企業一旦違背這些游戲規則，就會受到市場的拋棄。這些基本的游戲規則，能獲得顧客的忠誠、投資者和供應商的信任、社會公眾的認同和尊敬，並且能獲得持續發展。商業領袖亨利·福特有一句警世箴言：「商業的根本是建立在性價比基礎上的誠信關係。」所以，不能發起向性價比進軍的公司注定是短命的。

第五章　企業文化的類型

這些基本的商業準則，是企業必須遵守的底線之一。許多企業，包括全球性的跨國公司，正是由於沒有遵守這些基本商業底線而在瞬間崩潰和消亡。如 2004 年 4 月，中國德隆集團公司發生全面的信用危機，就是源於其信任危機。2009—2011 年，「三聚氰胺」、「蘇丹紅」、「瘦肉精」、「地溝油」、「染色饅頭」等頻頻曝光，已經使得消費者忍無可忍。因此，堅守基本的道德準則，已經是現代社會的基本要求。企業唯有遵守基本的商業準則，才能保證企業外部的適應性，這是具有深層次意義的問題。

4. 企業文化目標與企業的目標一致

優質的企業文化目標必須與企業的目標保持高度一致，這是文化制勝的基礎。在市場經濟條件下，企業的目標就是企業的生命質量與生命長度。每個企業都會根據自己的情況制定企業的目標。企業文化作為企業管理的一種高級形式，必須將自己的目標與企業整體的目標統一起來。在計劃經濟時期，企業文化主要是以思想政治工作的形態出現的，它服務於國家的意識形態。因此，它的目標並不需要與企業目標一致（當然，企業也完全聽命於政治，並沒有真正意義上的自己的目標），所以，可以說一套做一套。但問題是在市場經濟條件下，很多國有企業甚至一些民營企業，仍然將企業文化等同於思想政治工作，也採用「宣傳一套，採用另一套」的辦法，當然就造就了假的文化，而假的文化只能帶給企業虛假的繁榮，泡沫散去，企業便如水流去。真正優質的企業文化必須充分體現對企業戰略的全面支持，從而降低企業的管理成本，激發職工的創造潛力，把企業的經營管理水平提高到一個適宜企業發展的水平，為企業帶來良好的經濟效益，促進企業的可持續發展。

## ● 第三節　運作中的企業文化類型

現實運作中的企業文化沒有非常清楚地劃分邊界，任何專家學者劃分的類型在現實中都不可能找到純粹的案例。因為企業文化是在管理過程中產生的，是管理中各種文化現象的積澱。管理實際上是人們在各種複雜的主客觀情況下進行的非常複雜的過程。有時，企業某些管理人員認為是非常正確的事情或者非常重要的事情，對企業的長期發展和企業文化的建設來說，可能是不正確的或者是不重要的；有時，企業某些領導人做出的決定，可能並非源於其本意或者由於傳播者的原因走了樣，但這些都可能對企業的長期發展和企業文化的形成造成一些影響。因此，現實中的企業文化類型是非常複雜的、不純粹的。只要是企業領導人在有意識地建設企業文化，那麼，無論哪一種類型，都有它的優勢，又都有其不足。如同社會中的正常人一樣，有缺點甚至錯誤是正常的，沒有缺點和錯誤就是不正常的。

# 企業文化塑造的理論與方法

## 一、適宜的企業文化與不適宜的企業文化

無論人們願意還是不願意，企業文化都會按自己的方式在企業中發揮著它獨特的作用。因此，我們可以按企業文化在企業發展過程中所起的正負作用的不同，從總體上將其劃分為適宜的企業文化與不適宜的企業文化。

1. 適宜的企業文化

不同的企業就會有不同的文化，合適是最重要的原則。適宜的企業文化要在堅守其基本價值觀的基礎上，適宜於企業生存發展的需要。只有當企業文化適宜於企業的生存環境（可以是社會的或行業的客觀狀況，也可以指企業經營策略自身），這種文化才是好的、有效的文化。企業文化的適宜性越強，企業的生命力就越強；企業文化適宜性越弱，企業的生命力就越弱。只有那些能夠使企業適應市場經營環境變化並在這一適應過程中領先於其他企業的企業文化才會使企業產生核心競爭力，並擁有頑強的生命力。

有兩個物業管理公司在管理小區綠化時遇到了同樣的問題：有人為圖方便抄近道，使綠地受損。A公司的物業管理部門先用鐵絲攔住，情況有所改觀，但不明顯；接著又請了一個保安專門看管和提醒，犯規的人越來越少，但還是有；最后立了一塊牌子：踐踏草地，罰款50元。再加上前面的措施，便再也沒有人橫穿草地。后來，鐵絲網撤了，保安辭了，罰款的牌子也沒了，也再沒人橫穿草地。有新人來了，正想去橫穿的時候，就會有老住戶提醒說：「不能踩。」B公司的物業管理部門發現由於很多人橫穿草地，路上已有了明顯的路痕，一條曲徑，彎彎曲曲細又長，也是一個不錯的景觀。於是，物業部門的人運來沙子和卵石，在草地上沿著痕跡鋪了一條更漂亮的小徑。

A公司處理這類事件的過程是一種企業文化的發展過程，從一個美好的願望開始，不斷去阻止犯規，時間長了，規矩成了一個習慣，美好的願望得以保證和實現。這是一種適宜的文化管理。B公司處理這類事件的過程是另一種企業文化的發展過程。美好的願望在現實中遇到的挑戰不靠阻止、堵塞，而是順應、引導，也能達到目的，也是適宜的文化管理。因為適宜的企業文化總是能適應企業自身發展的需要和社會不斷發展的需要，不斷吸收營養，產生新的血液，所以它的生命力非常旺盛，即便遇到什麼病症，也能很好地逢凶化吉，並且產生必要的免疫力。

適宜的企業文化有著太多的優勢，但也有不足。這就在於客觀環境總是在不斷變化的，如果不能把握最佳的適應時機，就可能出現超前適應或滯后適應。這都會給企業文化的適宜性帶來影響。而如果時時適應，處處適應，又會出現變化頻繁，員工們可能無所適從，不利於企業的穩定發展。

2. 不適宜的企業文化

套用一句名言：「適宜的企業文化總有它的適宜處，不適宜的企業文化各有各

## 第五章　企業文化的類型

的不適宜。」不適宜的企業文化由於各種主客觀原因在企業存在的狀態上顯示出其不適應性。這類不適宜的企業文化一般屬於文化管理在價值觀或方向上有明顯問題，或者沒有經過有意識的文化管理的原生態文化。由於組織與其領導人整體素質與各種因素的影響，企業存在短期行為的思想。這類企業或者以能否賺到大錢為成功與否的標準，或以混一天算一天為準則，不去考慮社會的發展變化與本身的關係，已經沒有了生命的活力。

一些民營企業創業之初，常常由於其本身原始累積的需要，自覺或不自覺地把賺錢作為唯一目的。如果在相當長的一段時間內，在一定的員工範圍中，這種指導思想得到強化，那麼，就會形成一種金錢唯一的思維觀念，並演化為員工的一貫的行為方式。在這種企業中，要想讓員工在危機到來時以企業利益為重，那是不可能的。筆者遇到的一個老板就很困惑地說：「我平時對他們那麼好，可一到我倒霉時，沒一個人能跟隨我，怎麼會這樣？」還有一些老板也說了類似的話。答案很簡單：你培養的企業文化使然。一群綠眼睛的狼，在有食物追逐時，可能暫時聚集在一起。沒有了食物，怎會不各奔東西？

患短視病的企業一般都是活一天算一天，其中不少企業是一些大型的壟斷企業。這類企業在長期計劃經濟條件下形成了穩定的靠天吃飯的原生態文化；在觀念意識上表現為唯我獨尊、唯我獨大、缺乏創新；在制度體系上表現為沿襲多年的傳統的國有企業的人事勞動制度，員工進出渠道單一，人員流動渠道不暢，幹部聘任機制滯后，企業內裙帶關係、近親繁殖現象嚴重；企業內缺乏公平競爭，內部凝聚力不強，甚至成為一盤散沙，相互之間為爭權奪利布陷阱藏殺機。

不適宜的企業文化也可能在一定時間內獲得某種繁榮與發展，它的超常穩定常常使企業人與利益相關者得到一些實惠和精神的滿足。但是由於不能隨著時代要求的進步而前進，一旦企業在社會某個角落的生存空間縮小或失去，就自然失去了生存的可能，不得不壽終正寢。

## 二、強力控制型、適度控制型、弱度控制型和無控制型企業文化

控制是管理的重要職能之一，企業文化作為一種新的管理思想和方法，其終極目標與企業的目標一致。因此，企業文化按企業領導者對控制的程度分為強力控制型、適度控制型、弱度控制型和無控制型四類。

1. 強力控制型企業文化

強力控制型企業文化是指由於企業領導人明確的目的性和孔武有力的個性特徵及人格魅力對企業的骨幹甚至全體員工形成了一種自然的吸引力和高度的控制力，由此形成了一種人們觀念和行為高度一致、高度認同、力量強大的文化氛圍。

這類企業文化一般在企業初創或處於重大轉折時期最容易形成。這時，複雜多變的環境使企業的道路具有多選擇性，企業前途與經營結果具有極不穩定性，稍有

## 企業文化塑造的理論與方法

不慎，就可能走向毀滅。這時，企業急需一位英雄，一位企業文化的旗手，帶領企業走向成功。

其特徵表現為：

(1) 企業目標和價值觀念高度一致，企業領導人的思想能得到及時、準確地貫徹。他們常常將公司的一些主要價值觀念通過各種宣傳和規則或職責規範公之於眾，敦促公司所有經理人員遵從這些規定，任何級別的人都必須服從。新成員很快接受這些企業文化，即使經理級別的人違反了，他的下屬也會敢於指出。

(2) 有優秀的企業家作為企業文化的旗手，企業家與企業均具有很高的美譽度。他們或許不用去費力地為企業或商品打廣告，但是，他們總有一些新東西讓媒體去關注。他們會通過各種活動來對內或對外灌輸和宣傳自己的企業文化。

(3) 強烈的企業文化氛圍形成高激勵與高壓力。在這類文化中，或者由於強烈的企業文化氛圍形成精神上的高激勵，或者由於高工資和高福利以及強烈的目標意識，激發了人潛在的主觀能動性。有的企業可能以低的物質激勵、高的精神激勵和榮譽感吸引人們投奔到一種使人激動的事業中；有的企業可能以高工資和高福利吸引眾多優勢人才。無論哪種情況，強力控制型企業文化都理所當然地有較高的壓力。

(4) 員工自覺地為本公司產品在世界各地的消費者提供最上乘的顧客服務。由於公司員工的尊嚴和權利得到了充分的重視，讓企業員工參與企業決策，對他們的貢獻予以表彰，使他們自願工作或獻身企業。因此，員工就能自覺自願地為本企業的產品提供最上乘的服務。這類服務常常是創造性的和全心全意的。

(5) 有相應的組織或人員從事文化整理和提高的工作，有較規範的企業文化體系。在這類企業文化中，常常有相應的組織機構和人員專門從事企業文化工作，企業能及時吸收和梳理來自企業外的各種有利於企業發展的新觀念，及時總結員工中鮮活的案例並提升到企業文化的高度，最后形成一套規範的、有利於執行的企業文化體系。公司每一個經營活動都具有一系列基本一致的共同價值觀念和經營方法，管理規範化、程序化。這類文化中，強調企業規章制度的權威性、強制性、穩定性的規範作用，以制度的嚴格約束使企業員工的行為方式趨於秩序化和標準化。企業員工的行為在法紀認可的範圍內才得以允許；組織與文化的主導作用和制約作用使個人在企業的結構體系中被定格在特定的地位，擔當特定的角色。

其優點體現在：

(1) 具有極高的知名度和美譽度。強力控制型企業文化由於企業文化旗手的鮮明個性與企業的成功，常常具有極高的知名度和美譽度。由此帶動其產品的品牌效應，為企業帶來較高的經濟效益和社會效益，在較好的文化管理中，形成良性循環。

(2) 濃烈的文化氛圍支撐企業目標的實現。強力控制型企業文化有鮮明的個性特徵，有濃烈的文化氛圍。這其實也是一種管理氛圍。在這裡，有一種正氣帶動形成了一種積極向上的氛圍，形成了一種嶄新的精神面貌。企業的這樣一種積極狀態，形成一種獨特的勢頭。在這種企業文化所形成的氛圍中，大家能明顯地感受到這個

## 第五章　企業文化的類型

企業和那個企業不一樣。這種氛圍比制度的管理可能更有效地支持著企業目標的實現。

（3）強烈的信任度和信賴感。強力控制型企業文化在社會公眾、消費者和公司員工中對企業都有極強的信心和信賴感。企業員工之間相互支持，勇於發現問題和解決問題。企業員工工作熱情高，具有願意為公司發展貢獻所有力量的精神。

（4）不斷追求卓越，創造奇跡。這類企業有一個制度化的信念：「我們總是能夠做得更好。」在文化管理到位的情況下，能創造極好的經營業績。

其不足表現在：

（1）對企業文化旗手的依賴性太強。在這類企業文化中，員工們通過一系列的大事小事發現，在各種爭執和分歧路口，無論人們怎麼反對，他們的領導者總是正確的。無數的經驗讓員工們信賴甚至依賴他們的領導者。這樣的企業領袖才華橫溢，有極強的個人魅力。那麼等他退休或不能行使權力后會怎樣呢？他所創建的強力型企業文化和生機勃勃的局面還能維持嗎？這是很難回答的一個問題，如同現在人們就已經在探討的海爾的后張瑞敏時代的問題一樣。同時，過分地依賴易形成企業文化旗手的集權甚至專權，一旦旗手的令旗指向錯誤的方向，強力控制型企業文化將使企業迅速跟上。這樣，輕則影響企業經營業績，重則導致企業衝下懸崖，墮入萬劫不復的深淵。

（2）高壓力的企業文化氛圍潛伏著危機。當一個本科畢業生一年可以拿到比同班同學高數倍的工資和福利的時候，企業要求的回報必然也是很高的；當一個企業具有高知名度與高美譽度時，企業對員工的要求也必然是高的，所有這些，都形成了高壓力，而高壓力就潛伏著危機。首先，高壓力的文化氛圍可能使相當多的一部分員工其中不乏高級專門人才離職。在這類文化中，有一種觀念：工作就是生活，生活是為了工作而存在。所以，儘管強烈的事業心和共同的願景吸引留住了眾多人才，儘管高工資和高福利吸引了無數人投奔企業，但很高的工作壓力也使不願意為了工作而生活的部分人才離開企業。因為，人對精神的需求偏好是不一樣的。其次，追求卓越的高壓力，使人形成「只能成功，不容失敗」的心理需求，在壓力超過人們的能力時，為滿足這種文化需要，就誘人作假。美國安然公司的一些雇員說，必須保持安然股價持續上升的壓力，誘使高級管理者在投資和會計程序方面冒更大的風險。他們說，其結果就是虛報收入和隱瞞越來越多的債務，從而造成了前經理瑪格麗特·切科尼所說的——「安然公司是一座用紙牌搭成的房子」。[1]

（3）容易發展成不思進取的官僚文化和惰性文化。如果思想高度一致，依賴性太強，就很可能一方面導致權力過度集中，官僚作風嚴重，甚至在管理層形成專制文化；另一方面，企業員工由於對企業領導人或管理層的過分依賴，形成了只看重分析強調規範，寧穩而不冒風險的風格。當環境發生變化時，由於思想的高度一致，

---

[1] 參見「開發西部網」中 2004 年 3 月 13 日《畸形公司文化導致安然毀滅》一文。

## 企業文化塑造的理論與方法

那麼企業文化的改革將很困難。

2. 適度控制型企業文化

在適度控制型企業文化中，企業領導人對企業的掌控處於適度水平，即既要引導企業文化向企業的目標邁進，又不讓個人的影響超過組織的影響。在這類文化中，比較容易形成民主管理的氛圍。

這類文化一般產生在企業平穩發展的過程中。企業文化已經成熟，企業領導人只要瞄準目標，把好舵，因勢利導，查漏補缺，不斷激勵人們保持向目標邁進的熱情，企業就會像一艘巨艦，乘風破浪，揚帆遠航。

其特徵表現為：

（1）企業領導人有長遠的目光，既懂得民主又懂得集權，為了企業的目標可以拋棄個人的名譽地位。他善於學習，以身作則，有承認錯誤的勇氣；他善於發現有能力的人並著力培養；他能容忍民主過程中出現的不同意見，並把這些意見藝術地用於企業的發展；他留給繼承者的財富，就是可繼承和發揚的優質的企業文化。

（2）這類企業文化有共同的價值觀念、共同的團體意識、共同的企業風尚、共同的行為準則；有較完備的規章制度，有一套成熟的企業文化規範。

（3）在這類企業文化中，責任層層分解落實到每一位員工身上，形成一種橫向到邊、縱向到底的責任網路。同時，員工又能夠知曉企業的重大事情、參與討論企業的重大措施、共同計劃重大決策。

（4）這類文化還表現在權利上的共享性，即在重大的權力運用、集體與個人的利益分配上貫徹民主共享的原則，遵守公平、公正、公開的民主程序。

其優點體現在：

（1）有利於企業文化的健康發展。這類企業文化的控制適中，既不會容忍出現不利於企業發展的專權因素，不會出現被奉若神明的企業領袖，也不會出現因缺乏控制而產生的擾亂企業目標的重大文化因素，因而對企業文化的健康發展有利。

（2）有利於企業文化管理的傳承。由於這類企業文化已經成熟，企業文化旗手所做的工作是在企業價值觀基礎上，沿著企業目標的方向順應、引導和推動，因此，企業文化不會由於企業領導人的變動而產生巨大的變動，文化的傳承就變得比較容易。優質企業文化的傳承是企業文化管理的重大課題，有些企業文化非常優秀，但由於沒有很好的文化傳人，企業文化中優秀的部分被埋沒，劣質的部分得到張揚，企業也就迅速地走下坡路。適度控制型企業文化正好解決強力控制型企業文化在傳承方面的難題。

（3）節約成本，提高效率。這種企業文化能夠培養企業員工的法治觀念，有利於管理行為的步調一致和卓有成效的管理控制，避免權利和義務的推諉扯皮，可以最大限度地節約成本，提高企業的整體效率。

（4）互相學習，共同進步。現在的世界變化極為迅速，如果不能及時地對自己的原有文化知識結構進行完善，作為個人將很難在這個事業的舞臺上長久地演出或

## 第五章　企業文化的類型

者保持輝煌；同樣，作為一個企業乃至行業、國家也是一樣的。對於企業文化控制適中的企業來說，環境的寬鬆有利於員工去吸收新知識、新技能。

（5）「民主和科學」這一對企業文化中最根本的因素在這裡得到較好的安排。

其不足表現在：

（1）不利於進行反應迅速、處理快捷的危機管理。企業文化經過長時間的形成已經成熟。一旦成熟，就會形成一定的思維定式和行為定式，如果要改變企業文化，就會遇到很大的阻力。在這樣一個競爭環境複雜，隨時都可能發生突發事件的世界裡，可能出現反應遲鈍的情況。一旦危機爆發，層層的請示、規範化的決策可能喪失處理問題的最佳時機，從而影響企業的聲譽，造成巨大損失。

（2）形成對企業的規章制度的依賴性。由於企業的成熟，企業規章制度也已周全。這時人們容易形成對企業的規章制度的依賴性。但是規章制度總是有限度的，不可能面面俱到或窮盡一切，只能在一定的範圍和領域內有效；否則，就可能出現規章制度的濫用現象。

（3）求平求穩的思想占主導地位。由於人的本性，經過長時期較為安逸的經營活動，企業整體意識趨於求平求穩，企業文化中「不要玩火」、做好的事情或當好人的觀念可能在組織中占上風。

在這類企業文化的建設中應該養成競爭和不斷變革的氛圍，在這裡，領導者的基本職能在於提倡改革之風。通過提倡發現和開拓新的企業發展機緣，注重和鼓勵那種有助於企業適應市場環境變化的企業集體觀念的文化。

3. 弱度控制型企業文化

弱度控制型企業文化是指企業領導人對企業中的文化現象有控制意識或控制行為，但由於各種原因，企業領導人對企業文化的控制處於弱度狀態。在這種弱度控制型的企業文化中，由於企業領導者個性與管理風格的不同，又呈現出專權型、合作型、混合型等不同的類別。

（1）專權型企業文化

專權型企業文化是指由那些看重由管理崗位所賦予的制度權、輕視企業文化力量的企業領導所控制的企業。這是企業初創時期的一種企業文化的延伸。這種企業文化經常存在於某些私營企業和民營企業之中，也包括一些合資企業。

其特徵表現為：

①家長式的指揮和決策。在這類企業中，企業文化缺乏有效管理，企業領導人的權利意識太重。由此表現出來的接近於原生態的企業文化的特點是權力高度集中，個人決策占據主導地位，企業經理人員往往實施家長式的指揮和決策。

②從企業的等級制度上看，該類組織結構森嚴，層級分明，有時是家族式的組織形態。從企業的管理運作上看，企業管理職能絕對集中，控制手段相當嚴密，賞罰制度極其嚴厲，有時近乎苛刻。而企業員工的參與意識和參與程度較低，依附性較強，崇拜權力和權威，勞資雙方往往缺乏共同理解的基礎。

## 企業文化塑造的理論與方法

其優點體現在：

在企業管理的成效中具有短期的高效用和執行企業指令的迅速性。由於管理活動通過行政命令執行，在一些較易控制的簡單管理工作中，管理的組織成本在其他條件不變的情況下，要低於在組織邊界以外的交易成本。這對組織發展初期和組織面臨複雜變量時，可以提高效率與效益。

其不足表現在：

①容易造成人際關係上的冷漠和人才的流失。在缺乏有效的企業文化管理的專權式企業中，長期視下屬為可控制的工具，人與人之間的關係基本上是金錢關係。由於缺乏值得員工追求的目標和有效的文化激勵手段，大量人才流失，另謀高就。有些員工可能為了飯碗的緣故忍氣吞聲，表面上唯唯諾諾，暗地裡卻咬牙切齒，更不要說企業的凝聚力了。沒有凝聚力的壞處只有在企業處於不利地位時才會明白地顯現出來。

②組織缺乏生機，員工缺乏創造力。眾所周知，人不僅是為了錢而活著，即使在當今大多數人張口閉口談錢的情況下也是一樣。在權力專制的企業裡，人們得不到精神文化的滿足，只滿足於完成任務，不會去主動為組織的發展著想，為組織的未來貢獻力量。人們訥於權威，萬馬齊喑，組織當然沒有生機和活力。

(2) 合作型企業文化

這也是企業初創時期的集體領導的延伸。團結合作型企業文化的最大好處在於：它可以使企業擁有很高的凝聚力，即企業中人同甘共苦，同享富貴；員工和企業面對客觀環境的複雜多樣與各種不確定性，能夠科學地進行風險分析、認真地提出風險對策、勇敢地接受風險考驗、積極地承擔風險後果。這種企業文化主要存在於某些私營企業和民營企業之中。

其優點體現在：

人與企業、人與人之間相處融洽、相互認同，具有相當的親和力、向心力和內聚力，有很強的員工歸屬感。團結合作型企業文化往往會給人們帶來家的感覺。有親情，有溫暖，有與員工密切相關的良好的企業願景，容易產生較高的目標認同和很強的創造能力。在處理和協調人際關係中那些非激烈衝突的矛盾時，這種文化具有一定的優勢。

這類企業文化在得到適度控制的情況下，容易轉化為適度控制型企業文化。

其不足表現在：

①容易引起各種不良風氣。這種企業文化發展到一定的階段往往會出現各類不良風氣。排外便是其中一種。在企業內員工團結合作，盡量把餅做大，大家多多享用，不要外人來分一杯羹。但在經濟競爭的激烈衝擊下，涉及個人根本利益時，這種一團和氣的文化氛圍也會被無情地打破。

②在企業決策時往往拖泥帶水，貽誤戰機。合作型企業的領導人往往給人以優柔寡斷的表象。為了達到統一，人們總是互相打招呼，互相研討，結果常常貽誤戰機。其實，這往往是領導人自信心不足，害怕出意外，怕負責任的表現。

## 第五章　企業文化的類型

③它是造成內部宗派劇烈矛盾的原因之一。團結合作對於分公司來說，可以是全公司範圍內的合作與團結。但是對於大公司來說，它往往是某個部門之內的團結與合作。這便出現了部門利益、宗派利益等不利於組織整體利益的情況。

④給企業管理造成阻礙因素。由於企業文化是以弱型控制的合作為主，人們的權利意識權威意識較弱，所以，企業的理性管理不容易得到很好的實施。為了不影響團結合作，大家都不願得罪人，工作對於人際關係來說，就是次要的了。

⑤容易造成多頭領導，企業內耗加劇。

（3）混合型企業文化

在弱度控制型企業文化中，有些企業沒有整體的被員工共同認可的企業價值觀。任何人都不能保證所有的領導集體甚至是部分領導集體認同你的這個觀點，因為每個人都有自己的思想，那麼這裡面便有了一個路線政策之爭；即使統一了思想，這裡面也有一個利益分配的難題。其管理思想和管理方式依據某一集體領導人或員工的個性與行為習慣而定，往往採取實用主義的態度或綜合採納各家特點。這種企業文化主要存在於某些私營企業和大多數國有中小型企業中。

其優點體現在：

這類企業處於朦朧的文化形成期，由於還沒有形成主流的企業文化，因而進行文化規範和變革比較容易。同時，這類文化能夠適應外界環境和內部員工隊伍構成的多變性。

其不足表現在：

如果沒有外部環境的變化，這類企業始終不能形成自己特色的企業文化，只能隨波逐流，或者風光一時而后銷聲匿跡。

4. 無控制型企業文化

這是完全沒有進行必要管理的原生態企業文化。在這類文化中，魚龍混雜、缺乏文化定位，即文化多元化，主題不突出，特色不鮮明，員工不認知。該類企業文化不僅沒有展現文化管理的獨特魅力，而且形成了落后的、劣質的主流文化。企業寶貴的無形資源正在流失，領導者的良好創意得不到有效的執行，有的企業兼併重組成立集團了，企業發展了、擴張了，但人們貌合神離，文化溝通的障礙處處掣肘，許多企業領導對此著急上火卻苦無良策。原因就在於沒有及時建設與之相匹配的企業文化。

這類企業必須從基礎做起，經過梳理與引導，形成主流的企業文化。一個企業不可能只有一種文化，它的文化不可避免帶有多元性。但是，企業必須形成主導文化來統率多元文化，使多元文化在主導文化統率下，形成一種有利於經營管理的積極合力。民營企業的多元文化，可能產生於不同部門、不同分廠或分公司，可能產生於不同的員工群體，如部屬中、同鄉中、同學中、相關利益者中、不同意見者中等。一般來說，老板越開明，文化的多元化分化反而越小；老板越專制，文化的多元化在暗中的分化越大。

以上關於企業文化的分類，雖有一定根據，但是不可能囊括所有企業和所有的

## 企業文化塑造的理論與方法

企業文化現象。而且，幾乎所有的文化類型都是相對的，它們相互交叉，相互融合，形成了一個複雜的系統。缺乏文化支撐的企業必定失敗，但是，不能確定有了某種文化或理論企業就一定成功。我們所熟悉的牟其中的「南德文化」、史玉柱的「跳躍式發展理論」、宋朝弟的「量子理論」、張朝陽的「眼球經濟」等，都曾為企業造勢。但是，只有一時熱炒的理論，沒有對企業文化的根本把握，這樣的文化一定是短命的。對於企業管理人員而言，只有企業的根本利益是最重要的，企業各級都應該以企業根本利益為重，弄清楚自己企業的狀況如何，處於什麼樣的環境，需要建立什麼樣的企業文化，如果當前的企業文化類型與企業實際情況和面臨的經營環境不適應，那麼就應該想辦法破舊立新。

不少企業都是站在社會發展的角度，在充分認識企業文化的本質和充分考慮行業與企業的情況后，建立了適宜於企業發展的企業文化類型。如上海寶鋼集團以企業理念滿意為先導，以產品和服務滿意為重點，將企業管理文化與經營文化融為一體，開拓了「用戶滿意工程」的企業文化建設模式，還有浙江橫店集團、江蘇華西集團等也都根據企業及其環境特點創立和發展了自己的企業文化建設模式，並且得到了廣泛的認同。

從職場角度來看，企業文化的類型根據企業所處地區和信奉的價值觀的不同而呈現出不同的特色。例如，歐美公司以個人至上、創新為主要價值觀，要求職責明確，強調高效，同時又要求具有團隊意識。日本公司以效忠與服從為主要價值觀，公司富有人情味，只要員工勤懇敬業，公司會將其終生留任。中國香港公司的價值觀念中西合璧，一方面辦事講求效率，追求利潤，凡事以高度實用為原則；另一方面受傳統儒家思想影響，講關係講人情，任人唯親，外人很難攀上高位。臺灣地區的人崇尚吃苦，推崇個人奮鬥，重視群體的和諧和安定，因此臺灣地區的公司青睞那些忠誠勤懇、德才兼備、尊重權威的人。由於以家族企業為主，因此員工參與程度低，凡事重人情、講面子，人際關係較為複雜。

不同的企業處於不同的內部與外部環境中，企業文化的類型和特徵又不相同。如有的企業重在市場開拓，有的重在產品創新，有的重在售後服務，有的重在經營業績，有的重視競爭意識，有的重視團結合作，有的重視穩定，有的重視變革。不同的經營理念產生不同的思維方式和行為方式，所以不同企業的企業文化是有別於其他企業的，不能一味地模仿。

### 思考題

1. 不同的地域形成不同的企業文化特徵和類型，請解說章首案例中五種人在不同的地域或者文化類型中的適應性或者被淘汰的可能性。
2. 肯尼迪與迪爾的四種類型學說對入職時的行業選擇有什麼借鑑意義？
3. 優質的企業文化類型與現實中的企業文化類型各有什麼特徵？

# 第六章　企業文化的思想內涵

## ● 章首案例：非主流企業文化案例

　　北京 M 諮詢公司，成立於 1997 年，從事 IT 諮詢服務，儘管競爭激烈，M 公司由於依託某知名學府 B，成長迅速，至 2002 年年底有員工 120 人、年銷售收入 2000 萬元人民幣。

　　公司總經理是 B 校的 MBA，他在公司成立伊始就提出了「責任、誠信、團隊、創新」的價值觀和「為客戶提供超值服務」的服務理念，儘管在公司成長的過程中出現了不少與價值觀有偏差的事件，諸如高價低（略低）質、張冠李戴（實際的項目執行人員的名單和當初展現的名單不一致）、半途而廢等問題，但總經理覺得畢竟公司成長壯大了，名氣和規模都提升迅速，認為上述問題要麼是善意的謊言，要麼是客戶的問題，並沒有刻意深究。所以，公司上下對上述問題也就習以為常了，大家一致認為也許這就是諮詢行業的常態吧。

　　2003 年春天，受非典影響，M 公司銷售額銳減，1～5 月一單未接，為降低成本，3 月底～4 月中旬，公司裁員 46 人；同時，至 5 月中旬非典漸行漸遠之際，主動離職 32 人，公司業務部門突然只剩幾位光杆司令。公司緊急調整策略，一方面大量補充 B 校在讀學生到公司，另一方面大幅度降價以重奪市場份額，至 9 月底，公司人員回升到 70 人，單體銷售額卻下滑至以前價格的 60%，儘管公司總經理到處宣講「我們是以銀子的價格在賣金子」，但現實是許多項目服務質量大打折扣，公司

## 企業文化塑造的理論與方法

美譽度大幅下降，2003年虧損在即。[①]

北京 M 諮詢公司有怎樣的理念？這對公司重要嗎？

企業文化的思想內涵是企業文化基本內容的第一個層次，也是企業文化建設中最重要而深潛的一個層次。其包括企業哲學、企業的經營理念和企業精神。這一層次的建設一般來源於企業創始人和高層管理者的經營理念。惠普的創始人奠定了惠普之道的基本點：信任和尊重個人；松下幸之助親自擬定了通過和平與幸福實現繁榮的哲學。

## 第一節　企業哲學

企業哲學是企業處理經營與環境、經營與人、經營與物、經營與事，以及如何經營一個企業的根本觀點、根本看法和根本思維方式，是對企業全部行為的根本指導。企業哲學是企業人格化的基礎，是企業形成獨特風格的源泉。企業哲學包括企業的價值體系和企業進行總體信息選擇與運用的綜合方法。

### 一、企業哲學是一種價值體系

價值觀影響著人們的行為舉止，企業員工的信仰和行為又決定著企業的行為方式。企業的價值觀念是一個企業獲得成功的指南和動力。一個企業沒有正確的、明確的價值觀念，就沒有正確的方向，就不可能獲得成功。

對不同事物或同一事物不同方面的評價標準就構成了企業的價值體系。企業的價值體系是複合與多元的。筆者在這裡擬從企業人的角度，特別是從對企業影響巨大的企業家的角度來討論企業的價值體系。因此，筆者把企業的價值體系分為人生的價值觀念、企業的價值觀念、企業在價值鏈上的觀念三部分。

(一) 人生的價值觀念

人生價值觀是人們對自己整個人生過程所體現出的生命生存意義的總看法、總思想，即人生在世，怎樣活著才有意義。觀念不僅是一種意識，而且更多的是一種潛意識，是一種長期累積的、在自覺不自覺中影響人們思想和行為的習慣性思維。企業文化的思想核心具體體現在企業的經營宗旨和企業人的人身追求上。經營宗旨的實質性問題，是集團利益和社會利益的相互關係。人生追求的實質性問題，是利己與利他的相互關係。兩者似乎沒有什麼必然聯繫，其實是一脈相承的。因為集團正是放大了的個體，集團與社會的關係本質上就是利己與利他關係的放大。因此，

---

[①] 摘自陳雲博客《非主流企業文化案例的分析》。

# 第六章　企業文化的思想內涵

企業人尤其是企業的領軍人物的人生價值觀對企業具有舉足輕重的作用。

在當代，西方眾多在事業上成功的企業家在精神上仍然有很高的追求。美國班福德有線電視公司總裁、「領袖關係網」創辦者鮑伯·班福德認為，人生的上半場追求成功，下半場則追求意義。① 很多人因他的名著《人生下半場》而重新審視人生，找到了自己真正的快樂。

中國儒學倡導一種積極的入世哲學。其強調修身、齊家、治國、平天下，在拼搏的過程中不斷完善自我，立德立功，創造出有價值的人生。儒家倡導的積極的人生價值觀，就是把個人放在與他人、與社會相聯繫、相比較的層面上。

對現代企業家來說，創業與拓展，就是追求有價值的人生。一個人如果將他的個人價值與集體利益、國家利益緊密聯繫到一起，做一個對他人、對集體、對社會有用的人，這樣的人生才是無悔的人生，他的創業就能獲得永不枯竭的激情。因此，創業是一種責任，是一種人生態度。創業要超越功利的終極關懷和一般意義上的人事追求。超越功利不是否認功利，而是在功利之上有精神層面的追求，追求為企業內外的利益相關者創造有形的物質價值與無形的精神價值，並且把這種追求作為企業經營哲學與核心價值觀，再把這種價值觀內化為企業成員的行動指南。

原北大方正香港公司董事局主席王選的座右銘是：多做好事，少做錯事，不做壞事。這體現了一位務實的科技實業界人士的實在目標。王選十分讚賞美國心理學家榮格的一個公式：「I plus we equals to Full I」，即體現自我價值需要把自己融入我們這個大集體裡，最終完全體現自我價值。所以王選成了勝利的出局者，為了企業未來利益，為了更有利於北大方正的發展，他寧願放棄許多人夢寐以求的很多東西，他在失去的同時得到了人生的真諦。

相反，有些搞企業的人，在達到消除貧困的目標以後，就失去了人生的目標，不知道人生的價值在何方，他們或在酒色中沉迷，或在賭毒中墮落，甚至有人淪落到靠自虐來尋求刺激。不少人在一番輝煌以後眾叛親離，悲哀地宣布：「我窮得只剩下錢了！」

排除調侃因素，思考其內心真實的感受，相比之下，什麼樣的人生才是有價值的人生？什麼樣的人生才是值得追求的人生？有識之士不難作答。

每一位員工，在處理個人與集體、個人與企業、個人與國家民族等問題上也都有一套價值觀念。由於每個人的人生經歷、學識、所處環境、性格特徵、能力愛好等的不同，因而在處理事業、金錢、名譽等問題的標準就必然有異。因此，作為一個群體，價值觀的多元化是必然的。企業文化的任務就是讓員工的價值觀融入企業整體的價值觀，形成一種主流的價值觀，推動企業前進。員工在保留其個人價值觀的同時必須在與企業發生聯繫的方面與企業保持一致，讓個人在代表企業的時候以企業價值觀的形象出現，而不是以個人本來的可能與企業形象不相一致的形象出現。

---

① （美）鮑伯·班福德. 人生下半場 [M]. 楊曼如, 譯. 南昌：江西人民出版社, 2004.

# 企業文化塑造的理論與方法

(二) 企業的價值觀念

企業是放大了的個體。企業價值觀是企業在追求經營成功的過程中所推薦和信奉的基本行為準則。它是企業文化的基礎、核心和實質。企業價值觀的塑造與應用，是企業經營者的首要職責，對企業參與市場競爭具有至關重要的作用。

1. 企業價值觀對企業的生存與發展具有重要作用

曾任美國新澤西貝爾公司（IBM）總裁的小托馬斯·沃森說：「一個企業的基本哲學對成就所起的作用，是遠遠超過其技術或經濟資源、組織結構、發明創新和時機選擇等因素所能起的作用的。」[1]這裡它主要是指企業價值觀對企業的重要作用。

《追求卓越》的作者彼得斯和沃特曼以及《日本的管理藝術》的作者帕斯可爾和阿索斯對此做了十分類似的分析。他們認為，共同價值觀或最高目標是企業文化最集中的表現，使美國企業大大落後於日本企業的是以價值觀為核心的文化缺陷造成的。特雷斯·迪爾和阿倫·肯尼迪在《公司文化》中著重分析了價值觀在管理文化中的核心作用。他們強調，價值觀是組織的基本觀念及信念，它們構成企業文化的核心，價值觀是企業文化的基石，公司哲學的本質就是追求成功，而價值觀是提供員工一致的方向及日常行為的方針。他們還說，對擁有共同價值觀的那些公司來說，共同價值觀決定了公司的基本特徵，使其與眾不同。同樣，這些共同價值觀創造出公司職工的實質意義，使他們感受到與眾不同，價值觀是公司上下（不單指高級主管）心目中的真理，就是這樣一種齊一的認識，使得共有價值觀深具成效。

2. 企業價值觀與企業領導者的事業理論密切相關

企業領導者對企業價值觀的形成起著重要作用，其事業理論決定了企業的價值觀。一個企業的主要領導者如果認為人力資本增值要優於貨幣資本增值，就會重視知識、信息、技術、管理上的創新，優先考慮人力資本者的利益。一個企業認為員工是企業最大的財富，以人為本，就會在員工利益與股東利益間求得平衡，而不是把追求股東利益的最大化作為企業的目的；反之，將員工視作工具，就會處處維護股東的利益，漠視員工的價值和感受。一個企業認為和它的供應商、協作配套單位是實現企業使命的合作者，是「利益共同體」，就會尊重對方的利益，和對方一起努力實現共同的利益，追求一種雙贏局面；反之，就會壓榨對方，殺雞取卵。類似面對這些問題時的看法和態度，都是企業核心價值觀決定的。

南京冠生園有上百年歷史，曾為南京最受關注的利稅大戶。《現代快報》報導的以下事件發人深思：2001年9月3日，南京冠生園公司的陳餡月餅被曝光，引起了軒然大波，隨後生產停頓，全國眾多名為冠生園的食品廠受連累，產品無人問津；2002年3月，南京冠生園正式向法院申請宣告破產，成為南京首家因失信而申請破產的企業；2004年1月6日，在央視經濟頻道「第一時間」新聞諮詢中被稱之為「最昂貴的月餅」；2004年1月30日，南京冠生園食品有限公司破產資產經過60輪

---

[1] H. 沃特曼，J. 彼得斯. 成功之路 [M]. 余凱成，等，譯. 北京：中國對外翻譯出版公司，1985：30.

## 第六章　企業文化的思想內涵

爭奪,最終以 812 萬元出讓給江蘇皇朝置業有限公司。南京冠生園的「陳餡月餅」事件反應的就是價值觀的核心問題。[①]

企業的利潤只是社會對企業貢獻的恰當回報。對企業肩負的社會責任的認識,就是深刻認識、系統思考企業的使命、宗旨、目標,對它們形成堅定不移的看法,宣示於社會和員工,用以指導經營和管理,賦予企業以靈魂,撥正經營的航向,使企業得到社會的廣泛認同和支持,充分調動員工的積極性、主動性、創造性。企業以實現社會責任為最大目標,是企業克服唯功利性文化的關鍵。

事實上,所有企業的管理者都不可能期望自己的企業短命,他們希望在賺取最大利潤的同時,還能把握住企業未來的發展。他們相信,他們的取捨是符合取大棄小規律的。然而,在現實的濃霧中,他們模糊了大小的概念,走向了自己期望的反面。

3. 正確的價值觀是企業近期利益與遠期利益的結合

一個企業要想擁有很強的生命力,就必須兼顧大利與小利的協調,遠期利益與近期利益的統一。因為「兩者」兼得才使它既具有生存的基礎,又擁有生命的潛力。美國默克公司已有 100 多年的歷史,其總裁喬治·默克的話解釋了看似矛盾的「兩者兼得」——他說:「我們總是記住,藥是為患者生產的,藥是為人生產的,不是為利潤,但利潤總會如期而來。我們對這一點記得越牢,利潤就越大。」在這裡,「實用性」體現了企業滿足用戶現實需求的一種根深蒂固的核心思想和價值原則。美國福特汽車公司在近百年的歷史中雖然幾經波折,但都頑強地生存了下來。每次面臨危機時他們都要討論自己的「使命、價值觀和指導原則」,學習亨利·福特早期的經營理念——「使更多的人買得起和使用汽車,使更多的人有報酬較好的工作,這是我一生中的兩個目標」。這種價值觀是使他們一次次渡過難關並尋找到新的生機的關鍵。根據實證研究,缺乏持續發展的生命力或較早衰亡的企業,更多的是只為「利潤」而管理,企業最早患的是「近視病」,但小病不治,終致企業生命衰竭。而強盛的企業一般都注重追求生命的價值,把「小」與「大」、「遠」與「近」有機地結合起來了,把創造價值看得比單純地追求經濟目標重要得多,這類企業不僅擁有了今天,而且還把握住了明天,形成了企業的良性循環。

4. 核心價值觀是群體行為的根本依據

核心價值觀是一個企業的信念。信念是人們對企業發展和個人發展規律的根本看法。在企業經營中,人與人的信念都是不同的,有的人認為企業的目的就是最大限度地追求利潤,這可能會使一些人為達到這個目標不擇手段;而有些人則認為企業是通過對消費者的服務來實現企業目標和個人目標的一種方法;還有些人會認為企業就是為提高人們生活質量而服務的。如以經營之神的盛名享譽世界的松下幸之助,集畢生心血總結了「生意經三十條」,講的全是如何善待顧客,為社會大眾提

---

① 參見:根據《華西都市報》2004 年 1 月 31 日整理得到。

## 企業文化塑造的理論與方法

供滿意服務,以及「待人以誠」。

作為企業負責人,一定要告訴自己的員工:我們是什麼?我們為什麼這麼干?我們幹什麼?如果你不告訴他,他就不知道為什麼干、干了為什麼,這實際上是解決長期牽引的問題。無論在社會上還是企業中常常可以看到面紅耳赤的爭吵,爭吵就是因為價值觀不統一,是不同價值觀的衝撞。核心價值觀就是要解決所有企業員工對是非善惡的共識,即某件事是好事還是壞事,該做還是不該做。這種標準判斷,不是個人的判斷,是大家共同的判斷。

通過核心價值觀的調節來影響員工的動機,進而影響他的行為,從而使他的行為趨向於企業的目標,這就是企業核心價值觀的作用。核心價值觀的作用是巨大的,尤其是在企業外部環境價值觀扭曲或者價值觀混亂,對員工有很大衝擊時,核心價值觀的作用就更為關鍵。

(三) 企業在價值鏈上的觀念

1. 企業在價值鏈中的位置

企業處在一定的環境中,與方方面面的人發生著這樣或那樣的利益關係,形成了一條條的價值鏈。企業的價值鏈體現在稱為價值系統的更廣泛的一系列活動之中。企業股東、管理者、員工、供應商和分銷商、公眾和顧客都是企業價值鏈上的一環。如何看待這些人的利益,如何處理這些利益關係,一定程度上反應了企業的價值觀。股東對企業擁有所有權;管理者對企業有控制、管理權;員工通過參與企業民主管理和工作行為行使自己的權力;供應商通過外購輸入(原材料或成品)對企業形成上游制約權;分銷商通過渠道的附加活動影響著買方,也影響企業自身的活動;公眾和顧客通過認知或購買企業產品,最終擁有對企業的監督權和否決權,他們通過「輿論」和手中的「貨幣選票」來行使他們的權力。股東有投資增值的需要;管理者有權力、地位、成就感和取得與其貢獻相適應的經濟報酬的需要;供應商和分銷商對企業有信譽和良好合作的需要;顧客有獲得質量高、價格低、方便快捷的產品和服務的需要。

企業如果不能滿足這些需要,股東就要拋售股票,管理者就要跳槽,供應商分銷商就要斷貨,顧客就會不買企業的產品。企業只有堅持以人為本,並不斷創造解決人的需要的新途徑,才能不斷創造更高的效率和效益。企業文化要求將顧客、雇員(包括高層管理人員及董事)、股東以及分銷商和供應商視為企業的利益主體。企業受共同信念和價值觀的驅動,保持這些信念和價值觀在企業內外的一致性,重視價值鏈上的每一環,並且要確保所有參與者在所做的每一件事上都全身心投入,那麼,企業就形成了一套有利於企業生存與發展的價值體系。企業要獲取和保持競爭優勢不僅取決於對價值鏈的理解,而且取決於對企業如何適應於某個價值系統的理解。

2. 企業全新的價值鏈觀念

中國企業在面臨全球化時,應有一種全新的價值鏈觀念。這就是商場不是戰場,

## 第六章　企業文化的思想內涵

而是一種環環相扣的生態系統。隨著全球經濟一體化的日趨明顯，國家、消費者、企業以及企業各部門都是生態系統中的一個環節，相互影響，相互依存。企業之間的競爭也不再是非此即彼、你死我活的單贏選擇，而是雙贏甚至多贏。

首先，企業與顧客（客戶）之間是一種魚與水的依附關係，應該是雙贏的模式。這很容易理解，但真正將這種理念貫徹實施的卻不算很多。不少企業急功近利，以各種手段欺騙坑害消費者。潲水油、黑心棉、假奶粉等各種假冒偽劣產品層出不窮。企業表面或短時間營利，但猶如一個無知的人，將房子蓋在沙土上，經過雨淋、水衝、風吹，房子自然倒塌。而真正聰明的人，卻會將房子蓋在磐石上，根基穩，自然堅固。有一位經營餐飲的老闆，很喜歡朋友給他寫的一副對聯，上聯是：濃情於顧客，客必常顧；下聯是：淡意於盈利，利自豐盈；橫批：客我一家。這副對聯所體現的正是企業與顧客的正確關係。因為，只要一個企業能夠將客戶視為自己的親人，一門心思把服務搞得好上加好，那麼，儘管他不去考慮如何賺錢，也會顧客盈門，生意興隆，利潤也就必然豐厚了。顯然，上聯已合「盡心盡力」之旨，下聯正含「不貪不求」之意，橫批則是企業經營主體與客體之間融洽關係的寫照。

如今，在規模較大的企業中，已經能夠較好地處理與客戶的關係。不少企業都建立了客戶服務部。但是，很多企業仍然滿足於為客戶提供產品的階段，而這在現代社會已經遠遠不夠了。實際上，不少優秀的企業不僅要為顧客提供優質的產品，還著力為顧客創造價值。企業從為客戶「提供產品」到「創造價值」是經營理念的極大深化，因為「價值」才是企業經營之「本」，企業管理的深刻本質應該是「價值管理」。企業能為用戶創造價值，就能夠生存和發展；反之，則可能衰亡。彼得·德魯克對此也曾有過論述，他認為，企業的存在取決於「用戶考慮他需要什麼，他認為什麼有『價值』，這才是有決定意義的，這決定著一個企業幹什麼，他生產什麼，他是否能興旺」。

其次，企業之間的相互競爭也是由尋求市場生態鏈的相互依存關係構成的，是「你活我活，你死我死」的相互依賴關係。合作結盟的目的既可以互補優勢，共享資源，也可以降低交易成本，聯手角逐市場。

20世紀80年代中期以前，大多數公司都是各自為戰，力圖一切靠自己，即便出現合作，也是項目型和短期的行為。合作關係的建立與信息交流回饋也是極為鬆散和不規律的。但是，據布茲-艾倫-漢密頓公司統計，自1987年以來，美國商業聯盟的形成速度以每年25%的比率遞增。為什麼現在的企業更願意結伴而行呢？這是因為，面對技術創新、全球競爭以及企業裁員的壓力，構建良好的企業聯盟將為企業帶來更大的競爭優勢，能夠迅速進入市場，提供更優質的產品與服務，減少融資及開發風險等。這就要求企業之間能更好地共享信息，加強合作。

結盟方式多種多樣。但無論哪種方式都必須具有雙贏智慧和雙贏思維方式，都要面臨企業文化的碰撞與融合。這就要求結盟產生的新企業要充分注意原有企業文化的差異，利用不同企業中的文化優勢相互融合，促進企業文化品質的提升。

## 企業文化塑造的理論與方法

　　這種共生共贏的價值觀還培育出一種積極的思維模式，一種人生與工作的基本信念。IBM 的創始人老托馬斯・沃森將這種積極思維的精神賦予企業，他認為，推動 IBM 成長的根本的原因就在於職員們善於進行獨立思維。在被稱作「IBM 觀念」的訓詞中，明確規定了指導 IBM 一切行動的三個基本信念，即尊重個人、為顧客提供最佳服務、追求完美性。為了實現這些原則，IBM 還規定了各種具體的行為基準。IBM 正是靠著其獨特的價值觀和企業文化渡過了各種急流險灘，始終保持著非凡的活力。

　　最后，企業與社會是小環境與大環境的關係，是相互支撐、相互依靠的扶持關係。前面提到的關於「客我一家」的對聯也可以用在企業與社會的關係上。因為整副對聯的哲學內涵就是「茫茫宇宙，渾然一體；你中有我，我中有你；益彼便是益己，利己唯須利彼」。企業與社會的關係，本質上與個人和社會的關係是一樣的。因而，人生與社會的真諦，也同樣是企業與社會之真諦，即應當將「利己」與「利他」辯證地統一起來，使兩者有機地融為一體。

　　企業如果一門心思放在如何盈利方面，就會目光短視，損人利己，或者損害周圍環境而利己，最后損害了社會的生態系統，害己害人；如果是一門心思、專心致志地提高商品質量和服務質量，真心實意、全心全意地造福於社會，那麼，隨著商品質量的不斷提高與服務質量的不斷完善，企業的信譽必定流傳於世、植根人心，在管理正常的情況下，企業的效益也就自然會得到提高。只有當企業真誠地以造福社會為宗旨，員工對企業的貢獻才能體現為對社會的貢獻，也才有利於廣大員工實現自身的人生價值；反之，若企業奉行錯誤的或虛偽的宗旨，則員工對企業的貢獻無法體現為對社會的貢獻，也就有礙員工實現自身的人生價值，甚至會把員工引向歧途。

　　可持續發展是全世界一直都在關心的問題，然而，離開了正確的效益觀，任何可持續發展的方案都是相當有限的，甚至是完全徒勞的。

　　松下幸之助指出：「任何員工只有認清松下公司的基本信念和方針，才能充分發揮每個人的自主性，可以自主發表意見，碰到問題究竟採取什麼行動，不必一一請示上司，而要以融入自己體內的基本信念為尺度，決定自己的行動。」所以，企業文化的建造必須重視企業價值觀念的作用。價值觀念是企業文化的核心，對職工行為起到規章制度所不能起到的引導作用。

　　價值觀作為一個公司取得成功的哲理、精髓，為全體員工提供了重要的共同意識和他們日常行為的準則。越來越多的事實證明，確定符合時代要求和自身特色的價值觀，直接關係到管理的成敗。因此，企業價值觀不是單個人價值觀的簡單之和，而是企業全體（或大多數）員工持有的、判定某種行為或事物的好壞、對錯以及是否有價值或價值大小的看法和根本觀點，或者說，企業的價值觀是企業作為一個共同體長期形成的一種共識，是人們對企業、企業生產行為、企業產品、企業公眾形象、社會聲望與資信等總的看法，是企業一種共同的、穩定的心理定式或文化積澱。

第六章　企業文化的思想內涵

由此形成的企業價值系統對企業存在與發展的價值也是一個極大的檢驗。

過去對員工教育更多的是要求員工進入公司要遵守公司的規章制度，現在，還要求履行一個義務，就是必須接受公司的文化價值體系。這是另一種契約，即心理契約。這是義務，不是權力和責任，不管喜歡還是不喜歡，都得履行；否則，你就是異文化分子。正所謂「不是一家人，就不要進一家門」。

### 二、企業哲學是企業進行總體信息選擇處理的綜合方法

以信息技術為代表的高新技術不但極大地促進了經濟社會的發展，而且也成為各國各企業提高綜合競爭力的關鍵因素。因此企業哲學在方法論層面上，應以總體信息選擇和處理的綜合方法為基本的方法論。

信息選擇與處理作為企業哲學在新時代的方法論，在運用時必須考慮以下幾個關鍵的問題：

（1）系統的方法。企業應該將自己放在社會這個大系統中去考慮問題，以處理好整體和局部的關係。同時，企業文化也是一個系統，由許多子系統和要素構成，解決問題必須從系統的整體出發，去研究系統與要素之間的結構和功能，使系統的功能最優化。讓企業文化作為管理的第三只眼，作為企業的潤滑劑與加油泵，是系統方法的良好運用。

（2）動態的方法。企業是一個動態系統，物流、人流、信息流處於運動之中。企業應時時與外界交流物質、能量和信息，保持系統的平衡。企業文化也必須成為動態的系統，與時代發展、企業發展相適應。在保持基本價值體系不變的情況下，企業應積極開拓更有價值的理念與新文化要素，促使企業良性發展。

（3）效益與效率並重的方法。企業遇事講究效率與效益，不可偏頗。這個方法將在企業的管理文化一章中作深入探討。

企業文化的管理要求企業追求的價值觀和方法論與企業價值鏈上的各環節的價值觀相協調。而產品作為表現和滿足這種協調作用的物體存在，就必須把滿足顧客不斷變化的需求作為起點，把最大限度地滿足顧客的需求包括挖掘出顧客自己尚未明晰的需求作為重點。要把消費者作為企業價值的一個重要部分，因為消費者是價值的創造者、產品的共同開發者和生產的合作者。只有將企業文化的建設與內外環境很好地結合起來，才能建造一種良好的、有利於企業發展的文化。

## ● 第二節　企業的經營理念

企業的經營理念是指內部統一兼具外部特徵的企業主導思想和觀念，是企業的「自我定位」，是企業的使命和經營目標的凝結體，也是企業欲使社會公眾廣泛知曉

## 企業文化塑造的理論與方法

並接受的企業獨立品格。經營理念是企業價值系統的體現，是企業哲學的明晰化。它常常以口號或固定標語的形式展示於人，貫穿於企業的生產行為、市場行為、研發行為、社會行為等方面。經營理念是公司戰略發展方向的構想，是企業在長期學習市場、研究市場並在市場大海中游泳所掌握的一套規律性的東西。擁有良好明晰的理念，就能沉著應對突發事件，處變而不驚。是否擁有正確的理念，將成為企業認識和適應經營環境的變化、左右企業命運的內在根據。因為，產品競爭是由技術競爭力決定的，技術競爭力是由制度競爭力決定的，而制度恰好是物化了的理念的存在形式。因此，可以說理念才是第一競爭力，誰擁有正確的、不斷創新的理念，誰就具有最強的競爭力。松下公司之所以取得令人豔羨的成功，不僅在於它的人才、技術、經營手段，而且還在於它的理念。松下幸之助說：「積我60年之管理經驗，企業經營中最為重要、最為根本的東西是管理理念，唯有具備了正確的管理理念，才能有效地利用人才、資金、技術。」[①]

企業經營理念系統存在著核心理念，它是經營理念的內核、經營的原點、經營的最高綱領、經營的統率。一切自覺經營、系統經營的企業經營理念系統，都圍繞核心經營理念而形成。核心經營理念包括企業共同的經營理念與企業個性化的經營理念。

### 一、誠信——企業共同的經營理念

誠信是市場經濟的黃金規則，誠信是現代文明的基石與標誌。從古至今，誠信都是立身處世、從政經商的通理。「信」是儒家的「五常」（仁義理智信）之一。在中國，無論是孔孟還是《周易》，無論是史書（如《左傳》《國語》）還是小說（如《三國演義》）都有眾多的「信」的敘述。經濟學諾貝爾獎得主諾思也說，自由市場經濟制度本身並不能保證效率，一個有效率的自由市場制度，除了需要一個有效的產權和法律制度相配合之外，還需要誠實、正直、公正、正義等方面有良好道德的人去操作這個市場。

一個企業或社會，如果普遍缺乏道德感和人文關懷意識，普遍缺乏對規律和秩序的尊重，普遍缺乏系統的敬業精神，就存在「失敗的基因」。因此，只有在誠信理念的基礎上，在企業內部的管理者對被管理者、下級對上級、員工與員工之間建立誠信機制，在企業與用戶、消費者之間也建立誠信機制，才能保證企業興旺。

清末胡雪巖在創辦胡慶余藥堂時親自製作「戒欺」匾：「藥業關係性命，尤為萬不可欺，余存心濟世，不以劣品捏取厚利……」並切實落實到員工與顧客身上，結果，胡慶余藥堂在晚清頹世中聞名遐邇，經久不衰。有人向經營之神松下幸之助請教他取得成功的秘訣，松下回答：「唯誠信二字。」海爾人秉持「真誠到永遠」的

---

① （日）伊丹敬之. 經營學入門 [M]. 東京：日本經濟新聞社，1991：302.

第六章　企業文化的思想內涵

理念，16 年時間便使一個虧損幾百萬元的街道小廠，成長為一個年銷售收入達 600 億元的大型跨國企業集團。太多的實例說明，誠信是企業成功的必要條件。

　　喪失信譽必然給企業帶來毀滅性的災難。2001 年，震驚美國朝野的安然破產案，牽扯出了全球五大會計公司之一的安達信公司。其創始人阿瑟·安達信曾以自己的誠實正直贏得崇高聲望，在競爭中發展壯大。如今這個以誠信起家的百年企業卻因為安然公司做假帳、喪失信用而面臨生存的危機，把成因誠信、敗因失信的法則證明得令人嘆為觀止、驚心動魄。在當今中國股市裡，以銀廣廈、藍田股份等一批「造假高手」為代表的企業，雖然多年來曾經逃過了誠信的檢驗而造成了「不誠信比誠信更有好處」的假象，但終於因股市黑幕的曝光，遭遇信用危機而導致生存危機。這正應驗了「聰明反被聰明誤」、「勸君莫要太聰明，反誤了卿卿性命」的古訓。

　　在現代社會，信息傳播的速度極快，社會輿論的監督力度也在不斷增強，企業一旦做出「反經濟信用行為」，幾乎馬上就會被曝光，它的最重要的無形資產——商譽就會受到重創。如果現代企業不講商譽、不講經濟信用，與其社會地位也是極不相稱的。講求企業信用是一種社會責任，其目的不是為了單純的利潤，利潤應當是履行企業信用的自然回報。因此，著名管理學家克拉倫斯·沃爾頓說：「企業經理人應該用一種全局觀念來看待企業的責任，因為在這種觀點之下，企業被看成是講信用、講商譽、講道德的組織而不是賺錢的機器。」

　　總之，理念決定制度，制度決定技術，技術決定產品。擁有正確的、不斷創新的理念，才具有最強的競爭力。先進的企業在於擁有先進的理念，海爾的張瑞敏在 1984 年企業虧損 147 萬元的創業年代首先提出的就是企業文化先行、企業理念先行。企業最終的競爭力取決於它在一系列價值中如何進行價值選擇，共有價值觀——誠信的理念才是企業競爭力的動力源。

## 二、基本假設——企業個性化的經營理念

　　企業個性化的經營理念，又稱為經營基本假設。任何企業的經營管理必須要有經營的基本假設，就是設定如何經營的最基本的前提和出發點。

　　核心理念之所以只能是基本假設，就是說它雖然是在過去實踐中總結出來的，甚至是在一定程度上被實踐證明了的，但是，由於它必須對未來的實踐發生繼續指導的作用，由於它必須成為經營理念的核心，對其他經營理念起規範作用，所以它在未來是否正確，仍然必須持續得到多方面的實踐證明。在這個意義上，它只能稱為假設。

　　不僅國家治理需要有基本假設或前提，而且企業經營也必須有自己的基本假設。凡是自覺經營、理性經營的企業，都有自己的基本假設。松下的「行銷決定一切」、索尼的「創新決定一切」、豐田的「合理化決定一切」、本田的「年輕人決定一

切」、京瓷的「心靈決定一切」、IBM 的「服務決定一切」等，所有這些企業都依據基本假設，決定了企業如何經營、如何應對市場的基本方略，並根據它們發展和形成了自己的基本價值理念，從而形成了自己經營的特殊個性。

經營是一個系統工程，任何系統都存在統合該系統的內核。以什麼要素為內核來統合該系統，不同的企業文化管理會突出不同的要素。企業經營的核心要素，根據企業長期經營實踐的特徵，可能用這個要素也可能用那個要素，但只要這個要素已成為企業經營中突出的特長，只要企業家有能力用這個要素整合企業經營的其他要素，使企業形成一個以這個要素為核心的有機經營系統，那麼，反應這個要素特點的觀念就可以成為該企業經營的核心理念或基本假設，從而使整個經營系統顯示出個性。

企業必須要有自己的核心理念，只有由它整合而成的經營理念系統，才是有效的經營理念系統，才能使企業對市場競爭和環境產生特殊的適應性。

## 第三節　企業精神

精神在一定條件下決定一個人的層次與面貌，決定一個企業的生存與成長，甚至決定人類某種文明的出現。

德國著名學者馬克斯·韋伯寫過一本書——《新教倫理與現代資本主義》，論述了兩大問題：一是資本主義的起源及其本質；二是宗教倫理與經濟行為的關係。作為一種文化甚至是文明，資本主義精神屬於整個理性主義的組成部分，它具有一種獨特的、屬於自身動因的價值體系，並表現在社會生活的各個方面。它靠勤勉、刻苦、節儉、講究效率、利用健全的會計制度來計算資本的投入與流通，以獲取預期的利潤。所有這些構成了一套合乎理性的經濟觀念。這種觀念還表現在社會生活的其他領域，形成一種普遍性的社會精神氣質或社會心態，這就是韋伯從文化的角度揭示的「資本主義精神」。這種精神在近代的西歐蔓延發展，導致了資本主義的產生。透過表象，人們可以在其背後發現一種無形的、支撐其事業的時代精神，這種以精神氣質為表現的時代精神，與特定社會的文化背景有著某種內在的淵源關係，在一定條件下，這種精神起著非常突出的作用。

### 一、企業精神是企業追求成功過程中不可缺少的支柱

企業精神是企業在獨立經營、獨特經營、長期經營的發展過程中，為適應時代潮流要求，由企業家積極提倡，由全體員工不斷實踐強化而形成的。它是凝結企業理想、認知、價值、情感、意志等因素，激發企業活力，推動企業生產經營的團體精神。它是對企業哲學、企業理念的彰顯，是一個企業全體或多數職工共同一致的、

## 第六章　企業文化的思想內涵

彼此共鳴的內心態度、意識狀態、思想境界和理想追求，是企業追求成功過程不可缺少的精神支柱。

企業精神是一種看不見卻能感覺到的「經營資源」，它在無形中提高了企業以及員工的素質，成為企業在市場競爭中取勝的重要源泉。企業精神是一種可感覺而又超感覺的混合物，它無處不在、無時不有，同時又是一種無形的存在和無形的源泉。

日本政府在總結明治維新時期經濟能得到迅速發展的經驗時發表過一份白皮書，其中有這樣一段話：「日本的經濟發展有三個要素，第一是精神，第二是法規，第三是資本。這三個要素的比重是，精神占50%，法規占40%，資本占10%。精神在經濟生活中的地位，不言自明。」

企業精神是企業的靈魂。在企業經營中，儘管許多因素諸如技術力量、銷售能力、資金力量以及人才等都很重要，但最根本、最重要的還是正確的企業精神。因為在企業中，企業資本在有序流動中增值就是由人來推動的，信息的傳遞是以人為載體的。但是，人與人都是在競爭中存在的，如果沒有統一的精神，人們就會在信息傳遞的過程中變客觀的正確傳遞為主觀歪曲，這種競爭就是無序的。資本的營運就會在人與人的無序競爭之中混亂，企業內耗加劇，以致企業整體難以運行。但如果我們在企業中樹立一種統一的精神，那麼企業的每一個成員就會以這種精神為軸心，推動著企業資本有序流動，所以，確立正確的企業精神意義是重大的，只有有了正確的企業精神才會激發廣大員工的使命感；只有有了正確的企業精神，企業在解決各種複雜問題時才有正確的基礎；只有以正確的企業精神為基礎，人員、技術、資金才能真正發揮作用。因此，為使經營健全發展，首先就必須從確立企業精神做起。

統一的企業精神是建立在企業對存在目的的正確理解之上，沒有正確的目的，就不可能產生統一的精神，因為企業文化的樹立不是強制的，而是一個相互承認的過程。如果企業不是為了廣大員工服務，那麼這種文化就不會被廣大員工承認，企業精神就成了形式。只有建立在為廣大員工謀福利的基礎之上的企業文化，它才能在廣大員工心中扎根，廣大員工才會自覺地遵循這種無形的精神，團結一致，為著共同的目標而奮鬥。從本質上來說，企業都是為廣大員工服務的，不過因為投入資本的種類、數量不同所獲得的利益不同罷了。對企業而言，只有統一的目的是不行的，因為這種目的的實現是建立在企業整體的發展之上，企業的生存與發展是有條件的，它的前提就是滿足不斷發展的社會需求。

公司精神的核心目標是強化公司的能力，並將這種能力進行整合，以達到行為和意志的統一。公司精神又是一個整體的概念，在這種信念指導下，整個公司的管理是真正意義上的「精神化」管理。它是一種公司觀念，它使消費者更加關注與其品牌有關的定性化內容及情感價值，並忠於此。一個公司必須能夠根據自己的理念和信仰，創造屬於自己的規則——精神，這種精神將牢固地綜合在一個遠景共享且

## 企業文化塑造的理論與方法

使命一致的體系和氛圍中。企業管理達到精神化管理這個境界，就真正達到人的本質力量的自由發揮，此時，精神把企業提升到無可比擬的高度，一切力量要戰勝它將不可能。

企業具有成功法則並不等於就能成功，要貫徹這些成功的法則，必須去實踐、去創造、去追求。在這個過程中，會遭遇困難、挫折和失敗，會遭遇風險的考驗，會經歷從未遇到過的情況。這些成功法則本身的價值會受到來自各方的質疑、非難。這時企業需要經受考驗，員工也需要經受考驗。考驗是艱難的、痛苦的，甚至是巨大的。能否經受住考驗，關鍵在於是否有精神支柱，能否毫不動搖地堅持下去；能否以精神的信念，一往無前地與一切艱難險阻做鬥爭；能否在困難時看到光明，排除萬難去爭取勝利。

### 二、在進行企業文化管理時必須形成企業精神

企業精神不是一句口號、標語，也不是鼓動人心的幾句話。它是對企業使命、宗旨、目標凝結成一種信念、一種情感、一種意志的表達。企業精神內在地貫穿了對使命、宗旨、目標的堅信和實現它們的一種決心。它是企業在實現使命、宗旨、目標的長期探索過程中尋找到的強大的精神支柱，企業精神必定是信仰的結晶。

企業精神首先是個性的、特殊的。它總是和特殊使命、宗旨、目標相聯繫的。沒有個性的企業精神，不會真正成為員工的精神支柱。其次，它與企業價值觀也是有區別的。價值觀是企業的選擇和決策標準，而企業精神是實現價值觀選擇決定的目標和行動的支柱，它更多地體現為情感、意志的凝結。企業精神不一定是理性的表達，更多的時候是非理性的表達。它傳達一種意志、一種信仰、一種決心、一種實現目標而貫注的某一方面的精神力量。

企業在形成自己的文化過程中，必須形成自己的企業精神。企業是否形成了自己的精神，要看它是否具有個性，它對員工的行為是否有推動作用、鼓舞作用和支撐作用。我們可以從如下方面觀察企業是否形成了自己的精神：企業精神是否與企業使命、宗旨、目標一致？企業精神是否反應了員工的精神追求？企業精神能否喚起員工心心相印的奮鬥感？企業精神是否能使員工感到真切、實際、可行？企業精神是否能貫穿企業行為的各個方面，能否對各項工作強有力地發生支撐？企業精神能否包含到企業傳統中去？企業精神能否成為企業優良傳統的核心？企業精神能否通過傳統遺傳下去？企業精神能否把員工行為趨向提高到意義的價值層面？企業精神能否使員工的理想追求變成一種恒定的、帶永久性的動力？企業精神能否使員工感到崇高、奮發、隨時被一種真善美的精神力量所驅使和推動？以上這些方面互相配合和滲透，整合成一種有個性特徵的企業精神，從而為一個企業獨自所有，構成企業成功的精神支柱。

日本戰國時代一家商號以蜻蜓作為商標，蜻蜓的身子表示扁擔，眼睛表示星星，

## 第六章　企業文化的思想內涵

它象徵著商人不畏勞苦、曉行夜宿、辛勞奔波的勤奮精神。日本商人的「扁擔」精神，就是奔波不停，到處探尋顧客需求，並把能滿足這些需求的物品給顧客送上門去。當商人在風雪雨霧中跋涉而感到氣餒時，他們從這種精神中得到激勵：「挺住，要挺住！」當他們在奔波途中不勝嚴寒快要凍死時，他們內心深處聽到一種聲音：「沒事兒，有我在呢！」當他們在山路上遇到強盜，便以扁擔作為武器，扁擔使他們勇氣倍增。日本索尼公司倡導「豚鼠精神」，經理室就長年懸掛著一幅企業精神象徵的豚鼠畫像。所有這些精神的象徵，都取得了很好的潛移默化的效果。

總之，企業有了精神的力量，便一往無前，而顧客也正是在尋求那種具有眼睛看不見，但能用心體會到具有一種非凡精神的企業，顧客折服於它的精神，所以相信它，親近它。

### 三、企業精神應該與企業經營願望緊密結合

企業精神不可能抽象形成，必須把企業精神的形成和強烈的經營願望結合，在經營願望的不斷實現中，形成和強化企業精神。

首先，企業精神與經營願望相結合，才會使經營願望變得十分強烈。強烈的經營願望，就是對目標達到「誓不罷休」的追求。有了這種追求，員工對經營的參與意識以及努力去達到目標的干勁，就會大大提高。但是要使願望變得強烈，不僅需要對願望的可行性有深刻認識，而且需要有主見、有強大的精神力作支撐。精神力是人性中至大至堅的力量，它推動人克服一切外力阻撓和抵抗。精神力是成就生命的偉力，也是成就事業的偉力。憑著不可阻擋的精神力，願望才會熊熊燃燒，力量才會超常勃發，行動才會至剛至強，氣勢才會至大至猛，行為才會義無反顧。正是精神的力量，成全成功經營者，使其有萬夫莫當之勇，並使其員工有「田橫五百壯士」之勇。一人舍死，百人難擋。精神力就是強烈經營願望蘊含的生命力、創造力、衝動力。對此，稻盛先生有深刻的體會：要想去成就某一個事業，必須「要讓它成為一個強烈願望，不管是睡著還是醒著，24個小時隨時隨地都去想著它。確定一個強烈願望，在內心深處期待著，描繪著它的實現，甚至讓它滲透到自己的潛意識中去，這就是所謂強烈的願望」。經營者獲得了強烈願望，就實現了企業精神和經營願望的結合，經營就有了走向成功的基礎。

其次，企業精神與經營願望結合，就會產生巨大的經營熱情。熱情像熊熊的烈火，是一切的原動力。熱情是做事情緒高昂、充滿自信和夢想的精神狀態。這種良好狀態會使經營者保持正常情緒，心中充滿希望和夢想，工作起來精神飽滿、心態積極，不僅感染自己而且感染他人，形成熱烈的工作場面，營造充滿激情的工作氛圍。要保持一貫的經營熱情，就必須以強烈的精神力作支撐。熱情是做事的一種情感傾向，隱藏在情感傾向背後的仍然是意志力、精神力。情感總是和意志力結合構成所謂「情意」，意志力強則情感強烈，做事不僅持久而且熱情洋溢、精神飽滿；

## 企業文化塑造的理論與方法

意志力弱則情感脆弱，時高時低，做事不能持久，情緒低落，精神萎靡。兩種狀態造成兩種經營。一個沒有熱情的經營者，是一個不合格的經營者，這種人總是對未來感到不安，總是用一種否定的想法考慮事情，這種心態就會招來真正的不幸。熱情經營是成功的保證之一。要做到熱情經營，就必須要有強大的精神力量作基石。

最后，企業精神與經營願望相結合，就會產生深刻的經營智慧。經營需要智慧，智慧是對經營目標如何實現的深刻理解，是對資源有效組合和利用的創新思路。沒有經營智慧，經營就會迷失方向。但是要獲得經營智慧，經營者必須充分發揮主觀能動性去探索，去研究，去實踐；主觀能動性就是精神力量。有企業精神，才能堅持不懈地進行探索，在這個探索過程中，經營智慧就會產生。經營是一件十分艱難而富於挑戰性的工作，對經營者個人要求很高。經營者必須在精神上做到「知情意」結合，知是知識和智慧，情是情感的傾向，意是意志力和支持力。在知情意中，知產生導向，情產生傾向，意產生動力和恆力。雖然知對情和意都有統率作用，但意則對知和情產生發動作用、支持作用和定力作用。許多智慧高明、情感豐富鮮明的經營者在事業上之所以失敗，就是意志薄弱，精神內力不夠，或者優柔寡斷，難下決心；或做出決策，一有風吹草動，一有困難挫折就難於支持，這就是精神力、意志力缺乏的表現。所以，做大事必有大意志力、大精神。孟子說：「天將降大任於斯人矣，必先苦其心志，勞其筋骨，餓其體膚，空乏其身，增益其所不能。」凡是經過磨難而精神內力強大者，往往最能經受經營困難、障礙，甚至失敗的考驗，最能滿懷信心去克服它們。市場經濟促使不少企業清醒地認識到培育企業精神的重要，這是中國企業的希望，是中國企業走向強大的標誌。

眾所周知，人是生產力中最活躍的因素，也是企業經營管理中最難把握的成分。在總結抗日戰爭勝利的關鍵因素時，毛澤東把「統一戰線」列為克敵制勝的「三大法寶」之一，他指出，人心向背是成敗的關鍵。同樣，企業的發展也需要全體員工具有強烈的向心力，需要把所有人的聰明才智都集中到企業的經營目標上來。企業精神恰好就發揮著這樣的效能。

### 四、幾種共有的企業精神

應當說，在不同的環境、條件和背景下，一個企業所形成的企業精神也不同。然而，作為一種優秀的企業文化，不論一個企業的具體精神氣質和文化傾向如何，都應包括創新進取精神、獨創與協作精神、頑強拼搏精神與主人翁精神。

1. 創新進取精神

管理學家德魯克說，一切都是成本，唯有創新才是利潤。現代創新就是要提高行銷的附加值。僅僅去適應市場、滿足市場已成為被動，創造市場才是主動。企業與顧客永遠在兩端，有限的人力、物力、財力無法真正滿足市場。企業的人有限，而市場的需求是無限的。企業必須主動出擊，以自己獨有的個性與特點去創新，引

## 第六章　企業文化的思想內涵

導顧客新的消費趨向，甚至創造市場新的需求。

創新與一定的文化密切相關。西方人的創新建立在其能力主義、個人主義的文化基礎之上，其創新表現為個人實現。諾貝爾獎只給個人，不獎給集體就是一個例證。西方人注重技術創新，推崇實用主義、工具主義、技術主義。如在美國，有一套創新支持系統和創新激勵系統，無論是成功者還是失敗者，在物質、精神、技術上都有很好的支持。美國還特別有一批被稱為創新導師的人，他們在引導創新、鼓勵創新中成績顯著。例如德魯克，對創新竭力引導，並做出示範。比爾·蓋茨也是創新導師，在他手下聚集了一大批勇於創新的英雄。

創新與進取密切相關，因為沒有積極進取的意識與心態就沒有創新。在企業界，海爾是一個典範。其實，海爾的成績不僅在於其質量和信譽響徹於世界，還在於海爾的幾個創新。海爾人認為，觀念創新是先導，戰略創新是方向，技術創新是手段，管理創新是基礎，市場創新是目的，組織創新是保證，只有不斷地創新，才能在激烈的市場競爭中永遠立於不敗之地。進行持續不斷創新活動，正需要積極進取的精神來支撐。海爾的精神——追求卓越，這就是持續不斷地創新，永遠不能停留在一個水平上。

2. 獨創與協作精神

信息化的網路時代非常需要個人的獨創性和組織的靈活機動的文化特質，這與以標準化、大批量製造為基本特徵的傳統工業經濟時代有了明顯差異。缺乏獨創性的研究開發精神、否認個人的獨立性、個性選擇和利益，在信息化網路時代經濟發展中就成了不合時宜的，甚至是障礙的東西。因此，在這樣一個全新的時代，需要的是極強的個性特徵、創新變化、柔性管理和靈活機動。

然而，強調獨創性擯棄的是習慣於隨大流、守成規、等級森嚴、缺乏冒險精神等不適宜新時代的東西，對於團結協作的精神卻應仍然予以充分的重視。因為，新的時代隨著市場的細分以及再細分，企業分工更為細緻，現代企業生產的社會性特點更為突出，企業內各組織機構在競爭的基礎上更需要精誠團結，營造一個良性競爭的氛圍，為企業目標的實現奠定基礎。

人生實際上有一個奇妙的過程：幼小時必須依靠父母，然後逐漸長大成獨立自主的青年，獨立是很美好的感覺，但它不是人生的最終階段。在進入成人階段以後，又必須超越獨立達到相依相助的階段。因為這時，有識之士已經領悟並且接受這樣的事實：靠一己之力無法完成大事。這個比喻非常形象地把企業內部各機構和人與人之間的關係揭示了出來，對企業的全體人員都應該有重要的啟示。

3. 頑強拼搏精神

商場競爭，不僅是人力、物力、財力、智慧力的競爭，而且是精神力量的競爭。許多企業人力、物力、財力甚至智慧力都占優勢，但最終失敗了，究其原因，關鍵是缺乏一種排除萬難去爭取勝利的企業精神。因此，經營就是一場意志力的搏鬥，必須以意志力克服許多意想不到的困難，才能成功。企業精神就是企業意志力的凝

## 企業文化塑造的理論與方法

結，沒有意志力就沒有精神。稻盛和夫在談到自己成功經營時，特別指出：「經營的結果，由經營者堅強的意志而定。」他認為，經營要有明確的目標，但在實踐中實現目標會遇到許多意想不到的問題，這些問題造成經營的障礙，動搖人的信心，這時經營者的意志堅強與否，能否憑意志力堅持到底，成為經營成敗的關鍵。意志堅強與否就是精神力量大小的表現。稻盛和夫說，中國古典文化中有倡導精神力量的說法。所謂「堅心可以破石」、「斷然行之，鬼神避之」等。他認為他就是憑精神力量工作的，即「我自己就是持之以恒地抱著這樣的精神，一邊總是被周圍的人說著『不知什麼時候會倒下去』，一邊不分晝夜，全心全意地投入事業的」。

企業經營必須有頑強拚搏的精神。企業確定經營目標之後，能否盯住它，毫不動搖，一年不動搖，二年不動搖，三年不動搖，這是一個很艱難的事情。動搖的因素有千千萬萬，但盯住它的因素只有一個，就是堅持力、意志力，就是企業精神。失敗的經營者不在於沒有目標，而在於不能始終盯住目標。盯住一個目標，狠下功夫，毫不動搖，三年必有所成，所以能有所成，一是克服了實現目標的許多困難，掃除了許多障礙，使不可能不斷向可能轉化；二是在堅持中加深了對目標的認識、充實、修正，使之更加符合實際而具有更大的可行性；三是在堅持中開拓實現目標的資源，找到了實現目標的途徑、道路和方法。所以，堅持就是勝利，而要堅持下去，沒有堅強意志力和精神是不可能的。世界上的一切事情要取得成功，只有堅持才能創造條件。

精神的作用不僅發生在經營目標的堅持中，而且發生在企業的競爭中。企業競爭本質上也是意志力和精神力的競爭。在競爭過程中，競爭者之間常常比賽堅持力，誰能堅持下去，誰能在堅持中不斷克服困難，誰能在堅持中不斷堅定自己的信念，誰能堅持最后五分鐘，往往是勝利的關鍵。在堅持背後發生作用的不僅是人力、物力、財力、智慧力，還有企業精神和意志力。它們一旦崩潰，其他因素立即不起作用，於是潰不成軍，一潰千里而無法收拾。而勝利者其實也虛弱到了極點，其困難的程度並不亞於失敗者，他們之所以沒有崩潰，乃是精神和意志力起了支持作用。「兩軍相爭勇者勝，兩軍相鬥頑強者勝」，這是千古不易的道理。

企業精神不僅在競爭中發生巨大作用，而且在經營的一切方面發生作用，它是一個企業經營內力大小的標誌。研發的進行，要經歷無數失敗的考驗，精神不能堅持必然失敗；質量的改進要有細心、耐心、堅持心，如果不能堅持不懈地改善，時行時止，就不可能有質量根本的改善；開拓市場方面，如果沒有一點一滴的成長，一天一天的擴大，一城一地的爭奪，沒有吃苦心、忍耐心、水滴穿石的精神，那麼要想在市場上有立足之地是根本不可能的；做好服務工作，只有對顧客的需求日積月累地瞭解、熟悉，只有對服務一絲不苟地改進，積少成多、積好成優，才能不斷形成顧客滿意的服務。經營者必須始終燃燒著強烈的鬥志，發揚百折不撓的精神，不管處於多麼艱難、多麼嚴峻的情況下，都絕對不屈服，絕對不認輸，而部下們看到經營者這種態度，也就會士氣高漲；相反，要是經營者稍微表現出那麼一點怯懦，

## 第六章　企業文化的思想內涵

要想在嚴峻的競爭中取勝是不可能的。「世界上沒有一個成功的經營者是精神軟弱者」，這是至理名言。

4. 主人翁精神

在企業精神中，主人翁精神至關重要。無論從什麼層面說，也不管是在怎樣的社會制度文化和體制文化背景之下，企業的生存和發展都依賴於企業主人翁精神所具有的凝聚力、感召力、激發力和創造力。企業一旦達到這樣一種精神境界，便獲得了一種精神支撐，它將成為企業自我約束、自我激勵的源泉，自覺創新、積極參與的精神力量，以及追求卓越、自我實現的內在召喚。以前很多人認為我們是社會主義國家，企業也是我們大家的，因此自己就是企業的主人翁。結果當大家看不到自己切身利益與企業利益的聯繫時，就只剩下口頭的表述而沒有為企業做貢獻的行為了。實際上真正的情況正如一句民謠所言：「黨是我的媽，廠是我的家，沒錢找黨要，沒東西廠裡拿。」企業主人翁精神必須建立在新的企業機制上，20世紀80年代我國就有企業探索以入股的形式增強企業與職工的聯繫，培養職工的主人翁精神。現在，在這方面的探索就更有意義了。

### 五、如何培養企業精神

培養企業精神是一項綜合的系統工程，需要企業各子系統協力共建，從點滴做起，堅持長期培養。

1. 在價值觀的培育與塑造中培養企業精神

企業價值觀直接決定著企業精神、經營理念等企業文化的內容，是企業思想內涵的核心。在現代市場經濟條件下形成的以用戶為中心的企業價值觀的指導下，塑造企業精神形象就必須時刻體現出服務一流、技術創新、積極向上和追求卓越等時代特點，為企業提供統一的奮鬥目標。同時，企業價值觀還為企業精神形象的定位提供了坐標。因為，每個企業在社會經濟活動中都有自己的獨特位置或坐標，能否找準自己的坐標，關係到企業是否能夠被社會公眾和消費者所識別。企業精神形象定位的實質，就是塑造適合自己而又與眾不同的獨特新穎的企業精神形象。在市場經濟大潮中，沒有獨特的企業價值觀，企業精神形象塑造就會陷入盲目性，而缺乏個性風格的企業精神形象，就會成為缺乏吸引力和感召力的企業精神形象，是無效形象。企業要通過獨特的企業價值觀，顯示企業的風格，使企業定位在屬於自己的坐標和最佳位置上，從而塑造出有利於自身發展的企業精神形象。

2. 在企業的生產經營活動中培養企業精神

企業的生產經營活動，是人和物質要素有機結合的過程。在這一過程中，人始終處於主導和支配的地位。只有職工的思想情緒處於最佳狀態，生產經營活動才能順利進行，達到良性循環。因此，必須把培養企業精神貫穿到生產經營的每一個環節、每一項具體工作之中，從制定企業理念、生產經營目標，到落實年、季、月、

## 企業文化塑造的理論與方法

旬計劃；從市場研究，到銷售服務；從產品開發，到生產組織；從資金投入，到利益分配；從提高當日效益，到增強企業后勁，都在培養、錘煉和提高企業精神。

3. 在現代化管理中培養企業精神

有生產經營活動，就有管理活動。企業管理活動實質上是管理者運用一定的思想和精神、方法、手段對企業的生產經營活動進行指導、控制、指揮、平衡、協調等。這正是企業精神的重要功能，而且管理活動也為培養企業精神提供了有利條件。第一，在管理思想方面，發揮內部報刊、廣播、閉路電視等現代化宣傳工具的宣傳教育作用，廣泛宣傳改變舊觀念和舊習慣，樹立起適應現代管理的時效觀念、人才開發觀念、信息觀念、競爭觀念等各種新觀念的典型人和事。很多企業把企業理念的主要內容製作成鮮豔的大幅標語，懸掛或張貼在廠大門口或辦公大樓、生產車間等引人注目的地方，使員工隨處可見，在有形無形中受到熏陶。第二，在管理基礎方面，結合管理體制的改革，建立標準企業體制、信息系統、全面質量管理、班組建設等，從點滴入手，使企業精神投射到每一項管理活動中去，起到指導約束和調節作用。第三，各級管理人員以身作則，發揮企業骨幹的作用。管理就是管人，包括對管理者自身的管理。在管理中培養企業精神對管理自身的培養是十分重要的。

4. 在創建學習型組織中培養企業精神

學習型組織是使全體成員全身心投入並有能力不斷學習的組織，是能夠通過不斷學習對自身進行不斷改革的組織，是能夠通過學習創造自我、創造未來的組織。以美國麻省理工學院教授彼得·聖吉為代表的西方管理學者，吸收東西方管理文化的精髓，提出了以「五項修煉」為基礎的學習型組織的企業文化。學習型組織的成員需要進行自我超越、改善心智模式、建立共同願景、團體學習和系統思考五項修煉。彼得·聖吉指出，通過這五項修煉，「人們得以不斷擴展創造未來的能量，培養全新、前瞻和開闊的思考方式，全力實現共同願望，並持續學習如何共同學習」。學習型組織所沉澱的文化要求企業不斷再造，從思想觀念到業務流程，不斷進行翻新改造，以適應不斷變化的形勢的要求，以便在成本、品質、服務與速度上獲得顯著的改善。在學習型組織的創建中，培養企業精神最容易取得實效。企業如果把學習的過程變為思維方式更新的過程，灌註有益於企業發展的精神力量的過程，則企業的更新與再造都將事半功倍。

總之，作為企業文化核心的企業精神的培育和塑造，是企業內部條件和外部環境相互作用、相互結合的產物，從提煉確立到成為企業的精神支柱和全體員工的力量源泉，需要不斷地培養。

### 思考題

1. 從企業價值觀定義的角度分析，M公司的價值觀是否完整嚴謹？你身邊有類似價值觀和類似境況的企業嗎？

## 第六章　企業文化的思想內涵

2. 假設您是公司的總經理,又十分關注企業文化的建設,請您分析並指出 M 公司企業理念的問題,以備與管理層溝通之用。

3. 什麼是企業精神?如果您是現階段 M 公司的員工,您對公司有何建議?您會如何作為?

# 第七章　企業文化的信息網路

## ● 章首案例：戴爾的開放式信息網路

　　戴爾公司企業文化中許多一以貫之的要素都是在初期形成的。在發展初期，公司還在風險頗高的階段，所以戴爾會甄選具有高度冒險性格而又變通能力強的人。戴爾在財務、製造、信息技術等方面，會延聘專業人士負責，如果聘用了好的人員，他們在有所作為后，會帶進更多的優秀的人才。不管在哪一個產業，都應該及早找出潛在的問題，然后盡快修正；另外，在發展的過程中盡早讓顧客參與，他們會是你們最棒的意見小組。不但要盡早傾聽他們的意見，而且要仔細聽。大家會問戴爾：「你怎麼讓你的員工願意用電子郵件？」戴爾回答：「很簡單，你只要問他們有沒有收到你用電子郵件傳過去的通知就行了。」沒有人希望自己漏掉信息，對不對？戴爾在面試新進人員時，第一件事就是瞭解他們處理信息的方法。他們能以經濟的觀點思考嗎？他們對成功的定義是什麼？如何與人相處？他們真的瞭解今日社會的商業策略嗎？對戴爾的策略又知道多少？

　　不過戴爾的做法遠超越一般人所認識的電子商務。通過網路，戴爾提供內部發展的種種技術支援工具，顧客要求的任何服務，都可以在特殊的電腦系統中取得信息。比如說，顧客可以直接與產品製造部門連線，瞭解他們訂貨的進度如何。通過「頂級網頁」，他們也能和隔夜快遞連線，核實產品是不是已經寄送出來了。

　　戴爾在公司的網站上增加了一種戴爾診斷的功能，涵蓋了數百種解決問題的模式，以互動方式引導顧客解決常見問題。由於戴爾網路上技術支援的比率漸高，顧客們也逐漸由電話求援轉為在網上求助。因此，戴爾的技術人員便可投註在較高價

## 第七章　企業文化的信息網路

值的工作上。在銷售與技術支援這兩方面，每五次網上服務可抵一次電話服務，每少通一次電話戴爾平均節省八美元。

關鍵是在盡可能沒有品質落差的前提下，縮減服務顧客需求的時間與資源。這有兩條路可行：一是建立電子信息的雙向道，二是與顧客面對面溝通。

戴爾公司不允許信息緩慢到達。由於戴爾處在分秒必爭的行業裡，因此必須通過會議、電子郵件和公司內部網路，進行及時的「討論」。早上發生的事情，最遲到下午就必須做出反應。戴爾必須一年365天、一天24小時具備最高的競爭性，否則就會失去生意。立即溝通，以及立即解決問題，是絕對必要的。

戴爾在開放的企業文化中，大家可以盡情採取直接的渠道，得到所需的信息，電子郵件穿梭在傳統的「等級」路線中的情況，在整個組織中隨處可見。如果任何人覺得只因為他是副總裁，就應該只跟其他副總裁講話，戴爾便會打壓這類想法。過度僵化的等級制度會限制信息的溝通，對誰都沒有好處。等級制度不但代表速度慢，也暗示著信息流通的阻塞；它代表著一層又一層的許可、命令及控制。

信息在成形的最原始階段，並不是以很明確清楚的完整面貌呈現，所以公司更必須鼓勵信息在各階層自由流通。戴爾如果發現任何異狀，便會立刻詢問任何一個可能知道事情緣由的人。同樣，任何員工有問題時，也會知道公司希望他能把問題提出來，通過電子郵件或在會議中提出都可以。

## ● 第一節　企業文化信息的含義與特點

世界經濟發展到今天，已經從行業、地域、國家等以前不可跨越的領域突破出來，相互交叉，連為一體。形成了一個全新的經濟時代。這時，新技術、新產品不斷湧現，市場不斷開放，企業競爭的範圍由地區與地區、國與國的市場拓展到全球市場。因此，現在的時代又被稱為信息時代。

企業文化是一個以廣泛的信息為基礎的新的管理系統，要有效地塑造優質的企業文化，就必須認識信息的特性，掌握信息生成的規律，這樣才能主動而有效地利用信息、調動信息、駕馭信息為企業的一切管理服務。那麼，什麼是企業文化信息呢？

### 一、企業文化信息的一般含義

「信息」，英文單詞為 Information，中文意思為「音訊」、「通信」、「通知」、「情報」等。在現代，它已成為多學科研究的對象，所以有許多不同的定義和性質，成為全球性的高難度課題。企業文化的信息是指在企業文化這樣一個複合型的管理系統中，影響企業價值觀、企業精神、企業決策、企業生產經營行為方式、企業形象

**企業文化塑造的理論與方法**

與企業效益的所有信息的綜合系統。

### 二、新時代的企業文化信息的特點

新時代的企業文化的信息具有以下特點：

1. 信息傳遞的快速與高質

網路技術的應用使企業擁有了可靠、快捷的全球信息傳遞系統。企業信息管理已經進入了互聯網知識資源管理的新階段。新時代的知識資源管理不僅要對企業原有的知識資源進行收集、利用、溝通和完善，還負有對企業新知識資源的形成和創造進行管理的任務。這樣，企業文化的信息管理就具有了快速與高質的特點。企業文化信息有很強的時效性。大部分的信息，都是及時用之為財富，過期不用為垃圾。坐失良機便悔之莫及了。現代信息技術又使信息高質量地傳遞，它使企業的各類隱性知識、資源變為顯型的知識和資源，使個人的知識資源有可能變為組織的知識資源，使部門的知識資源也能更好地為整個組織服務。

2. 信息傳遞過程中的擴充性

企業文化信息傳遞過程中的擴充性一是指企業中各種信息在傳遞的過程中會根據傳遞人的主觀意願而增加某些內容，從而使信息的內容有了變化；二是指在為某一目的而用的信息隨著目的的達到而耗盡時，由於其過程的印痕而具有了永久的意義。當一種決策和行為一旦沉積為一種文化，這種信息就對企業產生極大的影響。因此，信息是隨著它的利用而擴充，擴充的正面信息、向上的信息越多，企業的發展就越快越好。

3. 信息傳遞的密集性與模糊性

企業文化信息由於涉及的範圍廣，內容多，傳遞面大，因而信息點特別多。在企業發展的關鍵時期——轉型時期也是信息點特別密集的時期。在非正式渠道傳遞時，由於信息面廣、傳遞途徑多、現代人文化知識水平的提高導致心理的複雜性需求以及表達的複雜性，因而在信息傳遞時，呈現模糊性的特點。

## 第二節　企業文化信息網路的構成

企業文化以企業哲學為核心，並通過各種有效的途徑形成統一的價值鏈，使企業的使命、願景及其理念不是停留於口號上，而是形成足以影響企業人員的價值觀，更要落實為具體的趨同的思維模式及行為規範，最後昇華為共同奮發的信仰，形成一種獨特的企業精神，再給員工的思維與行動以有益的影響。這樣的過程是一個從強制灌輸到主動接納的良性循環的過程，並且本質上是一個良好信息網路中的信息流運動。

# 第七章　企業文化的信息網路

## 一、由三種渠道構成的信息網路

渠道是文化指令通過與反饋的通道。企業要形成一個良性循環的信息流，必須有良好的溝通渠道。渠道的功能、容量、速度、質量等，直接影響文化指令能否順暢、及時、有效地傳遞，對企業文化能否發生管理作用影響極大。渠道管理要求注意溝通渠道建設、質量保證、障礙克服，使渠道處在高效運作之中。在企業中溝通渠道縱橫交錯，如網狀密布。根據組織系統的特點，網路信息渠道可以分為三類：

1. 正式渠道的信息網路

正式渠道的信息網路指通過企業各級正式組織形成的正式渠道傳達企業的價值觀和理念信息，傳遞企業的戰略、企業文化的目標、規章制度和行為方式的要求，張揚企業正面的向上的文化氣息。這是一個優質的企業文化信息網路的基礎。這裡需要強調的是現代信息論實際上又是一種方法論。而這一方法論的精髓便是反饋的思想與方法。運用信息反饋可使人們迅速、連續瞭解信息輸出的效果，有利於及時調整信息對策，保證組織系統在內外環境中的動態平衡。如果仍舊按以前的老規矩、老習慣，只問布置和傳達，不管反饋與結果，那麼，這就不是一個環形的信息通路，最多算是一種單向的信息發射。因此，努力建立一個溝通良好的反饋系統，這是優質的企業文化信息網路的一個先決條件。

2. 非正式渠道的信息網路

非正式渠道的信息網路指以非正式組織系統或個人為渠道的信息傳遞網路。鑒於正式組織在權力安排、信息傳遞、社會交往、成就感和安全感等方面的不完全性，不能滿足組織成員的多層次需要。因而不同層次的組織成員有加入非正式組織以獲得心理和情感滿足的需要。在企業內，員工由於工作性質相近，社會地位相當，對一些問題的認識基本一致、觀點基本相同，或者性格相近，業餘愛好相同，使得他們相互吸引，相互理解，從而自發形成非正式組織。非正式組織與企業組織之間存在著各種關係，它通過各種渠道形成一定的信息接收和傳遞通道，既可能促進正式組織的發展及其目標的實現，也可能阻礙甚至破壞正式組織的發展及其目標的實現。

此外，與員工關係密切的工作環境，他們接觸的領導、同事對事物臧否的看法等很多渠道獲得的信息足以影響員工價值觀形成，影響其思維方式與行為方式。

例如，一個新員工，如果進來後學習的規章制度是一種要求，但領導與同事們的日常談話和行動是另一種表現，那麼，這名新員工肯定遵從後者。因為，在這裡，他以從眾的談吐和行為得到周圍環境的認同，得到心理的平衡；否則，他就是異文化分子，就要受到排擠和打擊。因此，良好的企業文化信息網路的建立不僅需要正式的傳播渠道，還要通過非正式渠道去真正地影響員工的思維方式和行為習慣，形成一種良好的企業文化氛圍。在霍桑實驗過程中，梅奧已經發現了在企業工人內部存在著一個「非正式組織」，這種非正式組織有它特殊的感情、慣例和傾向，無形

## 企業文化塑造的理論與方法

地左右著其成員的行為。

迪爾和肯尼迪從美國文化過分強調正式溝通作用的特點出發,強調企業文化的溝通應以非正式溝通為主。他們認為,文化溝通網路應由七種人構成:講故事者、教師、耳語者、閒聊者、間諜、非正式團體職員,他們構成傳播消息的非正式渠道。中國人歷來有非正式溝通的習慣,如果在正式溝通暢通發達的前提下,也能讓非正式溝通為企業向上的文化信息傳播服務,那麼企業文化就一定能發揮巨大的力量。

3. 縱橫交錯的立體式渠道信息網路

在企業的信息網路中,各種信息往往不是以單一的渠道或方式發布,而是錯綜複雜地以立體的網路式發布和接收的,因此,就存在著縱橫交錯的立體式渠道信息網路。例如,企業發布一條兼併另一企業的消息,可能通過正式的文件發布,看到正式文件的部分人就可能向沒看到文件的人傳達,這種傳達,可能向下屬,也可能在某種場合向跨部門的非直屬人員,甚至可能與自己平級的同事交換意見和看法。向下屬傳達屬於正式溝通渠道,向非下屬傳達屬於非正式渠道傳達。在傳達溝通過程中,出現的各種渠道信息的交錯傳遞,就形成了立體式渠道信息網路。

在這一網路中,會接收到不同的反饋信息,有高興的,有擔憂的,甚至還有因各種猜測說各種閒話的,還有可能在正式文件下達以前就有各種消息傳播出來,那麼由反饋而生出來的各種信息就更豐富了。是大多數人制止不利於企業發展的言論引導大家共同拼搏,還是大多數人附和不利於企業發展的言論導致人心渙散?這時,企業的主流文化就起很大作用了。

在企業中,正式渠道與非正式渠道的溝通,立體式渠道信息網路溝通,或者上下溝通、左右溝通、內外溝通、專家溝通、口頭溝通、書面溝通、態勢語言溝通、電子媒介溝通等渠道眾多,只有在健全的、發達的溝通渠道中,讓積極向上的信息暢通無阻,使各種類型的溝通形式各自發揮溝通的作用,互相配合,相得益彰,企業文化的指令得以通過多種形式傳遞,員工及時共享文化,才能有效執行文化指令。

## 二、利用互聯網創新信息網路

互聯網等新技術的出現使信息網路的創新增加了很多的可選擇空間,使溝通方式更為有效。公司內部的人員可以選擇在局域網的 BBS 上發布信息、討論專業問題;也可以越級向上司發送電子郵件以徵詢意見;更可以通過 QQ 和企業 OICQ、MSN 的聊天途徑與同事進行隨時隨地的交流。在正確的價值觀與有效的制度管理中,這樣的交流對於維護同事之間的合作友誼是無與倫比的工具;甚至文件的傳送也無須離開座位,音頻及視頻的多媒體支持也使得不同地點的同僚們可以成功地創設學習型組織的議事模式。

由於信息時代的特殊影響,年輕的中層和高層管理人員的閱歷背景使他們更趨向於資源共享的思考模式。網路文化的平等、民主的特性影響著他們的領導方式;

## 第七章　企業文化的信息網路

同時，也因為虛擬溝通平臺的延伸，使互聯網時代的組織文化更具備了真實性和有效性，更體現了文化的價值所在。在這樣的文化網路中，人們可以使用電子表決器真實地表達自己的觀點，再不用因擔憂不同觀點引發的后果而矯情行事。因為技術的緣故，自身的權利突然間變得親近、自然而且真實。由於信息技術的運用，企業文化的某些觀念可以實實在在地推行了。在這裡人們可以體會到，文化是具象的，是可以主動整合操作的，甚至可以通過組織設計和制度創新來體現獨特的企業文化。溝通機制的構築、創新，有力地回擊著任何質疑企業文化無法落實的觀點。

當然，在目前，我國的大多數企業還不能實施這樣的溝通方式，或者由於企業習慣性思維，或者由於員工素質及財力物力的影響，或者由於其高層管理者仍然習慣於通過製造不平等的單向溝通模式來得到權力執掌者的滿足感，但是，形勢的飛速發展將使這一切得到根本的改變。

在惠普（中國）公司有這樣一種現象，企業辦公桌的數量永遠比員工的數量要少，企業鼓勵員工帶著便攜電腦在辦公室以外的其他地方比如家中辦公。而且，由於辦公桌總是比員工人數少，所以辦公桌總是處於被公用的狀態，並非歸個人獨自專用。所以，實際上員工的辦公地點並非固定，員工總是處於流動性的辦公狀態之中。即便企業的管理者也是遵循這一規則，在公司並沒有專用的辦公區間。惠普的這種做法顯然是基於其強大的內部網路基礎，或者說，正是內部網路的支撐，惠普才真正實現了其夢寐以求的無紙化辦公。

這種規則的實行，除了對惠普直接產生高效、節能的功用之外，對惠普的公司文化建設也產生了新的推動。惠普提倡成員與成員之間坦誠相見，提倡「溝通」。那麼，由於員工的辦公地點並非固定，因此他辦公桌的鄰居也是不固定的，今天他的鄰居是 A 部門的，明天也許就是 B 部門的。這種狀態使得成員之間的溝通變得十分有意義，換言之，成員之間面對面的溝通不再局限於本部門，即便是與公司管理層的溝通也不再是困難的事情。

再如，惠普提倡企業內部成員的平等性，要求成員之間平等相處，杜絕明顯的等級概念，同時惠普還要求成員與社會其他成員之間也能夠做到平等相處。總之，惠普希望「平等」的觀念能夠深入人心。也許惠普曾為此考慮設計很複雜很詳盡的制度體系，但是當「辦公桌的規則」出現以后，「平等」這一企業文化理念的推廣就不是問題了。當企業的一名普通成員坐在辦公桌前，想到就在昨天坐在這裡辦公的還是公司的一名高層管理人員的時候，他對「平等」的領悟就已經是相當深刻的了。

前面談到惠普的「溝通文化」，應該說是企業網路化所引起的企業溝通體系的一種較高體現。一方面企業成員可以在任何地方通過網路進行非現場交流，另一方面企業成員之間也因為鄰座的隨機組合而大大提高了面對面交流的範圍。這種溝通體系也許一般企業還難以做到，但是對於遵循網路化生存規則的企業來說，通過網路進行非現場交流卻是十分自然的事情。幾乎就在一瞬間，很多企業的成員都喜歡

### 企業文化塑造的理論與方法

上了內部網路,先前通過紙質進行信息溝通和交流的方式開始變得令人難以忍受。大家開始習慣於在網路上進行任何信息的交流,包括企業的、生活的,甚至是絕對個人的。

### 三、利用傳統優勢強化人性化信息網路

計算機複雜的信息系統已經極大地改變了經理人員監督和控制組織活動的能力。但這種正式的系統只是對管理控制信息資源的一種增加而不是取代。網路文化固然給現代企業帶來溝通渠道的創新,但新型企業文化應該必然是多元的。在高歌猛進地倡導以信息技術創新溝通機制的同時,任何人也不能否定其他傳統溝通機制的有效性。

會議、短暫的會面、單獨談話、四處巡視、社交活動、電話交談等諸如此類的活動,仍然是經理人獲取信息的重要渠道。在何種情況下採取何種溝通技巧或途徑最為有效,才是關鍵所在。職業人士在溝通技巧方面的訓練及拓展尤為重要。諸如當主管經理正在氣頭上,如何與之溝通的問題,可能一張紙條的作用更大於任何其他方法。

無論企業大小,無論其在何種處境,搭建務實的、制度化的企業文化平臺都需要溝通機制的不斷創新,並且制度的制定者和執行者均是企業人。企業良好的信息網路的建立需要志同道合的一群精英在趨同的價值理念協調下主動地、有計劃有組織地進行,通過各種有效的方式使企業文化中有利於企業發展的信息能夠得到有效傳播。

同時,價值觀念的趨同並非要使一家公司的所有人員都以同樣的方式思考,那是非常危險的現象。溝通機制創新的意義在於鼓勵創新的企業文化。一定要鼓勵公司員工以創新的方式來思考公司的業務、所處產業的發展、顧客服務等課題,因為以不同的出發點來思考和處理問題,便可以創造出許多新的機會。鼓勵員工對公司營運的所有管理層提出疑問,可以不斷把改進與創新注入公司文化中。

## ● 第三節　企業文化信息網路的管理制度

構建文化信息網路的管理制度是企業文化網路建立的重要構成部分,它在企業中起傳達、控制的作用。有效的文化管理有賴於文化溝通。溝通是對一組文化意義符號的共享,以及根據對一組文化意義符號的共享,而對個人和組織的思想和行為的改變(或者繼續,或者停止,或者改變)。只有溝通才能使文化發生根本作用。因此,企業文化管理要求建立健全溝通管理制度。

文化信息網路系統的管理制度分為四個組成部分:

## 第七章　企業文化的信息網路

### 一、文化信息網路的意義符號系統

這是把企業文化思想內涵系統的意義符號，通過具體的編碼和闡釋，使之成為便於溝通、講解、領會的具體意義符號，讓企業文化在企業人的心中得到具體的顯現，在企業的各項經營活動中得到落實。

1. 精神意義符號系統

精神意義符號系統主要指展示企業價值觀和企業理念、企業精神的符號系統。其包括企業口號、使命、宗旨、目標、成功思維、成功法則、成功精神等。它是企業精神文化的正規系統層次，是一套不可爭辯的原則。[1]

2. 文化物質意義符號系統

文化物質意義符號系統包括企業的名稱、徽章、標示、商標等各種體現企業文化個性特徵的物質設計。這些都要成為員工理解和強化文化信息的載體，而不是為一段時間的時髦裝飾而做出來的擺設。

例如，「海爾」的文化內涵：

（1）海爾引進德國利勃海爾電冰箱生產技術，是開放的產物，走向世界的標誌，含有開放性、全球化的價值理念。

（2）「海爾」諧音「孩兒」，充滿生機與活力。海爾大樓前有孩童塑像，形象地體現了海爾前程遠大、活力無限的價值理念。

（3）「海爾」是「海啊」。張瑞敏說：「海爾是海！」

博大精深，遼闊無邊。奔向蔚藍色是人類20世紀的呼喚、21世紀的行動。近年海爾從家電產業走向金融，從中國走向美國，就體現了這種精神。

在國際化大潮中，構建企業文化信息網路的意義符號系統，正確地傳遞品牌的文化信息尤為重要。我國的絕大多數品牌，由於只有中文標示，因此在走出國門時，便讓當地人莫名所以，有一些品牌採用漢語拼音作為變通措施，被證明也是行不通的，因為外國人並不懂拼音所代表的含義。例如長虹，以其漢語拼音「CHANGHONG」作為附註商標，但「CHANGHONG」在外國人眼裡卻沒有任何含義。海信，則具備了全球戰略眼光，註冊了「HiSense」的英文商標，它來自「High Sense」，是「高靈敏、高清晰」的意思，這非常符合其產品特性。同時，「High Sense」又可譯為「高遠的見識」，體現了品牌的遠大理想。

在國外的企業中，可口可樂與百事可樂的商標設計顯示了極強的文化信息。可口可樂：以紅色為基調，紅色代表熱血、熱情、有朝氣、有活力；具有深厚的文化底蘊，成為美國文化的象徵。而百事可樂的藍色代表冷、酷、帥，具有現代氣派和極強的藝術特徵。百事可樂的圓球標示，是成功的設計典範，圓球上半部分是紅色，

---

[1] 黎永泰，黎偉．企業管理的文化階梯［M］．成都：四川人民出版社，2003：74．

## 企業文化塑造的理論與方法

下半部分是藍色，中間是一根白色的飄帶，視覺極為舒服順暢，白色的飄帶好像一直在流動著，使人產生一種欲飛欲飄的感覺，這與喝了百事可樂後舒暢、飛揚的感官享受相一致。

3. 行為意義符號系統

行為意義符號系統包括企業人的個人行為意義符號和企業整體行為意義符號。在企業人的個人行為意義符號中，坐、立、行，待人接物等肢體語言均顯示企業員工的素質與企業文化的層次。筆者以前曾工作過的一個公司總經理在上班前五分鐘有三要：刮胡子；洗冷水臉，擦紅皮膚；整理頭髮。他說這是為了給人們一個良好的公司營運印象。在銀根緊縮、公司資金週轉出現暫時困難的時候，他的這些行為的確給了員工勇氣和信心。

組織行為意義符號常常以整體的企業行為來展示。在本書第八章第二節有詳細敘述，此處從略。

企業應將精神、文化物質、行為意義符號整合為一個完整的意義符號系統，實行全方位的規範，以達到管理的目的；應抓住精神意義符號，去整合、完善，使企業文化的信息網路系統化、規範化。文化要起到根本的管理作用，形成完備的文化意義符號系統，是必不可少的前提。

### 二、文化信息網路的動力系統

由企業領導核心機構適時地將文化溝通的意義符號傳達到各個管理層與員工中，朝會、例會、培訓、表彰大會、老板給員工寫信、用傳真機發便條；交流、建議、報告，反應意見等多種形式，都可以成為這一機制的力臂。在企業中，這一溝通動力機制最大的阻力來源於人。上級無溝通意願，下級無溝通動力，企業無溝通氛圍；企業內部的向上的文化信息不溝通，各種不利於企業生存與發展的信息就暢通無阻，文化管理的積極作用便喪失，無序的現象會不斷增長，企業失去文化控制，組織必然渙散，員工動力衰退，可怕的后果便會在企業產生。

通過各種靈活務實的溝通機制，企業的核心價值觀達到上下理解一致，從而在員工心目中真正形成認同感。公司可以開展象徵性的企業歡慶儀式、禮儀、紀念活動，也可以通過樹立本公司典型的英雄人物、傳奇人物，通過「樹立典型」的方法，明確地告訴員工提倡什麼、鼓勵什麼，公司員工也就知道自己該怎麼做。當然這也要求所有的管理人員參與其中，並成為忠實實踐公司核心價值觀的表率。機制打造的同時應著手修訂公司制度上與企業文化建設不相符合的部分，用公司的核心價值觀來指導公司各項管理制度的修訂與完善。另外，也要求按照公司的核心價值觀的要求，花時間來培訓管理人員，從而在管理方式上做出相應改進。通過機制與制度建設以及管理改進，新的價值觀的群體意識逐步形成，企業文化建設的目標得以實現。

第七章　企業文化的信息網路

## 三、文化溝通網路的渠道網路系統

　　企業要盡量避免形成官僚化的溝通網路系統，建立多渠道暢通的溝通網路，鼓勵溝通，嚴禁阻礙溝通。這就需要一整套鼓勵溝通的規章制度，通過制度的推行，以各種獎懲的形式推進溝通的正常化，特別是在人力資源政策上的影響，會起到相當重要的作用。只有當溝通的規章制度都得到真正落實，並且在管理層的影響下形成了人們的思維習慣和行為習慣時，才能創造良好的溝通環境和氛圍。

## 四、文化溝通網路的溝通反饋系統

　　回訪調查、現場巡視和辦公、檢查、統計報告、總結、匯報、座談等，都是溝通反饋系統的工具。老板不能只在辦公室或酒桌茶樓上辦公，要盡可能獲得更多的一手信息。對文化溝通系統的管理形式要制度化。溝通是金，為政之妙在於溝通。企業有良好的溝通制度，內部認同感和凝聚力強，企業才有造血功能。

## ● 第四節　企業文化信息網路中存在的問題與解決辦法

　　很多企業出現文化障礙常常是由於內部溝通不暢。溝通是企業保持有序、和諧、協力、高效的前提。企業內部溝通不暢，必然導致混亂、離散、經營成本高、效率低。內部缺少有效溝通有觀念問題、渠道問題、技術問題、方法問題等，但主要是文化障礙問題。

## 一、企業文化信息網路中存在的問題

（一）領導的態度阻塞了信息網路的通暢

1. 領導無意溝通

　　這是一種傳統的觀念。工人的職責是做工，出資人的職責是管理，在發達國家這樣的觀念也司空見慣。在中國，相當長的一段時間裡，在人們的觀念與實際生活中，所有財產都是國家的，由政府派人來管理。管理者計劃和指導企業運作，很少想到要徵求員工的意見，或者向員工詳細解釋企業的決策。企業也常有意見箱一類的東西，但大多是擺設。企業主要領導能力強，就容易形成唯我獨尊、唯我獨見、唯我獨斷的「一言堂」局面。這樣的領導常常認為溝通無意義、無必要，當領導的要與員工保持距離、保持威嚴、保持神祕感，「潛龍不見首尾」。在內部造成上下等級森嚴，不苟言笑，只有工作關係，沒有同事關係；只有正式關係，沒有非正式關係；組織氛圍冷淡、冷冰。員工不知領導想什麼，領導不知員工想什麼，各念各的

103

## 企業文化塑造的理論與方法

經，各彈各的調，各做各的事。這種情形在以前的企業中是非常普遍的，在現在的有些企業中也不少見。在這種情況下，領導下達的任務可能更多靠強制力來保障執行，一旦企業發生緊急情況，需要員工共渡難關時，他們極可能無動於衷。

2. 領導溝通過度

這類領導有幾種情況：

(1) 剛上任的領導。所謂新官上任三把火，他要做給他的領導看，又要向下屬顯示自己的敬業與權力。他唯恐溝通不及，因此不斷談話，不斷開會，一個接一個的命令，一個接一個的討論，期待著下屬暢談企業面臨的危機，以及對新領導的認同和在新領導的領導下對美好未來的展望；對離任領導的不是和數落，對新領導忠心的說辭。但只說不做，會議結束后一切又復歸於平靜。這類領導把溝通作為目的，而不是作為手段，這是溝通過度和溝通無效問題。

(2) 許多大企業類似政府機關的領導。這些領導忙於繁瑣的事務之中，加之組織層次多，唯恐控制力度不夠。於是，會議一個接一個，傳達一層到一層，文件一堆又一堆，討論一次又一次。溝通過度，產生大量信息垃圾，導致信息成本過高，實際操作被排斥，工作效率降低，經營業績下降。

3. 信息單向發射

這類領導到基層只是發指示，即我說我的，你想你的，不交流也不撞車。有的領導好不容易有機會到基層，卻不是聽下級反應意見，而是大吹自己的宏偉計劃，大吹自己以前的功績與能力水平，希望得到讚揚，對下級的非讚揚性話題尤其是逆耳的內容不願意聽，整天拿著手機不停地打，有意岔開不願聽的話題，故作忙碌狀。這樣的領導把溝通作為監督下級的手段，對下級極不放心，擔心下級「揣腰包」以及功高蓋主。

(二) 員工溝通中存在的種種問題

下級和員工害怕或不願意與領導溝通，常常有以下原因：

1. 企業沒有溝通激勵機制和溝通習慣

員工在溝通嘗試中，得不到鼓勵，甚至受到打擊，不少員工抱著多一事不如少一事的心理，害怕溝通，不願溝通。

2. 企業風氣不正，員工以與領導接觸為恥

由於埋頭干事者不得重用，溜須拍馬者提升迅速，使有些員工以與領導接觸為恥，從而形成了企業血脈的阻塞，溝通在正常範圍內停止。

3. 對領導灰心，對企業失望

能走的都走了；年齡大的走不了的，就混日子等退休；年輕一點的希望企業破產，以便拿到一筆錢再走人。大家感覺到溝通已無意義。

如此這般，上下溝通，動力不足，下情不能上達，上情下達時得不到有力的回應，在某些信息渠道得到的信息又不真實或不全面。這樣，領導不知下級真正在幹什麼，做得如何、績效如何；下級溝通時報喜不報憂，報機會不報危機，報個人情

## 第七章　企業文化的信息網路

況不報工作整體情況,導致上級決策控制缺乏真實事實基礎。溝通成本過高,還表現在部門之間以鄰為壑,互相隔絕,各自為政,局部利益最大化而導致溝通不暢。因不溝通而導致部門不協調、形式主義、官僚主義,使部門處在無整合能力之中。

(三) 溝通渠道中的問題

1. 正式溝通萎縮,非正式溝通發達

從正式渠道得到的信息稀少,從非正式渠道來的信息發達,小道消息、各種傳言、各種議論、各種謠言在企業內傳來傳去,導致猜疑、不滿、小集團主義盛行,亞文化林立。

2. 正式溝通渠道不發達,非正式溝通也不發達

員工心存戒備,拒絕或害怕談組織的事,更不願相互瞭解關心,唯恐別人窺測到了自己內心深處,瞭解到了個人的觀點見解;奉行「少見面、少談論、少關心」的三少局面;實行「談天氣、談歷史、談外單位」的三談形式,絕口不談本單位的事。內部溝通障礙嚴重,必然帶來不追求共同目標、不追求共同行動、不追求共同業績的結果,從而由溝通文化障礙導致企業經營成本增高,經營業績降低。這種高成本式的領導方式是一個企業業績差、群策不群力、群體情緒低落的重要原因。

(四) 溝通技巧缺乏

不少管理人員也希望通過溝通改善人際關係,提高工作效益。但就是想法和做法不一致,目標和結果大相徑庭。這是溝通技巧的問題。

以上種種情況都會導致溝通成本過高,從而使經營成本過高。

## 二、企業文化信息網路中有效溝通的方法

1. 改變習慣思維,重視有效溝通

企業內部從上到下、從內到外,一切員工都應對文化溝通、文化傳遞、文化理解、文化執行持積極的、主動的、快速反應的態度,從文化溝通中習得和內化本企業的文化,特別是企業領導對信息溝通要有一個正確地認識:企業內部的溝通不僅是員工精神上的需要,也是為企業創造價值的基點。如果研究、生產、銷售部門的工作人員能經常接觸,交換意見,就可以獲取各自所需的信息,互相啟發,就可能碰撞出思想的火花,企業的經營狀況將因此得到大幅度的改善。美國一家公司的總經理把公司餐廳裡四人用的小圓桌,全部換成大長桌,使原來彼此陌生的人在進餐時都有機會閒談,后來公司的經營大有起色。

企業上下必須對溝通持積極的態度,只有這樣,良好的企業文化才能內化到員工一切集體行為中,文化管理的強大作用才能得到正常發揮。

2. 創建積極向上的企業文化氛圍

企業要有積極的、有效的溝通,首先必須有一個很好的文化氛圍。在這裡,領導的溝通意願、溝通態度、溝通技巧都起著十分重要的作用。在一種共同價值觀、

## 企業文化塑造的理論與方法

共同願景下，在共同事業的追求中形成的積極向上的企業文化氛圍中，要使溝通變成一種自然的習慣、一種義務、一種責任，這自然不再是一個難題。

3. 學習相關知識和溝通技巧，提高溝通水平

要提高溝通的水平，增強溝通的有效性，需要遵從從我方立場著眼，從對方需要著手的雙贏原則。在溝通的過程中更需要注意對方心理需求層次的差異、意識形態的不同及心理藩籬的障礙，才不至於形成對牛彈琴的局面。

（1）尊重對方利益

既然溝通的目的是協調利益，那麼，溝通的必要前提就是對對方利益的關注和尊重。孔子的一句名言表達出這層意思：「夫仁者，己欲立而立人，己欲達而達人。」（《論語·雍也》）——「立」者，立足、立身；「達」者，通行、通達。要想自己站得住，也要讓人家站得住；要想自己行得通，也要讓人家行得通。

關注和尊重對方利益，它本身不是溝通，但卻是溝通的必要前提，沒有它就沒有溝通。只要不是靠招搖撞騙，迷惑對方於一時的虛假溝通，那麼，溝通就必須關注建立主客雙方的合作關係。合作關係建立起來，具體的溝通也就容易得多。因此，每一次溝通，都必須通過協調利益對這個合作關係進行投資。

（2）切入可接受範圍

傾聽是「接受信息」的「聽」，與之相伴的還有「施加影響」的「說」。說與聽構成對話交流。說從何處開始？卡耐基在《人性的弱點》中告誡，交談不要從討論分歧開始，要從雙方都同意的事情談起，使對方馬上就說：「是，是。」他多說一次「是」，就增多一次接收以後論點的機會。這是一種很有用的溝通技巧，英文叫「yes-yes」法（連續肯定法）。

心理學給出了論證：每個人的內心都有一些核心的固有立場或觀念，當溝通信息與既有核心相抵觸，對方不是迴避就是抵制。但在那核心的外圍，卻有一個變動不定的「可接受範圍」。在這範圍內，溝通信息是能夠產生共鳴的。有時候，對方還會認為溝通信息同自己的既有核心非常接近，結果反過來，對方逐步向溝通者靠攏了。

3. 啟動共性

（1）態度共性

物以類聚，人以群分，人們總是喜歡與自己相似的人，這是共性產生的吸引力。啟動共性，可以縮短雙方的心理距離，為溝通創造出和諧氣氛。共性有兩類：態度共性與群體共性。

態度共性指對待事物的立場或觀點相同。具有相同態度共性的人極易相知相惜，往往因為某一點的共同感受和認識而引起強烈共鳴，相見恨晚。自然，你的事就是我的事，你的朋友就是我的朋友，為朋友兩肋插刀都很正常。

（2）群體共性

群體共性指民族、年齡、性別、階層等方面體現出的共性。比起態度共性，它

## 第七章　企業文化的信息網路

的共鳴效果不是那麼直接，但也有兩個特別好處。一是它具有無限的空間，人總是隸屬於某些群體，除了民族、年齡、性別、階層等大的群體，還有地域、經歷、職業、處境、興趣……乃至穿著舉止、言談口音、姓氏、親戚的親戚，朋友的朋友的朋友……群體共性總是找得到的。二是同一群體的人總能找到感情相親的話題，正所謂「老鄉見老鄉，兩眼淚汪汪」，淚汪汪的老鄉並不需要態度相同。牢記這個「淚汪汪」，態度共性尋不到就可去尋群體共性。①

溝通的方法還有很多，只要用心去體會，得益會很多。《聖經》有一條格言：「你要人怎樣待你，你就要怎麼待人。」

具有良好文化信息網路的企業內部溝通流暢，易實現信息共享。通過溝通，人們知道企業的狀況，也知道自己在企業中的狀況。這有利於吸引員工關心企業的發展，關心企業的經營改進，使企業經營成為員工生活的中心，也有利於為員工關心自己在企業中的地位提供條件。他們會自己調整自己的思想和行為，使之適合企業的要求。

### 思考題

1. 戴爾的信息溝通的內外渠道有哪些？這些溝通渠道是否形成了信息溝通的網路？
2. 戴爾的信息網路與戴爾的開放式文化有怎樣的關係？
3. 企業信息網路的管理制度對企業文化的塑造有怎樣的作用？

---

① 張立偉. 心有靈犀——儒學傳播與現代溝通 [M]. 成都：西南財經大學出版社，1998：2-20.

# 第八章　企業文化的行為規範

## ◉ 章首案例：廣泛影響行為與政策的三條準則

IBM（國際商用機器公司）是有明確原則和堅定信念的公司。這些原則和信念似乎很簡單、很平常，但正是這些簡單、平常的原則和信念構成了IBM特有的企業文化。

IBM擁有40多萬員工，年營業額超過500億美元，幾乎在全球各國都有分公司。其分佈之廣，讓人驚嘆；其成就之著，令人向往。許多人不理解，為何像IBM這麼龐大的公司會具有人性化的性格，但正是這些人性化的性格，才造成了IBM不可思議的成就。

老托馬斯‧沃森在1914年創辦IBM公司時設立過「行為準則」。正如每一位有野心的企業家一樣，他希望他的公司財源滾滾，同時也希望能借此反應出他個人的價值觀。因此，他把這些價值觀標準寫出來，作為公司的基石，由總裁至收發室，無人不曉。任何為他工作的人，都明白公司的要求：

(1) 必須尊重個人。
(2) 必須盡可能給予顧客最好的服務。
(3) 必須追求優異的工作表現。

老托馬斯‧沃森的信條在其兒子時代更加發揚光大，小托馬斯‧沃森在1956年任IBM公司的總裁，他要求這些準則要一直牢記在公司每位人員的心中，任何一個行動及政策都直接受到這三條準則的影響。

「沃森哲學」對公司的成功所貢獻的力量，比技術革新、市場銷售技巧或龐大

## 第八章　企業文化的行為規範

財力所貢獻的力量更大。如果沒有知而行之的文化，IBM 公司的「規章」、「原則」或「哲學」可能很快就變成了空洞的口號。正像肌肉若無正規的運動將會萎縮一樣，在企業營運中，任何處於主管職位的人必須徹底明白「公司原則」。他們必須向下屬說明，而且要一再重複，使員工知道，「原則」是多麼重要。IBM 公司在會議中、內部刊物中、備忘錄中、集會中所規定的事項，或在私人談話中都可以發現「公司哲學」貫徹其中。如果 IBM 公司的主管人員不能在其言行中身體力行，那麼這一堆信念都成了空口說白話。主管人員需要勤於力行，才能有所成效。全體員工都知道，不論是公司的成功，還是個人的成功，都是取決於員工對沃森原則的遵循。[1]

　　企業文化的行為規範是指在企業核心價值觀的指導下，通過培訓體系、激勵機制的設計與實施等進行職業道德教育和員工行為準則的強化所形成的企業組織及個人在行為上實踐企業文化的範本。

　　如果一個企業有很好的企業哲學，也梳理了很好的經營理念，但是如果不行出來，或者行不出來，那麼，就是自己欺哄自己。因此，對企業、對員工來說，重要的是要行道，而不單單是聽道、說道。良好的企業文化應該對人們發生相互關係的行為提供一個框架。它可以通過向人們提供一個日常工作的結構來減少其不確定性。文化作為一組通過教育和模仿而傳承下來的行為習慣，對於各種制度安排的成本產生影響。一個企業僅用法律、制度規範來監督契約的執行必然成本高昂，而如果能夠把企業的價值觀與企業的行為規範很好地統一起來，就能夠節約管理成本，增加企業的實力。

## ● 第一節　企業行為規範概述

　　企業行為指企業的制度特別是指形成的傳統、風氣、組織管理和經營活動及有關的社會活動，具體地講有企業目標以及執行的方案、步驟、實施情況等。企業行為規範大至企業決策，小到員工的崗位操作活動、對待客戶的言談舉止；既指企業全體人員參與的集體行動，也可指個別員工的某一活動；既有企業對某一目標的長時間執著追求，也有臨時發生的應急行為。所有這些，都應該是企業行為規範的對象。

　　對於幾乎涵蓋了企業經營管理全部活動的企業行為，可以從以下四個方面進行分類。

---

[1] 代凱軍. 管理案例博士評點 [M]. 北京：中華工商聯合出版社，2000.

# 企業文化塑造的理論與方法

## 一、對內行為與對外行為

按行為涉及的公眾對象分類，可以把企業行為分為對內、對外兩類。

對內行為包括管理幹部培訓制度、員工教育（服務態度、電話禮貌、迎接技巧、服務水準、作業精神）、生產福利、工作環境、內部裝修、生產設備、廢棄物處理、公害對策、新產品研究開發等。對外行為包括市場調查與開拓、廣告宣傳、公共關係、市場促銷活動、流通政策、股市對策、開展公益性文化活動等。

## 二、動態行為與靜態行為

按行為狀態分類，可以把企業行為分為動態行為與靜態行為。

企業行為是動態行為與靜態行為的統一。靜態行為強調的是企業內部合理規章制度的建立、行為規範的認定、組織機構的完善、人員素質的提高等。動態行為強調的是在企業理念指導下，由統一的行為準則和企業制度、管理規範制約下的員工，在自己工作實踐中表現出來的行為特徵，著眼於企業通過實踐活動所反應出來的經營實態。

## 三、規範行為、不規範行為、創造行為

按行為規範性劃分，可分為規範行為、不規範行為、創造行為。

規，是正圓的器械，引申為規則、規矩、規定；範，是模子，引申為模範、典範、範例。規範就是標準、法式。規範行為是企業從上到下各級人員，從企業大的行動到個別員工的小的行動都按照規範操作的行為。由於行為規範是經過深思熟慮並經過長期實踐檢驗、反覆修改后確定的，所以規範行為具有合理性、嚴密性，有利於形成良好的企業個性。

不規範行為是指不符合企業規章制度和規範的各種行為。它損害企業形象，阻礙企業目標的實現。不規範行為出現的原因或者由於人們對企業理念理解膚淺，對規範的重視程度不夠；或由於規範約束不嚴，人們的習慣行為沒有得到糾正；或由於規章制度偏於理論化、概念化、缺乏可操作性。克服不規範行為是任何企業管理的重點，但常常不能如願。

強化規範行為和克服不規範行為是一個問題的兩個方面，兩者相輔相成。

創造行為是企業各層次開展的新穎、奇特、別具一格的活動和不同凡響的運作方式。它是由企業具有創意的各類人員經過精心策劃而採取的創新行動，它可以給人耳目一新的獨特感受。創造行為常常可以使企業由平庸變為非凡，創造出新的業績，甚至鑄就企業令人艷羨的輝煌。

不規範行為與創造行為的共同之處是它們均為對現有平衡狀態的改變，但又有明顯的分別，這就是前者是破壞性的，而后者是建設性的；前者是無意識或者是為

## 第八章　企業文化的行為規範

一時的一己的私利的行為，而后者是為企業甚至為社會有益的創造；前者的結果是損害企業形象，降低企業業績，而后者的目的是榮耀企業形象，提高經營績效。

### 四、企業整體行為、企業組織內部行為、企業員工行為

根據「企業生物模型」，企業行為有很多層次。這裡簡單分為企業整體行為、企業組織內部行為、企業員工個體行為三個層次。本章以此為據對企業行為進行初步的分析。

## 第二節　企業的整體行為

### 一、企業整體行為的含義和作用

企業整體行為是企業在一定價值觀的指導下，整體對內對外開展的各種經營活動或其他活動，以及企業領導代表企業利益做出的事關全局性的決策和安排。

企業整體行為對外具有強烈的外向傳播性。公眾對一個企業的考察，首先就是考察企業整體的營運狀態。因為企業營運的範圍和影響遠大於企業內部某些組織和個人的活動範圍和影響。企業個人和某個組織如果不慎有些失誤，只要整體行為沒有破壞企業價值觀，整體營運狀況良好，就有矯正的可能，也容易贏得消費者和公眾的諒解。但如果整體行為偏離了企業既定的價值觀，公眾對企業的印象會一落千丈，企業的營運狀勢必發生很大的改變。

企業的整體行為對內具有極強的影響力。由於受企業整體形象的影響，企業的整體行為具有一種內在的規定性。企業內的組織和員工也會不自覺地受到一種心理的約束，從而在行為上產生一定的影響。

### 二、企業整體行為的特徵

1. 企業的行為體現出一種文化的表徵

這類行為已成為企業全體員工尤其是高層主管人員共同具有的習慣性行為。例如，在「以質量為生命」的價值觀指導下的企業，無論是領導者還是員工，他們的行為都會貫穿這一思想理念，在生產與服務上自然地表現出來。

2. 這類行為已經對企業形象與企業業績產生一定影響

企業整體行為的形成需要一定時間的整合與實踐的檢驗。在這一過程中，人們可能會糾正一些不利於實現企業目標的偏差，使其對企業的形象和長期經營業績產生正面影響；人們也可能從一時的小集團的利益出發，為短期利益而動，使其對企業的形象與長期經營業績產生負面的影響。

3. 這種行為能與行業特點相結合，而且與其他行業也有明顯的不同之處

人們到一個企業，通過短時間的觀察，就可以發現這個企業與別的同行業的企業有明顯的不一樣，從而凸現出這個企業的文化個性。

## 第三節　企業的組織內部行為

### 一、企業內部行為的含義與作用

企業內部行為是企業內部在一定價值觀的指導下，設立分支機構、選用人才、制定規章制度及執行實施的行為。

企業是個大系統，公司下屬的工廠、部門都是公司這個大系統中的子系統和分支系統。企業行為的效率和效果都有賴於企業內部組織行為的效率和效果。企業內部組織行為首先作為企業行為的一個基礎而存在，它對企業內部的氛圍產生直接作用。企業是否有凝聚力、向心力，是否能留住人才，是否具有發展前景，企業內部的行為都是至關重要的。另外，它還作為企業行為系統中的一個相對獨立的層次，直接形成公眾的某種感受和印象。因為企業並不是一個封閉的場所，它要接待各類因各種原因到企業的來訪者，企業是否有競爭力，是否能擔當重任，都可由此顯露出來。因此，應該對企業內部的組織行為進行規範和富有創意的行為設計。

內部行為規範的企業必然內部協調良好。協調是圍繞組織目標以利益為根本手段，在時間上、空間上、程序上追求一致的行為。內部行為規範的企業用利益為根本手段進行協調，承認管理必須以利益為基石，管理必須體現共同利益區的要求，這樣才能有助於共同利益區的擴大，從而通過共同利益區的明晰化和擴大化，不斷增強企業的凝聚力。

### 二、企業內部行為的特徵與基本要求

(一) 企業內部行為的特徵

1. 企業內部的規章制度與實施情況形成一種濃鬱的文化氛圍

這種文化氛圍或激勵人產生向上的活力，或引導人頹廢、沮喪、沒有工作熱情；或令人高興地進行富有創意的工作；或使人欲干不能，欲罷不忍，甚至不得不黯然離開。

2. 企業內部行為顯示企業文化的深層內涵

企業外部的整體行為一般是在一些重要的或重大的活動中展示，出於某種需要，可以刻意設計化妝，盡力去美化。而企業內部行為一般卻是自然產生，時時都在出現的，即便要掩飾，也只能掩飾一時，不可能永久掩飾。因此，企業內部深層的價值觀以及企業真正奉行的東西，必然表露出來。

## 第八章　企業文化的行為規範

3. 企業內部行為具有極強的相互示範效應

（1）領導者的效應。在任何一個社會群體中，群體成員的言行會產生相互影響，每個成員既影響別人，同時又受別人的影響。有的學者將這種影響稱為群體的相互示範效應。在群體的相互示範效應中，領導者的效應系數是最大的，因為領導者的言行往往是以組織的名義出現的，代表組織的意志。如果領導者具有良好的人格魅力，那麼，他的效應系數就是正數，由此產生的相互示範效應就會形成一種凝聚力使組織獲得良好的效益。

（2）管理者的行為也是一種示範的行為。現代管理心理學研究表明，領導行為是調動下屬積極性不可缺少的因素。管理者做好示範、做出表率，通過員工相互示範產生的凝聚效應就是最好的管理。日本著名企業家、「經營之神」土光敏夫在他所著的《經營管理之道》中說：「人們不會因為你的說教而行動。如果你身體力行了，人們就會行動起來……率先垂範，這種精神，乃是人們處理好相互關係的基本原則……部下學習的是上級的行動，上級對工作全力以赴的實際行動，是對下級最好的教育……我認為，對下級的指導，就是在行動上做出表率，而不是提出某種正面的姿態。」以上是土光敏夫在經營管理中的經驗總結。言行一致的土光敏夫的工作作風與表率作用使東芝形成了強大的凝聚力，經營業績不斷上升。

（3）企業模範人物的行為效應。在具有優秀企業文化的企業中，最受人敬重的是那些集中體現了企業價值觀的企業模範人物。這些模範人物使企業的價值觀「人格化」，他們是企業員工學習的榜樣，他們的行為常常被企業員工作為仿效的行為規範。

（4）員工相互模仿效應。模仿是指個人受非控制的社會刺激所引起的一種行為。其動機是出於好奇心理或求取認同的心理。多數人在沒有特定選擇的情況下都會選擇別人怎麼做，我就怎麼做。因此，員工之間的相互模仿是所有企業都有的現象。而大多數員工特別是資深員工怎麼做，對其余員工特別是新進員工的影響巨大。

（二）企業文化管理對企業內部行為的基本要求

1. 搞好企業內部組織機構的建設

第一，要重視企業內部組織機構的健全和完善，在此基礎上重視內部制度的修訂，形成一個完善的現代管理體系。第二，在完善的現代企業制度基礎上重視制度的執行情況，后者是實現企業總目標的機制與效率。因此，企業內部行為規範的建立既要從靜態的角度去建立健全規章制度，更要從動態的角度審視企業內部的組織行為。第三，各分支系統職責明確，創造性地實現部門目標，在企業目標系統中，充當充滿活力的一個分支。

2. 提高企業內部組織工作效率

考察企業內部組織行為的重點是組織效率。不論機構規模的大小，效率是組織行為追求的目標。提高組織效率一般的要求：精簡，這是對企業組織機構設置的要求；精明，這是對各機構工作新思路的要求；精誠，這是對組織團結協作風格的要

求;精干,這是對各機構人數及辦事效率的要求。要提高工作效率,還應保持信息的暢通。無論是縱向還是橫向的信息溝通,都要迅速、準確。下級向上級報告要積極、主動;上級向下級瞭解情況要深入、細緻、全面。善於把握第一手資料,把部門工作做得更貼近全體職工的心。

3. 努力為生產、銷售第一線服務

現在的市場已經是一個完全成熟的市場,它要求質量高,能適應行業發展需要,適應市場競爭需要的工作態度、工作質量的產品和服務。以市場為中心,以促進社會發展為前提,抓好生產和服務,是企業內部行為的根本立足點。

## 第四節　企業員工個體行為

企業員工是企業的主體,企業員工的個體行為所集合形成的群體行為決定企業整體的精神風貌和企業文明的程度。

### 一、企業員工個體行為的含義與作用

員工個體行為是作為獨立的個人在生產、科研、管理、銷售活動中的言行。他們對企業目標持何種態度、執行制度、規程、守則的情況,他們的工作方法、態度和工作質量等不僅具有內在的影響力,還具有很強的外向傳播性,成為外部公眾對企業行為判斷的一個重要方面。

良好的企業文化首先體現在公司乃至員工的日常行為中。行為、文化、素質遵循一種漸進的規律,並且是不可逆轉的。一個人的日常行為反應了他的文化水平,這裡的文化水平不是單指接受教育程度的高低,而是泛指一個人的文化內涵,包括生活環境、家庭文化的熏陶,個人的文化背景等。一個人文化水平的高低透視了一個人素質的高低。由此可看出,培養高素質的員工要從指導其日常動作行為、語言行為和處事行為做起,要從文化的學習做起,為企業培養一批誠信、忠誠、正直、文明、善良的高素質員工。有一位先生到一家公司應聘辦公室主任之職,他在公司參觀一圈后問招聘人員:「辦公室為什麼沒有清潔工?」招聘人員只是對他笑了一下,沒有回答。結果這位先生落聘了。古語有雲:「一屋不掃,何以掃天下?」他的一句不經意的話語,體現了他的文化層次,暴露了他素質上的缺陷。

某一員工的個體行為的作用,誠然不及企業行為和企業內部組織行為那麼重要,但是由於員工人數眾多,各有各的交往對象和接觸範圍,其影響的總和便顯得相當重要。員工的一舉一動、一言一行都體現著企業的整體素質,企業內部沒有良好的員工行為,就不可能有良好的企業形象。如果員工行為不端、紀律散漫、態度不好,將給企業形象帶來嚴重的損害。

## 第八章　企業文化的行為規範

因此，企業一定要將自己的理念、價值觀貫徹在日常運作中以及員工行為中，最重要的是確定和通過管理機制實施企業的規範。從人際行為、語言規範到個人儀表、穿著，在上班時間一定要嚴格按照規範行事。有些禮儀規範甚至要求在下班時間也要遵守，以利於養成習慣。要做到這一點，很大程度上依賴於有效培訓，通過反覆演示、反覆練習，從規矩的學習演變到自覺的行為。培訓的目的在於使廣大員工自覺地接受這套行為規範，並將其不折不扣地貫徹在日常工作中。

### 二、企業員工個體行為的特徵

1. 企業員工個體行為的分散性

由於崗位眾多，企業員工的行為具有人員分散、地域分散的特點。企業的價值觀、經營理念是否深入人心，是否真正在起作用，可以由分散的員工的實際行動展示出來。

2. 企業員工個體行為影響的範圍廣

企業員工或製造產品，或接觸各類人員，他們的行為結果無不展示企業的文化。特別是直接面對客戶的員工，他們的言談舉止直接映射出企業的文化。企業的未來與他們的行為有密切關係。

3. 企業員工個體行為受到內外的約束

企業員工的個體行為受自身內在價值觀、經驗經歷和外在環境氛圍的影響，會產生相當的約束性。當這種約束已經成為習慣的時候，員工的思維方式和行為方式都將產生一定的變化。

**思考題**

1. 企業整體的行為規範對企業有怎樣的影響和作用？
2. 員工個體的行為規範與企業文化建設形成怎樣的關係？
3. IBM公司設立的「行為準則」對IBM公司的行動及政策有怎樣的影響？這對我們建立企業文化的行為準則有什麼意義和借鑑？

# 第九章 企業文化展示的企業形象

## ● 章首案例：由企業的 LOGO 看其企業文化的缺失

　　有關注國美的網友發現國美的商標變化太快了，對此驚訝不已。下面是該網友的帖子：

　　前幾日上街經過國美電器的店前，猛然發現有些不同，才發現國美的 LOGO 又換了，查資料後得知，國美上次啓動換 LOGO 是在 2007 年 12 月 26 日，當時的新 LOGO 外形是「小房子」。按照當時的計劃，新 LOGO 要在 2008 年 8 月之前全部更換完畢。而在「小房子」之前，國美使用了 21 年的是紅藍相間的標誌（圖略）。距離上次換 LOGO 剛剛一年多，國美電器門店再次更換 LOGO。「換 LOGO 有兩種，一種是廢止舊 LOGO，完全推出新的品牌形象；另一種是分離，老 LOGO 代表老產品，新 LOGO 代表新的品牌含義。」國際上的大品牌一定時期後會固定地換 LOGO，柯達、英特爾等企業都換過幾次。殼牌 100 年來換過十幾次標誌，但其主題 80% 未變。IBM 也是一個頻繁變換 LOGO 的公司，但是人們並沒感覺到它翻天覆地的變化。LOGO 是一個品牌的簽名，從一個好企業的 LOGO 中可以看出它的企業文化。因此，公司的 LOGO 就像一個公司的企業文化傳遞一樣，不可能在短時間內發生徹底的改變。而像國美這樣每次都徹頭徹尾地變換 LOGO 的企業，在國際大品牌的發展史中還真是不多見。LOGO 是企業發展和經營的標誌，它凝聚了企業在創業、經營和發展中的價值觀念。企業 LOGO 內聚人心，讓員工看到後產生強烈的歸屬感；外樹形象，讓客戶看到後產生強烈的認同感。LOGO 對企業品牌和形象的塑造發揮著重要

## 第九章　企業文化展示的企業形象

的作用。國美這樣在短時間內徹頭徹尾地變換LOGO，由此可見，國美缺失企業文化。[1] 對網友的評論筆者不置可否，不過其中反應的企業文化與企業形象之間的關係，卻是很有意義的。

企業文化結構建設中有一個重要的內容就是企業形象建設。在競爭越來越激烈的現代市場經濟條件下，隨著高科技的不斷發展和全球化經濟的到來，傳統意義上的質量競爭、價格競爭、市場競爭、品牌競爭等逐步顯示出其局限性，在信息日益共享的「信息時代」產生了眾多趨同現象，即同類商品之間的技術、服務、價格等的水平越來越難分上下。為此，作為現代市場競爭條件下的戰略手段——企業形象塑造已成為眾多企業制勝的法寶。企業形象不僅要作為企業文化體系的一個獨立的層次產生作用，還必須與企業文化的整個系統相聯繫，作為企業文化思想內涵、信息網路、行為規範等幾個層次的總體表現。

## 第一節　企業形象概述

### 一、企業形象的含義

形象是主體與客體的相互作用。從心理學角度講，形象是人們反應客體而產生的一種心理圖式。肯尼思·博爾丁在他的著作《形象》裡提出，一個象徵性形象是「各種規則和結構組成的錯綜複雜的粗略概括或標誌」。

一般的企業形象是指企業通過產品及包裝、建築裝飾等各種物品和自身行為等表現出來，在社會上和消費者中形成的對企業的整體看法和最終印象。

企業文化管理中形成的企業形象是指企業在自己的價值觀和經營理念的指導下，為適應社會公眾和消費者的需要，按照一定的標準和要求，綜合運用創意策劃、企業標誌、廣告宣傳、商標選型和公共關係等手段以及各種媒介傳播，把以企業價值觀為基礎的企業經營理念和產品服務特色展示給社會公眾和目標消費者，使他們對企業產生良好形象和認同感，並將其轉化為相應的基本信念和綜合評價，從而為企業創造一種理想的經營環境。

企業形象是企業的所作所為在社會公眾和消費者心目中的一種客觀反應，是企業展露給社會公眾和消費者的形態、相貌和美譽程度，是展現企業精神風貌和經濟實力的一面鏡子。企業形象管理思想是在市場經濟條件下產生和發展起來的，以全面提高企業內在素質與外在表現為目標的企業文化管理的重要內容。

任何一家企業，都會給剛進入大門的人一定的印象。松下幸之助曾說：「我只

---

[1] 摘自天涯社區-經濟論壇.「由國美電器LOGO看其企業文化的缺失」.2009-06-05.

## 企業文化塑造的理論與方法

要走進一家公司七秒鐘,就能感受到這個公司的業績如何。」這麼短的時間他能看到什麼呢?他能看到:接待員的表情與態度;掛在牆上的曲線圖;剛巧聽到一名工作人員正在應付一個投訴電話或者兩名訪問客戶歸來的業務員在交換意見;在被迎進經理辦公室之前,也許還來得及瞥一眼辦公區域,知道員工們是忙碌地到處走動(絕不是在「做樣子」),還是安靜地各就各位(也可能在忙著用電腦),是神採飛揚還是因無所事事而顯得百無聊賴、神情渙散。準確地說,這位日本經營之神用來測量一個公司的工具,是在瞬間捕捉到的氣氛,一種近乎「場」的力量。

某個員工從進入大門的一刻起,就在感受企業的文化。企業的建築特色、第一個接待他的前臺文員的整體形象、辦公樓的整體佈局及裝飾,都會像放電影一樣錄入他的大腦,而系統地策劃好這些就是一個初步的企業文化印象課,這時和他有接觸的行政人事部員工及經理所保持的辦事態度和辦事方法都會給他留下很深的印象。如果是形成了一定企業文化特色,即員工的整體面貌,及行政人員對公司的講解都是一個非常直觀的教育課程,這將長期影響著一個員工的工作與生活。

### 二、企業形象的價值

企業形象是企業素質的綜合體現,是企業的特質與實力最充分的表現形態。企業形象具有很高的無形價值,據國際設計協會統計,在企業形象上投資 1 美元,可得到 227 美元的回報。在第 10 屆國際企業倫理和企業形象研討會上,有關專家預言,21 世紀企業形象將借助高效的新聞媒體和信息高速公路,使信息傳遞和信息增值成為更有效的企業競爭武器。根據日本學者加藤邦宏「形象工學」的觀點,企業形象是潛在的銷售金額,也是潛在性的資產。它對企業的價值主要表現在以下四個方面:

1. 良好的企業形象為企業創造廣闊的市場空間

在這個嶄新的時代,企業競爭除了人才與科技的競爭以外,還有比較重要的一點就是,誰最先發現消費空擋,並以良好的形象占據消費者之心,誰就能占據市場,從而不斷擴大經營效益。良好的企業形象可以大大促進產品質量的提高和服務水平的改善,創造消費信心,為企業爭取更多的市場份額和市場空間。

2. 良好的企業形象產生超值的無形資產

企業的知名度與美譽度的有機結合構成了企業在公眾心目中的形象。良好的知名度與美譽度,可以產生一筆巨大的、超值的無形資產。良好的企業形象可以凸現企業的名牌效應,提升企業的商譽,是企業立於不敗之地的根本之所在,這已被世界大多數優秀企業的實踐所證明。一個企業的無形資產是超值的,它賦予企業的有形資產以無限的生機和活力。因此,可以說,企業形象直接關係企業的興衰、優劣。

## 第九章　企業文化展示的企業形象

3. 良好的企業形象增強企業內部的凝聚力

良好的企業形象可以喚起和激勵員工的自豪感、榮譽感和責任感；激發企業員工的進取心、參與意識和主人翁意識；使員工自覺地愛護企業、關心企業，把自己的命運與企業的發展緊密聯繫在一起，不斷釋放自己的潛能，竭盡全力為企業發展做出貢獻。良好的企業形象使企業充滿無限活力，這是一個現代企業發展不可缺少的原動力。

4. 良好的企業形象是提供企業發展的有力保障

良好的企業形象是企業花費了巨大的時間和精力，精心建立起來的。這種企業與公眾間令人滿意的關係是競爭者不易詆毀和仿效的。企業只有向社會展露出良好的企業形象，才能取得社會各界和公眾的信賴、歡迎和支持，才能奠定交往和合作的基礎，使企業爭取一個適宜於自己發展的良好的外部環境。如果企業聲譽卓著，企業就能招攬更多的優秀人才和顧客，能吸引更多的投資，能得到周圍鄰里的支持和幫助。

### 三、企業形象的分類

企業形象的分類對企業形象調查、形象定位和形象塑造都有一定意義。對企業形象可以從不同的角度進行分類。

1. 根據企業形象的內容，可以分為總體形象和特殊形象

總體形象是企業呈現在社會公眾面前的整體形象，主要體現於企業的知名度和美譽度。特殊形象是企業因某種需要而將企業的某一方面展示給社會公眾而形成的形象。

2. 根據企業形象的現實性，可以分為期望形象和現實形象

期望形象是企業期望在公眾中留下的形象，又稱理想的形象或期待的形象。它是企業塑造與改善自己形象的努力方向和奮鬥目標。現實形象是企業社會公眾及社會輿論對企業的真實看法和評價。

3. 根據企業形象的真實性，可以分為真實形象和虛假形象

真實形象是展現在社會公眾面前的、合乎實際情況的形象。虛假形象是企業在公眾心目中的失真印象，或被歪曲了的形象，往往導致企業決策的失誤。

4. 根據企業形象的可見性，可以分為有形形象與無形形象

有形形象是可以通過人們的感覺器官感受到的企業有關實體，如企業的外觀、環境、設備、產品、職工等具有物質化特徵的形象。無形形象是指在有形形象的基礎上，通過人們的記憶、思維等心理活動在頭腦中昇華而形成的企業形象。

5. 根據企業形象影響對象的不同，可以分為外部形象和內部形象

由於企業文化管理的目標主要是對內增強凝聚力，對外提高競爭力與協調力。因此，我們主要從企業的外部形象與內部形象的角度來分析。

## 第二節　企業形象的外部表現

企業形象的外部表現也可以稱為外部形象。包括企業的名稱、標誌、產品及包裝、建築及裝飾等物質性形象，企業高層管理者及窗口員工向社會展示的人為的形象，以及知名度、美譽度的總和等心理形象。所有這些，都是企業在一定價值觀的基礎上有意無意的必然表現，是企業外部形象的有形或無形的展示，也是企業競爭力的表現。

### 一、企業的外部形象傳播企業的價值觀

#### 1. 企業價值觀是企業形象的本源

企業形象是企業文化的外在表現形式。企業形象塑造是企業文化建設的重要組成部分，而企業價值觀是企業文化中最重要和最核心的部分，所以，企業價值觀是企業形象特別是企業外部形象的本源和基礎，影響著企業形象塑造的整體水平。在企業形象塑造過程中，企業形象塑造的整體水平的高低、企業精神理念的導向、企業制度行為的素質和企業外部形象的特色都在不同程度上受到企業價值觀的影響。

#### 2. 企業形象必然傳播企業的價值觀

企業形象自然傳播著企業的價值觀。企業建築物的風格、產品包裝的設計以及企業標誌的構思，無疑都凝結著企業價值觀的成分，是企業價值觀的物質外現。通過這些直接展示與人的外部形象，企業可以著意設計與塑造良好的外部形象。企業的產品與服務的態度以及質量對企業價值觀的傳播，都直接決定著企業整體形象的傳播效果。美國學者理查·向柏格在其所著的《日本式的生產管理技術》一書中指出，日本在生產管理中的成功，簡單說來無非兩點：敏捷生產和全面品管。日本已經形成了一套名為全面品質管制（Total Qualiey Contuol，簡稱 TQC）的程序和技術。所以，日本產品在國際市場上很有競爭力。很多國家的市場都抵擋不住日本貨的衝擊，只好調整關稅政策，以保護本國的工業。人們在日本產品質量的后面，看到了一套視質量為生命的價值觀。

#### 3. 態度和質量顯示企業的價值觀水平

當大家認識到提供完善的售後服務解除消費者的後顧之憂，對消費者選購商品具有重要意義時，一些企業早已經在售前、售中和售後服務中做足了文章，體現了企業全面完善服務的宗旨，顯示了企業價值觀水平。世界 500 強之一的美國國際商用機器公司（IBM）有一句著名的廣告：「IBM 意味著最完善的服務。」從一開始，IBM 就十分注重對用戶設備的維護保養，但在沃森一世時，IBM 對用戶機器的維護保養是一種事後補救的制度。湯姆·沃森在擔任了主管銷售的副總裁之后，認為事後補救的維修制度已經不能滿足用戶的需要，應該建立預防性的維修制度，也就是對用戶使用的 IBM 計算機，維修人員定期上門檢修。湯姆·沃森的意見引起了沃森

## 第九章 企業文化展示的企業形象

一世的強烈反對，他認為，定期巡迴檢修是在「修理沒壞的東西」，純粹是浪費時間和金錢，因而不同意湯姆‧沃森的主張，父子二人為此還吵了一架。湯姆‧沃森離開后，沃森一世冷靜下來一想，自己的看法也未必正確，在認真聽取了主管促銷工作的杰克‧肯尼的意見后，沃森一世改變了自己的立場，從那時起，IBM 的定期巡迴檢查制度就建立了起來並一直堅持至今。IBM 的管理者謙虛地認為，IBM 具有強大競爭力的原因就是全心全意地為用戶服務，用戶不僅能買到稱心如意的產品，而且還能享受優質的服務。因此，「IBM 意味著最完善的服務」，不僅是一句廣告詞，人們從中可以看到企業真誠為消費者服務的宗旨。所以，服務已成了企業形象的一個重要內容。

一個產品質量低下、服務態度與質量低劣的企業，無論怎樣宣傳其價值觀的優秀，也不會令人信服，當然也不會在公眾中形成良好的企業形象。因為，人們可以從產品質量和服務中看到真實的企業追求與價值觀。

## 二、企業外部形象的中心——知名度與美譽度

1. 知名度和美譽度的含義及其關係

知名度和美譽度是某一社會組織在公眾心目中的地位與形象的評價尺度。知名度是一個組織被社會公眾認知瞭解的程度，側重於事物在量方面的考察。好事壞事都可以誘發知名度，壞事有時可能更容易引起社會的關注。不過，好事壞事有時又是可以相互轉化的。美譽度是一個社會組織被公眾稱譽的程度，是組織形象的重要內容。一個企業有了知名度與美譽度，就會在社會公眾當中形成一定的形象。

知名度與美譽度二者的關係是統一對立的關係。一方面，它們具有統一的關係。美譽度包含著知名度。一個社會組織在公眾中有了較高的美譽度，它同時也就具有了較高的知名度，它支撐著知名度。當然，這種統一是單方面的，即知名度統一於美譽度中，而不是美譽度統一於知名度中。另一方面，它們具有對立的關係，表現為知名度和美譽度之間有較大的分離。在這裡，支撐知名度的是美譽度的反面。有句話叫作「不是流芳百世，就是遺臭萬年」。「流芳百世」體現的是知名度和美譽度的高度統一，「遺臭萬年」則體現的是知名度和美譽度的對立。一些企業盲目追求知名度，不惜以不正當的手段，甚至靠打官司來擴大知名度，明顯是沒有弄清楚這二者的關係，以至於聲名狼藉，圖虛名招實禍，最后悄無聲息地湮滅在時代的洪流中。

2. 企業外部形象應以美譽度為中心

俗話說：「形象好，賽珍寶。」無論是本土企業還是國際化的企業，其良好的形象都與該企業在目標市場的市場佔有率、市場銷售額呈正相關。幾乎所有的世界知名企業，在其本土或國際上都有非常良好的形象，進而才有世界各國公眾的實際支持與充分信賴。

## 企業文化塑造的理論與方法

一個在消費者心目中形象良好的企業，其所推出的產品往往容易為消費者所接受。這是因為企業的形象為它罩上了一層光環，這是心理學上的「暈輪效應」。這種現象利用的是人們的一種知覺偏差，這種偏差會影響公眾的行為，甚至創造「一種」自我應驗的預言。於是，在一個形象的保護傘下，就會出現公眾對該企業產品的繼續購買。

例如富士公司曾對外宣稱，人們買任何富士產品，公司都會捐一定數目的公益金。這造成了人們對富士公司的一種良好形象，於是支持公益的自豪情緒與購買富士產品這一事實相聯繫，使富士的生意額上升了三成。此外，富士公司還拿出 60 多萬元支持環保，這一舉動使人們感到富士的承諾是真實的，購買富士產品更為踴躍，結果，一年時間富士公司就贏得了 100 多家店鋪加入富士專賣店行列，使它的市場佔有率達到 50%。

### 三、企業外部形象的載體

企業的名稱、商標、建築、裝飾、產品與服務的質量、廣告宣傳和企業高層管理者與員工的談吐行為及裝束等是企業外部形象的載體。國外的心理理論對形象的外在形式有較多的研究，其認為產品的質量、生產技術、市場佔有率等是企業實力的「內涵因素」，而形象則是企業體的「外含因素」。這對我們研究企業形象的外部表現形式很有幫助。

1. 企業的名稱是構成企業形象的一個重要因素

企業的名稱不僅反應企業的註冊需要以及對外稱呼的需要，還反應了企業人特有的期望和目標。例如，北大方正企業名稱的文化內涵：

（1）方正，一方之正、一方之中、一方之主，其電子出版系統在中文電子排版領域居於國際領先地位，顯示了它的主體、正宗地位。

（2）人的行為品行正直無斜，這是公司員工的行為規範和道德準則。

（3）方正，方方正正，規規矩矩，這是公司的依法經營之道。

（4）含有基礎雄厚、功底紮實、穩步發展之意。

（5）寓巧於拙，有沉穩感，蘊含了以質量求生存、以信譽求發展之意。

（6）方正為方塊漢字的特點，以方正為商標，體現了公司的核心技術——漢字字形壓縮和復原技術。

2. 企業的商標是企業外部形象的重要內容

商標是一個企業信用的象徵，是品質的保證。對有聲望的企業來說，商標是非常寶貴的財富。據說可口可樂的商標就值 37 億美元。那個在紅色背景下簡單的八個英文字母的標記，已經得到了全世界的認可，甚至已經成為一種美好享受的象徵。此外，企業的徽章、旗幟、創始人、發明家或經營者都有特定的象徵形象，都代表著一定的價值觀和文化意蘊。如松下電器公司的象徵就是松下幸之助。

## 第九章　企業文化展示的企業形象

3. 建築式樣和裝飾、產品包裝體現著一定的思想內涵

建築式樣和裝飾、產品包裝這類外顯事物屬於設計方面的形象，體現著一定的思想內涵。例如，海爾的大樓就體現出了海爾人特定的思想。大樓的外觀是方的，裡面是個圓。這傳達出海爾人思圓行方的思想。海爾的建築設計都有特定的寓意：四個大立柱四個角代表集團科、工、貿、金四大支柱（科學技術、工業、貿易、金融），也可以理解為春夏秋冬一年四季。海爾的大樓12層，正喻一年12個月。大樓的每個面都有6個大紅燈籠，四個面就有24個大紅燈籠，正應和一年24個節氣。大樓的玻璃是365塊，應和一年365天。大樓外方內圓，代表事物的生生不息。大樓四圍有水環繞，水代表一種財源。總的說來，海爾人希望生生不息、財源滾滾。當然，海爾人很清楚，要做到這一點，必須像水一樣持一種謙虛的態度，從事自己的工作，堅持管理的日事日畢，日清日高；否則，大樓的寓意再好也不過空有其名。

4. 產品的質量和包裝對一個企業及其產品的形象有重大影響

質量被定義為產品或服務需要的能力。質量是消費者在消費行為中用錢做出的判斷和思考，是產品成為傳世名品的重要條件。好商人都知道，貨好才會名聲好。麥當勞就是通過高質量的產品而塑造出的成功企業形象。麥當勞的企業理念是「Q、S、C+V」。即向顧客提供高質量的產品（Quality），快速、準確、友善的優良服務（Service），清潔優雅的環境（Cleanness）和做到物有所值（Value）。麥當勞幾十年恪守這個理念，並始終如一地將其落實於每項工作和員工的行動中去，使其在激烈的競爭中始終立於不敗之地，躋身於世界強手之林。麥當勞忠實地推行「Q、S、C+V」，而且滲透到整個現行的組織內，推展出具體的企業行為。為了徹底貫徹麥當勞的企業理念，麥當勞在芝加哥的總部派出「地區巡迴督察團」，每月不定期到各地經銷店、公司直營店巡視好幾次，對全世界13,000家連鎖店一視同仁。督察團巡視完畢後，再把審查結果向總公司或該地區的總部報告。如果審查結果不良，則該店的店長考績就會受到影響。產品包裝也反應企業的風格特點，是企業形象的一個重要因素。我國很多出口商品，品質很不錯，但由於包裝低劣，影響了它的形象，只好降價出售或轉內銷，損失慘重。

5. 優質服務塑造企業外部形象

海爾是靠優質的服務樹立的典型企業形象。海爾視信譽為生命，其把用戶視為上帝和企業的衣食父母，建立起「用戶永遠是對的」、「企業賣的不是產品，而是信譽」、「用戶的難題就是我們的課題」等企業理念，推出「海爾國際星級服務」，在國內市場首先掀起全新的服務競爭熱潮。海爾人確立了一系列的服務原則，例如售前、售后提供詳盡的諮詢，任何時候均為顧客送貨上門，根據用戶指定的時間、空間，給予最方便的安裝、上門調試、示範性指導使用，並且提供售后跟蹤、終身上門服務，產品出現問題，24小時之內答覆等，使用戶絕無后顧之憂。這些原則無一例外地體現了海爾堅定不移的理念：用戶滿意才是目的。為了遵循這一原則，海爾人付出了常人難以想像的各種代價，但給顧客留下了美好的印象。

## 企業文化塑造的理論與方法

由中國質量萬里行促進會發起的「首屆中國服務質量論壇」於 2004 年 6 月 13 日在人民大會堂隆重開幕。會上，企業參會代表聯名發出了《滿意服務，從我做起》的倡議書。倡議書提出，隨著市場競爭的日趨激烈，服務水平的高低已成為消費中的新課題。倡議學習海爾精神，講究以人為本的服務理念，樹立正確的合法的經營觀念。從 2001 年質量萬里行開始察訪活動至今，在明察暗訪的 30 多個城市中，對家電企業的每一次察訪，海爾的服務都非常規範，工作人員每一次都迅速到達現場，經受住了「考驗」。媒體對此大加稱讚：「海爾的服務體現了對消費者的人文關懷。」[1] 正是這種優質的服務塑造了海爾高美譽度的外部形象。

6. 廣告宣傳對企業及其產品產生很好的長久的形象

廣告宣傳的目的就是給廣大公眾留下很好的印象，從而對企業及其產品產生很好的長久的形象。因此，廣告應與企業的經營理念以及公司的特色相一致。如「IBM 意味著最完善的服務」這句廣告，既是 IBM 公司的一種經營理念，又是該公司的經營特色，這則廣告世界聞名。

7. 企業人員的言談舉止和裝束直接展示企業形象

企業人員特別是企業高層管理人員和窗口服務員工的言談舉止和裝束直接展示企業形象。例如，IBM 公司的行為準則是「IBM 就是服務」，它是其價值觀的具體體現。為了保持公司的優質服務，規定銷售人員上班時，必須著深藍色上裝、白襯衫、系條紋領帶，中午不準喝酒；誰一旦違章，將不準他參加下午、晚上的任何談判，以使銷售人員在客戶面前始終熱情周到、彬彬有禮，贏得良好印象。

總之，企業的外部形象是企業實力、技術能力、文化魅力、經營風格和企業商譽的最佳表徵。它不僅表達了企業價值觀的取向，而且代表了一個企業的歷史、風格、追求和向往，是企業形象高度綜合性和概括性的表現。企業外部形象是社會公眾與消費者判斷和評價企業形象優劣的最重要的標尺之一，在一定意義上講，企業外部形象標誌著一個企業市場競爭能力的高低。因此，對於企業外部形象的塑造，不僅要在維持企業正常運轉的建築物、設備和產品包裝等方面做到「精雕細刻」，使其既符合實用美觀的標準又反應企業特色和現代性的特徵，而且更要在企業標誌以及各種代表企業形象的其他物質形態等方面做到「精心點綴」，使企業外部形象成為企業形象最具傳播力和感染力的表現形式，抓住與社會公眾和消費者每一次「目光捕捉」的機會，產生「一見鐘情」的視覺效果，力求給社會公眾和消費者以最佳的「第一印象」。

---

[1] 軼名. 質量萬里行明察暗訪 [N]. 華西都市報，2004-11-22（A7）.

第九章　企業文化展示的企業形象

## 第三節　企業形象的內部展示

企業形象的內部展示也就是企業的內部形象，包括企業制度的制定與實施、企業風尚、民主氛圍、設施擺放組合等有形與無形的表現。

### 一、由企業的行為規範展示的企業內部形象

企業的內部形象是企業的組織制度、管理行為、技術水平和服務水平等在企業內部員工心目中的一種客觀性反應以及投射到社會上所形成的社會綜合性評價。企業的內部形象是企業的思想內涵在制度行為領域的具體展示和表現，是整體企業形象塑造成功與否的關鍵環節，通過制度的制定與實施，不僅可以促進企業組織管理制度的進一步完善和規範，更重要的是可以推動企業中最有活力的部分——人的素質的進一步提高，從而使企業員工成為企業形象的自覺塑造者、傳播者和代表者。

企業制度是企業管理的基礎。但是，當制度內涵未被員工心理認同時，制度只能反應管理規律和管理規範，對員工只是外在的約束；當制度內涵已被員工心理接受並自覺遵守時，制度就變成了一種支配行為的文化，並由此形成一種獨特的形象。比如，企業要鼓勵員工提合理化建議，先制定一項關於合理化建議的制度，規定提了合理化建議后，在什麼情況下可得什麼獎勵；要達到什麼層次，必須有什麼層次或數量的合理化建議。時間長了，員工心理接受了這一制度內涵，制度變成空殼，留下的是參與文化。員工在這種文化的熏陶下，就會自然形成主動思索、積極參與企業建設與發展的活躍與開朗的形象。這樣的員工形象是企業內在形象的展示，也顯示了企業的生機與活力。

由於制度是外在約束，全靠管理人員的監督，用懲罰的手段保障實施。沒有監督，工人就可能「越軌」或不按要求去做，企業就可能蒙受損失。因此，企業制度沒有相應的文化支撐時其成本會很高，而當人們認可制度，當其成為人們理所應當的行為規範以後，人們就會自覺從事工作，制度成本就大為降低，尤其當超越制度的文化形成後，制度成本會更低。摩托羅拉取消「打卡」制度，是因為員工都能夠認識到工作的意義是什麼。所以，威廉·大內說，文化是可以部分地代替發布命令和對工人進行嚴密監督的專門方法，從而既能提高生產率，又能發展工作中的支持關係。

企業理念的特色和制度的有效性在一定程度上直接反應出企業價值觀的優劣。因此，為適應現代管理發展的要求，企業內部形象的塑造，一方面應體現企業組織管理制度的科學性和文化管理的特色，另一方面更應將「一切以用戶為中心」的企業價值觀貫徹到員工的具體行為中去，想用戶所想，急用戶所急，一個良好的企業形象就會不知不覺在員工心中樹立起來，當然，也會在社會公眾和消費者心目中樹

## 企業文化塑造的理論與方法

立起來。

　　企業內部形象的塑造,是塑造企業整體形象的基礎。企業內部在價值觀基礎上形成的適應性極強的制度行為規範,與由此產生的充滿朝氣充滿活力的形象,將正確地展示企業發展的潛力。

### 二、由企業全體人員的行為在企業內部形成的自然形象

　　一個組織或個人的行為改變必須因某種誘因而產生一定的動機。這種誘因或者是權利與規章制度的強化,或者是在一定的環境中文化的作用。在一定的誘因下,人們總是依據一定的動機做事。國際護士之母南丁格爾說,做事有三種動機:其一是天性動機,如喜愛烹調、喜愛插花、喜愛釣魚等。由天性動機引發的行為使人感到愉悅,如果不這樣做,反而不舒服。其二是專業動機,如外科醫生受了訓練后就希望在做手術時盡善盡美。但是前兩種動機都有一定的局限性。天性動機使人對做事有強烈的選擇性,喜歡的事就非常高興地去做,不喜歡的事就不高興去做。專業動機讓人感到冷冰冰的,由於技術重於人情,所以常常見不到愛。其三是神聖動機,這是從永生帶來的動機。有永生盼望,所以無論喜歡還是不喜歡,都要求上帝帶領著去做,要帶著愛心去做,使所做的都充滿了意義。

　　顯然,由認同企業價值觀所帶來的動機傾向於神聖的動機。企業價值觀不是通過硬性強制,而是通過軟性引導;不是通過權力,而是通過思想;不是通過單純的規章制度,而是通過信念、宗旨和行為規範,以「一只看不見的手」操縱著企業的整體運作,這種軟性的控制和軟性管理,雖然沒有強制的性質,但它在每位職工個體的心理上所產生的影響比硬性控制管理更為明顯,更為有效,更易於被人接受,更能改變一個人的態度乃至行為。

　　松下公司是通過企業精神和理念樹立良好企業形象的代表。每天上午 8 點遍布日本的近 10 萬名松下員工同時誦讀松下精神。每一個人每隔一個月至少要在他所屬的團體中,進行 10 分鐘的演講,說明公司的精神和公司與社會的關係。進入松下公司的人都要經過嚴格的篩選,然后由人事部門負責開始進行公司的「入社」教育,要求新員工學習公司文化,理解企業精神,能完全融入企業文化之中。

　　企業員工在認同價值觀、企業目標與願景基礎上的行為是一種自覺的行為,它會形成一種自然的形象,絲毫沒有矯揉造作的成分。有領導在場與沒有領導在場,員工的行為都是一致的。這類人由於心理上對企業價值觀與願景的認同,所以工作投入高,並將工作績效視為個人價值觀的反應。研究表明,工作投入高的員工,出勤率高,離職率低。而沒有建立在價值觀認同基礎上的行為就會呈現出五花八門的特點:有領導或監督人員在,人們會表現得很積極,甚至「故作忙碌狀」,領導或監督人員一離開,就會原形畢露。所謂「貓走了,老鼠翻堂了」,就是這種情況的真實寫照。當然,員工的行為還要受需要、情緒、工作態度、工作滿意感等因素的

### 第九章　企業文化展示的企業形象

影響。

企業形象的內外劃分不是絕對的，它只是針對企業形象影響範圍的不同所做的一種相對的區分。企業形象不管是外在的還是內在的，不管是無形的還是有形的，每個層次和方面都是對企業價值觀在不同程度上的折射。例如當新員工在接受教育完畢后進入公司的生活環境，就會接觸飯堂、宿舍、文化宣傳欄這些能傳導企業文化的載體，這樣的載體就能客觀地表現企業的文化形象。

## ● 第四節　企業形象的塑造

企業形象的塑造是一個系統工程，它是對企業形象各要素及其組合的優化培育過程，是對良好的企業形象的刻意追求過程，這個過程離不開正確、科學、鮮明、獨特的企業價值觀作指南。

### 一、建立優秀的價值觀是塑造企業形象的基礎

企業價值觀對企業經營活動形成指導和導向，它是企業形象的核心，沒有這個核心，企業必將人心渙散、行為不一致，從而對企業形象產生不良的影響。在知識經濟條件下，企業價值觀應包括服務社會、以人為本、不斷創新、講究信譽、明確使命、服務先導等富有時代特色的內容。

1. 充分體現有管理制度特色的人的價值觀的塑造

企業內部形象的塑造要依賴充分體現企業組織管理制度特色的人的價值觀的塑造。這種價值觀一旦形成，對企業內部形象影響巨大。企業價值觀培育和造就的應該是優秀的企業人，正是這些優秀的企業人成為企業形象的主體，並成為內外形象的塑造者。如果企業不去培育員工進步的價值觀、高尚的情操、向上的進取精神，你會發現，企業的制度千瘡百孔，企業形象蒼白無力。因此，企業價值觀是企業制度和企業行為的靈魂，主導著企業制度行為形象的性質和方向，從而成為激勵員工奮發向上的動力源泉。

培育和塑造出一系列崇高、積極的企業價值觀，可以提供一個明確的奮鬥方向和努力目標，為滿足員工高層次的精神需要提供一個正確的衡量標準和評價標準，有助於產生較持久的精神動力，使企業充滿生機。這是塑造企業制度行為形象的內在保證。塑造正確的企業價值觀的根本目的就是要增強企業的凝聚力和企業員工的歸宿感，從而最大限度地激發企業員工的敬業精神和奮鬥熱情，並將這種精神和熱情投入到企業的生產經營和管理活動中去，為社會公眾和消費者提供富有企業特色的一流的產品和服務，造福社會和人類，在社會中塑造起合乎企業價值觀和時代特色的企業組織行為形象。

## 企業文化塑造的理論與方法

2. 制定和推行一系列契合企業價值觀的組織管理制度

制度是管理的基礎。然而，在相當多的一些企業中，企業的管理者要一本制度手冊是為了擺設，為了應付檢查。於是制度的制定者就自然是一些沒有權力推行制度的人，例如辦公室工作人員，而這些人也有不少是在別處抄一些比較接近的制度交差了事，所以這樣的制度常常不能契合企業的價值觀。在這些企業中，制度就是面具，就是一紙空文。企業管理者不會去理睬這些制度，員工也不會去認同這個制度。管理制度和規範應該是在企業文化中醞釀而成的，任何管理制度和規範的制定都不能脫離企業文化背景，不能脫離企業價值觀的指導。制定企業的管理制度和規範，必須從實際出發，反應自身文化特色和業務特點，才能為員工所接受和認同。

企業的管理制度和規範應該是企業文化中具有相對穩定的，符合企業核心價值觀的，可再次通過實踐檢驗為正確的東西並用條文的形式加以固定化的，通過試行反覆證明的，並在員工中達成共識後，經過正式簽發和頒布的，為員工共同遵守的規章制度。實際上只有與企業人的文化背景相適應的管理制度和規範，才能與企業的實際相符合，才具有執行力；否則，就會影響企業組織管理制度的運行效率，並因而影響企業組織行為形象的塑造。企業領袖（也就是企業文化的旗手）如果按照企業價值觀確定一種足以激勵員工並使員工願意與企業共進退的目標以及制訂切實可行的步驟，有了制度保障，並將自己的思路、價值觀與員工分享，經常刻意去創造一種讓員工充滿激情的工作氛圍，那麼，企業文化就有了根基。

同時，管理者的管理思想、經營理念以及員工的價值觀念是與工作中客觀事物聯繫在一起的。客觀事物的變化引起管理者的管理思想和經營理念以及員工價值觀念的變化與提升，這種變化首先會在各種文化場合，如會議、問題研討與磋商中表現出來，要求達成新的共識和認同。屬於管理模式和管理制度、規範的不完善或與變化了的管理事務不相適應的東西，一旦達成共識就需要重新制定或加以修訂。

3. 將企業領袖所倡導的價值觀真正內化為企業全體員工的價值觀

企業價值觀決定著企業形象塑造的效果。所以，塑造企業形象應全面考慮企業自身的物質實力和企業價值觀狀況，然后運用適當的現代化傳播手段將集中體現企業形象的企業標誌等物質形態在社會上加以宣傳，做到實事求是和表裡如一。同時，企業領袖身體力行，用自己的言行實踐自己倡導的價值觀。這樣，企業領袖所倡導的價值觀才能真正內化為全體員工的價值觀，企業才能在社會公眾和消費者心目中樹立起良好的企業形象。

## 二、挖掘企業潛能，認真設計、塑造企業形象

企業要塑造良好的形象，需要在充分挖掘企業潛能的基礎上，認真設計。

1. 要認真挖掘企業在思想內涵方面的潛能

塑造良好的企業形象，需要在作為觀念形態的企業哲學、經營理念、企業精神

## 第九章　企業文化展示的企業形象

以及由此形成的道德規範、經營宗旨等方面下功夫，使企業形象有根有基。企業的思想內涵直接影響企業對外的經營和服務姿態。不同的價值觀和經營理念會產生不同的經營行為和服務姿態，會在社會公眾和消費者心目中形成不同的企業形象的印象。

2. 在企業的硬件方面充分挖掘企業自身的潛能

在充分體現企業價值觀的基礎上，利用自己的技術優勢和文化特色在建築物、設備和產品等企業的硬件方面充分挖掘企業自身的潛能，認真設計、塑造企業的形象。例如，創造優美的工作環境，提供現代化的設備裝置，設計風格迥異而又極富文化個性的產品包裝，以及生產集高技術含量和多功能效用於一身的產品等，為企業形象的塑造奠定一個堅實的物質基礎。企業形象的塑造確實離不開企業標誌等物質形態在社會上進行的全方位的衝擊和宣傳，但也離不開紮實的技術功底和雄厚的財物基礎。

### 三、企業形象的塑造要在傳播與客觀認同的情況下實現

在優秀的企業價值觀的指引下，圍繞高水平的產品質量和服務質量在各方面塑造好企業形象是很重要的工作。同時，運用各種先進的宣傳手段和現代化的策劃創意方法通過企業標誌等代表企業形象的物質形態在社會上加以傳播，讓社會公眾和消費者充分瞭解企業及其特色，從中體會出企業的精神、價值觀、風格和企業的整體優勢，也是塑造企業形象不容忽視的一環。只有這樣，企業形象才能在社會中形成一定的衝擊力，產生有利於企業的影響。

但是，如果企業形象的塑造僅僅滿足於電視、報紙、廣播等大眾媒體的傳播，不考慮或很少考慮社會公眾對企業的認同度，是不可能塑造良好的企業形象的。現在，企業生存的環境越來越複雜，生存和發展始終是企業的首要問題。虛假的企業形象沒有多大的實用價值，虛假的無形資產很難轉化為有形資產。因此，只有真正從社會公眾的根本利益出發，一切為了公眾，努力使公眾和消費者滿意，想方設法使企業形象深入人心，達到有口皆碑的境界，才能說樹立了良好的企業形象。

### 四、精心維護企業形象

一個企業有了良好的形象，不等於就有了終身的保障。因此，塑造良好的企業形象是一個長期的、有計劃的、不間斷的工作，是不斷追求完善的過程，需要從長遠著眼，從現在做起，需要對各方面的細節都做好全面的精心的管理。企業要塑造良好的企業形象，就必須把這項工作作為一個戰略任務來對待，長期精心經營，才可能有很好的結果。

對一個具有良好形象的企業來說，可能做了很多好事，公眾都習以為常，但如果做了一件壞事，馬上就會引起社會公眾的廣泛關注。所以，塑造一個良好的企業

## 企業文化塑造的理論與方法

形象如同創業一樣是非常困難的，但要維護一個良好的企業形象，也同守業一樣難上加難。因為，企業形象是一個動態的系統，它會隨著主人的各種情況的變化而轉化。維護好一個良好的企業形象，需要不斷地豐富內容，使之保持活力；否則，便如春殘花謝，了無情趣了。因此，維護企業形象需要不斷創新，不斷投入新的養料，才能出現滿園春色的宜人風光。

企業形象管理是一項科學的、系統的、綜合性的現代管理工作。它以企業的思想內涵為總綱，以全面質量管理為核心，以產品及服務形象管理為基礎，以員工形象管理為支柱，通過強化企業的內在素質和規範企業的外在表現，全面提升企業的社會形象和市場形象，最終達到提高企業核心競爭能力的目的。

在知識經濟時代到來的今天，企業不能只像過去那樣單純經營產品，獲取餓不死也吃不飽的平均利潤，必須著意經營企業形象這一無形資產，以取得超額利潤作回報。全面的企業形象管理能使企業具有強大的凝聚力和社會形象擴散力，擁有良好的產品和服務信譽，擁有較高的顧客滿意度和市場佔有率，這本身就是一筆巨大的無形資產。從經營有形資產到同時經營無形資產是經營理念上的一個飛躍。

**思考題**

1. 企業的外部形象怎樣傳播企業的價值觀？
2. 怎樣看待網友對國美電器頻繁更換 LOGO 的評論？
3. 企業形象塑造的基礎是什麼？怎樣才能塑造出符合企業發展目標的企業形象？

# 第十章　企業文化建設中的問題與塑造方法

## ● 章首案例：松下，經營之神的文化塑造

　　松下電器公司是全世界有名的電器公司，松下幸之助是該公司的創辦人和領導人。松下是日本第一家用文字明確表達企業精神或精神價值觀的企業。松下精神，是松下及其公司獲得成功的重要因素。

　　一、松下精神的形成和內容

　　松下精神並不是公司創辦之日一下子產生的，它的形成有一個過程。松下有兩個紀念日：一個是1918年3月7日，這天松下幸之助和他的夫人與內弟一起，開始製造電器雙插座；另一個是1932年5月5日，他開始理解到自己的創業使命，所以把這一年稱為「創業使命第一年」，並定為正式的「創業紀念日」。兩個紀念日表明，松下公司的經營觀、思想方法是在創辦企業后的一段時間才形成的，直到1932年5月。在第一次創業紀念儀式上，松下電器公司確認了自己的使命與目標，並以此激發職工奮鬥的熱情與干勁。

　　松下幸之助認為，人在思想意志方面，有容易動搖的弱點。為了使松下人為公司的使命和目標而奮鬥的熱情與干勁能持續下去，應制定一些戒條，以時時提醒和警誡自己。於是，松下電器公司首先於1933年7月，制定並頒布了「五條精神」，其后在1937年又議定附加了兩條，形成了松下七條精神：產業報國的精神、光明正大的精神、團結一致的精神、奮鬥向上的精神、禮貌謙讓的精神、適應形勢的精神、感恩報德的精神。

## 企業文化塑造的理論與方法

二、松下精神的教育訓練

松下電器公司非常重視對員工進行精神價值觀即松下精神的教育訓練，教育訓練的方式可以做如下的概括：

一是反覆誦讀和領會。松下幸之助相信，把公司的目標、使命、精神和文化，讓職工反覆誦讀和領會，是把它銘記在心的有效方法，所以每天上午8時，松下公司87,000名員工同時誦讀松下七條精神，一起唱公司歌。其用意在於讓全體職工時刻牢記公司的目標和使命，時時鞭策自己，使松下精神持久地發揚下去。

二是所有工作團體成員，每一個人每隔1個月至少要在他所屬的團體中，進行10分鐘的演講，說明公司的精神和公司與社會的關係。松下幸之助認為，說服別人是說服自己的最有效辦法。在解釋松下精神時，松下幸之助有一名言：如果你犯了一個誠實的錯誤，公司非常寬大，把錯誤當作訓練費用，從中學習；但是你如果違反公司的基本原則，就會受到嚴厲的處罰——解雇。

三是隆重舉行新產品的出廠儀式。松下幸之助認為，當某個集團完成一項重大任務的時候，每個集團成員都會感到興奮不已，因為從中他們可以看到自身存在的價值，而這時便是對他們進行團結一致教育的良好時機。所以每年1月，松下電器公司都要隆重舉行新產品的出廠慶祝儀式。這一天，職工身著印有公司名稱字樣的衣服大清早來到集合地點，作為公司領導人的松下幸之助，常常即興揮毫書寫清晰而明快的文告，如：「新年伊始舉行隆重而意義深遠的慶祝活動，是本年度我們事業蒸蒸日上興旺發達的象徵。」在松下幸之助向全體職工發表熱情的演講後，職工分乘各自分派的卡車，滿載著新出廠的產品，分赴各地有交易關係的商店，商店熱情地歡迎和接收公司新產品，公司職工拱手祝願該店繁榮，最后，職工返回公司，舉杯慶祝新產品出廠活動的結束。松下幸之助相信，這樣的活動有利於發揚松下精神，統一職工的意志和步伐。

四是「入社」教育。進入松下電器公司的人都要經過嚴格的篩選，然后由人事部門負責進行公司的「入社」教育，首先要鄭重其事地誦讀、背誦松下宗旨、松下精神，學習公司創辦人松下幸之助的「語錄」，學唱公司之歌，參加公司創業史展覽。為了增強員工的適應性，也為了使他們在實際工作中體驗松下精神，新員工往往被輪換分派到許多不同性質的崗位上工作，所有專業人員，都要從基層做起，每個人至少用3~6個月時間在裝配線或零售店工作。

五是管理人員的教育指導。松下幸之助常說：「領導者應當給自己的部下以指導和教誨，這是每個領導者不可推卸的職責和義務，也是在培養人才方面的重要工作之一。」與眾不同的是，松下有自己的「哲學」並且十分重視這種「哲學」的作用。松下哲學既為松下精神奠定思想基礎，又不斷豐富松下精神的內容。按照松下哲學，企業經營的問題歸根到底是人的問題，人是最為尊貴的，人如同寶石的原礦石一樣，經過磨制，一定會成為發光的寶石，每個人都具有優秀的素質，要從平凡人身上發掘不平凡的品質。

## 第十章　企業文化建設中的問題與塑造方法

　　松下電器公司實行終身雇傭制度，認為這樣可以為公司提供一批經過二三十年鍛煉的管理人員，這是發揚公司傳統的可靠力量。為了用松下精神培養這支骨幹力量，公司每月舉行一次幹部學習會，大家互相交流、互相激勵、勤勉律己。松下電器公司以總裁與部門經理通話或面談而聞名，總裁隨時會接觸到部門的重大難題，但並不代替部門做決定，也不會壓抑部門管理的積極性。

　　六是自我教育。松下電器公司強調，為了充分調動人的積極性，經營者要具備對他人的信賴之心。公司應該做的事情很多，然而首要一條，則是經營者要給職工以信賴，人在被充分信任的情況下，才能勤奮地工作。從這樣的認識出發，公司把在職工中培育松下精神的基點放在自我教育上，認為教育只有通過受教育者的主動努力才能取得成效。上司要求下屬要根據松下精神自我剖析，確定目標。每個松下人必須提出並回答這樣的問題：「我有什麼缺點？」「我在學習什麼？」「我真正想做什麼？」等，從而設置自己的目標，擬訂自我發展計劃。有了自我教育的強烈願望和具體計劃，職工就能在工作中自我激勵，思考如何創新，在空余時間自我反省、自覺學習。為了便於互相啟發、互相學習，公司成立了研究俱樂部、學習俱樂部、讀書會、領導會等業餘學習組織。在這些組織中，人們可以無拘無束地交流學習體會和工作經驗、互相啟發、互相激勵，努力培養奮發向上的松下精神。[①]

　　企業文化作為一種管理理論和管理方法，近年來在很多企業中發揮了重要的作用。不少企業家和企業管理者都通過請諮詢公司或者請專家為自己設計企業文化方案，希望通過企業文化的建設來促進企業管理水平的提高，提升企業的知名度、美譽度，提高產品的市場競爭力，使企業保持持續旺盛的發展勢頭。但目前我們許多企業在企業文化建設中還存在著認識和實踐上的誤區，影響了企業文化建設的發展。因此，塑造符合本企業的實際狀況，建設具有本企業特色的企業文化，就成了企業文化建設的重要課題。

## 第一節　企業文化建設中的問題

### 一、企業文化簡單化、形式化

　　在實踐當中人們發現，企業文化其實就是老板文化。老板對企業文化的重視程度關係到企業文化在企業中的地位和作用發揮的大小問題。在我國，不少企業老板很重視企業文化，不僅專門成立一個部門來管理，自己也親歷貫徹執行企業文化的規則，這樣就形成了企業家引導、員工認同並創造的具有向上的文化力的企業文化。

---

[①] 代凱軍．管理案例博士評點［M］．北京：中華工商聯合出版社，2000．

## 企業文化塑造的理論與方法

但是也有不少老板不重視企業文化建設，或者表面上很重視企業文化，大張旗鼓聘請諮詢機構或者專家來策劃企業文化方案，用導入的方法實施企業文化工程；或者專門成立一個部門來策劃和管理，或者劃給某個綜合部門例如辦公室、工會、宣傳部等將企業文化當作思想政治工作和文娛活動去抓，但是，自己卻從這個管理區域隱退了。

於是，我國許多企業在建設企業文化過程中就出現了這樣的現象：

（1）從政治出發建設企業文化。這樣的企業對外完全以貫徹中央及地方政府的指示精神為主，不斷地學這學那，完全沒有自我。這類企業對內，把企業文化作為思想政治工作來抓，使用老一套的方法對待新時代的員工。企業文化缺乏目標導向功能，企業自然缺乏凝聚力和向心力。

（2）只關注看得見的表面的文化要素。只強調企業文化的形象層面，或者把企業文化建設等同於標語和口號，喊出來就算完；或者強調內刊、網路上有一個企業文化的欄目；或者認為企業文化就是要有優美的，特別是綠化較好的工作環境；要求企業外觀、服飾的整潔統一。這樣的企業文化自然就失去了激勵振興功能。

（3）企業文化休閒化、娛樂化。有的企業把企業文化理解為讓員工放松的一些形式，所以組織一些春遊秋遊或者是唱歌、跳舞、打球等娛樂活動就交差了。

（4）把企業文化等同於規章制度加道德。強調制度管理和員工的文明禮貌、職業道德等。

這樣的企業文化實施無論開始時是多麼轟轟烈烈，后來不可避免地會出現虎頭蛇尾、流於形式的結局。這樣塑造的企業文化，缺乏根基，缺乏精神支撐。就如一個人建造房子，如果把房子建在沙灘上，暴風雨一來，房子肯定倒塌。但是，如果他把房子建在磐石上，無論暴雨還是臺風，房子都屹立不倒。那麼，到底是把房子建在沙灘上還是建在磐石上，這就是一個複雜的問題了。沒有人願意把房子建在沙灘上，但是現實中有太多的利益誘惑，短期目標與僥幸心理遮蔽了人們的眼睛，於是便只見沙灘不見磐石了。顯然，這道選擇題的關鍵在於人們的慧眼，但是這慧眼在頭腦裡，由人們的價值觀所決定。

在國外，很多企業都非常重視企業文化，它們卻不一定設立類似企業文化領導小組、企業文化中心等部門。因為，在這些企業當中老板具有非常強烈的文化意識，有高度的文化自覺，企業文化建設與公司的經營是完全融為一體的。在中國，不少重視文化建設的企業有專門的部門來推動企業文化建設，是一件好事。這也許是企業文化建設起步階段的需要，但是僅僅靠一個職能部門來推動企業文化建設，是不可能真正達到企業文化建設目標的。所以，一些企業就把企業文化弄成了花架子，僅僅關注標語口號和網站、刊物等。當然，企業文化就只能是做表面文章了。

## 二、企業文化建設缺乏個性

企業文化是企業在一定價值觀基礎上形成的群體意識與長期的、穩定的、一貫

## 第十章　企業文化建設中的問題與塑造方法

的思維方式與行為方式的總和。企業文化既有共性也有個性。其共性體現在強調員工的積極性、凝聚力、爭取顧客的信任、獲得更好的企業美譽度和知名度，從而創造良好的業績，讓企業形成更好的生命力和成長動力。同時，企業文化更強調個性。由於各企業的經營者的價值觀、員工認同度與歷史傳統的不同，就形成了不同的經營特色，加之企業所在的行業、社區環境各異，這樣的主客觀環境的不同，就形成了不同的企業文化。然而在中國，許多企業的企業文化建設都缺乏個性，如同克隆一般，嚴重影響了企業文化作用的發揮。企業的企業文化建設缺乏個性主要涉及兩個問題：一是老板頻繁更換的問題，二是企業文化塑造的途徑和方法問題。

1. 因老板變動導致企業缺乏文化的主調

企業文化與企業經營者的價值觀緊密相關。尤其在我國，企業文化在一定程度上就是老板文化。國內外知名企業的企業文化建設都是重視傳承的，即一脈相承、一以貫之地倡導某種文化，這樣才容易形成長期的、穩定的、一貫的思維方式和行為方式。

然而在我們的國有企業中，老板的頻繁更換是一個常態，其他企業中，主要管理者的更迭也很頻繁。很多人完全不顧及企業發展的客觀規律，走馬上任，首先要做的就是更換一批幹部，訂立一套規矩，以顯示自己的水平與權威。這樣，一任領導一套理論，企業很少有能傳承的東西，要形成有特色的企業文化，就真的很困難了。

怎樣解決企業文化的長效機制問題，在換老板的時候，怎樣保持企業文化的主調不變，這是解決企業文化缺乏個性的關鍵問題。

2. 企業文化塑造的途徑和方法有誤

（1）簡單導入的建設途徑與方法。一些專家或諮詢機構在為企業設計企業文化方案後，採用導入的方法。由於各種原因，他們對企業的瞭解不深入、不細緻，只是將自己頭腦中的企業文化模板改頭換面，導入企業，造成企業理念的雷同；或者新的企業理念僅僅是專家與企業領導「促膝談心」、「撓腦袋」熬夜「創造」出來的，沒有得到員工甚至骨幹的認同，企業文化的導入和實施自然不易在企業中找到合適的土壤。因此，這樣導入的企業文化，最多是一個漂亮的花瓶。在現實中，很多企業僅滿足於跟風、趕時髦。有一家電腦公司，它所宣傳的企業理念竟然與柯達公司的理念一字不差。像這樣的企業理念就是給人看的，而不是自己用的，所以造成企業的員工以及客戶群體無法真切感受到該企業的理念，更談不上如何用來推動管理、推動企業的發展了。

（2）單純向別人學習的方法。現在我們很多企業在建設企業文化時很重視學習，這原本沒錯，但是一些企業用單一的思維模式去思考這個問題，即要建設企業文化就聯繫一些好企業去參觀學習，只知照搬別人的成功理念。據說，每年到海爾參觀的人在 40 萬左右，到蒙牛參觀的人也有 30 多萬。大家總認為學習一點東西，拿來為我所觀就可以。雖然，企業文化建設有很多共同的規律，好的企業文化基因

## 企業文化塑造的理論與方法

也有相當一部分是一致的，世界一些大公司，包括一些諮詢機構也得出結論，認為優秀的企業總有共同的文化基因，但是，管理是科學也是藝術，管理藝術在很大層面上就是文化。文化是不能照搬照抄的，必須突出個性，必須根據企業實際塑造、建設符合本企業實際需要的企業文化。如果單一地去學習取經，用別人的方法塑造自己的文化，也是不可能建設有獨特個性、真正能實現本企業目標的文化模式的。有些企業去聘請諮詢機構為自己做策劃，但是在沒有充分調研的前提下，也不過是借用一套模型，搭成一個企業文化的花架子罷了。

文化強調的是要有底蘊、有根基。每個企業的人文環境不同，創業途徑和發展的軌跡不同，由此便會形成不同的企業文化基因。用以上方式來建設企業文化就會導致缺乏個性的文化。

企業缺乏特有的價值觀念和思維方式，在企業困難時就很難維護企業的利益，保證企業的長遠發展。

### 三、企業文化不能落實

企業文化不是一件漂亮的外衣，也不是幾句宣傳口號，而是一種實踐文化。一些企業做了一個漂亮的企業文化手冊，口號非常響亮，標語非常醒目。但是，如何將其落實貫徹卻不知道。其主要原因有：

1. 企業文化的結構不完善

理念空有其表，不符合企業實際。理念必須源於企業的實際，不能好高騖遠，只圖漂亮好看。現在有些諮詢公司給企業做的理念非常漂亮，用詞非常考究，非常有哲理，但是就像「廣譜抗菌素」，永遠正確，卻不符合企業的實際。理念要真正付諸實踐，就要看理念能不能衍生成具體的制度，能不能衍生成具體的任務，能不能衍生成具體的指標，如果一個理念不能細化，不能衍生，不能具體，通過制度、任務、標準、規範體現出來，這樣的理念就不易得到落實。所以，企業文化建設必須重視企業文化的信息網路，通過文化網路把理念與制度建設、規範建設、標準建設很好地結合起來，再通過各種方式、各項活動和禮儀強化，才能使企業文化真正落實。

2. 集團文化和子公司文化脫節

現在的企業，尤其是國有大集團，紛紛都在制定企業文化規劃，期望用文化紐帶把公司的各個子公司和事業部聯繫起來，用文化力帶動經濟力，實現企業的騰飛。但是結果並不是人們預想的那樣。不少集團的子公司或者機構有自己的文化習俗，加上地域的分散性、行業的多元化、經營的多樣化，所以怎樣處理集團與子公司的文化聯繫關係，怎樣才能讓集團的文化理念在子公司也能落實，是一大難題。從集團層面上看，它的文化應該具有總體的規定性、導向性和包容性，主要是在目標和企業哲學層面有統一的規範要求，但不能替代子公司的文化建設。子公司的文化應

### 第十章　企業文化建設中的問題與塑造方法

該有服從性，不能離開集團公司文化的主線，但是子公司的經營管理的理念、工作作風、精神風貌方面要有創新性和多樣性。

此外，由於企業在文化的傳承問題上以及併購的管理上都存在各類問題，從而導致企業的文化不能落實。

## ● 第二節　企業文化塑造的基礎程序與方法

企業文化是由一定層次形成的系統構架。要解決企業文化建設中的上述問題，必須重視企業文化建設的基本程序與方法。很多企業把企業文化建設交由諮詢機構和專家來負責。這樣做當然花錢省事，諮詢機構和專家的經驗也能為企業的文化建設提供很好的建議，有些企業也的確在諮詢機構與專家的策劃下取得了不錯的成果。但是，如前所述，由於外部機構和專家對企業的瞭解與認識有限，在很多方面不容易把握企業的深層問題，如果企業內部沒有對企業文化建設的清醒認識和積極的主導與建設性的參與，就容易使企業文化流於形式，或者使其短期化、表面化、模板化。企業文化應由內部生成，即便聘請諮詢公司，也只能起到引路的作用。如果企業自己掌握了建設的方法與途徑，正確地進行企業文化建設，雖然費時費力，但是如果有決心，下大力氣，可以讓企業文化形成鮮明的特色，收到較好的效果。從企業主要借助內部力量建設企業文化的角度，我們把企業文化建設分為啓動、內化、實施、傳播與推進四大階段。

### 一、企業文化塑造的啓動階段

（一）企業上下對企業文化塑造達成共識

企業上下對企業文化建設達成共識是企業文化啓動的重要步驟和方法。對於中國企業來說，企業的主要領導與管理者對企業文化建設的重視是企業文化建設的第一要素。第一要素具備就容易形成戰略。企業以戰略為導向，進行文化整合，才能從目標邁向未來。企業上下要有一個對未來的構想：未來的企業規模、層次、形象會是怎樣？由此決定保留什麼、去掉什麼、加上什麼。

企業內部對企業的文化傳統的優劣有清醒的認識、明確的把握，才可能樹立正確的價值觀，傳承優良的文化要素；企業上下對文化弊端有透澈的認識並具備改變的堅定決心，企業文化建設才有成功的可能；企業全體人士對企業的未來有強烈的期盼，企業才能克服阻力，添加適宜於企業發展的優秀的文化要素。因此，建設企業文化的啓動階段的重要過程是企業上下對企業文化建設達成共識。在此基礎上才可以聘請企業文化諮詢機構或者利用內部力量進行企業文化流程的實施建設。這裡略去外聘機構和專家的建設程序，專門介紹企業內部進行企業文化建設的流程。企

## 企業文化塑造的理論與方法

業內部進行企業文化建設達成共識的基本流程是：

（1）企業主要領導與高層反覆溝通。企業的優勢是什麼？企業面臨的環境有哪些變化？企業發展的瓶頸在哪裡？企業存在哪些問題？可能面臨怎樣的危機？其原因何在？目前，有哪些方面最迫切需要提高和改善？未來 5~10 年中，公司應成為一個什麼樣的企業？由這些問題來激發高層骨幹的改善需求與期望。

（2）企業主要負責人、高層領導採用各種形式與中層管理人員、高級主管以及員工中的意見領袖訪談，瞭解其對進行企業文化建設的意願，徵求他們對企業經營理念的看法，並進行普遍性的動員與溝通。

（3）召開辦公會，統一思想，確定對企業文化的戰略部署，確定企業文化建設的組織機構。

（4）召開中層幹部與員工骨幹會議，在中下層員工中進行動員宣傳，使企業骨幹認識到企業文化的重要性。可以通過講座、媒體、參觀的方式統一大家的認識，使員工對企業文化及其作用有共同的理解。

這一個階段要由企業主要領導親自抓，主要在企業的中高層、骨幹員工以及員工中的意見領袖中進行煽動性動員，用各種機會激起大家的文化塑造願望，為深入基層的動員和宣傳做好準備。

（二）成立企業文化建設項目工作推進小組

在企業文化建設的準備階段，要推進企業文化建設項目，必須先成立一個組織機構，一般來講，可以在企業內部成立企業文化項目小組，即使諮詢公司與專家介入，這個機構也是必需的。

（1）小組成員以中高層骨幹為主，由綜合部門、重要部門負責人特別是對企業營運業務熟悉的專業人員以及對企業文化建設有一定見識的人士構成，以形成一支跨部門的精幹隊伍。一般來講可以有以下人員：辦公室主任或者副主任、人力資源部經理、項目部經理、工會或者團委、財務部部長或者經理、專職的企業文化工作人員等。為滿足企業文化建設以及文化更新成立專門機構的需要，小組成員應該是具有文化管理創意與潛力的人員。

（2）企業主要負責人任組長，負責企業文化建設的領導工作，同時選定企業內溝通與執行力強，有一定資歷的后備幹部為副組長，負責企業文化建設的組織與協調工作。

（3）小組人數以 5~9 人為宜。

企業文化建設項目小組再次與企業上下溝通企業文化建設的觀念、做法與應有的認識。進一步深化文化塑造或者變革的意識，由此在企業上下形成企業文化建設已進入實質性建設步驟的印象。

（三）擬訂企業文化建設計劃

擬訂一個項目工作計劃是企業文化項目小組成立后的第一件重要工作。一個完整的計劃應包括下列內容：

## 第十章　企業文化建設中的問題與塑造方法

1. 工作目標

工作目標包括企業文化建設的主要目標、項目的背景、目前影響企業發展的顯性問題與隱性問題調研、工作的範圍職責、小組規章等。

2. 專案計劃書

企業文化項目小組應建立不同類別的企業文化建設操作項目模塊，便於尋找適宜的內部或者外部專家人士具體實施。各模塊包括待設計的工作項目、可用資源、社會效益、經濟效益、責任、進度計劃、各階段的財務預算等。

3. 專案管理

專案管理包括指標與落實系統、所遇到的問題與解決方案以及落實情況、進度報告、檔案管理等。

4. 變革管理

變革管理包括利害關係人及其權益、溝通計劃、評估計劃、調停計劃等。

這個建設計劃是初步的、概略性框架性的，要在調研以後逐步完善。

（四）對影響企業文化建設的重要因素進行調研

對影響企業文化建設的內外部重要因素進行周密的調查，其目的是掌握第一手資料，從而對企業文化建設所面臨的問題有透澈清晰的瞭解。

主要的調查方法有：

1. 企業內部調研

企業內部調研主要有：

（1）一對一深度訪談。主要針對高層人士，瞭解其對企業的文化定位、企業環境、企業中長期目標、企業管理與經營的重要理念、企業未來的圖景、企業目前的顯性與隱性問題及其看法等。

（2）召開系列座談會。在座談會上可以瞭解中層幹部、基層骨幹、專業技術人員與員工意見領袖對企業未來的期望、對企業各類問題的原因分析，以及對目標實現的可能性的分析等。

（3）發放調查問卷。在調查問卷中，可以瞭解基層員工對工作環境、激勵期望、企業前景、各種困惑等的看法與意見。例如，在工作上是否受人尊重？所在的部門對主管及員工的評定是否有一套標準？平時瞭解公司各類信息最主要的渠道是什麼？對現在的企業內部活動（包括員工教育訓練和業餘文化生活）的參與度和看法，對塑造本企業的企業文化有何建議等系列內容。

企業內部調查提綱（參見附錄2）涵蓋了企業文化的許多方面，包括從企業文化的現狀、期望企業達到的狀況、對企業文化建設的四個層次的調查等；內容涉及人際環境、內部溝通、職業自豪感和個人發展空間，以及企業戰略和企業發展前景等。有些因素是關鍵的影響因素，卻不一定能在問卷或者訪談中簡單獲得，只能在調查中根據情況掌握。例如，企業領導的個人影響力、領導者個體的行為特徵、競爭環境（行業、地區）、企業的傳統文化、企業各非正式組織的群體背景、企業信

## 企業文化塑造的理論與方法

息技術人員的素質、企業生命週期等。

此外，針對企業文化建設的重點建設項目還應該發放專門的調查問卷（參見附錄3）。

這些調查可以成為開展企業文化塑造的重要依據和參考。在廣泛收集企業內部資料的基礎上，進行分析，形成系列調研報告。

2. 企業外部調研

企業外部調研主要針對客戶、公眾、競爭對手、合作夥伴等。外部調研可以通過訪談等形式對企業形象、知名度、美譽度、忠誠度等進行調研。

（五）制定企業文化的戰略規劃

企業文化戰略應該在調查研究的基礎上對企業的共同願景進行籌劃和描述，對企業的經營領域和企業的成長方向有基本的把握，對企業的競爭優勢在實現企業目標中的作用進行評估，對企業文化戰略實施的成功保證等。對企業文化進行戰略性規劃才有可能真正地產生對經營層面的影響，才能避免企業文化表面化、形式化，才能真正改變企業的經營績效或者競爭能力。實行企業戰略的具體流程是：

1. 明確企業的願景

企業的願景就是企業要達到的目標及其圖景。這是企業發展的藍圖，是組織中群體的追求，使企業人成為「命運共同體」激勵企業產生不斷向前的動力。如果沒有一個共同願景，管理者很容易在一大堆項目的混亂選擇中，在各種利益誘惑裡迷失方向；各部門的協作也由於缺乏共同的方向而導致低效率；員工也易陷入自己的得失裡，失去工作的熱情和變革的慾望。

世界上的優秀公司都有自己的願景。例如，蘋果公司的願景：讓每人擁有一臺計算機；騰訊的願景：成為最受尊敬的互聯網企業；索尼公司的願景：成為最知名的企業，改變日本產品在世界上的劣質形象。值得說明的是，索尼在還是一家很小的企業時，就向世人宣稱了這樣的願景，鼓舞員工去實現這一宏偉的目標。

（1）描述企業願景必須思考的內容：在本企業的經營領域裡，企業有怎樣的成長方向？企業的競爭優勢如何？企業戰略的成功保證在哪裡？

（2）企業願景應該包含三個要素：

①有意義的目的。這是一個企業追求利潤的根本理由。

②未來的美景。按照企業生存的目的，將來企業會成為什麼樣子？這是對企業未來的一種大膽而宏偉的構想。所描述的畫面不應該是模糊不清的，應該是能看得到、通過努力可以實現的。

③清晰的價值觀。為了實現企業的目標和未來的美景，員工應該怎樣去工作？這是企業在不斷發展變化中永恆不變的核心，是成為常青企業最重要的因素。

當願景能幫助員工理解他們從事的是什麼事業，描繪了發展的未來美景以及明確了指導日常工作的價值觀，那麼這個願景就是鼓舞人心的。

# 第十章 企業文化建設中的問題與塑造方法

2. 明確企業文化建設的目標

企業文化的建設目標源自於企業的總體經營戰略，並對總體經營戰略起支持作用。因此，明確企業文化建設的目標首先要重新審視和明確企業的整體戰略，這是企業領導人必須花大力氣思考的問題。

明確企業文化建設的目的，對企業文化建設的質量關係重大。企業文化建設的總體目標不一樣，企業文化建設的要求就不一樣。有的企業建設企業文化的目的是塑造企業高品位形象；有的是為了改變企業現存的不良風氣；有的是為了打造一支具有強大凝聚力和戰鬥力的員工隊伍；有的是為了適應環境的需要，為企業未來的發展服務；還有的是為了實現企業未來的宏偉目標，例如成為行業領袖、中國百強甚至世界500強等。

就一個企業建設企業文化的具體目標來說，主要包括：

（1）確立企業文化的思想內涵的各個層面的要點，其包括：確定企業的核心價值觀和企業的價值體系、確定企業的經營管理理念、確立企業精神等。

（2）建立企業文化網路，其包括正式渠道、非正式渠道、立體交叉渠道等。

（3）確立企業文化的行為規範，其主要體現在兩個方面，一方面是企業內部對職工的宣傳、教育、培訓，另一方面是對外經營、社會責任等內容。要通過組織開展一系列活動，將企業確立的經營理念融入企業的實踐中，指導企業和職工行為。

（4）確立企業的外部和內部形象。建設企業文化的標誌物，統一標示、服裝、產品品牌、包裝等，實施配套管理；對企業標示、旗幟、廣告語、服裝、信箋、徽章、印刷品等進行統一設計並且在一定時間內徵求意見使之歸於完善；對內建設良好的企業文化氛圍，分別達到凝聚人心、樹立共同理想、規範行動形成良好行為習慣的目的。在社會上建立起企業的高度信任感和良好信譽。

總之，企業文化建設一般應達到基本形成以人為本、求真務實的管理文化氛圍，認真負責、遵紀守法的工作文化氛圍，敬業樂群、互幫互學的社交文化氛圍；滿足顧客需求，追求完美卓越的品質文化氛圍，最終實現企業可持續發展的總體目標。

3. 選擇或者制定企業文化戰略

目標明確后應選擇得當的戰略，或者根據企業自己的實際情況制定企業文化戰略。對於集團性的企業來說，企業文化戰略一般可以分為集團企業文化戰略和業務單位企業文化戰略。

（1）集團企業文化戰略。對於一個多元化的擁有不同性質業務單位的集團企業而言，迫切需要建立一種共性的企業文化，以實現在不同業務之間建立一種紐帶關係，充分發揮「大兵團作戰」的協同效應，這就是集團企業文化戰略的任務。

根據姜軍鵬等人的研究，有三種基本類型的集團企業文化戰略（如表10-1所示）。

## 企業文化塑造的理論與方法

表 10-1　　　　　　　　集團企業文化戰略的類型及其特徵①

| 特徵＼類型 | 1. 創新型文化戰略 | 2. 流程型文化戰略 | 3. 顧客型文化戰略 |
|---|---|---|---|
| A. 基本價值觀 | (1) 革新的導向<br>(2) 長期策略的導向 | (1) 傾向重視實績<br>(2) 傾向重視手段的採用 | (1) 重視顧客<br>(2) 關係導向 |
| B. 基本行為方式 | (1) 狂熱收集情報<br>(2) 技術導向<br>(3) 重視絕對完美主義<br>(4) 上下左右的溝通工作良好<br>(5) 主動提出改善構想並自動地實行<br>(6) 不怕冒險，具高度挑戰的精神<br>(7) 認為上下應採取對等的態度<br>(8) 團隊精神極佳，但也相互競爭<br>(9) 更多需要獎勵<br>(10) 能力考評 | (1) 充分地收集情報，注意內外部均衡<br>(2) 效率導向<br>(3) 傳統性的合適原則<br>(4) 重視正式溝通渠道<br>(5) 有組織地系統性改善<br>(6) 對風險比較謹慎<br>(7) 認為下屬理應心甘情願地接受命令<br>(8) 相互間競爭激烈並有派閥的產生<br>(9) 更多需要懲罰<br>(10) 綜合考評 | (1) 傾向外部的信息情報的收集<br>(2) 個性化導向<br>(3) 顧客滿意主義<br>(4) 拆除組織邊界<br>(5) 強調是否有顧客化意義<br>(6) 更強調改進型創新<br>(7) 接近顧客的人員更有話語權<br>(8) 有時競爭也很劇烈<br>(9) 要求賞罰分明<br>(10) 業績考評 |

　　這三種基本類型的企業文化戰略並無高下之分，但是在特定的行業背景和員工素質的情況下，可能某種類型的企業文化戰略比其他的戰略類型擁有更強的適應性，這正是企業需要權衡考慮的。戰略一旦選擇將形成「文化基因」，使企業的思維方式和行為方式受到廣泛的影響。

　　(2) 業務單位企業文化戰略。每一個業務單位都有自己獨特的業務模式，與其他業務單位的差異程度決定了有三種基本的業務單位企業文化戰略可資選擇（如表10-2所示）。

表 10-2　　　　　　　　三種基本的業務單位企業文化戰略②

| 類型 | 涵義 | 適應範圍 | 優點 | 缺點 |
|---|---|---|---|---|
| 1. 因襲文化戰略 | 母公司具有系統企業文化時，子公司遵循統一的企業文化 | 母公司實力強、知名度大的情況 | (1) 利用母公司企業文化優勢<br>(2) 易形成統一的企業文化，運作成本較低 | (1) 母公司文化無論好壞都得繼承統一<br>(2) 難以發揮子公司的個性、創造性 |

---

①　姜軍鵬. 企業文化建設實務手冊 [J]. 管理人家園, 2008 (6).
②　姜軍鵬. 企業文化建設實務手冊 [J]. 管理人家園, 2008 (6).

## 第十章　企業文化建設中的問題與塑造方法

表10-2(續)

| 類型 | 涵義 | 適應範圍 | 優點 | 缺點 |
|---|---|---|---|---|
| 2. 亞文化戰略 | 建立求大同存小異的亞態文化 | 一般在折衷原則下採用 | (1) 兼顧母子公司的文化利益關係<br>(2) 創建亞文化風險較小，運作成本低 | 下級企業的合理積極性未被充分發揮 |
| 3. 獨創文化戰略 | 獨創自己的企業文化模式，且可能與母公司企業文化相異 | 與母公司行業差異大，或子公司自身實力強的情況 | (1) 根據子公司持質塑造企業文化<br>(2) 可發揮子公司的個性、創造性 | (1) 獨創文化形成時間長、成本大<br>(2) 可能沒有新意或失敗（存在風險） |

無論是集團文化的戰略還是業務單位文化戰略，一旦選定或者制定，就將對企業的經營管理產生重要的文化影響，因此，應該特別慎重。

4. 制定企業文化戰略的目標

在重點解決企業文化建設目標和選擇或者制定企業文化建設戰略的基礎上，應形成關於企業文化戰略規劃的各項目標設計。

例如：

公司戰略前景描述：成為顧客首選的業務提供者將成為行業領導進入中國百強企業、成為世界500強等。

公司戰略：超值服務、顧客滿意、可持續發展、提高員工素質、關注股東的期望值等。

財務指標：資金回報率、現金流量、項目利潤率、性能可靠性等。

顧客服務：服務行銷觀念、交易價格、自由競爭的關係、高質量的專業隊伍、創新等。

內部管理：顧客需求的滿意度、投標效率、服務質量、安全/損耗控制、高級項目管理等。

成長與創新：可持續發展、產品和服務的創新、員工授權計劃的實施與反饋等。

以上內容應分類制定目標，做好相關的設計。

## 二、企業文化建設的內化階段

（一）企業文化的全員認同

企業文化從一般意義上說是企業家文化、經營者文化，但在廣泛意義上說是全員文化，要有員工廣泛參與並得到廣大員工認同，才能發揮其對生產經營和企業發展的推動作用。

北泰方向集團的企業目標是「建百年企業、樹國際品牌」。其從創業初期就開始強調員工對公司的「認同」，這種認同有四個發展階段：生存認同、行為認同、

## 企業文化塑造的理論與方法

情感認同、價值認同。在生存認同基礎上擁有共同「方向」，並且為共同的方向而努力做到行為認同，最后達到公司員工心中共同的願望——情感認同和價值認同。北泰方向集團的員工正是循序漸進地達到了對公司的「認同」，因此他們能夠像信仰宗教那般去信仰自己公司的文化，同時還像一位真正的「傳道士」，去向周圍的同事和朋友講述「北泰」的企業文化，因此整個企業一直具有旺盛的生命力，員工也能夠把公司的利益視為高於一切、神聖不可侵犯，能夠自覺地維護公司的利益。

員工對公司的認同感可以使自己對企業的目標、準則產生一種「使命感」、「自豪感」，潛意識裡能激起工作熱情和向上的進取心，這樣自身價值在公司裡也能夠得到充分體現，員工的需求能得到適時地滿足，從而也能夠幫助公司實現更高的目標。企業文化的全員認同一般有以下方法：

1. 企業文化管理層研討會

管理層研討會包括以下議題：介紹企業文化建設計劃；對總體思路進行交流；探討過去存在於企業中的問題和造成問題的根源；界定各類問題的優先級與涉及的利害關係人，尋找解決問題的目標方法；企業文化項目小組的權限和組成人員；審定企業文化建設計劃。

2. 企業文化創建動員大會

企業文化建設必須發動群眾，走群眾路線，落實到每一天、每個人的每一件工作上去，因此必須讓全體員工理解並且認同企業文化建設的目標、企業的價值觀和指導企業經營管理的理念。企業文化創建動員大會對企業文化各項目標的實施具有標誌性作用。

企業文化創建動員大會要有企業高層領導主持並進行煽動性動員，可以設計一些標誌性活動，以激起員工對企業文化建設的高度熱情。

1998年9月13日，科龍舉行了一個由3000名員工參加的內部發布會。會場上，10面繪有「萬龍耕心」工程標誌的彩旗上，簽下了萬余名職工的名字，表達了科龍員工眾志成城、再創輝煌的巨大決心。潘寧、王國端、李棟強等科龍高層領導當場也在旗上簽了自己的名字。在這次會議上，科龍領導層提出希望通過企業文化塑造工程，把12,000名職工凝聚在科龍的旗幟下，明瞭企業的使命，知曉企業發展的目標和方向，明確自身的責任，完善自己的行為規範，增強企業的凝聚力、向心力，形成共同的價值觀。

3. 重視戰略性檢查，堅持不懈地灌輸企業文化

很多企業文化建設卓有成就的企業都非常重視企業的戰略性檢查，以在各項活動中體現企業文化的全員認同。

海爾集團提出以大眾傳媒和特色活動為載體，使廣大員工參與並認同海爾文化。他們強調海爾文化是海爾人的文化，人人都要參與文化的創建；同時，通過建設學習型團隊，利用《海爾人》和《海爾新聞》堅持不懈地向員工灌輸海爾文化，統一員工的思想，增加員工對文化建設的支持。

## 第十章　企業文化建設中的問題與塑造方法

北命股份公司特別注重企業文化的「全員參與」，廠標的設計、企業價值觀和企業精神的凝練以及各種文化活動都提倡全體員工的支持與投入。企業制定的企業信條就是「北電的光彩，你我的光榮」，把每個員工的力量凝聚起來，為企業發展做貢獻。

寶鋼股份公司強調每一個寶鋼人都代表寶鋼形象，寶鋼文化是寶鋼員工的文化，並以「綠色的寶鋼，我們共同的家園」作為公眾理念，要求深入每一個員工的心坎裡，從而加強員工對企業文化建設的支持力度。

要達成共識需要對企業文化做出戰略性的檢查，不要一開始就陷入文化的細節問題，這常常不利於就真正深遠的問題達成共識。

(二) 企業文化目標分解

企業文化目標分解是讓企業文化有形化的基礎，是企業文化內化的重要內容。平衡計分卡是圍繞企業的長遠規劃，制定與企業目標緊密聯繫、體現企業成功關鍵因素的財務指標和非財務指標而組成的業績衡量系統。因為它兼顧了長期目標與短期目標的衡量、財務與非財務的衡量、外部與內部的衡量等各個方面，能夠多角度地為企業提供信息，綜合地反應企業的業績。因此，引進這個系統有助於企業實現戰略目標，幫助企業去尋找企業文化落實的關鍵因素，促使企業文化目標和企業戰略目標的實現。平衡記分卡由內部經營、客戶、創新和學習、財務四個方面組成。

1. 內部經營維度

內部經營維度著眼於企業的核心競爭力，回答的是「我們必須擅長什麼」的問題。這一維度要求企業在核心價值觀的基礎上，在企業經營理念的指導下，以企業目標為依歸，分解企業文化的各項指標，在事實上做好企業文化的內化工作。

例如，反應企業文化適宜度的指標可以考察企業組織的網路化程度和企業文化適宜度兩項指標。企業組織的網路化程度是解釋企業結構的合理性和企業行為的網路化狀況的合理性指標，可以在信息化管理部門的設置、產品編碼標準化狀況等方面找到支撐；企業文化適宜度反應企業文化對企業信息化的支持程度，最終在管理科目編碼標準化狀況、員工學習狀況等方面考察。

考察企業文化信息網路的指標可以通過企業內部運行靈敏度、對外反應靈敏度和創新靈敏度等來考察。企業內部運行靈敏度反應企業管理運行的智能和速度水平，在虛擬財務決算速度等指標上得到支撐。對外反應靈敏度反應企業對外反應的智能、廣度和綜合速度水平，通過企業定制化水平、客戶服務電話撥通率等來考察。創新靈敏度反應企業的創新能力，通過產品創新靈敏度等來考察。

企業文化內化在實際運作中應當甄選出那些有最大影響的業務程序的各種因素，明確自身的核心競爭能力，並把它們一一轉化成具體的測評指標。例如，一家半導體公司自認為其核心競爭力是在創新能力基礎上形成的亞微米技術，因此，創新精神、製造工藝的卓越、設計能力和新產品的引入甚為關鍵，把它們轉化成具體指標就包括組織核心價值觀以及組織目標在重要指標中的落實率，信息收集反饋時效以

## 企業文化塑造的理論與方法

及單位成本報酬率、硅片效率、工程效率、新產品的實際引入速度等。

2. 客戶維度

這一維度回答的是「客戶如何看待我們」的問題，是企業形象中信任度和美譽度的關鍵。客戶維度不僅反應企業外部客戶的各種信息，還應該把內部客戶的信息作為重要內容，這是企業文化形成內外部統一形象的關鍵。無論內部還是外部客戶，都可能關注時間、質量、性能、服務、成本五個方面。因此，企業在外部，應該在企業的社會責任、產品質量和服務質量、自身的反應速度、生產成本上下功夫，並妥善經營客戶關係、增強自身為客戶創利的能力。在企業內部，也要考察各部門與相聯繫部門的滿意度等。體現在具體指標方面，常見指標包括：按時交貨率、新產品銷售所占百分比、重要客戶的購買份額、客戶滿意度指數、客戶排名順序、相互的支持等。客戶滿意度、信任度和美譽度主要可以通過針對客戶的調查獲得。

3. 創新和學習維度

這個維度關注的是「我們是否能繼續提高並創造價值」的問題，這一問題關係企業競爭能力和潛力的問題，在當前激烈的競爭環境中，是十分關鍵的一個維度。只有持續不斷地開發新產品，為客戶創造更多價值並提高經營效率，企業才能打入新市場，增加紅利和股東價值。根據經營環境和利潤增長點的差異，企業可以確定不同的產品創新、程序創新和生產水平提高指標。

4. 財務維度

財務維度是企業業績的評價方法，是根據會計報表提供的數據，計算出反應企業盈利能力、償債能力、營運能力等的各種比率，並以此對企業的經營過程及其結果進行評價。

平衡記分卡中財務指標的意義在於：不僅要考慮企業傳統的有形資產的衡量，還要考慮知識資本、人力資本等無形資產的價值；不僅要考慮當今的各項財務指標，還要綜合評價企業長期發展能力，有效避免為了追求短期業績而出現的短期行為；不僅要考慮傳統的財務指標，還要考慮非財務指標，例如選擇顧客滿足度、員工滿足度、市場佔有率、產品質量、行銷網路、團隊精神等作為業績評價指標。只有這樣，才能解決很多公司帳面資產價值與公司市值之間的巨大差異。

事實上，在知識經濟條件下，公司的市場價值80%來自於非資產負債表上的資產；深入研究可以發現，其主要來自於知識、品牌、人才、關係等無形資產。例如，微軟公司的帳面價值相當於一個小型企業，但是，它的市值卻超過美國三大汽車公司的總和。

其他幾個維度的指標都是基於企業對競爭環境和關鍵成功要素的認識，但是只有當這些指標的改善能夠轉化為銷售額和市場份額的上升、經營費用的降低或資產週轉率的提高時，對企業才是有益的。所以對於企業而言，弄清楚其他各指標與財務指標間（即經營活動與業務間）的聯繫很關鍵。

具體到操作方面，有公司把它的財務目標簡單表示為生存、成功和繁榮；生存

## 第十章　企業文化建設中的問題與塑造方法

用現金流量來衡量，成功用各分部的季度銷售增長額和經營收入來衡量，繁榮用細分市場份額上升和股權報酬率來衡量。

平衡記分卡是把企業願景和戰略置於中心位置。它把企業目標和戰略層層分解為各維度的具體指標，從而增強了對戰略的理解和戰略實施的一貫性。

（三）企業核心經營理念的落實

1. 企業理念的落實關鍵是轉化為相應制度

不少企業的文化建設只停留在理念宣傳的階段，不能深入進行塑造，這一方面在於領導者缺乏系統建設企業文化的決心和勇氣；另外一方面是對企業文化塑造有誤解，認為企業文化是以理念塑造為主，如果把它變成制度，就會削弱企業文化的凝聚作用。其實，優秀的文化建設恰恰需要把企業的理念展示出來，要落到紙面上，讓大家有法可依，有章可循。尤其對於人力資源制度，包括招聘、培訓、考核、薪酬、任免、獎懲等，都應該深刻體現出公司的企業文化。著名的惠普文化就非常強調對人才的培養，有完善的培訓制度。員工從入職開始，就一步步地接受各種有針對性的培訓。另外，作為制度的一部分，惠普把培訓也列入每個經理人的職責，公司90%的培訓課程是由經理們上的。在惠普公司的理念中，認為這是投入產出比最高的投資。惠普之所以能成為行業內的楷模，就在於它不僅樹立了一種優秀的「以人為本」的文化，更把這種文化生根發芽，從制定科學的制度入手來落實優秀的理念。

2. 理念的落實需要人格化、故事化

在提煉出企業理念以後，不能滿足於企業的中高層管理者的認同，而是要讓全體員工，甚至是臨時員工都認同，才能真正發揮作用。《聖經》之所以成為擁有世界上讀者最多、閱讀次數最多的書，除了信仰的原因以外，以講故事的方式講述理念也是一個重要原因。所以，人們稱《聖經》是一部詳盡的歷史書、一部精彩的文學書。企業文化的理念大都比較抽象，因此，企業在塑造新的企業文化時，首先需要把這些理念變成生動活潑的寓言和故事，並進行宣傳。蒙牛集團的企業文化強調競爭，他們通過非洲大草原上「獅子與羚羊」的故事把其企業文化生動活潑地體現出來：清晨醒來，獅子的想法是要跑過最慢的羚羊，而羚羊此時想的是跑過速度最快的獅子。企業文化的競爭理念就這樣自然而然地被員工吸收，並內化為自己的行動。企業領導者應該根據自己提煉的理念體系，找出企業內部現在或者過去相應的先進人物、事跡進行宣傳和表揚，並從企業文化的角度進行重新闡釋。海爾CEO張瑞敏「砸冰箱」的故事世人耳熟能詳，這就是理念故事化的典範。同時，在企業文化的長期建設中，先進人物的評選和宣傳要以理念為核心，注重從理念方面對先進的人物和事跡進行提煉，對符合企業文化的人物和事跡進行宣傳報導。這樣的榜樣為其他員工樹立了一面旗幟，同時也使企業文化的推廣變得具體而生動。

3. 理念的落實需要口號或標語的強調

企業口號是企業最簡短、最明白、最具有衝擊力的宣言。企業口號的形成是企

## 企業文化塑造的理論與方法

業經營成熟的標誌，又是企業個性形成的標誌。企業經營核心理念用口號來集中表達是一個極有效的方法。口號容易迅速地被知曉，能夠真正凝結企業理念的口號具有極強的宣言性和震撼性甚至永恆性。口號喊出了企業的智慧、企業的意願，喊出了企業內心的追求，喊出了員工的力量，喊出了公眾的認同。「IBM 意味著服務」的口號，讓人們明白了 IBM 的根本宗旨、根本精神、根本追求，使 IBM 在全世界為公眾所認識。海爾的一句「真誠到永遠！」使全中國眾多消費者為之激動並口碑相傳，於是海爾的真誠家喻戶曉。

諾基亞的「科技與人為本」，美國杜邦公司的「為了更好的生活，製造更好的產品」，麥當勞的「顧客永遠是最重要的，服務是無價的，公司是大家的」等，無不具有傳達核心經營理念的性質，無不具有企業發自內心地為公眾、為社會、為消費者謀利益的性質，無不凝結著企業經營核心理念的基本追求，因而受到公眾的肯定。通過企業的口號，公眾清晰地知道企業是什麼，它要幹什麼，這樣的企業值不值得肯定，值不值得選擇。因此，完全可以說，口號是進軍市場最銳利的精神武器，是企業開路的先鋒。①

很多企業把企業的核心理念以凝固的標語的形式展示，在企業的重要位置，雕刻上企業倡導的核心理念，讓員工與來訪客戶熟知或瞭解企業核心理念，這也起到了很好的作用。

4. 理念的落實需要管理者的示範作用

塑造並落實企業文化理念的辦法有很多，但是關鍵在於企業管理者尤其是高層管理者有沒有決心和勇氣先把自己塑造為企業文化的典範，能不能首先自己認同並傳播公司的文化，這是決定企業文化成敗的關鍵。企業理念不是說在嘴上、寫在紙上、掛在牆上的裝飾品，而是需要企業從上到下，從管理者到員工身體力行的規範。因此，我們的企業管理者在實際工作中一定要「絕知此事須躬行」，率先垂範，自覺實踐企業理念，要求員工做到的，自己首先應做到；要求員工不做的，自己應帶頭不做。企業員工也要處處事事體現企業理念的要求，真正把企業理念落實到自己的日常工作中去。

企業要在市場中暢快遨遊就必須要求其是一個嚴密的整體，企業員工必須團結一致為企業的共同目標而奮鬥。而能夠把全體人員有效地組織起來、結合起來的就是企業理念。企業理念給了員工根本目標、根本信仰、根本追求、根本規範。大家一致為信仰、目標、追求而行動，就構成了一個有機的具有奮鬥精神和統一意志的團體。沒有共同的理念整合個人的行為，每個人都只想著自己的事，集體與自己無關。一旦團隊遇到危機，人們想到的是：「船爛了，我是拉縴的；房子燒了，我是住店的」。這樣的企業人才再多，也毫無用處。俗語曰：「龍多旱，人多亂，雞多不生蛋。」

---

① 黎永泰，黎偉．企業管理的文化階梯［M］．成都：四川人民出版社，2003．

# 第十章　企業文化建設中的問題與塑造方法

## 三、企業文化的實施階段

企業文化的難度在於實施，實施的難度在於如何將價值觀念傳輸到員工的心中，並不斷強化而成行為方式。所以，企業文化僅僅導入是不夠的，還必須在企業的管理模式上加以調整使之能夠對企業文化進行正強化。

（一）設置企業文化管理機構

在企業文化建設和實施的初級階段只有常設企業文化管理機構，企業文化建設才能有專業的團隊負責，企業文化工作才不至於經常被高層領導忽視，防止啟動時轟轟烈烈，實施時冷冷清清。

1. 兩級機構與相關職能

有可能的話，可以考慮設置企業文化的兩級機構和職能。

其一是企業文化委員會，由企業領導、關鍵部門負責人、員工代表、客戶代表、外部專家及其他利益群體代表所組成。

其使命與職責：創建、完善和變革企業文化，使之能夠符合公司內外部的需要。

其具體職能：提供企業文化的方向把握、企業文化的戰略思考、對落實企業文化有關的方針政策的制定和企業文化實施與變革的掌控和指導。

其二是企業文化部。企業文化部是企業文化建設的常設機構，由總裁直接領導，組成人員由企業文化建設階段熟悉企業文化運作的相關業務人員組成。

其基本職能：負責相應的計劃組織和企業文化目標的戰術實施、過程控制和反饋檢查，進行企業文化有關信息的收集和發布工作，向企業文化委員會匯報工作。

2. 常設機構的主要工作

常設機構的主要工作：提供企業文化分析、診斷等信息；企業理念的完善和更新；制定企業文化作業程序與制度；實施企業文化落實的各項活動；進行企業文化績效控制；協調相關部門在公司內部建立文化導向；協助管理變革。

其關鍵業績指標：企業的文化氛圍、員工滿意度和品牌資產。

（二）建立企業文化導向的管理流程

對於企業來講，企業文化工作是一項長期和系統的工程，是持續的工作，要把企業文化當成企業每時每刻的工作才能將企業文化做到實處，也才能對企業經營產生真正的長期的貢獻。

1. 組織管理的文化導向

將企業培養成「學習型組織」，是企業文化建設的目標模式。「學習型組織」是一種宏觀的管理理論。其構成要素可以歸納為以下六個方面：

（1）擁有終身學習的理念和機制；

（2）建有多元回饋和開放的學習系統；

（3）形成學習共享與互動的組織氛圍；

## 企業文化塑造的理論與方法

（4）具有實現共同願望的不斷增長的學習力；
（5）工作學習化使成員活出生命意義；
（6）學習工作化使組織不斷創新發展。

2. 戰略流程的文化導向

（1）戰略分析中具有企業文化要素；
（2）戰略制定時有企業文化人員參與；
（3）企業的願景、使命與目標能體現企業文化的內涵；
（4）企業的戰略舉措與企業文化要素達成一致；
（5）核心競爭能力與企業文化的要素相匹配；
（6）組織結構對企業文化形成良好的支撐關係；
（7）企業文化對 IT 流程（如 SCM、ERP、CRM）有正面的影響；
（8）企業文化對改善管理工具（如六西格瑪、TQM 等）有正面的影響。

3. 行銷流程的文化導向

（1）企業文化對目標顧客有吸引力；
（2）企業定位符合企業文化的特徵；
（3）行銷部門對企業文化的認同程度比較高；
（4）行銷部門和企業文化部門之間有良好的溝通和工作關係；
（5）行銷信息系統能提供外部公眾對企業文化的反應；
（6）新產品推出符合企業文化的價值體系；
（7）對渠道夥伴提供企業文化的宣傳與分享；
（8）廣告等市場推廣工具能承載企業文化的價值體系；
（9）品牌識別能夠體現企業文化的基本價值；
（10）顧客管理要利用企業文化的力量。

4. 人力資源流程的文化導向

（1）在人力資源規劃模塊裡，在分析現有人才開發使用情況及存在的問題、預測未來人力資源需求、制定匹配政策等方面重點考慮企業文化的影響；
（2）在員工招聘模塊裡，在工作分析、工作規範、招聘錄用政策、人才測評等所有環節中貫穿企業的價值體系，優先錄用認同企業的核心價值觀、與本公司文化契合程度較高的稱職人員；
（3）在培訓與配置模塊裡，企業文化知識與本企業的價值觀和生產經營理念佔有重要比重；
（4）在績效與激勵模塊裡，在設置績效考評系統、員工薪酬、晉升、獎懲等指標方面考慮與本公司文化的契合程度。

企業文化塑造是長期的持續的工作，應該落實到企業每一項經營管理活動中去。企業文化導向的管理流程包括企業運作的所有流程管理。企業文化部門應對整個企業文化工作進行有效的管理與控制，並根據運作的實際情況對企業文化戰略做出修

## 第十章　企業文化建設中的問題與塑造方法

正與調整。只有這樣才能確保在企業文化塑造的關鍵環節上不出現偏差。同時，企業還要確立正確的思路，採取專業的方法，確保企業文化落到實處。

（三）制定企業文化手冊

企業文化的思想內涵是原則的高度概括，對實踐的把握就需要用到企業文化手冊。企業文化手冊是企業文化的實施細則，它明確規定了「是什麼，不是什麼，做什麼，不做什麼」。

以下是企業文化手冊的主要內容：

一、序言（領導人發布的企業文化實施宣言）

二、總論

　　1. 公司簡介
　　2. 企業文化建設的背景
　　3. 企業文化管理部門介紹
　　4. 企業文化的精要描述

三、企業的願景與企業文化的目標

　　1. 企業的願景
　　2. 企業的成長方向與企業文化的目標
　　3. 企業的經營領域
　　4. 企業的競爭優勢
　　5. 企業的戰略成功保證

四、企業文化的思想內涵

　　1. 企業的核心價值觀
　　2. 對股東的價值觀
　　3. 對顧客的價值觀
　　4. 對員工的價值觀
　　5. 對合作夥伴的價值觀
　　6. 對社區的價值觀
　　7. 對公眾的價值觀
　　8. 企業的社會責任
　　9. 企業的管理理念
　　10. 企業的經營理念
　　11. 企業的生產理念
　　12. 企業的精神

五、企業的文化網路

　　1. 企業文化信息反饋部門與聯絡方式
　　2. 正式組織的文化信息網路管理制度
　　3. 企業文化建設規劃的內容與程序

## 企業文化塑造的理論與方法

  4. 企業文化建設的各項方針政策：創新方針、質量方針、服務方針、團隊方針、人才方針、資源方針、管理方針、績效方針等

  5. 非正式組織的文化信息網路的管理辦法

  6. 立體交叉的信息網路的管理辦法

六、行為文化

  1. 員工的行為規範

  2. 領導的行為規範

  3. 傳統文化活動規範

  4. 業務交往行為規範

  5. 合作行為規範

  6. 競爭行為規範

  7. 廣告、促銷和公共關係行為規範

  8. 公益慈善活動規範

  9. 儀式和慶典活動規範

  10. 節假日活動規範

七、企業的形象文化

  1. 企業標示

  2. 企業歌曲

  3. 文化口號

  4. 產品標準

  5. 廠容廠貌

  6. 員工的生活與福利

  7. 企業故事

  8. 企業知名度、美譽度、信任度的要求

七、企業大事記

  1. 企業發展史

  2. 媒體報導

  3. 獲獎情況

  4. 重大事件

  5. 追記與補記內容

### 四、企業文化的傳播與推進階段

  企業文化實施階段是企業文化落實的關鍵階段，但是，要讓企業文化在企業內外形成重大影響，還要借助於企業文化的傳播與推進。

## 第十章　企業文化建設中的問題與塑造方法

(一) 企業文化傳播與推進的基礎方法

1. 企業文化培訓

企業文化培訓應該針對管理層、企業文化管理人員和員工三個層次進行。

(1) 管理層培訓的主要內容是管理者如何在企業文化建設中進行方向把握和起到領導、示範作用，如何把企業文化建設同企業的經營管理活動相結合的觀念和技能等。

(2) 對文化管理人員培訓主要是針對具體企業文化職能部門的人員，培訓主要涉及建設企業文化的技術和技能等方面的內容。

(3) 員工培訓主要有企業文化入職培訓、日常的反覆誦讀和領會的培訓、演講與報告、小組分享、自我教育等形式。很多企業都有企業文化的入職培訓，宣講企業價值觀和相關企業理念。松下公司在這方面已經形成了一種正常的風氣，取得了很好的效果。宏碁公司在它的「新進人員訓練」、「新任主管人員訓練」等培訓項目中，專門安排了「企業文化」課程，由宏碁的高層領導向受訓人員傳播宏碁的企業理念和企業文化。

員工的入職培訓是一個注入式的教育體系，也是員工進入一個新的環境想急於瞭解的一些內容。這個內容設計的好與壞就關係到企業文化教育模式的特色。

2. 企業文化儀式與慶典

儀式是一種重複出現的活動，活動目的在於彰顯企業重要的價值觀、最重要的目標、最重要的人等。

(1) 關於產品的儀式——如每年正月松下公司都要隆重舉行新產品的出廠慶祝儀式。這一天職工身著印有公司名稱字樣的衣服大清早來到集合地點，在松下向全體職工發表熱情的演講后，職工分乘各自分派的卡車滿載著新出廠的產品分赴各地有交易關係的商店，公司職工拱手祝願該店繁榮，最后職工返回公司，舉杯慶祝新產品出廠活動的結束。

(2) 關於人的儀式——如松下公司由人事部門開始進行公司的「入社」教育，首先要鄭重其事地誦讀、背誦松下宗旨、松下精神，學習公司創辦人松下幸之助的「語錄」，學唱松下公司之歌，參加公司創業史「展覽」。

(3) 關於工作的儀式——如在沃爾瑪和平安保險等公司，每天早上都有晨會或者朝會，由值班經理或者有關人員帶領員工高呼口號，唱企業歌曲，進行煽動性動員，激起員工的激情與干勁。

(4) 慶典活動——如宏碁每年都召開一次盛大的表彰大會和聯歡會，如果突破業績，還要舉辦狂歡會。

3. 企業文化故事與人物

(1) 故事：很多組織都有一些廣為流傳的故事，而且通常與組織創始人打破規定、從無到有的成功及組織的努力有關。這些故事不僅把組織的過去及現在連接起來，還可以讓人明瞭目前事態的來龍去脈。大多數的故事都是自然發生而流傳的，

## 企業文化塑造的理論與方法

但有些組織卻是刻意地將其納入管理，好讓其成為學習文化的教具。如海爾「砸冰箱」的故事；地奧集團關於「地奧心血康」研製的艱辛過程的故事等，都對企業文化的延續和激勵員工創新與吃苦耐勞精神起到了重要作用。

（2）語言：隨著時間的演進，組織常會發展出許多獨特的用詞，用來描述企業組織的特點、重要的人員、供貨商、顧客或相關產品。而這些術語對組織成員而言，也是組織文化的一部分。例如「IBM 就是服務」已經成為 IBM 的經典語言，海爾的「真誠到永遠」等都顯示了企業獨特的文化內涵。

（3）人物：經常利用各種機會表揚先進人物可樹立員工效仿的模範，同時還培育了員工的榮譽心和責任感。如平安保險的壽險明星和產險高峰會，由馬明哲親自頒獎，讓員工的榮譽感得到極大滿足，並且激勵其他員工上進。

4. 推廣活動

（1）企業文化活動——企業文化發表會、企業文化發表串聯活動等。

（2）傳統活動——書法、繪畫、攝影展、體育活動、徵文比賽、文化論壇、文藝技能競技、團隊訓練、表彰先進會、聯誼會等。

（3）慶典——上市、廠慶、大客戶、新產品、獲獎、慶功等。

（4）公益活動——環境保護、義務勞動、植樹活動、濟貧慰問、希望工程等。

5. 傳播廣告

透過不同的媒體，對不同的特定對象進行全方位溝通，迅速建立起企業文化的外部認知。廣告的媒體和形式主要有：電視電臺、報紙雜誌、戶外交通廣告、網站、公司介紹、海報、POP 製作等。

（二）企業文化的傳播推進要形成有機的系統

企業文化以企業思想內涵為核心，並通過企業的信息網路、行為規範和企業形象形成一個有機的系統，經過有效的傳播，形成一種濃鬱的積極向上的文化氛圍，使企業的使命、願景及其理念不至於停留在口號上，而是形成足以影響企業人員的價值觀，落實為具體的趨同的思維方式及行為規範，最后昇華為一起奮發的信仰。這樣的過程是一個從強制灌輸到主動接納的良性循環的過程，並且本質上是一個信息流運動。形成企業文化傳播推進有機系統的方法是：

1. 建設優秀的企業文化信息網路，形成高效良性循環的信息流

企業在其發展過程中形成的共同的思想理念、行為準則以及在規章制度、行為方式和各種外在表現，無論你是否願意，都必然要進行相應的信息傳播。在實踐中，傳播活動實質上就是一個由傳播者運用共同享有的符號、系統、媒體，即將信息傳遞給傳播對象，並接受其反饋的過程。

特雷斯·迪爾與阿倫·肯尼迪合著的《企業文化》一書中強調企業環境是「形成企業文化唯一的而且又是最大的影響要素」。組織環境有內外環境，企業文化的傳播也有內部傳播和外部傳播。組織環境從企業文化的角度講，就是企業文化的氛圍。良好的企業文化氛圍有利於傳播積極的有益於組織發展的信息。而企業文化氛

## 第十章　企業文化建設中的問題與塑造方法

圍得益於良好的信息網路，因此，建設良好的企業文化網路以形成濃鬱的積極向上的文化氛圍非常重要。企業文化氛圍是企業信息網路建設的基礎和結果。企業文化網路系統和行為規範系統是企業思想內涵系統的對象化，是企業的氣氛、企業人行事的風格，是企業中感染人的情景，它由員工的集體行為所創造，反過來又對每一個人起到強烈的暗示和支配作用以及規範和塑造作用。

不少企業的企業文化處在自發的形成之中，不注重企業的文化網路管理甚至沒意識到企業文化氛圍管理的重要。因而企業文化意義符號就呈現出零碎性特徵，企業文化氛圍指向也表現出模糊性、矛盾性特徵。由於適應性主導文化沒有強有力地形成，企業文化氛圍具有紊亂性、無機性等。所以就會出現「不是東風壓倒西風，就是西風壓倒東風」的局面。沒有積極地進行企業文化氛圍管理，沒有很好的企業文化網路的建設，就會出現歪風邪氣盛行、正氣不張、整個企業精神不振的局面。

因此，要形成高效的良性循環的信息流，就必須建設優秀的企業文化信息網路。

首先，在企業內部，任何一個企業的職工、管理者和股東，都具有雙重身分。一方面，他們是本企業文化活動的主體，其自身的言論與行動，會對企業文化的客觀形象做出貢獻或產生損害；另一方面，他們也會像局外人那樣，對本企業的文化加以反應、認識和評價，並得出本企業的形象究竟如何的結論。一般說來，企業內部的每一個職工、管理者和股東，對於本企業都有一個理想的企業形象要求，在進行對本企業文化的評價時，他們會將認識到的企業文化的客觀形象同自己的理想企業形象進行對比，並做出本單位的企業形象是好或是壞的判斷。這種情況下，就需要通過全方位的傳播讓他們去更精確地瞭解、認識客觀企業形象甚至按照他們的理想企業形象進一步改善本企業形象。因為，作為企業文化系統所有要素綜合表現的企業形象的評價，儘管最主要是由企業之外的社會公眾來做出，但是企業形象歸根到底是由企業之內的全體職工塑造出來的，主動權仍然掌握在企業職工手裡，他們通過實實在在的工作而創造出來的客觀企業形象，在任何情況下都是評價的客觀基礎。所以，我們在探討企業文化的主要傳播對象時，應首先以企業中的全體員工為一級傳播客體。寶馬汽車集團公司的董事們按規定必須不斷到各部門輪崗，除了鍛煉他們的因素，就是通過他們可以建立非正式的企業文化網路，進行良好的文化傳播。

其次，在企業外部，企業文化是企業向外傳播的重要的內容。全面、準確地對外展示、傳播本企業的文化，最終在社會公眾心目中留下一個美好印象，塑造兼具文明度、知名度和美譽度於一體的企業形象，對企業發展至關重要。組織面對的「公眾」主要有職能部門、功能部門、規範部門和擴散部門。這些部門也就形成了企業的外部環境。一個企業的文化對外傳播的對象主要有：作為職能部門的工商、稅務、公安等的各級政府部門；作為功能部門的供應商、顧客、人才中心、銀行等；作為規範部門的貿易協會、專業協會、競爭者等；作為擴散部門的社區和一般公眾。

## 企業文化塑造的理論與方法

企業將自己的企業文化向這些部門傳播，讓最具評價力的社會公眾來充分認識自己的文化，並塑造良好的公共形象，推進企業發展。因此，企業出於自身的發展目的而主動保持並推進與外部環境的種種聯繫，建立對外的企業文化傳播網路，全方位對外傳播企業文化是促使企業與其他組織間關係及行為的協調，保證企業具有良好的運作環境的重要部分。

2. 企業文化傳播的有效性取決於傳播者的準確把握與認同

傳播者本身首先應該是接受者，然后才是傳播者。只有當傳播者接受了企業文化的實質性內容，對企業文化的核心價值觀及其相應的體系有全面的認同和準確的把握時，才能夠在企業內部向普通的員工進行傳播。從這個意義上說，企業文化的內傳播者，主要指創業者、管理層人員、負責企業文化宣傳的部門等，他們必須首先自己接受本企業的文化，成為本企業價值觀的忠實信徒，是本企業精神的踐行者，然后才有資格去向普通員工傳播本企業的文化，灌輸企業價值觀和企業精神。只有這樣，傳播的企業文化內涵才是準確的、高效的。企業理念要得到員工的認同，必須在企業的各個溝通渠道進行宣傳和闡釋，企業內刊、板報、宣傳欄、各種會議、研討會、局域網等都應該成為企業文化宣傳的工具，要讓員工深刻理解公司的文化是什麼，怎麼做才符合公司的文化。

一方面，如果員工不能認同公司的文化，在傳播過程中就會向相反的方向加以創造性發揮，企業就會形成內耗。雖然每個人看起來都很有力量，但由於方向不一致，所以導致企業的合力很小，在市場競爭中顯得很脆弱。另一方面，企業文化是以價值觀為核心的關於企業整體狀況的綜合信息，它表現為企業獨特的行為方式。作為企業成員只有達到文化層面的認同，個體才能融入群體之中，成為企業的「真正」一員，才有發展的可能和機會。

群體同化過程無時無刻不存在信息傳播活動，沒有傳播，同化是難以實現的。企業中也存在著群體同化過程，具體表現為通過企業文化的傳播，使全體員工共享企業的價值觀、企業精神、經營理念，共同遵循企業規章制度，共創企業獨特的文化風貌。

多數情況下，企業員工的價值觀是不一致的，這使企業形成了許多「次文化」。按照帕特納姆和普勒1987年對沖突的解釋，目標的不一致或人們觀念不同造成的理解認識的偏異，總是導致衝突的根源。因此，企業文化內部傳播的意義還在於通過各種手段和方式，在企業全體員工中加強、深化交流和溝通，形成對企業物質文化、制度及行為方式、企業精神和價值觀的共識，以減少甚至消除企業內部衝突和分歧，從而便於以整合和一體化的風貌對外展示企業形象。

張瑞敏描述企業文化的傳播就像牧師布道一樣。文化被有組織有形式地長期傳播便形成了堅定的追隨者，這就是信仰群體。幾乎沒有一種信仰不與崇高、犧牲精神和人愛等聯繫在一起。一個企業文化的最高境界就是創造企業人的信仰，一支有信仰的企業隊伍是可以創造奇跡的。海爾就是靠著這支隊伍在低起點的破敗廠房裡

## 第十章　企業文化建設中的問題與塑造方法

創造了工業奇跡，創造出了中國出類拔萃的品牌，形成了海爾核心競爭力。海爾的核心競爭力就是以海爾文化為基礎的海爾品牌。海爾品牌戰略是海爾具有民族特色的企業文化，是在海爾充滿人文關懷的產品質量上的凝聚，是在海爾感人的超越消費者期望值的產品服務上的體現，是不斷地把海爾人真善美的高尚行為以故事的形式在大眾媒體上的真誠、持續的傳播，從而使海爾品牌跨越企業界限，成為了深深打動消費者並最終屬於消費者的價值實現。

3. 企業文化溝通傳播的渠道

企業進行文化的溝通傳播可以借助於不同形式的媒體，或大眾傳播媒體或人際傳播媒體，使文化指令以各種媒體為載體，通過多種渠道，順暢傳遞。企業使用媒體不是任意的，必須根據經營理念進行選擇，使之具有個性，體現企業理念，傳達企業一貫的文化指令。完善的文化溝通管理制度，將有助於企業文化管理高效傳播，發揮強大作用。

在渠道方面，正式溝通傳播渠道大致有三種，即下行溝通傳播、上行溝通傳播和平行溝通傳播。下行溝通傳播是上級領導將企業目標、策略和多種文化信息傳達給下級，使各層次的員工均能明確工作程序與企業的文化指令。下行渠道有命令鏈、布告欄、員工手冊、公司期刊、內部廣播系統、工資袋插頁、年度報告、團體聚會、開會等。上行溝通傳播是指下級員工將意見、工作情況向上級反應，上行溝通傳播可以增加員工歸屬感，減少衝突，並使上級瞭解下行溝通傳播的效果，瞭解員工意見。平行溝通傳播是指同階層組織和人員之間的溝通。平行溝通傳播能夠幫助不同職能部門之間的理解和協作，正式傳播渠道可以是刊物、電視、網路、座談、論壇、比賽、游戲、文藝、展示會等，這些事情能把人們從固有工作的常軌故轍中解放出來，消除常規工作的緊張與拘束，使人在工作之餘，能將精神重新振奮起來，有調節和充電的功用，而且還含有一種建設性的或創造性的元素。這裡的關鍵是兩個，一是渠道和載體要豐富、要有效，二是傳達各方信息要準確、要經常，盡量少偏差。中油一建公司為了擴大其誠信文化的影響，採取了很多辦法。例如，廣泛徵集以「誠信」為主題的故事、職工格言、詩歌、音樂、攝影、美術、書法等作品，舉辦專題展覽，在報紙上刊發專版。在此基礎上製作中油一建公司「誠信」文化臺歷，在臺歷中登載「誠信」文化中的先進人物、事跡和職工格言，將「誠信」文化向行業內外輻射，擴大「誠信」文化的廣度和影響力。

非正式渠道溝通與傳播涉及的範圍廣，人數眾多，方法和手段也各不相同。在非正式溝通傳播中，要特別注意意見領袖的作用。傳播學認為，在信息傳播中，信息輸出不是全部直達普通受傳者，往往是通過意見領袖來傳播的，意見領袖又叫輿論領袖，是在信息傳遞和人際互動過程中少數具有影響力、活動力，既非選舉產生又無名號的人。這些人是大眾傳播中的評介員、轉達者，是組織傳播中的閘門、濾網，是人際溝通中的「小廣播」或「大喇叭」。企業文化在內傳播中一定要重視意見領袖作為傳播者與普通員工之間的介質的特殊力量。企業文化的內傳播要求創業

### 企業文化塑造的理論與方法

者、管理層人員、負責企業文化的宣傳部門等都必須首先向意見領袖正確傳遞本企業的思想內涵核心，包括企業制度、行為規範、習俗及體現企業理念的一切物質要素在內的綜合企業文化，並將他們自身的價值觀念、行為規範和個人利益統一、同化到整個企業中來。這樣，才能使得意見領袖在攝入信息時，消除錯誤、歪曲式的理解，並最大限度地減少他們傳播、擴散小道消息和流言蜚語的可能性，切實發揮好其積極進步的網路紐帶作用。意見領袖作為傳播客體的特殊之處就在於他們在接收到信息后，會對這部分信息予以加工，進行再傳播和再擴散。這時，意見領袖們就成為了企業文化對內的主要傳播者，發揮著傳播主體的作用。

## 第三節　企業文化建設的評估

企業文化建設的評估是企業文化建設的重要組成部分，是對企業文化建設的過程分析、成果鑒定和工作流程的檢驗體系，是企業文化建設系統的策略和方法。

在企業文化的研究中，很多研究者都提出了與企業文化相關的測量、診斷和評估模型，繼而開發出一系列量表和工具。由於文化因素的複雜，學者們有關於定性與定量的方法之爭。但是，隨著文化測評的樣本定量組織研究正統化，文化測評的定量研究（包括調查、資料分析和實驗等方式）開始在組織研究領域占據優勢地位。隨著企業文化測評研究的深入，不少學者主張在定量的基礎上從文化人類學的角度去領會企業文化現象背後的複雜本質，而且將定性研究與定量研究相結合，使得測評工作更為直觀有效。

### 一、定性與定量結合的方法

在企業文化研究中，很多人認為，企業文化不能定量，只能定性，因為文化包含的觀念、背景、傳統和道德要素，這種潛在的東西是不能量化的。另一些人意見相左，認為只有定量的才是科學的，如果企業文化不能量化測量，其科學性就值得懷疑，或者說根本不可能得到承認。中國企業文化研究會常務副理事長、秘書長孟凡馳認為，定性研究主要是研究事物的性質、過程和意義；定量研究主要是求出事物的數量關係，以數量關係證明定性的科學性。兩者擔負的任務不同、職能不同，但是目的是相同的，都是尋求事物的本質。所以定性和定量二者必須結合起來。

定性是一種預期——評價出企業文化建設的實效怎麼樣？這叫定性預期。在要幹什麼的過程中，企業要設計一套指標，這套指標說明預期達到什麼程度，然後在定量的基礎上，再把這些數字進行各種角度的分類、篩選和綜合，最后在數量基礎上再進行定性分析。二者的結合不是一種平面結合，不是一種僵化固定的結合，而是一種過程的結合。但文化現象是社會現象中最複雜的現象，管理是科學也是藝術，

## 第十章 企業文化建設中的問題與塑造方法

這就要建立一種多值邏輯，才能解釋文化現象。文化建設有的內容能量化，有的不能量化，或者是半定性、半定量，這個區域劃分是難度最大的，必須特別慎重。

### 二、企業文化建設測評的主要量化方法

企業文化績效考評有多種方法。在企業文化目標分解裡面提到的平衡計分卡的各項指標也可以作為企業文化績效考評的指標。不過，出於對企業文化專項管理的需要，可以採用其他有效的考核方法。

（一）國外的企業文化測評的主要方法

國外企業文化測評方法很多，這裡重點介紹一種影響最大的方法。美國密西根大學商學院教授奎恩和西部保留地大學商學院教授卡梅隆在競爭價值觀框架（Competing Values Framework，簡稱CVF）的基礎上構建了OCAI量表。CVF是由對組織有效性方面的研究發展起來的，此類研究主要想回答的問題是：什麼是決定一個組織有效與否的主要判斷依據？影響組織有效性的主要因素是什麼？奎恩等人經過研究，將主導特徵、領導風格、員工管理、組織凝聚、戰略重點和成功準則作為測量一個組織有效與否的主要判斷依據，在此基礎上，構建出一套有39個指標組成的組織有效性度量量表，並從這些指標中獲得兩對成對維度：靈活性與穩定性和關注內部與關注外部。這兩對維度將指標劃分為四個象限，每個象限都代表了組織最具特徵的組織文化，分別為團隊型、活力型、層級型和市場型。對於某一特定組織來說，它在某一時點上的組織文化就是這四種類型文化的混合體。

通過OCAI測量后形成一個剖面圖，可以直觀地用一個四邊形表示。該量表為管理者辨識組織文化的類型、強度和一致性，診斷企業文化與管理能力提供了一個直觀、便捷的測量工具。它在組織文化變革方面有著較大的實用價值。目前，中國企業文化測評中心所採用的企業文化類型的測評，其主要理論來源與其有極大的關聯。經過修正后的OCAI的名稱為「中國企業文化類型測評量表」，其經過了上百家中國企業的檢驗，反應較好，在中國企業中認可度較高。但是，這種方法最好由專門的測評機構和專家進行操作。

（二）國內的企業文化測評的主要方法

北京大學光華管理學院在企業文化量化研究上進行了有益的嘗試。沿循國外企業文化量化研究的思路，根據案例實證分析的結果，其測評量表由七個維度34道測試題組成：①人際和諧；②公平獎懲；③規範整合；④社會責任；⑤顧客導向；⑥勇於創新；⑦關心員工成長。並將此套測評量表逐步應用於企業文化諮詢的實踐。

清華大學經濟管理學院專門成立了企業文化測評的項目科研組，對中外企業文化的量化管理進行了較為系統的研究。並在此基礎上，提出了由八個維度40多道測試題組成的測評量表，分別為：客戶導向、長期導向、結果導向、行動導向、控制導向、創新導向、和諧導向和員工導向。

## 企業文化塑造的理論與方法

　　中國企業文化測評中心（CCMC）聯合清華大學、聯想集團等專業機構，歷經五年時間，開發、完善形成了「中國企業文化綜合測量系統」。該系統主要從六個不同的層面和角度來把握企業文化的變化規律：一是從企業文化的整體狀態上來把握宏觀的變化趨勢；二是從核心理念的角度來掌握企業文化有哪些具體積極的導向作用；三是從核心價值觀的角度把握住企業內部「價值觀」的整體狀態及其差異；四是從領導者的能力角度把握管理層在文化方面的領導力水平及差異；五是從員工文化感受的角度來把握企業文化建設與管理的成績和結果；六是從個人的角度把握每個員工的文化傾向性以及與團隊之間的差異。

　　該系統由企業文化類型、企業文化核心價值觀和企業文化環境評價三大部分組成。以此為核心，針對企業文化雷達圖將企業文化運動的方向和規律直觀形象地表達出來，可以幫助企業準確地找出文化變革中的強勢動力和主要阻力，從而因勢利導地採取針對性措施，推動企業文化變革。

### 同心動力

　　同心動力一直致力於企業文化測評工具的研發。其與國際合作而成的「管理者文化管理素質6Q階梯模型」和「文化執行力河流圖」，專門針對中國企業普遍存在的「領導重視企業文化，卻不知道如何領導和管理企業文化」的問題進行研發。同心動力通過學習杜邦、BP等國際公司的「安全文化」、「HSE管理」等管理理念和措施，組織專業技術力量進行攻關，形成了「管理者文化管理素質6Q階梯模型」，並正式投入項目使用。該模型對企業管理者全面掌控和提升組織文化提供了有效方法和對標措施。

　　模型不僅僅能夠有效測量（包括自測）管理者的文化管理能力，還能夠讓管理者通過「文化執行力河流圖管理」充分認識自己的提升空間，致力於自己與團隊的共同提升，以全面提高企業整體的思想統一度、行為一致性，增強團隊效能，提升組織績效。

　　同心動力還開發了「競爭性文化價值模型」。該模型能識別企業的主導文化類型；識別現狀文化與期望文化的差距；識別支配企業的主導文化的強度；識別企業不同業務單元文化的一致性和差異性；有針對性地進行各個職能、業務單位的企業文化落實指導；明確企業文化整合、改進或者變革的突破口和突破阻力；明確基於核心價值的管理者的勝任力和勝任狀況。

　　世界著名心理學家阿爾弗雷德・阿德勒（Alfred Adler）建立了個性分析模型。丹麥學者昆德（Jesper Kunde）先生首先把該模型用於企業個性分析，取得管理界普遍認同，但是該模型一直沒有分析方法和測量量表。針對我國企業文化建設缺乏個性的問題，孫兵先生在中國組織開發了適用於中國文化背景的「企業個性分析量表」，對企業文化個性分析提供了一個有用的工具。

　　所有這些工具對企業文化的建設和文化理念的落實都具有一定意義，企業如果

## 第十章　企業文化建設中的問題與塑造方法

能有效利用，對企業文化的建設和發展無疑是極為有利的。

（三）KPI考核法——企業自用的測評法

KPI（Key Performance Indicators），即關鍵業績指標。由於很多企業都在進行績效考評，所以，這是大家比較熟悉的方法。這個方法可以由企業自己在日常的企業文化管理中進行自我測評。KPI通過組織內部某一流程的輸入端、輸出端對關鍵參數進行設置、取樣、計算、分析。衡量流程績效的一種目標式量化管理指標，是把企業的戰略目標分解為可運作的遠景目標的工具。KPI法符合管理原理中的「二八定律」，即20%的骨幹人員創造企業80%的價值。這一原理在每一個部門每一位員工身上都適用。80%的工作任務是由20%的關鍵行為完成的，因此，必須抓住20%的關鍵行為，對其進行分析和衡量，這樣就能抓住業績評價的重心。

1. KPI體系的建立

為保證KPI考評的合理性和有效性，KPI體系應該由企業文化部與人力資源部合作建立。首先明確企業的戰略目標和企業文化目標，並在企業例會上利用頭腦風暴法和魚骨分析法，找出企業的業務重點。這些業務重點即是企業的關鍵結果領域，也就是說，這些業務重點是評估企業價值的標準。確定業務重點以後，再用頭腦風暴法找出這些關鍵結果領域的關鍵業績指標。

（1）企業級的KPI，這是以企業文化整體作為考評對象的關鍵指標。

企業級的KPI必須以企業文化建設目標為依歸，以企業戰略為基礎，在企業文化思想內涵的基礎上進行考評。只有這樣，企業文化的網路、企業行為和企業形象三個層次才能形成一個統一的整體。管理者給下屬訂立工作目標的依據來自部門的KPI，部門的KPI來自上級部門的KPI，上級部門的KPI來自企業級KPI。只有這樣，才能保證每個職位都是按照企業要求的方向去努力。但這並不是說每個職位只承擔部門的某個KPI，因為越到基層，職位越難與部門KPI直接相關聯，但是它應該對部門KPI有所貢獻。

（2）部門級別的KPI，這是以各部門或者事業部作為測評對象的關鍵指標。

在企業整體的KPI確定以後，各系統、各部門的主管對相應系統的KPI進行分解，確定相關的要素目標，分析績效驅動因數（技術、組織、人），確定實現目標的工作流程，分解出各系統部門級的KPI，確定評價指標體系。然後，各部門各系統的主管和部門的KPI人員一起將KPI進一步細分，分解為更細的KPI及職位的業績衡量指標，這些業績衡量指標就是員工考核的要素和依據；同時，這種對KPI體系的建立和測評的工作過程本身，就是統一全體員工朝著企業戰略目標努力的過程，也必將對各部門管理者的績效管理工作起到很大的促進作用。

2. 制定各級KPI時要注意的問題

建立KPI的要點在於準確性、計劃性、系統性和流程性，要按照定性和定量相結合的原則，使指標之間具有相對獨立性和一定的層次性。因此特別要注意：

（1）企業級KPI與企業文化目標落實之間的衡量關係。

（2）企業級各項 KPI 與企業文化各層級之間的測量關係。

（3）各部門 KPI 的含義與作用是否與企業文化落實之間有必然聯繫。

（4）所選的各項 KPI 指標是否可衡量，是衡量誰的，它是否對此 KPI 有控制作用？

（5）所選的 KPI 是否能考察到企業文化的關鍵要素？

3. KPI 的測評方法

（1）KPI 的測評是建立在強調測評對企業文化運作之間的關係的基礎上。因此，測評計劃強調整體性和全面性。針對部門或者個人來說，任何一個考評計劃必須是經過雙方共同討論達成一致后的結果。測評對象與測評者之間是夥伴的關係，取得證據的方式、時間、類型及數量等內容也是事先由雙方商定的，連取得證據之后，將履行什麼樣的判定程序和方法，都是事先溝通約定的。這種通過績效面談制訂考評計劃的全過程，充分體現了考核雙方相互信賴、團結合作的精神。

（2）在考評者對被考評者進行現場觀察后，應及時總結，告訴觀察結果，包括做得好的方面及不足之處，在一個要素或一個期間考評結束之后，考評者還要將所有的相關信息通過合適的方式及時反饋給被考評者和企業文化委員會。反饋方式很符合人性，能使被考評者樂於接受和真正受益。這種考評法的本質特徵，在於對人性的假設，認為人都是自尊的、有成就感的、願意與人合作的，所以在指出別人做事或做人的不足時，首先，要先表揚、讚揚別人的閃光點，使別人能信任地敞開心扉；其次，再就事論事，清楚明白地指出他應該注意和改進的地方，並幫助其制訂改進計劃；最后，再用讚揚和鼓勵來結束談話，給人以希望和勇氣。這樣，被考評者無論是否通過了考評，都像是收到了一份禮物：要麼是成績肯定，要麼是改進計劃，兩者都是很寶貴的。

（3）KPI 測評結果要在企業文化目標的指導下用於改進企業文化運作方式或者促進企業文化向有利於達成企業戰略和企業願景的方向發展。

## 第四節　企業文化更新

　　現在國內很多企業已經形成了由企業家強力控制的企業文化形式，在未來日趨激烈的市場競爭中，不良的企業文化與強力控制型一成不變的企業文化對企業的危害都是致命的。

　　不良企業文化的改變是困難的，但也是可能的，關鍵在於企業決策者的選擇和努力。而那些優秀的具有極大影響力的企業文化，要進行企業文化的更新同樣是困難的，甚至可能比一般的不良企業文化的改造更為艱難，阻力更大。但是，對於置身經濟全球化和市場一體化浪潮中的中國企業，要做時代的弄潮兒，其經營行為是

## 第十章　企業文化建設中的問題與塑造方法

建立在順應現代市場經濟發展和企業自身要求的企業文化的基礎上，還是建立在一種背離時代與自身要求的企業文化的基礎上；是重視企業文化建設，積極培育適應時代要求、凸現企業個性的企業文化，還是忽視企業文化建設，把企業文化建設看作是一勞永逸或者是無足輕重的東西，直接決定著企業的興衰與成敗。

### 一、企業文化的更新是一個漫長而艱苦的過程

對於一些較早地把握了市場經濟的脈搏，建立了適應市場經濟發展的企業文化的企業來說，也有一個與新的市場環境條件、新的社會人文環境相適應的問題。企業文化往往是企業經過多年的沉澱，經過多年的建設緩慢地形成的，一旦成形，企業文化在長期內具有相當的穩定性，特別是具有很強優勢的企業文化更是如此。當企業面對的環境比較穩定時，企業文化所強調的行為的一致性對企業而言很有價值。但當企業所處的環境不斷變化時，企業內部根深蒂固的文化理念很可能跟不上環境的急遽變化，而顯得不合時宜，它可能會束縛企業的手腳，束縛企業成員的思想，不敢或不願進行創新。這樣，企業有可能難以應付變化莫測的環境。強有力的企業文化措施可能曾經與環境相適應，導致企業取得成功，但當這些即使過去證明是正確並導致成功的措施由於環境的變化而變得與企業環境變化的要求不一致時，很可能成為企業發展的障礙，導致企業失敗。

企業文化的變革是一個漫長而艱苦的過程，其間會遇到公司傳統文化及某些利益團體的抵制。企業文化變革的關鍵是企業領導人及中高層管理人員自身觀念的轉變。每個人努力的短期目標都是要給自己營造一個舒服的環境和條件，一旦人們實現了這個目標，就有可能停留在那裡，並且以自己的方式去培養它。在《誰動了我的奶酪》一書中，兩個小矮人和兩只小老鼠找到奶酪 C 站，就是一個短期目標的實現。在一段時間裡，他們都把這裡當作了永遠的休養地，直到奶酪不見了。每個企業中的每個成員都有自己的奶酪 C 站，並願意日復一日地待在那裡。如果有人想破壞這個舒服的環境，有阻力是必然的。企業文化越強，企業的實力越強，就意味著奶酪 C 站越大，自然阻力就越大。然而，隨著各種條件的改變，奶酪會變少甚至消失，企業必須去探尋新的奶酪站，企業人必須適應這種變革。

因此，企業領導層必須不斷地去觀察奶酪的變化，去發現應該更新的東西，找出主要的，特別是那些隱蔽的觀念、信念和行為規則以及由其所造成的那些限制企業的行為模式，瞭解分析它存在的理由，分析向其挑戰的成本或效益，最後制定更新的策略，實施企業文化變革。企業的所有人員都應該自覺自動地接受新的企業文化，同時能夠有意識地通過自己的言行舉止將企業的核心價值觀及原則滲透到組織中去。在企業文化更新的過程中，公司人力資源系統扮演著極其重要的角色。人力資源的管理與監督系統、薪酬制度的制定與實施，新員工的招聘，管理人員的提拔與重用，都是很好的文化導向，引導著人們的思維觀念與行動。

## 企業文化塑造的理論與方法

如今，企業的變革人們已經司空見慣，資產重組被很多企業視為拯救企業的良方。但是，企業在變革過程中都會面臨如何改造企業文化的問題。資產重組可以一時提高生產力，但若沒有文化上的改變，就無法維持高生產力的發展。對許多變革成功的企業進行的調查研究表明，這些企業之所以能成功實現變革，是因為它們把改造企業文化作為企業變革的主要突破口，並採取強有力的措施使企業文化發生了重大變化。當然，更新企業文化特別是對企業文化實行較徹底的改造並不是件容易的事情，有調查顯示，三分之二以上的有計劃的企業文化變革由於未能貫徹到底而失敗。儘管過程艱難、路途遙遠，但是，把握了企業文化的本質，把時代要求與企業實際結合起來，將別人的經驗與自己的探索進行有機聯繫，企業一定能夠成功地更新自己的文化，使企業的文化保持先進與優秀。

### 二、企業理念的完善和更新

企業文化是企業的經營理念在經營實踐中的反應。對那些著力建設優秀企業文化的企業，會把符合時代要求與企業需要的經營理念貫徹到企業的各項經營活動中，促使企業與時代同步。對一些由於時代的潛在影響而不自覺地樹立了符合時代要求理念的企業來說，就可能將各種理念雜糅在一起，在一些機會中貫徹這些理念，或在一些環境中貫徹那些理念。然而，無論哪種情況，都有一個理念的完善和更新問題。

此外，企業提出與推崇的理念與經營實踐中貫徹的理念是有差距的。有很多理念是企業人在自己的人生經歷中產生的，特別是那些有一定地位與威望的管理者，有可能在某些情況下，為了企業的發展或其他目而尊崇企業價值觀和企業理念，但是，在他的條件不具備或不完善時，自己的理念或小集團的理念就會占上風。因此，很多的理念是企業根本就沒有意識到的。無論多好的企業理念，也不可能把企業人的思想都完全統一，無論考慮得多麼周密，也不可能把企業的全部經營理念事先都想到。有很多東西是很難說清楚的，但這些經營理念並非不可知，它們總會通過企業文化呈現出來。不僅如此，這些理念的得當與否也會通過企業文化反應出來。要建立優秀企業文化，必須通過不斷地審視企業文化，及時發現實際貫徹的理念和效果，進而對經營理念或是經營理念的貫徹做出及時的調整，改變不良的文化因子，引進健康的文化因子。

企業在不同的歷史階段其核心理念和企業文化特徵是有差異的。聯想在創業之初形成的是「生存文化」，企業文化的特徵主要是敬業和危機感。后來隨著企業的發展壯大，尤其是成立 PC 事業部以後，以楊元慶為首的年輕人走上了領導崗位，聯想文化過渡到「嚴格文化」，強調「認真、嚴格、主動、高效」。在 2000 年，聯想公司又提出「親情文化」的建設，提倡「平等、信任、欣賞、親情」，用柳傳志的話來說聯想需要製造「濕潤」的空氣。聯想在新老班子交接和組織分拆的時期，

## 第十章 企業文化建設中的問題與塑造方法

恰當地提出親情文化的建設,以提高員工的滿意度和合作精神,這種文化建設非常適應當時聯想即將實行的公司戰略——向服務轉型。服務業的文化不僅需要效率,還需要「微笑」,聯想試圖通過對內部員工的影響,提倡員工的合作、支持和自主性,進而支持企業對外的服務型業務,使客戶滿意。海爾在企業發展的三個戰略階段的企業文化建設重心是不同的。海爾在創業之初實行的是專業化創名牌的戰略(1982—1991年),張瑞敏清楚地認識到產品品質對名牌戰略的重要性,所以從一開始就注重品質文化的建設。在多元化戰略階段(1992—1998年),一方面注重文化的整合與傳播,以文化為先導進行收購與兼併,另一方面又著手建設服務文化。在國際化戰略階段(1999年至今),海爾突出的是敬業報國的理念,提出海爾中國造的口號。TCL之所以2002年在企業上下大規模發動企業文化的變革運動,是為了TCL能順利實施「阿波羅」計劃,將整個集團公司進行整體股份制改制,引進外資,計劃上市;同時,重新制定了企業發展目標。原來的文化已經不能適應現在的新形勢,李東生清楚地認識到:不進行文化變革,新的戰略計劃將難以順利實施。

作為在這樣一個飛速發展的社會中的企業,無論是其外部環境,還是其內部環境都在發生著巨大的變革,這時,對企業而言,要跟上社會的發展,要在市場競爭中處於優勢地位,企業內部變革和創新就顯得尤為重要了。因此,當企業的客觀環境和有關經營條件已經發生變化的時候,企業的經營理念也必須適應已經變化了的情況做出新的調整。如果墨守成規,因循守舊,繼續彈奏「前朝曲」,拒唱「新翻楊柳枝」,那麼,理念的落後必然帶來文化的落伍,企業就將喪失活力,最終退出歷史舞臺。

### 三、對強力控制型文化的更新是企業文化保持優秀的必要途徑

企業文化管理是管理的最高境界,強勢企業文化對企業的經營與發展可能起到過或正在起到巨大的作用。然而,企業文化的力量越強,它對員工施加的壓力也越大,負效應也越大。

眾所周知,海爾從物質、制度和精神三個層次上創造了一個完整的企業文化體系。海爾的文化是優秀的文化,它強勁地推動了海爾的發展和壯大。但完整並不意味著海爾的文化就是完美的。每一種文化當它日趨完整時,就是新的問題產生最多的時候。海爾以及中國的一批企業文化排頭兵,在彼時彼地特定的時代與環境中創造了適應於時代與企業的文化,不等於它將永遠適應,永遠先進。隨著社會的發展,人的需求會發生相應的變化。即使在很短的時間裡,變化不明顯,但是,當一些微妙的變化由一定的量累積到一定程度時,就會發生質變。因此,無論海爾也好,華為也好,聯想也好,任何企業都必須注意對企業文化進行必要的更新甚至再造。

企業文化具有一種強制性。為了形成強有力的文化,企業文化要求全體成員具有一致性,甚至限定了企業對員工的價值觀和生活方式所能接受的範圍。因此,企

## 企業文化塑造的理論與方法

業領導層往往希望有時甚至是強迫新進員工能適應、接受和服從公司的企業文化，以企業中原先大部分成員的行為準則來要求自己；否則，新員工往往感覺對公司難以適應，組織也難以接受新的員工。但是，企業聘用各具特色、存在差異的不同員工，是希望這些各有特色的個體可以為整個企業帶來多種選擇、組合的優勢，使新進人員能帶來新的「血液」，促進組織肌體的創新，但由於強力控制型文化強調服從、適應，處於這種環境下的員工，往往只能盡力去適應企業原有文化的要求，照大多數成員的標準調整自己的行為，以縮短自己和組織的距離，這時，失去的不僅僅是差異，那種不同特色個體所帶來的多樣化優勢也往往隨之消失。所以，一旦強有力的文化抹殺了不同背景、不同特色的員工帶給企業的獨特優勢，強力控制型企業文化也就成了企業發展的一個巨大障礙。

要解決這一棘手的問題，企業必須構建文化的更新機制。

首先，要建立高效的信息反饋系統。要以高度的靈敏度去傾聽企業運行過程中主流文化強音中出現的各種「雜音」，以感恩的心態去接受各種批評甚至非難，無論其是員工中間的也好，大眾媒體上的也罷，都是非常可貴的反饋。另外，企業文化網路一定要能夠迅速地捕捉到它，及時反饋給有關管理人員和機構，並在認真分析的基礎上做出有關調整。強勢企業文化最可怕的就是形成「萬馬齊暗」的一言堂局面。聽不到一點不同的聲音就是不正常，就是文化網路出現問題的時候，就是企業文化的病態，就是到了必須更新的時候了。

其次，關注強勢企業文化繁榮背後的陰影。中國人有一種心態是「一俊遮百醜」，一個人某一方面好，會掩蓋其很多不好的方面，這是一種對待成功的幼稚心理。中國的一些政府管理部門對待一些明星企業也是愛護有加，容不得半點不同意見。只有當這些企業病入膏肓時，才措手不及地前來調查，尋求解決辦法。其實，任何繁榮的背後都必有陰影，關注這些陰影，及時調整，才能使光與影處在正確的位置上，不至於被陽光灼傷。

實踐告訴我們，任何一種成功的企業文化都是隨著企業內外環境的變化而不斷發展和完善的。當一種企業文化形成時，它反應了彼時彼地企業成員的動機和價值取向，隨著企業的發展和條件的變化，這種文化就可能與形勢的需要不相適應，這時，企業文化的管理者就要及時地予以發展和完善，揚棄舊的企業文化，創造新的企業文化，只有這樣，才能促進企業的不斷發展進步。

### 思考題

1. 企業文化塑造的基礎程序有哪些？
2. 怎樣在企業文化各階段的建設中避免出現企業文化形式化的問題？
3. 松下的企業文化塑造方法對我們有什麼啟示？

# 第十一章　企業文化四層次結構要素設計

## ● 章首案例：企業文化方案為什麼流產？

乙公司是一家資產雄厚的上市公司，在決定開展企業文化建設後，成立了由公司黨群工作部、宣傳部、市場部組成的企業文化建設小組，開始獨立自主的企業文化建設。

企業文化建設小組首先在全公司開展了大規模的企業文化問卷調查，並派出了多批人員參加各類企業文化培訓和論壇。在經過了半年的工作後，小組向公司高層提交了企業文化體系建設草案。

公司高層都很認真地研究了草案，書記、總經理等八位公司領導班子成員提出了非常具體的修改建議。拿到這些建議，黨群部部長開始頭痛了：意見都提得很具體，特別是書記和總經理在一些關鍵理念上理解還不一致，很難統一。

第一次修改歷經了三個月。修改稿提交後，有五位班子成員向黨群部要自己上次的修改意見來對照，總經理還專門找黨群部部長談了一次，最後匯集的意見不但沒有減少，反而矛盾更加尖銳。黨群部部長向書記建議班子開會時研究一下，書記當即表示：「意見沒有統一，怎麼研究？」

時間一天天過去，第三稿還是沒有出來，企業文化小組已經不再開會了。[1]

企業文化結構設計反應企業文化落實的情況，應該特別地加以重視。根據本書

---

[1] 王驤. 三個典型的企業文化建設案例 [EB/OL]. 中國經營網，2009-07-16.

**企業文化塑造的理論與方法**

的研究，企業文化結構採取思想內涵、信息網路、行為規範和形象設計四個層次。

## 第一節　企業文化的思想內涵設計

企業文化的思想內涵包括企業哲學、企業理念和企業精神等。

### 一、企業哲學的設計

企業哲學是企業的價值體系和綜合處理信息的方法。在價值體系中，對企業起到引領作用的是企業的核心價值觀。核心價值觀是企業處理問題的根本看法，它決定了企業的經營宗旨和行為，也就決定了企業文化的本質特徵。因此，企業哲學的設計首先是企業價值觀的設計。

（一）企業核心價值觀的設計

1. 利用企業關鍵性事件設計企業核心價值觀

那些很成功的企業，無一例外都注重企業文化建設的靈魂——核心價值觀的設計、提煉與落實。海爾「砸冰箱」的事件成了中國企業管理史上的第一個神話，也是企業核心價值觀確立為企業帶來豐厚利潤的明證。

1984 年張瑞敏接手海爾的時候，海爾是個虧損 147 萬元的小廠，當時的工資是張瑞敏回農村借來的。1985 年的一天，一位朋友要買一臺冰箱，結果挑了很多臺都有毛病，最后勉強拉走一臺。朋友走后，時任廠長的張瑞敏派人把庫房裡的 400 多臺冰箱全部檢查了一遍，發現共有 76 臺問題冰箱。這些問題並不影響冰箱的制冷功能，都是劃痕等各種各樣的表面缺陷。張瑞敏把職工們叫到車間，問大家怎麼辦。多數人提出，也不影響使用，便宜點兒處理給職工算了。當時一臺冰箱的價格 800 多元，相當於一名職工兩年的收入。張瑞敏說：「我要是允許把這 76 臺冰箱賣了，就等於允許你們明天再生產 760 臺這樣的冰箱。」他宣布，這些冰箱要全部砸掉，誰干的誰來砸，並掄起大錘親手砸了第一錘，很多職工砸冰箱時流下了眼淚。在接下來的一個多月裡，張瑞敏發動和主持了一個又一個會議，討論的主題非常集中——「如何從我做起，提高產品質量」。三年以後，海爾人捧回了我國冰箱行業的第一塊國家質量金獎。由此，張瑞敏為海爾提煉出了海爾當時的核心價值觀：有缺陷的產品就是廢品。

這一事件以及其核心價值觀的確立，不僅使「海爾」成為了當時注重質量的代名詞，同時也震服了海爾所有的人，從而確立了張瑞敏在海爾絕對的領導地位。

2. 核心價值觀的設計與確立需要弄清楚的問題

（1）核心價值觀的設計需要弄清楚的問題

設計核心價值觀時企業群體需要清晰地回答以下問題：「什麼事很重要」、「什

## 第十一章　企業文化四層次結構要素設計

麼事不重要」、「我們信奉什麼」、「我們該做什麼」，在廣泛調研的基礎上樹立企業的核心價值觀。

這個過程需要經過幾上幾下的反覆才能完成。

(2) 確立核心價值觀前需要弄清楚的問題

在企業確立核心價值觀之前，一定還需要思考：企業以什麼為最高價值？這是不是企業真正的價值觀？企業核心價值觀是否符合企業大環境的需要？是否符合行業與自身發展的需要？有沒有自己的特色？

2010年3月30日，在掛著「永爭第一」四個金字的山西臨汾碟子溝項目部會議室內，王家嶺礦難搶險總指揮、山西省副省長陳川平的一句話意味深長：「王家嶺礦難壞就壞在這個『永爭第一』上。」「永爭第一」曾經是王家嶺煤礦的真實的核心價值觀。為了「永爭第一」，王家嶺煤礦項目召開按期投運推進大會，要求「加快王家嶺煤礦項目建設，確保提前五個月完成工期，掘進多了有獎，少了受罰，按工作量評選金牌隊長」；為了「永爭第一」，王家嶺礦在建設時期「趕進度」，最多時有14個作業隊同時掘進，生產實行「進尺考核制」，一切都是為了快，一切也只有靠「永爭第一」去打拼。然而，對於煤礦企業來說，無論建設還是生產，最不應該忽視的是「安全」和「質量」。顯然，「永爭第一」不能成為建設和生產的核心價值觀。雖然「永爭第一」的進尺考核激動人心，但隨之而來的礦難卻讓人傷透了心。

(3) 確定自己的核心價值觀后的思考

當企業確定自己的核心價值觀就是最適合自身發展的核心價值觀以後，企業領導要思考：是不是已經有了去貫徹落實這個價值觀的決心？打算通過什麼方式來落實這個核心價值觀？

(二) 企業價值觀體系的設計

在企業核心價值觀塑造的基礎上，企業哲學建設的另一個重要任務就是建設企業的價值觀體系。

1. 企業價值觀體系的構成

企業的價值體系的構成因企業的具體情況而異。

從企業環境的角度看，企業價值觀包括總體價值觀、對股東的價值觀、對顧客的價值觀、對員工的價值觀、對合作夥伴的價值觀、對社區的價值觀、對公眾的價值觀等；從企業生產經營的角度看，企業價值觀包括管理性價值觀、經營性價值觀、生產性價值觀、體制性價值觀等。從不同層次的角度認識，企業價值觀體系包括核心價值觀、目標價值觀、基本價值觀和各項工作的價值觀等。核心價值觀對本企業來說是長遠的，與其他企業是有差異的；目標價值觀是為了實現企業目標建立的，但目前可能沒有或者可能不明晰；基本價值觀是符合社會道德標準的，所有企業都必須遵守；各項工作的價值觀是指導具體工作時的準則。

## 企業文化塑造的理論與方法

2. 企業價值體系的設計案例

平安保險公司使用的是第一種分類。其將企業的價值觀定位為一種責任，即以對客戶的責任、對員工的責任、對股東的責任、對社會的責任為豐富內涵。公司的價值就在於實現這四種責任。平安董事長兼 CEO 馬明哲明確指出，責任是一種承諾、一種義務、一種使命、一種恆久不變的追求。平安作為一家股份制商業性保險公司，不以獲取利潤為唯一目的，而以履行職責為永恆使命。下面是平安保險的基本價值觀體系：

對客戶的責任——服務至上，誠信保障；對員工的責任——生涯規劃、安居樂業；對股東的責任——穩定的回報，資產增值；對社會的責任——回饋社會，建設國家。

企業應該根據自己的具體情況確立自己的價值觀體系。在這樣的價值觀體系的指導下才能夠找到適宜於企業發展的處理各類信息的方法，並形成長期的、穩定的、一貫的思維方式與行為方式。

### 二、企業理念的設計

企業的經營理念是在企業的價值體系基礎上形成的，是企業經營管理行為的指南和規範，是企業哲學的明晰化。

提煉企業核心經營理念是企業文化塑造的根本要求。那麼，如何提煉企業的核心經營理念呢？在進行理念定位時，關鍵步驟是把握自己真正相信的東西，而不是抓住其他公司定為理念的東西，也不是外在世界認為應該是理念的東西。

在對公司文化要素界定的基礎上，可以擬訂企業的核心理念草案。對核心理念的陳述可以用不同的方法，但應該簡單、清楚、純真、直接而有力。通過自上而下和自下而上反覆溝通，最后確定 3~6 條。提煉核心經營理念應該注意以下問題：

1. 充分考慮自身特點，提出個性化的理念

企業文化要與行業特性和企業自身的經營特點相一致，因為適合的才是最好的。別人的企業文化理念可能很精妙、很高深，甚至已經很成功，但是，未必適合自己的企業。一個企業在長期發展過程中，由於每個時期所處的內外環境不同以及管理者的思想觀念不同，都會影響企業的價值取向，因而每個時期的企業價值觀就可能不同。這樣，企業就很難有一個一以貫之的共同的經營理念，這就要求我們在提煉企業理念的時候，首先要對企業在發展過程中所形成的不同的價值觀念進行分析整合，精心提煉出最適應本企業發展、最有價值的理念，而不是簡單地模仿別人提出「團結、進取、求實、拼搏」這樣沒有任何本企業鮮明特徵的所謂的「企業理念」。

2. 深入考察企業生存的環境，提出有前瞻性的理念

要塑造優秀的企業文化，必須保證企業理念的前瞻性。而前瞻性的理念一定要在對企業深入瞭解的基礎上，認真考察企業的生存環境，特別是其生存環境的變化

## 第十一章　企業文化四層次結構要素設計

因素。以敏銳的觀察力和感知力去洞察那些人類認同的思想要素，使企業的發展方向與人類社會的發展方向一致；還要去發掘那些「小荷才露尖尖角」的幼苗，甚至隱而未顯的因素，以把握企業發展的先機，真正做到「人無我有，人有我新」。

3. 挖掘已被認同而有益於企業的理念，減少貫徹阻力

企業的文化理念應該是企業大多數員工都認同的並且有益於企業成長壯大的理念。在提煉理念時，應做廣泛全面的調查訪談，形成共同探討公司文化的氛圍。為了很好地挖掘企業的核心理念，促進企業發展，一些企業採取先由高層管理者分析企業內外的形勢，製造危機感，讓大家產生文化變革的需求和動機；然後在各個層面徵求意見，取得對原有文化糟粕和優勢的認知；最後採取揚棄的辦法，保留原有企業文化的精華部分，並廣泛宣揚，使之成為企業員工都認知和認同的理念。在做品牌推廣時，要讓客戶和顧客也認同企業的這種價值觀念。比如：海爾的「真誠到永遠」已經由最初的產品和品牌的理念上升為一個企業的理念，成為海爾企業文化的核心。挖掘已被認同的有益於企業的理念，可以減少理念貫徹的阻力，在較短的時間內就可以得到大多數人的認同，取得企業理念塑造的成功。

4. 確認企業的核心理念，擴展理念體系

在挖掘企業核心理念的基礎上，企業應該將自己的目標與挖掘的核心理念相對照，以確保企業目標的實現為前提，提煉並確認企業理念。因為，良好的企業文化有非常強烈的目標要求，而企業理念必須成為保證企業長足發展的基石；同時，一旦提煉出了新的企業理念，就要經過企業員工代表大會這個最高權力機關予以嚴肅確立，使全體員工對新的企業理念有一種嚴肅的自豪的感受，從而自覺地以實際行動實踐企業理念。

企業的核心價值理念還必須拓展為企業各個層面的管理思想和方法，才能使企業文化理念體系完整起來。比如，海爾圍繞核心理念形成了完整的理念體系：人才理念——賽馬不相馬；質量理念——有缺陷的產品就是廢品；兼併理念——吃休克魚；研發理念——用戶的難題就是我們的難題。在這些理念背後，又有相應的辦法和制度作為支撐，使整個理念體系變得生動有效。

5. 廣泛傳揚企業理念，使其真正成為企業一切行為的指導

企業理念要落實，必須得到員工的認同，而認同的基礎首先是知曉。所以，宣傳和闡釋就顯得至關重要。企業理念一經確立就必須通過各種宣傳工具、各種宣傳途徑、各種宣傳方式進行灌輸教育，把企業精神所提倡的觀念、意識和原則，把體現企業精神的先進思想灌輸到員工的大腦中去，使之深入人心，從而使員工在企業活動中自覺或不自覺地表現出來。企業的內刊、板報、宣傳欄、各種會議、廣播電視、局域網，都應該成為企業文化宣傳的工具，要讓員工深刻理解公司的文化是什麼，怎麼做才符合公司的文化。經常開展各種為員工喜聞樂見的文體活動，在這些活動中，自始至終體現企業精神，如每年至少舉辦一次藝術節和運動會，在藝術節上通過廠歌比賽等形式，藝術地向員工灌輸企業精神；在運動會上，通過激烈的競

## 企業文化塑造的理論與方法

爭，體現奮發向上、一往無前的企業精神。員工通過各種途徑接受企業精神的教化，將企業精神銘刻在腦海裡，落實在行動上。同時，企業在一切與外界的溝通中，都應有意識地宣揚企業文化。通過廣播、電視、網路等現代化媒體在宣傳企業形象和產品時，企業應巧妙地把企業精神融會其中，使大眾在接觸媒體宣傳時瞭解企業文化，認知企業文化，認同企業文化。良好的並且得到真正貫徹的企業文化可以讓認同者成為公司的忠誠客戶，社會公眾的認同和傳揚可以產生廣告達不到的良好效應，使企業的知名度和美譽度不斷提高。

例如，平安對客戶的理念就是服務至上，誠信保障。他們認為，平安的客戶遍布海內外，他們因信任平安而選擇了平安。平安人承諾，以最好的服務報答他們的選擇，讓他們感到選擇了平安就是選擇了滿意、放心和最誠信的保障。平安人堅信：衡量平安成功與否的最重要標準，就是讓客戶滿意的程度。

平安對員工的理念：生涯規劃、安居樂業。平安提倡長期服務觀念，致力於為員工創造理想的終身職業。平安注重運用最好的機制、最好的管理，使員工通過事業的成功達至生命的輝煌。平安更提倡員工擁有健康幸福的人生，通過發展職工合股基金、推行員工住房置業計劃，使員工后顧無憂，安居樂業。

平安對股東的理念就是穩定的回報，資產增值。平安力圖為股東提供穩定、持久的回報。在注重顯示給股東帶來滿意回報的同時，平安更注重未來更長遠、更豐厚的回報。

平安對社會的理念就是回饋社會，建設國家。平安的資金取之於社會，也用之於社會。平安不僅為社會提供巨額的保險保障，而且大力支持國家重點扶持的基礎項目與工程。平安重視回饋社會，熱心公益，幫助數萬名失學兒童重返校園，捐贈數千萬元支援災區的重建，組織醫療隊赴貧困山區義診，設立大學獎學金，捐建養老院、福利院等。

企業理念設計要注意與企業價值觀的有機銜接，注意反應到各項具體的工作中，並能體現在工作的規範上。

### 三、企業精神的設計

企業精神是現代意識（市場意識、品質意識、道德意識等）與企業個性（企業的價值觀念、發展目標、服務方針和經營特色等基本性質）結合的一種群體意識。每個成功企業都有自己獨特的企業精神。例如，著名的索尼公司的「不斷開拓精神」引領索尼進行管理創新、行銷創新和技術創新。華為的「創新精神」、「敬業精神」和「團結合作精神」是華為企業文化的精髓。華為自強不息、榮辱與共、勝則舉杯同慶、敗則拼死相救的團結協作精神，塑造出獨具華為特色的「狼性」企業文化。

# 第十一章　企業文化四層次結構要素設計

1. 企業精神的設計原則

企業精神的設計原則體現時代性、先進性、激勵性、效益性，讓企業精神成為有時代特徵的能激勵員工熱情與干勁的無形力量；體現出企業的經營理念，反應企業本質特徵和行業的特點。

2. 企業精神的設計步驟

第一步：對企業的傳統、經歷、文化和企業領導人的管理哲學思想進行廣泛調研。重點對企業領導人創業時的關鍵語言、故事、數據進行收集整理；對企業發展過程中企業領導與企業骨幹對企業有重要影響的故事進行收集整理；對企業員工在生產經營中感人的故事語言進行收集整理。

第二步：經過有意識的概括、總結、提煉，找到最符合企業發展目標的內容，並將其提煉出來。

第三步：驗證並反饋是否體現了企業的信念和追求，是否具有鮮明的經營思想和個性風格。

只有企業真正找到了鼓舞全體人員干勁的力量，企業才有勃勃的生機。

## 第二節　企業文化的信息網路設計

企業文化的信息網路是企業文化理念落實的重要途徑和方法。企業文化信息網路的設計要從企業的組織形態和溝通渠道入手。正式組織以提高勞動效率為目標，有正式的規則和程序，人與人的互動是程序化、非人格化的，維繫人與人之間的紐帶是工作而較少帶有感情色彩。這是一種理性的、機械性的行為系統，這種系統對企業文化理念的落實是灌輸性的，當組織效率較高時，這樣的灌輸也是有較高效率的。然而，人的需要是多層次的、有感情色彩的。只有滿足了人們多方面的需要，組織才可能形成非「1+1>2」的非加和力量。有了人們相互之間非正式的接觸、感情交流、認同、刺激，才賦予正式組織以血肉、活力和創造性。正確引導而不是打壓非正式組織，讓企業內部形成民主的、自由的、創造性的氛圍，有助於傳播正面的積極的信息，有利於企業文化目標和企業戰略的實現，使得組織形成向上的文化力。

### 一、正式渠道的信息網路設計

理清企業管理的正式組織及其管理職能是正式渠道信息網路設計的基礎。

1. 整理正式組織，建立管理規範

要建立正式的企業文化信息網路，首先要根據企業文化的目標理清正式組織的職能和規範。針對人事、財務、物資、設備、安全質量、環保、績效考核等系統管

## 企業文化塑造的理論與方法

理,建立各重要流程的管理規範。無論是傳達企業的目標、工作要求、企業的價值觀和理念,還是管理信息反饋,都應該在流程內形成一個通路。

2. 明確價值體系,建立獎懲規範

依據企業戰略和企業文化目標、項目目標、崗位規範、工作業績等內容,在企業價值體系的指導下,整合獎懲管理規範,注重項目目標與員工個人目標、物質激勵與精神激勵相結合,獎勵為主、懲罰為輔、嚴格考核、獎懲兌現。

3. 明確崗位職責,整合操作規範

在明確崗位職責的基礎上,確定崗位應知應會要點、技術要求、操作流程和目標責任,制定崗位職業道德規範。在此基礎上開展崗位技能培訓和技術比武活動,樹立員工愛崗敬業精神,立足崗位爭創一流業績。

4. 編製員工手冊,整合禮儀規範

以慶典、表彰、開工竣工、新聞發布、辦公和員工個人禮儀為重點,結合安全質量標準制定文明施工、文明寢室等方面的規定、辦法,編製員工手冊。編製員工手冊要本著實用、簡潔、易記的原則,讓員工可以隨時查閱管理、崗位、獎懲、培訓、禮儀和行為等細則,逐步做到了然於心。

5. 整合各種渠道媒體,建立新聞信息規範

利用公司主頁和局域網、廣播、專欄、企業內刊等傳媒,運用公告、函件、意見箱等渠道,以及理念故事、報告會、座談會、演講等多種路徑,採取懸掛理念套圖、圖示、標語等氛圍烘托的方式,結合思想政治工作和系列文化活動,卓有成效地進行企業文化思想內涵的宣傳,介紹公司經營狀況、重大政策等,使員工及時瞭解公司的大事動態和豐富員工的工作生活;同時,建立各層級的新聞發言人制度,建立新聞信息、影像資料管理辦法,確定項目擬發布信息內容及媒體,建立與傳媒機構的溝通合作,塑造企業形象。

總之,應採取多種方法,通過不同途徑抓好信息傳遞工作,讓信息傳遞常態化、具體化、豐富化,由此形成的企業文化正式網路將對企業文化的建設起到重要作用。

## 二、非正式渠道信息網路的設計與管理

非正式渠道的信息網路由非正式組織或者員工所處的各類環境帶來的信息渠道構成。非正式組織在信息傳遞方面具有異常重要的作用。其成員之間有頻繁的溝通,一旦消息經過輾轉相傳往往失真成謠言,尤其在正式組織和非正式組織之間有衝突時流傳更快,因此要特別加以注意。

1. 企業可以根據自身需要設計一些非正式組織

非正式組織雖然常常是人們自願結合而成,無人強迫,亦無人故意安排、設計,是由人們在組織之中的相互行為彼此瞭解、認同之下,產生感情后所自然結合而成的。但是,要傳遞企業文化的正面信息,對非正式組織形成有效影響,企業常常需

## 第十一章　企業文化四層次結構要素設計

要設計一些非正式組織。

日本的豐田汽車公司就非常重視公司內的團體活動。他們根據員工的特點，將員工分成各個小團體。每個人可以根據各自特點參加不同的團體聚會，這種社交活動讓大家有了更多的共同語言，促進了交流，增強了感情。為這些聚會，豐田還提供體育館、聚會大廳、會議室、小房間等場所，讓各小團體自由使用。但公司對小團體的活動不插手，會費是員工自願交納管理，領導人通過民主選舉產生，並且實行輪換制。團體活動為興趣相近、工作相似的員工提供了更多的交流機會，不但豐富了業餘生活，很多員工通過這種非正式的交流提高了工作技能，增強了歸屬感。

2. 非正式渠道信息網路的設計方法

（1）通過 DISC 類型的調研，尋找員工的真正需要

興趣和愛好的相似性是形成非正式組織的一個重要條件。現代的企業管理應該從粗放到精細化，注意瞭解員工的個性心理特徵和重大需求點，加強與員工情感的交融，使員工因得到組織關愛而形成對組織的認同。尤其是新進員工，他們迫切期待得到組織成員的認同以獲得安全感與歸屬感。

DISC 理論為我們揭示了人們的心理有不同的需要，因而有著不同的行為模式。只有找到人們真正的需要，才能有效地設計非正式組織。因此，組織可以每年對新進員工做一個 DISC 的調研，尋找員工的真正需要。

根據各種類型人的心理需求，設計不同的非正式組織，例如：對 D 型（任務導向型）人設計一些創新型和競技性的組織，如各類產品創新、管理組織以及爬山協會，圍棋、象棋小組等體育組織；針對 I 型（人際導向型）人設計適應他們興趣的新穎多變的宣講類組織；針對 S 型（穩定型）人設計一些電子游戲類組織；針對 C 型人設計一些思考分析類的組織，類似於日本的 QC 小組等。各類組織都可以吸引具有人際導向的 I 型和 S 型的人士參加，並且鼓勵任務導向型的人士加入，增進大家的相互瞭解和相互協調。

讓企業領導和高級中級管理層的管理者根據自己的心理需要進入這些非正式組織，在非工作時間裡，在各類活動中施加影響力，傳遞企業的價值觀，歸正企業內非正式組織成員的價值取向。例如，豐田汽車公司除了對新員工進行有培訓體系保障的正式教育以外，還有非正式教育。非正式教育在豐田又稱為「人與人之間關係的各種活動」，這是豐田獨特的教育模式，主要包括公司內的團體活動和個人接觸（PT）運動。所有這些活動都可以在非正式渠道傳遞公司的價值觀和文化理念。

（2）滿足員工的不同需要，在各種活動中傳遞企業文化的正面信息

利用非正式組織中人員的愛好組織一些活動，例如：針對 D 型人的登山、棋類比賽；針對 I 型人的辯論比賽、座談會、茶話會及各種交流活動；針對 S 型人的旅遊等活動；針對 C 型人的各種資訊、情況分析等活動，開展企業的質量（產品質量、服務質量）檢查活動或者創新活動等。在項目活動的修整期，讓 S 型和 C 型人多一點自己的休息時間等。

## 企業文化塑造的理論與方法

　　非正式組織中的關鍵人物集中體現了非正式組織成員的共同價值觀和共同志趣，他們往往憑藉自身的技術專長和個人魅力在非正式組織中享有很高的威望和影響力。管理者應對非正式組織中的關鍵人物的影響給予高度重視，積極滿足他們的領導需要，謀求與他們在各個層面上進行有效溝通，應積極邀請他們參與組織的重要決策，如有必要，還可邀請他們出任組織的正式職務。

　　所有的這些活動，都是傳遞企業文化正面信息的渠道。

　　（3）設計短距離信息渠道，減少渠道傳遞造成的誤差

　　設計短距離的信息交換渠道，加快信息交流的速度，可以在組織信息的扁平化方面多做一些建設型設計。非正式組織的信息傳遞往往不受正式組織層級和隸屬關係的約束，傳遞距離短，運行速度快，可以有效減少信息傳遞過程中的扭曲與失真。因此，現代組織應加強正式的溝通和必要的宣傳，力求信息交流的線路盡可能地直接或短捷，以便加快信息交流的速度。

　　對企業管理者而言，往往會對那些更親近的人以信任。於是很多管理者在組織內有自己的私人信息網，經常利用非正式溝通渠道收集信息，瞭解員工思想動向，發現問題，甚至發布消息，給員工做些澄清事實和解釋調解的工作。

　　3. 完善正式組織的管理制度，降低非正式組織的影響

　　（1）建立合理公平的管理制度，降低自發的非正式組織建立的合理性

　　非正式組織的存在很可能與公司制度與管理的不公平、組織的不完善有關。公司制度與管理不公平、有爭議，易使權益受損的員工因為認知相同而互相支持。員工感到自身利益會被侵犯的時候，希望被其他非正式成員認同並保護的慾望就更強烈，從眾心理也就較嚴重。因此，建立公平合理的管理制度，可以降低自發的非正式組織建立的緣由和合理性。

　　（2）注意口頭信息渠道的傳遞，對相關信息進行校正

　　非正式組織的信息交流絕大多數是以口頭的方式傳遞的。憑藉口頭傳播，非正式組織可以建立迅速傳播消息的網狀體系，讓參與者可以瞭解管理當局所做的各項措施的意圖。組織中大量重要的信息就是存儲在人腦中，以口頭方式傳遞的。所以，口頭信息的傳遞對人們思維方式與行為方式的影響最大，而這也正是企業環境氛圍形成的重要條件。

　　組織內部在注重發揮非正式組織信息溝通作用的同時，需要警惕非正式組織的「小道消息」帶來的由於個人感情好惡而造成的另一種信息虛假。要開放正式溝通渠道，增加工作透明度，用事實對那些子虛烏有、放大變形的流言、消息予以揭露。所以，在實踐中，管理者必須注意將「大道消息」與「小道消息」互相校正。

　　（3）建立適宜於員工發展的價值觀體系

　　非正式組織的形成源於共同的價值觀體系，自我價值的實現是價值觀體系的重要內容。因此，企業應當從發展的角度出發，建立有助於員工實現自我價值的企業價值觀體系，通過創造良好的環境氛圍使企業員工從情感需求、個性需求以及社會

# 第十一章　企業文化四層次結構要素設計

交往等方面的不完全性中解放出來，幫助、促進員工自我價值的實現。

4. 縱橫交錯的立體式渠道信息網路

縱橫交錯的立體式渠道信息網路源於信息接收的多層次與多方面的複雜特徵。要駕馭這樣複雜的信息網路為企業的戰略和企業文化目標服務，是一項艱難的工作。

（1）認真考察並培訓中層管理者

在立體式渠道中，中層管理人員作為高層和基層的橋樑，擔負著溝通、執行、控制的角色，對完成企業文化的目標十分重要。在實踐中，這部分人士也常常是立體式信息渠道的主力軍，他們信息廣泛、消息靈通，也常常是一些非正式組織的關鍵人物。因此，企業領導要注意對這部分人士合格性和勝任力的考察和培訓，定期評估他們的管理方式和管理效果，防止因管理人員的個人行為而導致組織的信息渠道出現問題。

（2）以企業的核心價值觀引導和改變全體員工的價值取向

要想使全體員工，至少是員工中的多數與企業真正協調一致，就要通過建立、宣傳正確的組織文化，來影響、引導員工，使之與組織的目標協調一致。企業可以通過組織開展各項有益的活動，如集體培訓、學習討論、參觀考察、春遊秋遊和其他文體活動，強化企業的凝聚力。

（3）建立良好的企業文化氛圍，進行溝通渠道的創新

在現代企業中，要建立良好的企業文化氛圍，迫切需要進行溝通機制的創新。溝通機制的創新就意味著不斷地尋求信息流的最佳運動方式，以便形成圍繞企業哲學的信息網路，以此影響接收者的行動模式。同時，溝通渠道的拓展使得企業文化軟性管理「硬著陸」可以更為深入地滲透，這是塑造優質企業文化的必須工具。

## 第三節　企業文化的行為規範設計

企業的行為規範設計要從企業的行業和產品特性出發，以企業的核心價值觀為指導，在企業的價值觀體系的基礎上落實企業理念。根據本書第八章對員工行為規範的層次劃分，本節將對企業的整體行為、企業內部行為和企業員工行為的設計做一個介紹。

### 一、企業整體行為設計

在一種自覺的企業文化中，企業整體行為必須是經過設計的、規範的。企業應根據行業與自身特點的要求設計並制定企業行為規範。大體說來，企業規範的設計與制定應該符合以下要求：

## 企業文化塑造的理論與方法

1. 符合時代發展的需要

企業整體行為應該具有積極向上的特質，立足於可持續發展，以遠大的目光對經營戰略進行科學運籌，促進企業協調發展，成為先進的企業文化的表徵。

2. 堅持企業根本宗旨

企業整體行為應該始終堅持企業的根本宗旨，無論是重大決策還是日常工作行為概莫能外。這樣的行為應該成為企業全體員工尤其是高層主管人員共同具有的工作方式與習慣性行為。

3. 創造最佳業績

企業整體行為應該竭力創造最佳業績，為顧客創造最佳效益；為員工、股東等企業價值鏈上的各個環節謀求應得的利益；為市場的繁榮、社會的進步貢獻力量，最終促進企業的健康發展。

### 二、企業內部行為設計

企業內部的組織機構各有各的職責範圍。為適應工作需要，各自都會制定相應的制度或行為規範。下面提出若干方面的行為規範，它是企業內部各機構都應遵守、貫徹的。這些規範應約束內部組織行為，以減少企業內部的不規範行為，增加並完善規範行為。

1. 內部管理

企業內部組織良好的管理狀態、井井有條的工作秩序，是組織機構良好素質的外化，是高質量的組織行為的表徵。

某集團股份有限公司確定以下內容作為企業內部各機構的管理規範，具有代表性：

（1）內部管理嚴格、認真。建立完整的、系統的管理制度，各層次管理脈絡清楚、職責分明、從嚴從細、一絲不苟。

（2）所有人員嚴格遵守所制定的規章制度。委派專職人員考核檢查，有專門的考核方法和獎懲措施。

（3）辦公秩序井然，工作人員精神集中、精力充沛、辦事效率高。

（4）各處（室）窗明幾淨，辦公桌上無雜物，桌椅擺放整齊。

（5）車間、工場保持整潔無雜物。地面無積水、無油垢，物料擺放安全、科學、合理，堆放整齊，取用方便。

（6）設備維護保養到人，設備完好率符合要求，無跑、冒、滴、漏。

（7）廠區道路清潔通暢，不堆放物料，不隨意停放車輛。

（8）廠區內嚴禁吸菸。廠區衛生分片包干，各責任區域勤打掃，保持整潔。

（9）維護廠區綠化，創造優美環境。

## 第十一章　企業文化四層次結構要素設計

2. 信息溝通

信息溝通狀況極大地影響組織行為效率。良好的組織都極為重視並做好內外信息溝通，建立健全迅速、準確、高效的溝通信息渠道。信息溝通的規範包括以下方面：

（1）積極做好上情下達，下情上傳。各組織之間主動互通情報，縱橫交織成靈敏度高的信息網路。

（2）對信息處理有規範的管理程序。信息處理手續完備，資料保存齊全完整，有先進的檢索方法。

（3）講究實效，應及時傳達的信息不延誤一小時，應當日傳達的不隔日傳達。

3. 教育培訓

教育培訓雖然也可以說是企業行為，但具體實施總是由職能部門分別進行的，所以作為衡量企業內部組織行為的重要標誌更為恰當。有關部門應根據企業發展的需要，制定完整的教育培訓制度或規範，並以創意行為貫徹實施。

4. 禮儀接待

企業內部各個組織都擔負一定的禮儀接待任務。有些禮儀交往是別人或別的部門所無法替代的，都應按禮儀接待的規範執行，充分體現自身的良好風範。

（1）獲悉來訪信息，抓緊做好接待準備。重大接待應制訂出書面計劃；明確來訪者的要求、來訪活動時間安排，向有關方面預定會場，準備視聽設備；準備書面資料、飲料，安排接待人員。

（2）一般來客來訪應招呼「請坐」，奉茶或遞上飲料；問明來意，給予答覆。專職接待員更宜在儀容儀表、行為舉止上面體現本企業的接待水準；應熟悉企業經營業務發展的情況，熟練回答來訪者的諮詢。

（3）對重要來賓，應由接待人員在大門口迎接。一般來客可在樓廳或辦公室門口迎接，微笑而有禮貌地握手致意，表示歡迎。

（4）接待人員應始終陪同客人，按計劃程序舉行會議或參觀活動。

（5）接待過程中熱情大方，盡可能滿足來訪者的要求。

（6）接待結束，應主動徵詢採訪者的意見。重大接待除應禮儀周到以外，還應做好攝影、錄像、錄音，請來訪者留言、題詞等工作。

5. 例會

例會是企業內部經常性活動，是處理各類問題的方式之一。企業內部各類會議是生產經營工作的一部分，應像生產經營一樣講究會議效率和會議效益。各種會議應統籌安排，做到精簡並使之規範化。

（1）會議、例會應形成制度。各類會議、例會的相應人員應在規定的時間內到會。

（2）各種會議、例會應簡明扼要、宗旨明確。

（3）與會者帶好工作手冊。會前應充分準備好有關材料和準備研究的問題。分

析問題要具體深入，堅持用事實說話，用數據說話。

（4）對重大問題既要認真、細緻、反覆討論，又應不失時機做出決定，避免議而不決。

（5）會議主持人應始終抓住議題，把問題討論深透。臨時發現有價值的問題，應給予注意，引導與會者討論，提出建議或解決辦法。

（6）對別人在會上提出的不同意見或批評意見，應冷靜思考，可以採取保留態度、但不應有對立情緒。

（7）會議結束，應有簡明扼要的歸納總結，準時結束會議。如需要發送會議紀要的，應及時整理成文，及時發送。

6. 獎懲

任何企業從上至下，人們的行為都不可能完全符合規範要求。「對於不規範行為有無明確約束」、「對於模範執行各類行為規範的組織和個人有無褒獎」、「能否賞罰分明並到位」等，這些都是內外部公眾十分敏感的問題。有令即行，有禁即止，政令通暢的企業組織，往往贏得人們讚賞的目光。為了克服獎懲中的隨意性，對獎懲行為本身也應有所約束。

（1）制定企業內部的獎懲條例，做到人人知曉。通過獎懲，培養人人珍惜集體榮譽的風尚。

（2）實行物質獎勵和精神獎勵相結合的原則。鼓勵積極進取，懲戒消極和不負責任的行為。獎懲兩個方面都要有利於增強企業凝聚力，使企業內部組織行為和個人行為趨於規範化。

（3）設計、開展富有創意的企業文化活動，樹立員工正確的榮譽觀。

獎懲工作應堅持民主，人人關心，積極參與。獎勵不分大小，要獎得大家心服口服；獎勵一個人，激勵一大片。罰要罰得有根據，罰得適當，罰得當事人誠懇接受；懲戒一個人，教育全體員工。

（4）這樣的管理如果能落到實處，成為企業人一貫的穩定的長期的行為習慣，企業就不僅有了良好的內部規範，而且形成了良好的企業文化氛圍。

### 三、員工個體行為設計

1. 企業文化管理對員工個體行為的基本要求

自我管理與內在約束是現代企業對員工的基本要求。現代管理強調人本管理、文化管理。文化管理更多強調人的內在約束，強化自我管理。企業文化的行為規範是要告訴人們在大多數情況下應該如何行動的一系列非正式規則，使每個人正確地認識他在企業中應完成的任務和擔負的責任。

2. 員工個體行為規範的設計

對員工個體行為的基本要求，亦即對全體員工的共同要求，有的以「總則」、

### 第十一章　企業文化四層次結構要素設計

有的以「文明職工守則」的形式提出。其內容可以結合行業特點逐條提出，文字力求簡明扼要，易懂易記。

企業中員工人數眾多，所在崗位不同，對其行為的要求必有較大差異。一方面，如一個化學分析人員和一個商品推銷人員其工作的性質不同，他們的行為不應採用同樣的規範；另一方面，企業中具體崗位太多，也不宜對每一崗位制定一種規範。為此，可將員工個體行為規範分為若干類型，制定相應類型的規範，作為企業行為的靜態表現。其動態實施過程則按崗位類型分別貫徹。

## 第四節　企業文化的形象設計

企業文化的形象設計是在企業文化目標和企業戰略的支配下，運用視覺傳達方法，通過企業識別的符號來展示企業獨特形象的設計系統。

### 一、形象設計的基本原則

1. 有效傳達企業理念，凸顯企業的人文環境

企業視覺識別系統的各種要素都是向社會公眾傳達企業理念的重要載體。最有效、最直接地傳達企業理念、突出企業個性是企業視覺識別設計的核心原則。重視人性，有親和力，有感情張力，與人產生良好關係，使人感到被關心，創造出互相信任、彼此融洽的親和感和人文環境，是企業視覺識別設計應追求的目標。

2. 注意視覺衝擊，表現藝術感染力

企業視覺識別設計所要做的是通過設計，使社會公眾對企業產生鮮明、深刻的印象。因而所設計的視覺形象必須給人以強烈的視覺衝擊力和感染力，達到引人注目和有效傳播的目的。視覺符號是一種視覺藝術，而接收者進行識別的過程同時也是審美過程，因此，企業視覺識別設計必須具有強烈的美學特性。

3. 設計風格的統一性

設計風格的統一性是充分體現企業理念，強化公眾視覺的有效手段。強調風格統一併不是要求千篇一律，沒有變化，而是一種有變化的統一，是在基本原則不變的前提下的統一。

### 二、形象設計的基本內容

1. 可視物的設計

企業形象可視物的設計主要有綜合設計和應用設計。

（1）綜合設計

綜合設計包括企業的名稱標示、廠旗廠徽、品牌與商標、標準字體、標準圖形、

181

## 企業文化塑造的理論與方法

標準色彩與輔助色彩、主題口號、主題歌曲與音樂等。

（2）應用設計

應用設計包括建築式樣和裝飾、產品及其包裝、生產環境和設備、展示場所和器具、交通運輸工具、辦公設備和用品、制服飾物、廣告設施和視聽資料、公關用品和禮品、指示標誌和路牌、宣傳出版等所有方面的應用設計。

總之，對組織的一切可視物（展示物）進行統一設計、規劃、製作和控制，以使組織形象的表達充分體現個性化和統一化。

2. 非可視物的設計

企業的可視物常常成為最直觀的企業形象的外部表現，但是，僅有企業文化這些外部因素是遠遠不夠的。企業文化的精髓在於企業的核心價值觀以及由此形成的企業的價值觀體系與處理各類事務的方法。其表現在企業形象層次的主要有：

（1）企業人的精神面貌。這是通過企業人在管理經營生產中的言談舉止表現出來的。企業人的形象中，除了服裝外，更為重要的是人的精氣神。中醫認為，精氣神乃人體三寶，精充、氣足、神全是人體健康的標誌。人一出現，就給別人一個印象：有精神的，精明干練的，朝氣蓬勃的；有沒精打採的，萎靡不振的。

企業人應該具備怎樣的精氣神？這與企業的目標願景和經營管理的氛圍等有密切的關係。很多企業通過強化企業願景，開展各類「愛崗敬業激情奉獻」的主題活動調動工作人員的激情與鬥志。

（2）企業的知名度、美譽度、信任度。這是企業在管理經營生產過程中產生的衍化物。由於企業知名度、美譽度和信任度對企業的發展產生了日益重要的影響，所以，企業開始著力打造自己的形象，爭取在這些方面達到更高的指標。

企業知名度、美譽度打造和設計的途徑：通過產品設計和質量表現公司的人本理念；通過服務態度和質量體現企業的經營理念；通過客戶的關係和各類公共關係活動表達企業的人際理念；通過各類廣告、公益活動傳遞公司對社會的認知和責任理念。所有這些，都是可以通過市場調研測評的，是可以量化的指標。

（3）企業的文化氛圍。其包括企業人的行為表現、人與人之間的交流、企業制度的執行情況、企業的環境布置、設施擺放組合等有形與無形的表現。

3. 視覺識別系統的設計程序

（1）確立設計理念階段。設計理念要與企業核心價值觀和企業個性特色形成密切聯繫，用以指導企業各項形象設計工作。

（2）設計開發階段。設計開發要在企業自己的行業領域和自身價值觀特色的基礎上抓住特色性的內容，體現企業的獨特價值。切忌設計師按照自己的喜好設計企業的形象標誌，避免成為設計師的藝術品。

（3）反饋與再加工階段。任何設計都會表現設計師自己的喜好，要形成企業自己的特色性的東西只有經過反饋，在徵求意見的基礎上再加工。一些設計可能要經過多次的反覆和再加工方能完成。

## 第十一章 企業文化四層次結構要素設計

（4）編製指導手冊階段。有關圖案、標準字、標準色在企業認定後，要編製成指導手冊。對其細節性的內容要有明確規定，例如色系、色差、字樣等。

以上四個層次的結構設計都必須在廣泛調查的基礎上進行研究分析，經過幾上幾下的反覆探討方能形成。

在企業發展中還要以務實的態度不斷完善企業視覺識別各要素，做到改進——否定——再改進——再確定。以此規範員工行為禮儀和精神風貌，在社會上建立起企業的高度信任感和良好信譽，使有形的和無形的各種有利因素成為企業文化建設的動力源泉。

### 思考題

1. 企業文化結構要素的設計有什麼規律？

2. 深圳有一家2002年創立的從事高端連接器的開發與生產的內資企業。公司名稱為「深圳柯耐特科技有限公司」，公司現有員工100人左右，近幾年公司一直忙於生產與開發，疏忽了企業文化的塑造，現公司理念為：創新、誠信、和諧、共享。請給該公司策劃一個企業文化塑造的草案。

3. 卷首案例中企業自己進行企業文化設計與塑造中出了什麼問題？如果你是企業文化建設小組的組長，怎樣解決？

# 第十二章　企業家在企業文化塑造中的作用

## ● 章首案例：企業家的作為決定企業的不同命運

　　王傳福，2009年11月初憑藉350億元的身價成為《福布斯》中國富豪榜的「首富」。從借款起家到「電池大王」，再到「汽車新貴」，這段路他僅僅用了15年時間。王傳福的傳奇源自於比亞迪的創新文化，而正是王傳福本人締造了比亞迪的創新文化。

　　首先，王傳福具有非凡的「冒險精神」，正是這種「冒險精神」為比亞迪的公司文化注入了一種原始基因。比如，15年前，王傳福毅然從北京有色金屬研究總院處級幹部的崗位上下海，靠借款250萬元創辦比亞迪；然后在全公司所有人反對、基金股東威脅要減持股票的局面下，堅持收購秦川汽車，闖入完全陌生的汽車領域等。

　　其次，王傳福的個性特質被轉變成了倡導創新的組織理念。依此，比亞迪確立了「公平、務實、激情、創新」的核心價值觀和「技術為王，創新為本」的發展理念。

　　最后，組織理念被轉換成了推動創新的人才激勵機制，最終催生出了一系列獨特的競爭優勢，這些優勢包括：比亞迪電動車順應了「科技」、「環保」、「節能」的全球大勢；150千米的最高時速和100千米的續航里程，是通用汽車和豐田同類產品的4倍；比亞迪的垂直整合體系，確保了整個產品的差異化競爭力；比亞迪的「半自動化」和「人海戰術」以及「公司即家，家即公司」的氛圍，充分激發出人才的主動性和創造性，最大限度地發揮出了中國豐富的低成本勞動力和高素質工程

## 第十二章　企業家在企業文化塑造中的作用

技術人員的優勢。

如果領導者不重視企業文化，管理者不善於建設企業文化，則后患無窮。

2009年7月26日，吉林通化鋼鐵發生的喋血事件，在令人震驚和痛心的同時更令人反思。作為收購方的建龍集團，是一個以規則和效率為核心價值觀的民營鋼鐵企業，但是在重組過程中，無視通化鋼鐵的歷史悠久、福利完善、職工的主人翁意識和團隊凝聚力極強的文化特點，並且對通化當地彪悍的民風缺乏認知，最終因為一系列強加於人、武斷生硬的裁員、減負、調薪等改革措施，使得勞資雙方的矛盾空前激化，釀成了無法挽回的悲劇。[①]

企業家是企業的核心人物，他在企業中這種權威性的領導地位和權力實施過程，成為傳導他的經營思想、人格、風格等最有效的載體和通道，體現著他在企業文化形成和發展中的決定性作用。

## 第一節　企業家是企業文化建設的第一主體

企業文化必然反應企業家特定的價值觀念和領導風格。無論是一手創業的老板還是后繼者，無論是自有產權者還是各種職業經理人，無論在創業與發展期還是企業轉軌時，企業家都會通過領導力的實施與領導風格的熏陶，形成或改變企業文化的某些因素，從而打上企業家本人的深深烙印。美國的企業文化專家沙因說：「領導者的一個重要的職能就是創造、管理和必要時改造企業文化。」[②] 特別是在企業初創、發展與轉軌期，企業領導人必須產生重要的影響。因此，企業領導人一定要利用本人的威望和權力，引導企業文化充滿活力地向著自己制定的企業目標的方向發展。

### 一、企業家是企業文化生成與發展的關鍵因素

創建者對企業解決其外部適應和內部協調問題起主要作用，由於他們首先具有創建企業的設想，因此，以其文化經歷和文化個性為基礎，他們對怎樣實現這個設想有自己的獨特見解。他們不僅有高度的自信心和決心，而且對經營的本質、企業在社會中的地位和作用、人性及人際關係的本質、尋求真理的途徑、怎樣管理時間和空間等都有較為深刻的假設。

說老板文化就是企業文化，這是有一定的道理的。本書開始就指出企業文化是

---

① 孫健耀博客《興衰/成敗得失皆有因——2009年度企業界熱點事件的文化解讀》（2009年1月20日）。
② （美）愛德加·H. 沙因. 企業文化與領導 [M]. 朱明偉，羅麗萍，譯. 北京：中國友誼出版公司，1989.

## 企業文化塑造的理論與方法

一個由管理者引導、全體員工創造並認同的一個不斷發展的信息循環系統。在企業的創建初期，總是先由企業家基於其個人文化假設提出一些構想，並自覺不自覺地以這種文化假設招聘員工，影響、匯聚同道，形成最初的企業核心群體。核心成員不斷提煉、積澱的文化信念，將成為這一企業文化的原始胚胎。在推動企業文化建設的初期，老板作為企業文化建設的旗手，他既是倡導者、精心培育者，也是企業文化變革的主要推動人。很好地發揮老板的作用，才是企業文化生成與發展的關鍵因素。

在企業的發展過程中，企業領導者的個人假設會借其權力因素和非權力因素的作用得到加倍的強化，逐步內化為全體員工的共同信念。在這段時期，老板仍然是企業文化的旗手，他要引導全體員工認同企業文化，並使企業文化在保持傳統優秀文化基礎的同時，隨著時代的發展和企業的發展而更新企業文化，使企業產生向上的文化力。這時，如果老板放棄了文化管理，企業文化又會落入盲目的自然發展的狀態；如果老板因企業發展而個人膨脹，唯我獨尊，用一個人大腦代替所有人大腦做企業文化，沒有全員的認同、參與與創新，企業文化建設也會變成應景文章。

### 二、企業家本身的價值觀是企業文化形成的基礎

企業領導者在創建或領導企業的過程中必然形成自己獨有的價值觀。這種價值觀帶有強烈的時代與行業特色，更具有企業本身的特點和企業家的個性。具有這些特色的企業文化能夠支撐企業發展的構架，推動企業不斷向前發展。

由企業價值觀凝結成的企業理念在一定程度上就是企業家個人理念的貫徹與實施，這主要體現在企業初創、初步發展與企業轉軌時期。而這正是我國大多數企業目前所處的時期。很多20世紀八九十年代創立的民營企業現在仍然處於初步發展時期，就人生年齡來說，不過二三十歲，正是成長的關鍵時期，急需強有力的引路人帶領他們去闖過一道道難關，攀登一座座高峰。一些國有企業差不多與新中國同齡，要想不退出歷史舞臺，就必須改制，進行第二次創業。在這種轉軌期，企業家符合時代發展理念的貫徹與實施，將決定企業是重新煥發活力，還是進入死陰的幽谷。

在企業成長的關鍵時期和轉型期，企業家本身的價值觀對企業理念的形成具有關鍵作用，對企業文化的建設方向更是具有無比重要的定位意義。企業家如果能夠引導企業遵守規則、充滿活力地向預定的方向邁進，企業員工就會習得這種遵守規則與充滿活力的文化，就會在一個特定的時期將個人理性轉化為個人行為，從而實現與企業組織目標的和諧，而有一定文化基礎的企業制度就完全能夠解決集體行為的困境，幫助企業更好地成長。

很多企業家在企業取得一定成績后都把成功的關鍵因素歸為有正確的理念。一位在制業界較有影響的企業家說，有了正確的理念，我們「服務於社會，造福於人類」的宗旨才能落實到我們的科研、生產、管理、行銷以及社會福利事業中去；我

## 第十二章　企業家在企業文化塑造中的作用

們「從人民健康和社會的需求出發，研製、開發藥品，把握機遇，順乎天時」的經營策略才能貫徹始終，才能在科研，特別是在中成藥品的開發研製方面取得顯著成果，使企業充滿活力，后勁十足。可以說，這是企業家將自己的人生理念與現代企業管理理論結合創建集團公司的企業文化取得的傑出成績。

正確的企業理念得益於企業家正確的人生理念，也只有企業家樹立了正確的人生理念，企業才有適應於社會需要與企業發展的企業文化。在探索企業成功奧秘的時候，必須關注企業家的人生理念。有一位企業家指出，第一，營造一顆善良、正直、無私、明白、坦蕩的美好心靈，是人生經營中最重要、最基本、最需要持之以恆的一項人生工程。「人生經營」又高於「經營」本身，賺取的不是外匯，不是美鈔，而是人生意義和價值。第二，營造美好的人生行為，就是心靈的建設完成後如何去行動的問題，包括以動作、言語和心理為主的行為。第三，在企業實現人生經營。不少企業家選擇了「辦企業」的途徑來輸送他們的人生理念。把人生經營的根本道理用來作為企業經營的道理。他們遵循平衡管理的原則，從自我管理開始，進而管理企業的組織與員工。正是因為將這些獨到的理念用於指導經營、管理、科研、生產等，才使企業由小變大，從弱變強。

相反，一些企業的經營者得改革開放春風中的天時地利，企業由無到有，由小到大，甚至發展到集團性公司。但是，由於其深層價值觀的制約，利用公司的良好發展勢頭，預支公司信譽，將原本用於解決銀根緊縮貸款困難的一時之策作為一本萬利的生財之道，最后害人害己，將有大好前景的企業生生斷送掉了。當這些人反思懊悔時，早已是「沉舟側畔千帆過」了。

的確，筆者在調查中也瞭解到，不少企業管理者都不關注信念、意識和規則的作用，實際上，這類在認知範式上的東西是企業管理中的隱性知識，在建設企業文化，提高企業信任度，建立市場倫理方面具有重要作用。美國著名學者科爾曼就把意識形態看成影響企業社會資本的重要內容。對企業社會資本進行研究的學者周小虎更是把企業認知的範式分為三層：核心層是範式的基本理念和信仰，它們是認知的價值基礎；中間層是制度和規則，用於解釋基本理念和信仰；最外層是網路故事和語言，是對基本信念的說明和範例。[①] 在企業內這些隱性知識的交流和傳播是知識傳播者和接收者之間直接的接觸，對企業具有重要的影響，因而，企業家對這種隱性知識的引導和傳播負有重要責任。他們應該充分重視自己正確的價值觀對企業文化的影響，通過提供更多的共同性活動落實企業的經營理念，發展共同文化。

顯然，只有當企業家領悟了人生與社會的真諦，樹立了崇高的人生追求，才能確定正確的企業宗旨；只有正確的企業宗旨，才有利於職工確立崇高的人生追求；也只有職工普遍確立了崇高的人生追求，才能確保企業宗旨的實現。

---

① 周小虎. 企業社會資本與戰略管理 [M]. 北京：人民出版社，2006：104.

## 三、企業文化建設主要取決於經營者的認識和態度

　　經營者對待企業文化的認識和態度，將決定企業文化是自在類型還是自為類型。經營者對企業文化重視，對建設企業文化持積極態度，就會不僅在人力、物力、財力上給以有力支持，還會身體力行，對企業文化起表率作用，企業文化建設就能有效進行，並形成支持企業發展的自覺自為的企業文化。如果經營者不重視企業文化，或者對企業文化的認識不正確，如僅僅把企業文化作為裝飾品，沒有對建設企業文化付出時間、精力、人力和財力，那麼，企業就會形成一種原始的自在的文化，這種文化也在企業起作用，不過這種作用往往是「負作用」。就「自覺」的企業文化而論，企業家對企業文化的作用是決定性的。

　　企業文化是企業的靈魂，而企業家的精神、思想、理念則是企業文化的靈魂。如在上海大眾股份有限公司（以下簡稱「大眾交通」），總經理楊國平的「服務社會、回報大眾、志在一流」的思想理念，構成了大眾企業文化的核心內容，成為大眾企業文化的靈魂。大眾交通的核心價值觀就是「一切為大眾」，其包含提供大眾客戶溫馨滿意的服務，回饋大眾股東穩定良好的收益，創造大眾員工幸福美好的生活。應該說，大眾交通的核心價值觀是比較好的，符合了當代企業以服務社會為第一價值取向和以「凝聚人」為企業發展第一要素的趨勢，也反應了楊國平的經營思想具有領先水準。

　　大眾交通成立之初，一位員工家裡遭火災，楊國平帶頭捐錢支助，員工們積極回應，使這位員工渡過了難關。借此機會，楊國平提出「一人有難，大眾相助」。從此，這句話成為大眾交通人的一種精神，在總結提煉大眾交通企業文化中，「一人有難，大眾相助」作為一句標準用語列入大眾交通的企業理念。

## 四、企業家是企業文化建設過程中當然的第一主體

　　在企業文化的建設過程中，企業員工作為一個整體處於主體地位，企業家是企業文化建設過程中當然的第一主體，這是由企業家在企業中的地位和作用所決定的。企業家在工作中要擔當各種角色。在信息方面，企業家既是信息的接受者，每天都要攝取和處理大量外來信息，又是信息的傳播者，與下屬分析研究信息，同時還是信息的發布者，是本企業最重要信息的當然發言人。在人際關係方面，企業家首先是以本企業首腦的名譽角色，代表企業參加慶典、接待客人、簽署文件；其次是充當領導者，負責對下級的雇傭、評價、報酬、激勵、批評、干預等，使企業工作更加協調；最后是充當聯絡者，通過各種渠道溝通與外界的聯繫。在企業決策方面，企業家的責任就更重，角色也更多：充當重大方案的發起者和設計者；作為保障者要協調衝突，排除組織之間的矛盾，避免資源損失；作為資源分配者，要合理調配資金、人力、物力、時間、信息，制定企業經營發展戰略等。

## 第十二章　企業家在企業文化塑造中的作用

從現代企業制度所要求的企業內部組織結構來看，企業家總是處於最核心的地位，他一面參與經營決策，另一面組織實施執行，毫無疑問是企業經營管理的中樞人物，他應當是一個擁有企業行政管理權力，自主地從事經營活動並承擔經營風險的人。他的主要任務是利用和組織各種人力、物力和財力資源創造具有生命力的企業，是企業經營活動的總指揮。企業家的這種實際上的領袖地位決定了其個人意志、精神、道德、風格等文化因素在企業中備受矚目，更易於得到員工的廣泛認同和傳播，並形成自覺追隨，以至於企業的最高目標和宗旨、企業價值觀、企業的作風和傳統習慣、行為規範和規章制度都深深地打上了企業家個人的烙印。

優質的企業文化是優秀企業家的人格化。企業家精神及企業家的形象，是企業文化的一面鏡子，優質的企業文化是優秀企業家德才、創新精神、事業心、責任感的綜合反應。因為優質的企業文化不是自發產生的，而是企業家在長期實踐活動中產生的。企業家深知肩負塑造企業文化責任的重大，在企業文化建設中，企業家從本企業的特點出發，以自己的企業哲學、理想、價值觀、倫理觀和風格融合成企業的宗旨、企業價值觀，並逐漸被廣大員工所認同、遵守、發展和完善。卓越的企業家在企業中既是卓越的管理者，又是員工的思想領袖，他以自己的新思想、新觀念、新思維、新的價值取向來倡導和培植卓越的企業文化。這種企業文化既有時代特色，又是本國傳統思想、倫理、價值觀念之精神融現代精神而成的精神力量，是先進的、科學的、有生命力的文化與現代企業的完美結合。

## ● 第二節　企業家是企業文化發展與變革的核心

### 一、企業家在企業文化的發展與變革中有著至關重要的作用

倡導、管理、領導企業文化，甚至在必要時改變企業文化，這是企業家，特別是身為企業第一把手的企業家的不容忽視的職責。不重視企業文化建設的企業負責人是稱不上「企業家」的，這就是為什麼中國有那麼多的「老板」，而真正稱得上「企業家」的人並不多的深層次原因。嚴格說來，能夠成為企業文化核心的企業領導人，才能稱之為「企業家」。

有怎樣的企業領導人就有怎樣的企業，特別是在企業需要強勢文化的企業初創、初步發展與變革的關鍵時期，企業領導人的價值觀、行為與其工作作風顯示的個人的工作形象就很容易成為企業遵循的圭臬。因此，在世界經濟一體化潮流洶湧、競爭達到白熱化的關鍵時刻，企業家用自己獨特的威信，用領導者個人的專長權、影響力，以及領導者所在管理崗位所賦予的制度權，促使企業形成一種有利於企業發展的、向上的、主流的企業文化，是企業生存與發展的有力武器。

# 企業文化塑造的理論與方法

## 二、企業家的行為是企業文化的導向

企業家塑造和維護企業的共同價值觀的過程就是企業文化建設與發展的過程。這種塑造與維護是以企業家行為為導向的。企業家的思想常常通過制度、文章、講話、文件、企業網站的信息等表現出來。因此，員工通過正式組織、正式渠道接受和反饋企業的文化信息、工作信息是塑造合乎企業價值觀的企業文化的途徑之一。然而，大量的足以影響他們價值觀形成、影響其思維方式與行為方式的還在於他們工作的環境，他們接觸的領導、同事對事物臧否的看法。在這裡，企業家的行為更是帶有強烈的導向作用。「上梁不正下梁歪，中梁不正倒下來。」這句四川的民間諺語恰到好處地說明了企業家行為對企業文化的影響。企業老板的模範行動是一種無聲的號召，對下屬成員起著重要的示範作用。因此，要塑造和維護企業的共同價值觀，形成統一的有利於企業發展的文化氛圍，老板本身就應是這種價值觀的化身。他必須通過自己的行動向全體成員展示企業倡導的文化精髓。老板確定了價值觀體系之后，可以通過自己與整個經營班子的個人行為、語言、獎懲等各種方式表示出自己對價值觀體系始終如一的關注，從而使廣大員工也跟著來關注價值觀體系的實現。

企業領導者必須堅定自己的信念與使命，通過正式渠道與非正式渠道與下屬成員進行感情溝通和激勵，以強化人們符合價值觀的行為，進而成為企業中個人以及整個組織的習慣。在學習型組織中，領導者新的角色既是設計師，又是僕人和教師。領導者的設計工作是一個對企業要素整合的過程，他不只是設計組織結構、組織政策策略，更重要的是體會設計組織發展的基本體驗。僕人角色表現在對實現願景的使命感，自覺地接受願景的召喚。教師的任務是界定真實情況，協助員工對真實情況進行正確深刻的把握，提高他們對組織系統的瞭解能力，促進每個人的學習。

## 三、企業家對企業文化的控制

不僅企業家的思想貫徹於企業的經營管理，而且企業家的行為特徵被模仿，形成企業特有的風格，形成企業文化的特質。如企業家一貫做到清廉、敬業、創新，那麼企業也極易具有同樣的風格。企業文化是一種經營管理文化。肩負企業經營管理首要職責的企業家，他的經營管理理念、人文思想、道德品質，甚至言談舉止、工作作風都對企業產生巨大的影響。不言而喻，企業家文化對企業文化的形成與發展有著至關重要的作用，企業家文化成為企業文化的核心，特別是那些具有「創始人」性質的企業家，企業文化中更有著他明顯的烙印與個性。

隨著社會的進步和文明程度的提高，企業的發展日益大型化、集團化和跨國化，企業的觸角將無所不及，會面臨多種文化源流的融入和滲透。能否形成高度整合、一以貫之的企業文化，對企業家將是一個嚴峻的考驗。這時企業家對企業的「行政

## 第十二章 企業家在企業文化塑造中的作用

領導」反倒退居次要地位,而能否成功地實現對企業的「文化控制」則成為至關重要的問題。「行政領導」主要靠的是一種權力因素的制約,而「文化控制」更多的則是憑藉一種非權力因素的影響。行政領導下的雙方是一種純粹的利益關係,結成的是一種「利益共同體」,而文化控制下的雙方是在文化認同基礎上形成的一種「文化共同體」,並進而形成一種「命運共同體」。

### 四、企業家決定著企業文化的生命

企業家的生命是有限的,但企業家成功創造的企業文化卻是恆久的。考察一個企業的生命力,既要看其發展的現實性,又要看其發展的可能性。同樣,檢驗一種企業文化優劣的標準,除了看其是否推動企業的現實發展之外,還要看其發展的可持續性。這就是為什麼有些企業曇花一現,而有些企業則歷經幾代,經久不衰的原因。企業由於歷史悠久、成績卓著而形成了一種成熟的文化,這種文化在企業中創造了以后每一代的認識、思考和感覺模式。在這種意義上來說,成熟的團體通過它的文化也創造了自己的領導者。三聯集團總裁張繼升說:「我們這一代企業領導人最大的功績可能就是創造了一種讓草包干不下去的環境。」「所有的領導者都受到他們以前的文化影響,而且一旦他們創造了一種文化,就可能受到這種文化的制約,不再領導團體去進行新的和創造性的活動,從而在創造性和制約力量之間形成複雜的相互作用關係。那麼,解決這種衝突就成為領導的中心工作之一。」可以說,企業文化的生命力取決於企業家文化觀念的開放程度。

一般來說,成熟的企業造就成熟的企業文化,但成熟的企業文化也往往容易成為一定發展時期的「文化僵局」,這種僵局將成為企業對內對外適應性的強大阻礙。企業家能否衝破這種阻礙,實現質的飛躍,將是具有革命意義的一步。這對企業家的洞察力、情感態度都是嚴峻考驗。因為,他們變革的對象正是他們自己。企業家只有以徹底開放的胸懷,不斷地經歷一次次涅槃,痛苦地超越自我,才能對企業文化進行有效控制和調節,維持企業文化的動態平衡,永葆企業文化的生命力,推動企業健康、持續地發展。

## ● 第三節 企業形象是企業家形象的彰顯

企業形象是企業文化的外在表現形式。企業形象塑造是企業文化建設的重要組成部分,而企業價值觀是企業文化中最重要和核心的部分,所以,企業價值觀是企業形象特別是企業外部形象的本源和基礎,影響著企業形象塑造的整體水平。在企業初創、初步發展和轉軌時期,企業的價值觀基本上就是企業家價值觀的彰顯。企業家個人的價值觀、工作作風、行為習慣極易演化為企業的價值觀、工作作風和行

## 企業文化塑造的理論與方法

為習慣。因此,可以說,在特定的時期,企業形象就是企業家形象的彰顯。

### 一、企業家的個人風格融入企業,形成了企業文化的一部分

不少成功的企業都把最高管理者的個人風格融入企業當中,形成了企業文化的一部分。在中國,這種情況尤為明顯。具有很高知名度和美譽度的深圳華為公司總裁任正非具有穩重謹慎、求實認真、誠實可信的個人風格,這在華為公司的作風當中得以體現。華為公司的作風是責任、創新、敬業、合作、實事求是、民主決策、權威管理,從小事做起,從基層做起。

企業家的風格融入企業,企業家的形象就常常代表著企業的形象。因此,不少企業都非常重視企業家品牌的塑造,讓企業家的品牌為企業形象增輝添彩。

### 二、企業家的言行在公眾眼裡代表企業形象

對於公眾而言,企業家的言行牽動著大眾的視線,傳播著企業信息,彰顯著企業的形象。尤其是在網路經濟時代,企業家能正面吸引公眾的注意力,企業就向成功邁出了一大步;反之,企業家言行不慎卻會給企業帶來不可估量的損失。

萬科,作為「中國地產」的第一品牌、《華爾街日報》評選的「中國最受尊敬企業」之一,一直是媒體及公眾關注的焦點。在非常時期,公眾會對這樣的企業寄予很高的期望,希望其企業理念與行動能與現代企業的理想形象相符。在2008年四川汶川大地震后,萬科集團也迅速展開行動,總部決定向地震災區首批捐款200萬元。但是,一些網友對這個數字很不滿意,大呼「和萬科形象不相稱」。網友們將萬科的捐款數額與其他企業比較,質疑萬科的捐款誠意時,王石在博客中做出解釋:對捐出的款項超過1000萬元的企業,我當然表示敬佩。但作為董事長,我認為,萬科捐出200萬元是合適的。這不僅是董事會授權的最大單項捐款數額,即使授權大過這個金額,我仍認為200萬元是個適當的數額。中國是個災害頻發的國家,賑災慈善活動是個常態,企業的捐贈活動應該可持續,而不應成為負擔。萬科對集團內部慈善的募捐活動中,有條提示:每次募捐,普通員工的捐款以10元為限。其意就是不要讓慈善成為負擔。

王石的「災難常態論」、「慈善負擔論」和「員工10元論」頓時遭到網友的強烈抨擊。「既然你說慈善是持續的,請解釋非典時期你一毛不拔的原因」、「你的十元論實在太噁心了,真是精英誤國」、「自己不捐還限制員工的愛心」、「你的個人形象和企業形象一落千丈,你這次讓太多人失望了」、「以前覺得你這人還可以,現在在我心裡,你就一精明的商人,遠遠算不上企業家」、「不要再宣傳你那些虛偽的企業文化」……「買房不買萬科房,拋股就拋萬科股」的口號像「病毒」一樣迅速蔓延。資本市場也證實萬科遭遇了拋棄之災,從5月15~20日,萬科股價大跌12%。迫於社會輿論的壓力,也為了挽回企業的形象,萬科以及王石盡力「亡羊補牢」,

## 第十二章　企業家在企業文化塑造中的作用

王石先是親自衝到救災第一線，后來又公開道歉。

本來萬科一開始捐款 200 萬元並不算少，但由於數額沒有達到公眾的心理預期，因此一些網民指責萬科的捐款行為與其品牌、形象及倡導的企業社會責任文化不相符。正是由於王石在非常時期不恰當的言論，才使王石與萬科站在了網友炮轟的槍口下，使王石與萬科的賑災行為遭受質疑，使王石的「道德領袖」和「中國當代企業家的標杆」形象遭受質疑，使萬科「有社會責任感」的企業公民形象遭受質疑。雖然后來萬科董事會形成決議，批准公司在淨支出額度人民幣一億元以內參與災后重建工作，但是，「捐助門」的負面影響讓萬科的形象大損。這幾乎成了企業家言行不慎影響企業形象的經典案例。[1]

企業家在公眾中樹立卓越的個人品牌形象，這對促進企業樹立信譽，獲取商機，發展壯大意義非凡。

## ● 第四節　企業家文化與企業文化的聯繫與區別

### 一、企業家文化與企業文化的聯繫

企業文化的實質是人的文化。因為文化的產生就源於人的群體，而企業是一定條件下人的聚合，在企業中這些特定人的群體中，企業家是他們的領袖人物，所以從一定意義上來說，企業文化是企業家文化，是企業經營者文化，是企業領導人文化。沒有優秀企業家就不可能創造出優秀的企業文化。如松下的松下幸之助、海爾的張瑞敏、華為的任正非，他們的價值觀念和性格特徵決定著企業精神、企業形象的個性，他們的社會名望和社會影響往往是某種企業文化向社會的輻射。

隨著經濟科技的發展、人本管理和系統管理時代的到來，管理已被作為生產力的第四個要素，而企業家作為企業管理的最上層，他的行為是企業的脈搏，他的靈魂更是企業長盛不衰的支柱。企業家是企業文化建設的靈魂，是企業文化的動力源泉。一方面，企業家實際上已具體化為企業家的文化，表現為企業家價值觀、企業家精神、企業家道德等個性文化因素。企業家的知識、能力和品質等要素成為企業文化生成的基因，決定著企業文化的性質和風格，並制約、指導著企業文化的個性和發展。正是從這種意義上說，一個企業有什麼樣的企業家，就有什麼樣的企業文化。另一方面，在企業文化塑造、控制、發展的動態過程中，企業家又扮演了定位、創建、控制、變革等舉足輕重的角色，從而成為某一企業文化動態模型中第一位的活躍因素。任何企業文化的重大變化都是由企業家來推動完成的。

眾所周知，張瑞敏與海爾文化有著密切的聯繫。在 1997 年美國《家電》雜誌

---

[1] 楊熙純．地震災難后萬科與加多寶凸顯的社會責任差異 [M]．北京：中國社會科學出版社，2009．

## 企業文化塑造的理論與方法

公布全世界範圍內增長速度最快的家電企業中，海爾名列榜首。1998 年海爾集團總裁張瑞敏應邀登上哈佛大學講壇。「海爾文化激活休克魚」的案例正式寫進哈佛大學教材，標誌著海爾真正走向了世界。1999 年財富論壇上，張瑞敏作為唯一一名中國家電企業家與會並發表演講。1999 年 12 月 7 日，英國《金融時報》公布了「全球 30 位最受尊重的企業家」排名，張瑞敏榮居第 26 位。海爾的成功、張瑞敏的成功，都源於在張瑞敏這位優秀企業家的帶領下，實現了成功的管理，建立了較為完整的海爾文化體系。張瑞敏把海爾的企業文化看作是海爾的無形資產，是具有海爾特色的意識形態。海爾文化包括企業理念和具體體現兩大部分。企業理念是經營企業的總的指導思想和各個方面工作的指導思想，是比較抽象的，如海爾精神、海爾作風、海爾管理模式、思想政治工作等。這些理念又具體體現為具有海爾特色的企業經營策略和各種規範、規章制度，如海爾集團的晉升制度、獎勵制度、環境建設、行為儀表等。張瑞敏曾經說過：「理念的領先幾乎決定企業的命運，可以這樣講，沒有思路就沒有出路。」

海爾員工人手一本小冊子《海爾企業文化手冊》，其中有兩個著名的管理理念：一是斜坡球理論。企業如同一個爬斜坡的球，受到來自市場和內部職工惰性形成的壓力，如果沒有一個上動力它就會下滑，這個上動力就是基礎管理。依據這一理念，海爾創造了「OEC 管理模式」，也稱「日清日高管理法」，張瑞敏將它解釋為：「今天的工作必須今天完成，今天完成的事情必須比昨天有質的提高，明天的目標必須比今天更高。」二是 80/20 定律。這是海爾管理人員與員工責任分配的原則。管理人員是少的、關鍵的，工人是多數的、卻是從屬地位的，少數制約著位於從屬地位的多數，因此出現問題，管理人員應首先承擔責任，80/20 定律就是要抓幹部、抓管理人員。張瑞敏說：「海爾的管理並不是為了達到某個數字標準，而是為了提高整個企業的凝聚力，增強每個職工的責任感。」

## 二、企業家文化與企業文化的區別

儘管企業家文化與企業文化有著密切的聯繫。但是，企業家文化是個人文化，企業文化是團隊文化，二者又有明顯的區別。

企業家文化的內容側重於企業家的價值觀及其經營管理理念、企業家個人的思想文化素養及企業家的思維方式和行為方式；企業文化的內容側重於企業形象，企業的信息傳遞方式、行為方式及其整體的價值取向，具體表現為企業凝聚力以及企業的綜合競爭力。在一定的社會條件下，企業家文化的形成主要得力於企業家個人，包括企業家的人生歷程、學習力、實踐經驗等；而企業文化的形成則要依靠包括企業家在內的企業全體員工的共同努力，在一個相對穩定與較長的經營發展歷程中才能完成。企業文化與企業家文化的共同之處也是明顯的，二者都十分重視管理文化，均以「以人為本」為基礎形成價值觀。正因為有這兩個共同的本質之處，企業家文

## 第十二章　企業家在企業文化塑造中的作用

化才能成為企業文化的核心。如果這兩個共同的本質之處發生矛盾，企業家就很難領導好這個企業，甚至可以說，企業也很難接受這個企業家。在不少的企業裡企業領導班子不團結，企業家與員工關係不和諧，沒有形成企業共同認可的價值觀，可以斷言，這個企業前景堪憂，不是企業破產，就是企業家走人。

作為市場經濟產物的企業，它是一個經濟實體，企業的生存與發展，關係著社會的穩定和國家的強大；作為一個社會的經濟組織，企業同時又是一個文化實體，企業文化關係著民族文化傳統，關係著社會文明的發展。我們有充分的理由重視企業文化工作，不允許任何人，包括企業家在內，做出任何有損於企業文化建設的任何事情。從這一點說，企業家文化只是構成企業文化的重要因素之一。

### 思考題

1. 王傳福的個性造就了比亞迪公司怎樣的企業文化特徵？你如果是王傳福的助手，你將為這樣的公司文化提出怎樣的建議？

2. 有人說，企業文化就是企業家文化，你怎樣看？

3. 請對你所感興趣的行業進行企業家與企業文化關係的調研，尋找出一些規律性的東西。

# 第十三章　中國式企業文化的建設和管理

## ● 章首案例：生生不息的華為文化

　　華為成立於1988年，經過20餘年的艱苦創業，其建立了良好的組織體系和技術網路，市場覆蓋全國，並延伸到中國香港、歐洲、中亞等地區。華為不僅在經濟領域取得了巨大發展，而且形成了強有力的企業文化。因為華為人深知，文化資源生生不息，在企業物質資源十分有限的情況下，只有靠文化資源，靠精神和文化的力量，才能戰勝困難，獲得發展。

　　一、民族文化、政治文化企業化

　　華為人認為，企業文化離不開民族文化與政治文化，中國的政治文化就是社會主義文化，華為把中國共產黨的最低綱領分解為可操作的標準，來約束和發展企業高中層管理者，以高中層管理者的行為帶動全體員工的進步。華為管理層在號召員工向雷鋒、焦裕祿學習的同時，又奉行決不讓「雷鋒」吃虧的原則，堅持以物質文明鞏固精神文明，以精神文明促進物質文明來形成千百個「雷鋒」成長且源遠流長的政策。華為把實現先輩的繁榮夢想、民族的振興希望、時代的革新精神作為華為人義不容辭的責任，鑄造華為人的品格。堅持宏偉抱負的牽引原則、實事求是的科學原則和艱苦奮鬥的工作原則，使政治文化、經濟文化、民族文化與企業文化融為一體。

　　二、雙重利益驅動

　　華為人堅持為祖國昌盛、為民族振興、為家庭幸福而努力奮鬥的雙重利益驅動原則。這是因為，沒有為國家的個人奉獻精神，就會變成自私自利的小人。隨著現

## 第十三章　中國式企業文化的建設和管理

代高科技的發展，決定了必須堅持集體奮鬥不自私的人才能結成一個團結的集體。同樣，沒有促成自己體面生活的物質慾望，沒有以勞動來實現慾望的理想，就會因循守舊，故步自封，進而滋生懶惰。因此，華為提倡「慾望驅動，正派手段」，使群體形成蓬勃向上、勵精圖治的風尚。

三、同甘共苦，榮辱與共

團結協作、集體奮鬥是華為企業文化之魂。成功是集體努力的結果，失敗是集體的責任，不將成績歸於個人，也不把失敗視為個人的責任，一切都由集體來共擔，「官兵」一律同甘共苦，除了工作上的差異外，華為人的高層領導不設專車，吃飯、看病一樣排隊，付同樣的費用。在工作和生活中，上下平等，不平等的部分已用工資形式體現了。華為無人享受特權，大家同甘共苦、人人平等、集體奮鬥，任何個人的利益都必須服從集體的利益，將個人努力融入集體奮鬥之中。自強不息，榮辱與共，勝則舉杯同慶，敗則拼死相救的團結協作精神，在華為得到了充分體現。

四、「華為基本法」

從 1996 年年初開始，公司開展了「華為基本法」的起草活動。「華為基本法」總結、提升了公司成功的管理經驗，確定華為二次創業的觀念、戰略、方針和基本政策，構築公司未來發展的宏偉架構。華為人依照國際標準建設公司管理系統，不遺餘力地進行人力資源的開發與利用，強化內部管理，致力於制度創新，優化公司形象，極力拓展市場，建立具有華為特色的企業文化。[1]

企業文化的建設和管理是管理層最重要的事，也是人力資源管理的核心任務，它是關係整個組織的運行和發展的系統工程。中國式企業文化的建設和管理必須建立在東方文化土壤的基礎上，使人類的文化精髓為我所用。丟掉了傳統的優秀文化就失去了根基，不能有效地利用人類的文化精髓就可能走彎路，而中國已經失去太多寶貴時間，只有踏在巨人的肩上，才能達到理想的高度。關鍵的問題是怎樣有效利用別人的經驗，鑄就自己的輝煌。

## ● 第一節　吸收西方企業文化的精華

西方企業文化以美、歐為代表。在歐洲企業文化中，德國企業文化更具有特色，所以，我們主要探討美國和德國企業文化的形成機制與經驗。

---

[1] 代凱軍. 管理案例博士評點 [M]. 北京: 中華工商聯合出版社, 2000. 編者在文字上有改動。

# 企業文化塑造的理論與方法

## 一、以自由、個性、包容、勇於冒險為特徵的美國企業文化

1. 美國社會文化的特點及其對企業文化的影響

美國是一個由眾多移民組成的年輕而又發展迅速的國家。由於國民組成的特殊性，很難形成一種統一的、穩定的民族文化。正因為如此，美國文化形成了善於學習與極強的包容性特徵。雖然美國在 20 世紀 60 年代以後的國際競爭力有所下降，受到日本等一批新興國家的極大挑戰，但是美國豐富的管理經驗和不拒外的容納思想與創新精神，使美國的經濟與文化在充實了新鮮血液以後，又出現了勃勃的生機。美國是管理科學最發達的國家。從科學管理、行為科學、管理叢林的各種管理理論到企業文化理論的產生和發展，形成了對世界管理理論最有影響的學派。這種百花齊放、沒有樊籬的思想沃土，對美國企業文化的產生和發展起到了重要的作用。

美國社會文化中充滿著實用主義和務實精神。實用的價值觀在美國人的文化信息中佔有絕對的優勢，並且體現在企業管理和企業文化模式中。第二次世界大戰以後，現代管理學派把現代自然科學和技術科學的最新成果如計算機技術、通信技術、系統論、控制論、信息論以及先進的數學方法和數學模型等廣泛地應用到管理中來，形成了一系列的組織管理方法和組織管理技術，產生了現代管理科學。美國的現代科學技術的發展和經濟的發展取得了很大的成功，企業文化也取得了很好的發展，在企業文化管理方面制定了詳細的規章，形成了一套完整的程序。在企業經營的各個環節中，都有明確的職責，賞罰分明，但又十分機械。由於企業管理和操作的程序化，在一般情況下可以大大減少失誤，保證大的工程能及時正確地運行。它可以說是務實精神的較大體現。

美國具有歐洲文化的根，在開發美洲的艱難歷史中冒險與拼搏的精神使很多人獲得了成功。因而社會文化所提倡的自由貿易、自由經營、個人奮鬥得到了充分發展。強調個人價值和個人尊嚴、求新求變的個人主義文化，構成了美國社會文化的特點。

2. 美國企業文化的特點

美國社會文化滲透到美國企業生產經營活動、售後服務等各個環節中，構成了美國企業以個人主義為特徵的企業文化。同時，在對日本成功企業學習的過程中，美國又吸收了日本企業的團隊合作等文化要素，在知識經濟與網路經濟中，適應時代的發展，最終形成了適合美國發展需要的企業文化特徵。美國的企業文化體現了文化傳統與現代管理的較好結合，概括起來，其具有以下主要特徵：

（1）重視自我價值的實現。美國企業文化中有強烈的個人主義精神，強調以個人為本位的人權、民主、自由、平等、博愛等，強調個人成就和個性至上。這對於某些單項性的科學技術的發明創造有著重要影響。世界軟件開發史告訴我們，所有的重大里程碑似的發明創造幾乎都是由個人或很小的組織所開發的。美國甚至西方

## 第十三章　中國式企業文化的建設和管理

的很多科學技術獎項都只獎給個人不獎給集體，對個人奮鬥具有相當的激勵作用。然而，個人主義被強調到一個不適當的高度以后，對企業整體的發展和業績的提高又產生了很大的抑製作用。

美國企業於20世紀七八十年代后在企業的組織管理中突出強調對人的關懷、尊重、信任，以及激發員工的責任感和使命感；克服傳統的單打獨鬥意識，強調集團意識即企業與員工的一體精神。美國一些企業宣布它們不成為「雇傭人以解雇人的公司」。美國企業對人的信任還表現在取消使用上下班計時鐘來監督職工的做法，讓職工自由進入實驗室，甚至將庫房裡的零件帶回家，這樣，公司上下都獻身於共同的事業，他們的立場、態度和方法都達到了很高的和諧一致性。

強烈的企業團隊精神，是如今不少企業獲得巨大成功的基礎條件。IBM和思科公司推行契約式管理，為高級人才提供最好的發展機會和實現自我價值的平臺，以「與員工共同發展」的企業文化和企業美好前景吸引人才，不斷增強團隊的凝聚力。他們強調「客戶、員工、股東」三滿意，在實現「客戶利益最大化」的同時，實現公司利益與員工利益「無縫對接」，極大激發了員工的積極性和創造力。這種「以人為本」的文化意識表現在：注重創造寬鬆、優美的工作環境，更加關注人的個性的張揚和能量的充分釋放，更加重視人才的再培訓，自我價值的實現和人的全面發展。這也是美國企業競爭的「法寶」之一。

(2) 鼓勵自由競爭與冒險創新。強調自由競爭、勇於進取是美國企業所倡導的經營意識。他們敢於制定高水平的戰略目標，鼓勵創造發明，依靠科技進步，重視新產品的開發，以求占領市場，在競爭中取勝。所謂自由競爭並非盲目無序地競爭，而是合法合理地競爭。通過競爭，使員工充分顯露自我才華，證實自身的價值。美國企業十分重視為職工提供公平競爭環境和競爭規則，充分調動其積極性，發揮他們的才能。如IBM公司對員工的評價是以其貢獻來衡量，提倡高效率和卓越精神，鼓勵所有管理人員成為電腦應用技術專家。福特汽車公司在提拔幹部時，憑業績取人，嚴格按照「貴以授爵，能以授職」的原則行事。福特公司前總裁亨利‧福特說：「最高職位是不能遺傳的，只能靠自己去爭取。」這就具有強烈的平等競爭意識。

競爭中有一個重要的成果就是創新。美國公司提倡員工創新，許多重大的發明創造，往往是在員工中醞釀而成的。美國企業歷來有鼓勵發明的傳統，員工的創新意識得到普遍的激勵，這種激勵不是停留在口頭上或文件上，而是具體地落到了實處，如在柯達公司，為鼓勵員工為企業獻計獻策，每年他們開支150萬美元用於獎勵員工的合理化建議，還將優秀的建議張榜公布。這家公司的職工建議之風長盛不衰，至今已累計收到200余萬件員工建議。搞發明、搞革新、提建議、提批評，員工既可以自由發揮自己的特長，又增加了在組織中的歸屬感和責任感，使組織中的競爭意識空前高漲，加之企業的良性引導，使企業凝聚力大大加強。

明尼蘇達採礦製造公司規定每位科研人員均應拿出15%的時間從事自選項目的

## 企業文化塑造的理論與方法

研究。其結果既使這些研究人員完成了規定的科研計劃，又有充裕的時間從事自己的發明創造，而這些創造又使員工的競爭十分激烈，新發明層出不窮。創新往往意味著冒險，所以美國企業鼓勵員工進行冒險的創新舉動。寶麗來公司的創始人蘭德曾說：「你通常要做的第一件事是讓人們感到任務極其重要，而又幾乎完不成。這才使人們產生勇於拼搏的勁頭，並變成強者。」人是願意接受挑戰的，鼓勵人去創造，去冒險，這才能使企業敢為他人所不敢為。美國企業普遍存在的這種容忍挫折與失誤的寬宏大度，使員工減少了壓力，煥發了創新的活力。明尼蘇達採礦製造公司有一個訓條，叫作「你一定要犯些合乎數量的錯誤」，他們懂得「混亂的行動，也比有秩序的閒散好」。

在美國，自由競爭與冒險創新的特點符合信息化網路時代對企業文化的要求，因而美英等英語文化國家的企業在新經濟中如魚得水，甚至獨占鰲頭。適合個人創新、組織靈活機動、完善的人才流動體系，正是使硅谷始終充滿創新活力的不可或缺的文化要素。

美國許多企業都用不斷創新來保持自己的優勢。杜邦公司成功的經驗是發揚不停頓精神，不斷開發新產品，3M 公司的成功在於創新有絕招，招招都巧妙。3M 公司不輕易扼殺一個設想，如果一個設想在 3M 各部門找不到歸宿，設想者可以利用 15%的工作時間來證明自己的設想是正確的。3M 公司還能容忍失敗。「只有容忍錯誤，才能進行革新。過於苛求，只會扼殺人們的創造性」──這是 3M 公司的座右銘，成功者受到獎勵、重獎，失敗者也不受罰。3M 公司董事長威廉‧麥克唐納說：「企業主管是創新闖將的后臺。」

（3）企業決策由獨裁型向民主型轉變。在相當長的一段時間和現在很多企業中，美國企業的決策是由企業少數最高領導者決定的。其思想方式，是通過對事物發展的邏輯進行分析、判斷、推理的方法進行的，很少徵求下屬或員工的意見，缺少民主性。其優點是決策形成快，過程簡單；在執行過程中，領導以身作則，身體力行，對員工採取上情下達的方式，逐級傳達指令，要求每個員工貫徹執行。但是，在企業文化的推行過程中，不少企業已開始將很多的決策交給下級去處理。IBM 公司認為，責任和權力是一對孿生兄弟，要使職工對工作負責任，就必須尊重人、信任人，並給予實際的自主權。3M 公司的新事業開拓小組的所有組員都是自願來參加的，他們有高度的自主權。只要小組達到公司的績效標準便可得到好處，即使失敗了，公司也保證小組成員原來的職位和待遇。異想天開、離奇的想法在 3M 公司都能得到理解和寬容，科學的設想在 3M 公司總能找到歸宿。這種決策方式的轉變，反應了美國企業決策觀念的轉變，是企業文化滲透的結果。

（4）從純粹雇傭到利益共享。以契約為人與人之間關係基礎的美國社會，在企業與員工的關係上，主要表現為雇傭關係，其表現形式就是聘任制。其一方面明確了企業與個人的利益關係，另一方面也為職工流動提供了更多的機會。每個企業都可以根據自己的要求解聘其不需要的職工，並隨時補充新職工。同時，每個職工也

## 第十三章　中國式企業文化的建設和管理

都可以根據自己的條件，選擇更有利於自己的企業。美國企業職工流動頻率高，與這種用工機制是分不開的。員工與企業的關係往往視條件變化而定，大部分員工抱著「干活掙錢」的思想服務於企業，有濃厚的雇傭觀念。這種赤裸裸的金錢關係決定了員工缺乏主人翁意識的敬業愛廠精神。

20世紀50年代初，名不見經傳的人物路易斯·凱爾索提出了ESOP計劃，即職工持股計劃。這個計劃從二元經濟學（即勞動收入與資本收入應予並重）的基點出發，試圖通過立法的途徑使員工成為公司的股份持有人。這項計劃自20世紀50年代中期起實施，目前已有半數以上的州通過立法形式確定企業應從稅後利潤中取出相應的份額用於職工持股。從實踐結果看，有1500家公司中的1200萬職工通過這一計劃成為本公司的合法股份持有人，佔有資產達1000億美元以上。這種被美國人稱為「利益共同體」的舉措雖然不能從根本上改變美國企業的所有制形式、管理模式和分配制度，但它對企業與員工關係的變化起到了一定的作用。如今，美國許多企業實行股份制，通過職工持股，使其除工資收入外還能分到紅利。這就增加了職工參與經營管理的權利，提高了他們的身分、地位和安全感，美國最大的連鎖店沃爾瑪公司、「旅店帝國」希爾頓公司，均將一部分股份作為工資或福利分給職工。惠普公司等還通過增加職工的福利（如為子女提供助學金），讓職工共享公司成果。

（5）參與制排斥家長制，自主管理取代被動管理。與傳統的集權式的家長作風比，參與制使員工產生了自覺的認同意識，使企業從激烈的勞資糾紛中擺脫出來，形成一種合作的、健康的、和諧的工作秩序和人文關係。在現代美國企業，鼓勵人參與企業管理是多種途徑的。美國企業現在實行兩種參與制度：一是磋商制度。美國企業首先開展了這項活動，這是由工人代表和管理人員代表進行磋商以解決企業中存在的問題或制定重大的方針政策。磋商的內容主要有財務工作、人事管理、生產政策、技術改造、企業外承包等，通過磋商，以期達到上下一致，實現個人目標與企業經營的整合。二是勞資委員會制度。這是以法律形式加以確定下來的。委員會中勞資雙方人數對等，共10人，主要用於解決勞資糾紛、工人聘用與解雇等方面的問題，另外還有1/4以上的企業設有工人委員會和管理人員委員會，必要時雙方進行集體談判。

人力資源的開發管理與企業文化管理的結合，使得美國企業有了新的競爭力。美國的企業一般通過激勵員工的個人主義，充分尊重員工的權力使其與企業合作達到較好的水平，從而獲得較高的效益。因此，現代美國企業極為推崇員工自主管理。自主管理已基本取代了傳統的監工式的管理模式。這表現在：第一，基層管理人員的管理幅度大大加寬了。在監工式的管理中，每位基層管理人員可管理的員工人數一般為10人左右，而通過自主管理，管理幅度加大到50~70人。1981年福特公司率先取消了「總領班」這一實行多年的制度，1987年這家公司以及通用汽車公司又取消了「監工」這一職稱。現在，幾乎所有的大公司都取消了監工制度，這應該是企業對工人自主管理效應的充分肯定。第二，實行工人自主管理，減少了基層管理

## 企業文化塑造的理論與方法

人員的數量，使企業組織結構趨向扁平化，有利於提高企業的生產效率。第三，員工之間因缺少人為組織界線的管理模塊分割，進一步密切了相互間的溝通與協調，進而達到深化競爭和齊頭並進的效果。第四，工人進行自主管理，領導人員則從監督者、控制者的角色轉變為指導者、協調者的角色，這樣管理者就有更多的閒暇時間進行橫向聯繫和縱向溝通，這樣企業便由模塊式向多維聯繫的網路化方向前進了一大步。可以說，員工的自主管理一方面使個人的經濟自由度大大增加，另一方面又引導了自泰羅的「科學管理制」以來最重大的一次管理革命。這也是企業文化管理理論取得的成果。

（6）強調顧客至上，樹立企業形象。成功的美國公司都在追求質量精益求精的基礎上，扔掉了「技術傲慢」與「價格傲慢」的思想和「只要賣掉就是成功」的理念，樹立了顧客至上的意識。他們尊重顧客，甚至不厭其煩地與顧客建立了長久的聯繫，將售前服務、售中服務和售後服務很好地結合起來，做到對顧客充分負責。

（7）能力與收入、地位平衡。美國企業十分重視對職工的考評，認為這不僅是強化積極工作行為，糾正消極工作行為的手段，而且是決定對職工的獎懲、去留和晉升的主要依據。考評注重定量，依靠科學測評方法對職工工作行為結果做嚴格的量的分析和評價，而不過多關注當事人的工作行為動機方面的問題。只要當事人達到了要求的數量和質量指標，就被確定為考評合格，予以獎勵或晉升。

通過定量考評而決定晉升，體現了美國企業所奉行的能力主義。能力主義以能力取人，把能力高低作為職工是否晉升的依據。能力主義即拒絕以身世、資歷年齡作為晉升參照依據，也反對把學歷、文憑作為晉升的憑證，從而能夠較好地保持晉升依據的客觀性、公正性，並會促使人們努力提高和發揮自己的能力。在能力主義法則面前，能力和地位及收入是平衡的。承認差別，拉大差距，故意製造差別境界，是美國企業的傳統。企業界認為，差別境界本身是一種刺激，有利於激發職工的積極性。而勞酬的無差別境界激發不起人們的競爭意向，容易導致職工怠惰、消極情緒，從刺激職工積極性考慮。美國企業寧肯讓一部分職工失業，讓其吃救濟，也不願縮小工資差別，降低刺激性而保持全員就業。在美國人心目中，失業率保持在一定水平，並非是件壞事情。

（8）構建學習型組織。構建學習型組織是美國企業文化的共同特點。據調查，500強企業中強調團隊學習的企業比強調制度管理的企業利潤高出30多倍。從20世紀80年代開始美國的微軟、杜邦、英特爾、蘋果電腦、聯邦快遞等世界一流企業，開始認識到學習的重要性，紛紛建立學習型組織。

3. 美國企業文化的基本價值傾向

價值觀是企業文化的核心，決定著企業文化發展的方向。美國企業文化中有四種較突出的基本價值傾向。

（1）看重企業共同的價值觀和共同的信念。美國企業領導者認識到，決定公司生存和發展最重要的因素是企業共同的價值觀和共同的信念。努力為消費者、為社

## 第十三章　中國式企業文化的建設和管理

會提供優良的產品和服務是美國優秀企業的共同價值觀。同時，美國相當多的企業都有自己獨特的價值觀，而且深入人心，成為員工共同的行為規範，由此產生向心力，就像宗教信仰對某些人的作用一樣，而且多與誠信、以人為本、和諧、服務、責任、滿意等有關。在具有濃厚企業文化的公司中，特定的價值觀得到了充分的體現。這些公司的企業文化讚成什麼價值觀，其管理人員就在組織的各個層次上調整或保持這些價值觀。惠普明確提出「以真誠、公正的態度服務於公司的每一個權力人」的思想，這與IBM公司的「讓公司的每一個成員的尊嚴和權力都得到尊重，為公司在世界各地的消費者提供最上乘的服務」有異曲同工之處。福特公司宣布：要「讓每一個人都用得起汽車」。沃爾瑪要求：當顧客走到距離你10英尺（1英尺＝30.48厘米）的範圍時，員工要溫和地看著顧客的眼睛，招呼並詢問是否需要幫助。對於員工的微笑，沃爾瑪有個量化標準：請對顧客露出你的八顆牙。通用電氣公司所賴以維繫的是職員的「所有權觀念」，即公司授予現場人員以許多權力，讓他們對自己職權範圍內的事負完全責任。這種充滿分權化的企業家精神，才是通用電氣公司得以強大的核心力量。

（2）注重認同與共識。公司不同，文化就不同，重要的是員工認不認同你的企業文化，如果企業所有員工都認同並且將企業文化潛移默化地滲透到心靈深處，那麼這個企業文化的力量就大，對人的約束力就大，企業凝聚力就強，就越有生命力；反之，企業的增長繁榮只能是短期的，而不是長期的。美國企業吸收和學習日本的經驗，注重員工對企業價值觀的認同，力爭在個人主義的文化中尋找企業與員工的共同點。在管理上美國企業也逐漸從「單純指揮型」轉向「集體共識型」。企業領導對部門管理者不是頤指氣使，而是加以引導，注重集中廣大員工的智慧，搞共識決策。

（3）追求卓越的精神。追求卓越，這是美國企業文化的核心之一。美國企業文化竭力創造一種環境、一種文化氛圍，使更多的人感到不滿足，讓更多的人追求卓越。「創造性不滿足」的觀念就成了這一思想的首要標誌。「只要你棒，思科就愛你」，思科公司首席執行官約翰錢伯斯如是說。

（4）建立親密合作的文化。美國企業的人際關係是有別於日本企業和中國企業的。長期以來，在美國企業中，同事關係是一種純粹的利益競爭關係。同事間的夥伴友情讓位於利益、競爭所導致的激勵，以及緊張和不安的心理，因而，在工作現場同事間的合作和支持很少見。美國企業領導者與員工的關係是一種雇傭的近乎對立的關係。工人普遍存在仇視老板的心態，即使老板為工人做了好事，工人也往往帶著警戒的心理加以批判或排斥。企業領導人對職工很少抱有誠意合作的期望。現代企業文化管理要求管理人員與下屬員工建立親密合作的友誼。不少的企業開始轉變管理觀念。他們認為，有了友誼才會有信任、犧牲和忠誠，員工才會發揮出巨大的創造力量。企業應使員工參與決策和管理工作。企業的成功不僅要有先進的科學技術，而且必須創造一種合作文化，讓員工參與合作解決問題。在企業內部各階層

## 企業文化塑造的理論與方法

員工之間創造一種一體化精神，號召每一個員工都成為管理人。1995年，美國聯合航空公司率先把全公司的股票賣給了全體員工，使它成了員工所有的企業。這就大大提高了一體化精神，調動了職工的參與積極性。

建立親密合作的文化在外部表現為對顧客的關係。進行企業文化管理的企業認為，財務目標和企業利潤不過是消費者和用戶給企業投的信任票，企業通過員工與顧客發生親密合作關係。因此，他們注重把員工引導到產品質量和優質服務上去，以此來激發員工獻身企業、為企業發展貢獻力量的精神。思科最核心的價值觀就是：像偏執狂一樣關注並滿足客戶需求，按客戶滿意度確定管理人員的收入。

4. 美國企業文化建設給我們的啟示

（1）美國企業文化強調以個人為本位的人權、民主、自由、平等、博愛，強調個人成就和個性至上，鼓勵自由競爭與冒險創新；同時，又注重與顧客建立親密合作的關係，以顧客的需要為自己努力的目標，形成追求卓越的企業精神。這對於科學技術日新月異的當代社會和創新要求較高的企業和企業對市場份額佔有的理解都具有非常重要的意義。

（2）美國企業注意對自己思維方式和行為方式進行調整以適應時代與企業發展的要求，對中國現代企業文化建設具有重要意義。美國企業從以物為中心的單純技術與純理性主義的管理方式轉向以人為中心的現代管理方式；從把企業作為單一的投入產出體，毫無顧忌地向社會奪取最大限度的利潤，轉向把企業看成是整個社會有機體的一分子，企業努力與整個社會保持協調發展；從過去注重企業管理的硬件方面（戰略、結構、制度）轉向既注重硬件又注重軟件（技能、人員、作風、最高目標），強調它們的協調發展以實現其整體功能；由只重視硬專家、強調科學技術對生產經營的促進作用，轉向同時重視軟專家、強調信息與諮詢服務在企業管理中的作用。這些轉變，都是在時代的影響下和市場競爭中以及首先在思維方式轉變的前提下進行的行為方式的轉變，使美國的企業進行了必要的文化轉型，促進了美國企業的發展。

（3）美國的企業重視學習型組織的建設，企業文化的形成就是一個以自己的社會文化特色為基礎，不斷學習、不斷發展的過程，給我們以很好的借鑑。

## 二、規範、和諧、負責的德國企業文化

美國、日本、德國被稱為世界三大企業管理模式。其中，德國的企業管理模式是近年來受到世界企業界廣泛推崇和學習的，就連美國的企業界也普遍認為，德國的企業管理比美國更富有活力和有效。

1. 德國社會文化對德國企業文化的深刻影響

德國的企業文化受歐洲文化價值觀影響很深。首先，歐洲文藝復興運動和法國資產階級大革命帶來的民主、自由等價值觀，對德國企業文化的產生和發展產生了

## 第十三章　中國式企業文化的建設和管理

很大的影響。其次，德國強調依法治國，注重法制教育，強調法制管理，在市場經濟條件下長期形成的完備的法律體系，為建立注重誠信、遵守法律的企業文化奠定了基礎。再次，宗教主張的博愛、平等、勤儉、節制等價值觀念，在很大程度上影響了德國企業文化的產生與發展。最后，德國人長期形成的講究信用、嚴謹、追求完美的行為習慣，使企業從產品設計、生產銷售到售後服務的各個環節，無不滲透著一種嚴謹細緻的作風，體現著嚴格按照規章制度去處理問題，對企業形成獨特的文化產生了極大影響。這幾方面的結合，形成了德國企業冷靜、理智和近乎保守的認真、刻板、規範的文化傳統。德國企業文化明顯區別於美國的以自由、個性、追求多樣性、勇於冒險為特徵的企業文化，也區別於日本企業強調團隊精神在市場中取勝的企業文化。

2. 德國企業文化的特色

（1）獨具特色的企業理念。德國是一個工業發達國家，有一批世界級的公司，這些公司除了有馳名世界的品牌外，還有自己獨特的企業文化理念。比如寶馬公司的企業理念是「只有每一個人都知道自己的任務，才能目標一致」。奧迪公司的企業理念是「競爭是從來不睡覺的」。西門子公司的企業理念是「過去總是開頭，挑戰在后頭」。重視企業文化建設，培養良好的企業文化是德國企業管理中的重要組成部分，對外是企業的形象問題，這種形象不光是企業的品牌、效益，更重要的是培養企業和職工對社會的責任感，使企業從上到下、從裡到外展示給社會的是美好的東西；對內則主要是培養團隊精神，比如海德爾紙業公司是一個有著 150 多年歷史的家族企業，對公司人員的管理主要體現在企業文化上，公司將「持續、可靠、公開、誠實」作為企業的理念，不間斷地對員工進行價值觀和傳統教育，如怎樣對待失敗，怎樣與同事友好相處，甚至生活與工作環境的清潔、秩序以及個人的外貌舉止，都不當做小事處理；不但要求每個員工知曉，還要求中層以上幹部起好表率作用，這樣通過企業文化把人事管理十分自然地融合起來，極大增強了企業的凝聚力和感召力。該公司生產的各種型號的紙占領了德國 2/3 的市場，歐洲 1/3 的市場，同時打入了美國市場，主營紙業年收入達到 31 億馬克。

（2）以產品質量和售後服務為基礎的顧客導向。德國企業普遍具有精益求精和注重誠信的意識。追求產品質量完美、提供一流服務已成為企業員工的自覺行動。美國式管理的顧客至上原則往往著重積極的行銷研究和策劃，同時有效處理顧客的抱怨。而對德國人來說，產品質量好而耐用以及加強售后服務，才是吸引顧客的秘訣。德國人愛好技術、鑽研技術、崇尚技術的價值觀已深入人心，成為一種自覺的行為。在德國企業中，強烈的質量意識已成為企業文化的核心內容，深深植根於廣大員工心目中。

戴姆勒—克萊斯勒公司在產品質量方面非常有代表性。首先，其認為高質量意識與員工的高素質是分不開的，十分注意培養具有專門技能和知識的職工隊伍，千方百計提高員工的質量意識；其次，具有精工細作、一絲不苟、嚴肅認真的工作態

## 企業文化塑造的理論與方法

度，這種態度幾乎到了吹毛求疵的地步；最后，把好質量關，嚴格檢查制度，做到層層把關，嚴格檢查。

奧迪吸引世界範圍的顧客有四項原則：領先的產品、精美的形象、引起顧客對汽車的興趣、以客戶為導向。這四項原則說到底就是一個產品的質量和品牌問題。汽車工業是德國質量管理的典型代表，幾大汽車公司都有一整套健全的質量管理機構與體系，對質量管理的投入相當巨大。如大眾公司各類質量管理人員就有 1.6 萬人。龐大的質量管理機構和人員，不僅對產品出廠進行質量檢查，而且參與到產品的研究、設計、生產等每個環節中，如奔馳汽車公司每天要從生產線上抽出兩輛汽車，對 1300 個點進行全面檢測，對所有協作廠商提供的零部件也同樣進行檢查，只要發現一箱外協零件不合格，此批產品就要全部退回。正是靠著嚴格的產品質量管理，德國產品在世界上贏得了聲譽，很少因質量問題引發糾紛。

德國企業在重視產品質量的同時，也非常重視完善周到的售后服務。汽車工業是德國質量管理的代表，其主要情況如下：一是有健全的質量管理機構與體系；二是十分強調質量預防；三是有紮實的質量管理措施。各汽車公司還十分重視售后服務，奔馳公司在國內設有 1244 個維修站，工作人員達 5.6 萬人；在國外的 170 多個國家和地區設有 4000 個左右的推銷與服務站，職工達 5.7 萬人。這些銷售站、服務網負責日常修理、零部件供應和技術服務工作，基本上可以做到車輛當地隨到隨修。龐大的售后服務體系為消費者解除了后顧之憂，成為產品開拓市場的競爭優勢。

(3) 強調加強員工的責任感，注重創造和諧、合作的文化氛圍。德國企業文化體現出企業員工具有很強的責任感。這種責任感包括家庭責任、工作責任和社會責任，他們就是帶著這樣的責任感去對待自己周圍的事物。企業對員工強調的主要是工作責任，尤其是每一個人對所處的工作崗位或生產環節的責任。

德國企業十分注重人際關係，努力創造和諧、合作的文化氛圍。例如，1994 年受世界石油危機影響，大眾公司在德國本土的公司經濟面臨困難，需要解雇 2 萬多名員工。然而，公司的員工在參與企業決策時卻表示：寧願減少自己收入的 20%，把每週工作 5 天改為 4 天，也不要讓那些人失業。同類的事情，當大眾公司在巴西的分公司也試圖這樣做時，卻被巴西員工拒絕了。

德國企業十分重視企業兼併重組過程中的文化整合。為解決企業兼併重組中的文化衝突，保持和諧的文化氛圍，保證企業兼併重組目標的實現，德國企業在公司併購、重組時，十分注重企業文化的融合。如德國奔馳公司與美國克萊斯勒公司合併后，為解決兩國企業在文化上的差異和衝突，成立了專門委員會，制訂了三年的工作計劃，通過加強員工之間的聯繫與溝通，進行文化整合。

(4) 注重實效，融入管理，樹立良好企業形象。德國企業文化建設特別注重圍繞企業的具體實際進行。其以精湛的技術、務實的態度和忠誠的敬業精神進行經營；將企業文化建設融入企業管理，注重實際內容，不拘泥於具體形式，說得少而做得多。除此之外，德國企業還特別重視有效的形象宣傳，那些在德國乃至世界各地樹

## 第十三章　中國式企業文化的建設和管理

起的「奔馳」、「大眾」、「西門子」等具有國際競爭力和時代氣息的德國跨國集團的品牌標示，已經成為企業實力的象徵。德國企業重視客戶，注重誠信合作，樹立創一流服務的企業精神，達到了很高的高度。如高依託夫公司提出：「對於客戶提出的要求，我們沒有『不行』兩個字。」

（5）完善的職業培訓機制和職工廣泛參與管理。德國是世界上進行職業培訓教育最好的國家之一，其法律規定的有三項：一是帶職到高等學校學習；二是企業內部進修；三是由勞動總署組織並付費的專項職業技能培訓。第三項主要是針對失業人員。在德國，要想找到一份工作，除了必備的文憑外，三年專業職業教育也是必需的，即便是一個傳統經營農業生產的家庭，如果其子女沒有經過專業農業訓練教育，也不可能繼承家業來從事農業生產。除了成年人在上崗前必須經過專業培訓，就是對口學校畢業出來的高中學生，被企業錄為學徒，首先得進行三年的雙軌制教育培訓；每週三天半到四天在企業學習實際操作技巧，一天到兩天去職業學校學習理論知識，這三年的培訓費用和學徒工資全部由企業負擔。例如德國的大型客貨車生產廠家慢營車輛股份公司是個有 100 多年歷史的老企業，1999 年年營業收入 100 多億馬克，其成功的重要因素之一就是把各級各層人員的培訓當作系統工程來抓。培訓部經理麥希先生說，該公司 1988 年以前，80%的領導人是由外面培訓的，或者是招聘來的，而現在 80%是由公司自己培訓出來的。

由於德國企業員工隊伍的整體素質十分優良，這就為職工參與企業管理奠定了堅實的基礎。德國《職工參與管理法》明確規定，大型企業要按對等原則由勞資雙方共同組成監事會，然后再挑選一位中立人士擔任主席。德國《企業法》規定，凡職工在 5 人以上的企業，都要成立工會，由全廠職工選舉產生，每 3 年改選一次，職工委員會人數的多少由企業人數多少決定。職委會的主要任務是在工資、福利、安全、勞動時間、勞動條件、合理化建議等方面維護職工利益，資方在涉及職工前述利益等重大問題做出決定前，必須徵得職委會同意。這種由勞資雙方共同治理企業的方法優點和好處很多，一是這種決策方式能更多地考慮企業的長期發展，避免短期行為；二是勞資關係融洽，減少了工人與管理層之間的矛盾和衝突（在德國已有 20 多年沒有發生工人罷工。）；三是勞動生產率大大提高。1995—1999 年期間，德國實行職工參與管理的企業，每個工人的產值每年提高了 8%；而美國企業的每個職工每年的產值只增長了 3.5%；四是企業內部的控制力度比較大，形成了比較健全穩定的內部制衡機制；五是能較為充分地反應和體現職工利益。如職工的勞動條件、薪酬待遇等問題能夠通過勞資共同協商得到改善和提高。

德國可以說是西方國家中實行職工參與企業管理制度最好的一個國家，這也是第二次世界大戰后德國經濟發展較快的一個主要原因。不論是大眾、戴姆勒—克萊斯勒、西門子等大企業，還是高依託夫、路特等中小企業，職工參與企業決策是一種普遍現象。

（6）人力資源管理開發方面的顯著特色。雖然不同的企業對人力資源的管理有

## 企業文化塑造的理論與方法

不同特點，但其共性是幾乎所有的企業都把人力資源管理放到第一線，都有一套比較科學的人事評價標準和獎懲措施，注重的是工作結果，而不是印象與好惡。企業通常把對人事的管理分為垂直和層次管理，沒有越位，也很少相互交叉。如西門子公司在190個國家和地區有企業，員工達到44萬人。管理這樣宏大而遍布世界各地的企業的人事部最高管理委員會只有15人，具體從事一線管理的人事部只有7人，分別來自7個不同的洲際和地區，分別分管不同的洲際、國家和地區。最高管理委員會按照位於不同洲際的國家的企業、不同的社會文化背景、不同的市場環境、不同的價值取向等制定出不同的人員管理評價標準。西門子公司對管理人員的評價考核一般從四個方面入手，即經濟、雇員、顧客、決策過程。對優秀經營管理人員的要求是：積極性和工作熱忱；獨立和集中力量處理問題的能力；卓越的影響力；引導員工達成目標的能力等。每個層次的管理人員都面臨同樣的標準，唯一不同的只是層次差別，每年一度的考核評價全部輸入電腦，與其薪酬待遇掛勾。最高管理委員會根據這些考核評價資料，在整個集團範圍內選拔人才，形成西門子公司全球範圍內的人才經理市場。除此之外，德國企業十分重視讓企業管理人員去國外工作或在國外擔任一個職務，以學習瞭解和掌握國際經濟管理的知識經驗，這是德國企業在人才管理戰略中的至高一著。目前在德國最大的25家公司總經理中，有15人在國外工作過很長時間，對有關國際市場的競爭對手了如指掌，這些公司的產品在國際市場佔有很大份額。從上述情況我們不難理解和體會，當今的世界經濟，既是產品的競爭，更是人才的競爭。

德國企業在管理人才選拔與培養方面也頗具特色。大眾汽車公司除了最高決策層之外，擁有各方面的優異的管理人才。企業以高薪吸納了大批優秀管理人才和科研專家，並為其發揮才能提供廣闊的空間，使他們產生一種自豪感、凝聚力和向心力。西門子公司也特別重視對管理人才的選拔和錄用。其聘用的管理者必須具備以下四個條件：一是具有較強工作能力，特別是衝破障礙的能力。二是具有不屈不撓的精神和堅強的意志。三是具有老練的性格，能使部下信賴，富有人情味。四是具有與他人協作的能力。戴姆勒—克萊斯勒公司認為「財富＝人才＋知識」，「人才就是資本，知識就是財富。知識是人才的內涵，是企業的無形財富；人才則是知識的載體，是企業無法估量的資本」。所以，戴姆勒—克萊斯勒公司有一種好的傳統，即選拔人才並不注重其社會地位的高低，而是注重本人的實際能力。

（7）德國著力於生產沒有競爭對手的獨家產品和特色產品。德國企業早在20世紀五六十年代就已注意到日本的鋼鐵、小汽車、照相機和家用電器方面的競爭力與日俱增，就及時地將生產重點轉到了對人員、技術和投資要求更高的大型工業設備、精密機床和高級光學儀器等產品上。不少德國的企業認為，既然一臺精密機床能抵得上幾萬臺彩電，一臺高級光學儀器抵得上幾萬架照相機，何必要在彩電和照相機方面同日本爭一日之短長呢？因此，在德國企業，發展一般產品不是其研製方向，要搞就搞世界領先水平的、高難度的、別人一時無法研製出來的產品。據美國

## 第十三章　中國式企業文化的建設和管理

《幸福》雜誌報導，德國大約 30% 的出口商品在國際市場上是沒有競爭對手的獨家產品，其價格由德國的出口商說了算。目前，德國大型工業設備、精煉化工產品、精密機床和高級光學儀器等方面擁有無可爭辯的優勢。進入 20 世紀 90 年代以來，隨著市場競爭的日趨激烈，不少德國中小企業開始從自身實際出發，不再一味攀比高精尖，而是密切關注市場需求的變化，瞄準市場空隙，不斷推陳出新，生產特色產品，創造新的市場需求。

### 3. 德國企業文化給我們的啟示

德國的企業文化是規範、和諧、負責的文化。規範就是依法治理，從培訓中樹立遵紀守法意識和對法律條文的掌握，從一點一滴做起，杜絕隨意性和靈活性。和諧，就是管理體制的順暢、人際關係的和諧。負責，就是一種企業與職工雙方互有的責任心，即職工對企業負責任，企業對職工也要負責任，企業與員工共同對社會負責。這種企業文化注定了德國企業嚴肅認真的工作態度和精益求精的工作作風，也保證了德國產品的高質量，當然也就築就了德國企業良好的企業形象。作為世界三大管理模式之一的德國模式，其文化內涵值得我們借鑑。

## 第二節　吸收東方企業文化的精華

1988 年 1 月，諾貝爾獎獲得者在法國巴黎召開會議。在會議結束時發表的宣言中指出：「如果人類要在 21 世紀生存下去，必須回到 2500 年前，去吸取孔子的智慧。」東方文化博大精深，東方企業文化的建設離不開東方文化的土壤。真正認識和挖掘東方文化本身的價值，在東方文化傳統的基礎上吸收世界企業文化的精髓，建立合理的方法論，是企業文化建設的必經之路。

在東方，日本和韓國是深受儒家文化影響的兩個國家。這兩個國家的經濟發展也取得了令世人矚目的成就，下面就對這兩個國家的企業文化進行一些剖析。

### 一、企業的文化力——日本企業成功的奧秘

雖然從 20 世紀 90 年代以來，全球不看好日本，但是如今日本的一系列經濟指標仍然傲視全球。下面是中國科學院可持續發展戰略研究組所做的一組城市比較：東京的 GDP 總量相當於上海的 20 倍、首爾的 10 倍、香港的 7 倍、巴黎的 5 倍、倫敦的 3.5 倍。以上這五個城市的 GDP 總量加起來也不過是東京的 4/5。而算上它的海外資產，日本的經濟總量還可以再增加 3/4。多年以來，日本的 GDP、外匯儲備、國民儲蓄總額等經濟指標都位於世界前列。R&D（研究和開發）經費支出占 GDP 比重，一定程度上反應國家經濟增長的潛力和可持續發展能力。從 1990 年以來，日本的 R&D 經費支出占 GDP 的比重一直是世界第一。不少企業對 R&D 的投資已經超

## 企業文化塑造的理論與方法

過了對固定資產的投資。令很多人想不到的是日本是全世界收入分配最公平的國家之一，也是最廉潔國家的前30個國家之一。

對日本的經濟繁榮進行深入探索對我國的經濟發展與企業文化建設具有非常重要的意義。

1. 日本社會文化對企業文化的深刻影響

日本的民族文化與社會文化有著自己獨有的特性。

（1）民族的單一性與社會結構的同質性。日本民族一個最為顯著的特點是它在日本島上自始至終都是唯一民族。在漫長的日本民族歷史上幾乎沒有民族大遷移以及不同民族之間的大殘殺，社會結構較穩定和統一。80％以上的人世世代代生活在同質社會中，繼承了日本社會傳統的「集團走向性」及由此而產生的各種習俗。同種語言與文字，使其思考帶有較強的共同性；強調集團主義與業績主義相結合的獻身價值和對紀律的高度重視又為組織目標的實現提供了保證。

（2）「文化滯后型」與兼容並蓄性。日本的農業誕生在公元1世紀，其社會經濟文化比中國落后了幾個世紀，這時日本呈現出「文化滯后型」狀態。「滯后型文化」可以朝著截然相反的兩個方向發展。一是封閉守舊，停步不前，抵制先進文化，從而文化更加落后；二是發揚文化革新精神，兼容並蓄地吸收外來文化改造自身。日本選擇了后者。公元前7世紀日本進行的「文化革新」運動，締造出一個融合大唐文化的日本封建文化體；19世紀進行「明治維新」運動，締造出一個融合了歐美文化的日本式資本主義文化體。第二次世界大戰結束后，日本又向美國學習，實行了一系列的改革，從而為20世紀60年代以后實現經濟騰飛創造了良好的條件。

日本企業文化的形成與發展，始終體現著日本民族的特點——團隊精神和家族意識。由於日本的社會文化既受到中國儒家文化的薰陶，又受到西方文化的深刻的影響，可以說是吸取了東西方文化的精華，薈萃而成。日本的企業文化也就帶有了自己的民族特點和兼收並蓄的特徵。它以「企業使命」、「組織風土」、「社訓」、「社風」等多種形式表現出來，已成為世界公認的比較優秀的企業文化。

日本的企業文化是企業長期經營實踐中，依靠民族的傳統、習慣和「企業風土」建立起來的，它是企業依賴於宣傳、教育、灌輸、滲透、身體力行等各種活動和有效措施，經過漫長的實踐過程而逐漸發展起來的。

2. 「和魂洋才」——日本式經營的根源

日本民族是善於學習與融合的民族，他們努力地尋找一切有用的東西為己所用。在融合東西方文化的優勢與自己的傳統文化結合併形成自己的企業文化特色方面，日本民族堪稱典範。

（1）「和」的觀念。日本民族自稱大和民族，「和」就是日本的民族精神和靈魂。「和」實際上是以儒家思想為代表的中國文化的產物，是「漢魂」的變種和東洋化。但是到了單一民族的日本，在企業的凝聚力方面，卻發揮了難以預料的作用。

「和」是被運用到日本企業管理範疇中的哲學概念和行動指南，其內涵是指愛

## 第十三章　中國式企業文化的建設和管理

人、仁慈、和諧、互助、團結、合作、忍讓，它是日本企業成為高效能團隊的精神主導和聯繫紐帶。它最初發源於中國儒家倫理，到了日本重點發展為「和、信、誠」的禮儀規範。人們注重共同活動中與他人合作，追求與他人的和諧相處，並時刻約束自己，所有日本的企業都依「和」的觀念行事。在日本人看來，真正實行了「和」的團體，勢必帶來和諧和成功。理想的工作環境，使人的潛能得到良好的發揮，使得人找到人生的歸宿，達到幸福的境界，「和」的觀念很大程度上制約著和引導著日本企業的經營哲學。日本企業實行的自主管理和全員管理、集體決策和共同負責、人與人之間的上下溝通，乃至於情同手足，這些都與「和」的觀念密不可分。

（2）模仿和學習。日本企業對儒家文化的學習最深入。在日本，有一本書作為「致富經國之大本」，這就是《論語加算盤》（又名《道德經濟合一》或《實踐論語》）。該書作者澀澤榮一生創辦了500多家企業，被尊為「日本工業之父」。他說：「我的經營中雖飽含著辛苦和慘淡，但是由於常遵孔子之教，據《論語》之旨，故使經營獲得了成功。」目前在日本，不少企業家把《論語》作為日本工商企業的「聖經」，把其中的思想作為企業經營管理的根本方針。松下電器公司迄今還在其商業幹部學校中，把儒家經典作為商業道德課的教材。

日本民族不僅立足於融合東方文化的精髓，而且對人類先進的文化知識技術如饑似渴。特別是在第二次世界大戰后的日本，其經濟在崩潰的邊緣，資源、能源極為短缺。一方面企業開工不足，另一方面又有大量產品積壓。為了勵精圖治，他們在世界範圍內尋求各種專利和技術，十分關注國外科學技術的發展，最大限度地從中汲取精華。企業家們還不時造訪外國同行，學習經營管理之道。日本企業界的有識之士，在多次去美國參觀、考察中，發現美國的國際商用機器公司（IBM）的經營哲學和管理之道非常適合日本的企業管理。這家公司的經營哲理：第一，尊重個人，發揮天賦；第二，顧客至上，服務第一；第三，完美主義，精益求精。這種獨樹一幟的企業文化精神，啓發了日本企業界的專家、學者。由於他們善於吸取外來企業文化，並與本國企業文化相結合，就形成了有原則、有信條、有精神的具有日本特色的企業文化。

著名的索尼公司的創始人之一森田秋雄在自傳《日本製造》中承認，他吸取了很多西方人做生意的經驗。索尼公司當初就是從美國西物電氣公司以 25,000 美元的價格買下了製造半導體收音機的專營權，並在此基礎上建立起它自己的微電子工業帝國。利用西方的科學管理與技術（洋才）發展自己的企業，使日本企業迅速跟上了時代的步伐。

3. 日本企業文化的特點

「終身雇傭制」也好，「年功序列制」也罷，其實都只是「日本式經營」的表面現象。如果向日本學習就是學這些表面現象，那麼，百分之百會以失敗告終。美國在20世紀80年代有不少企業已經證明了這一點。「日本式經營」的根本特點在

## 企業文化塑造的理論與方法

於日本企業活動受到日本文化群體特徵的影響和制約。它是群體內的成員「信息共享」的結果，是由日本人的基本行為方式決定的企業行為方式。

（1）「團隊精神」是日本企業文化的靈魂。所謂「團隊精神」，是指日本企業經營活動中行為模式的基本原則。這可以說是日本式經營的第一個重要特點。日本企業在管理方式上強調部門總體的工作成績，而不是將重點放在職員個人身上。它在選擇職員時首先關心的是職員將來進入公司之後與其他職員之間的協調性，而並不過重地看待職員個人的特殊能力。日本企業開展的諸如「朝禮」與「質量管理活動」等，首先著眼於各個部門整體的工作水平，著眼於每個職員相互之間的配合，而不過分地注重每個職員的分工和個人的責任與義務。因此，日本企業的職員往往在下班以後經常加班，而這時則幾乎是部門的全體成員一起加班，或者處理未完的工作，或者為下一步的工作做準備，部門中的每個成員都扮演著相互配合而又必要的角色，集體加班幾乎成為一種習慣，然后等加班之后大家一起去喝一杯，消除緊張和疲勞。這和歐美企業的職員分工明確，到點下班的作風大不相同。這種部門為主的「團隊精神」可以說是日本式經營的靈魂。

日本式經營強調團隊精神，主張企業中的每個成員共同協作，為了一個共同的目標而工作。這種行為方式與日本自20世紀以來追趕西方國家的目標相一致，從而產生了巨大的力量。日本企業講求信息共享，促使每個成員自覺地行動，構成了日本企業的強大活力，最終使日本的經濟得到快速發展。同時，由於日本企業講求團隊效應，勞動力組織比較穩定，也在一定程度上保持了日本企業的活力，對於日本經濟的發展產生過積極的作用。

日本文化強調群體，注重群體的和諧與統一，倡導個體對於群體的從屬和忠誠，強調個體融合於群體。因此，日本的職員一旦經過選擇進入一家公司，他就把企業看成他所從屬的群體，將自己和企業的利益完全聯繫在一起，將企業視為命運共同體，因而盡心竭力，無怨無悔。

（2）強調「信息共享」與整體效率的原則。日本企業強調公司整體的活動，主要是強調部門整體的工作，很少將重點放在各個職員身上。新職員進入公司的一個部門之後，常常要給好幾個老職員當助手。經過這樣的培訓，他不但可以承擔將來分配給他的工作，而且也能瞭解和掌握整個部門工作的內容和性質。即使在其他人員出差或者因為某種原因不在公司時，他也能應付相應的工作。這實際上也是日本文化講求群體，將職員視為公司命運共同體一員的一種具體表現形式。如果再進一步從日本企業行為模式上來分析這個問題，這種做法的實質意義在於企業內部各個成員實行「信息共享」。[①]在一個部門中，新職員通過給各個老職員打下手，「共享」部門有關工作的所有信息。大部分職員在自己的工作歷程中先後被分配到各個不同的部門和崗位工作，結果可以共享整個公司的有關信息。正是因為這種信息共享的

---

① （日）島田晴雄，等．國際經營與異文化交流．浦安：東洋經濟新報社，1991：13．

## 第十三章　中國式企業文化的建設和管理

機制，在日本企業的經營活動中，每個職員大體上都能應付所屬部門的工作，決策過程中下級都能起到重要的作用，形成了日本企業中職員個人分工不甚細緻，可以全方位地開展工作的重要特徵。

由於信息共享，同一公司或者同一部門的工作人員之間能夠比較順暢地進行信息交流，每個成員能夠比較詳細地瞭解所屬部門的各個細節，不會出現互不瞭解和無法溝通的弊病。其實，這種信息共享正源於日本文化的總體背景。日本人經常說，他們講求「以心傳心」，實際上就是相互之間的默契和互相溝通，甚至一個手勢、一個眼色，都可以使他們相互之間得到很好的理解。[①] 雖然「信息共享」也帶來一些負效應，但是，它在日本企業經營活動中的優勢是不容低估的。

日本企業強調整體效率的原則。日本企業在經營管理上，表面看來也許並不重視個體成員的效率，但是它十分強調部門整體的工作效率。這和它不過分地強調個體的分工而強調職員之間的協作有著直接的關係。從日本企業的實際情況來看，也許單個職員的能力並不一定特別突出，但是他們結合在一起時，相互配合，互相彌補，整個工作就會做得有聲有色，效率比較高，這便使企業在競爭中具有很強的優勢。當然，這並不是說日本企業中的職員個體之間缺乏競爭。恰恰相反，由於部門中的每個職員可以「信息共享」，瞭解整個部門的情況和目標，為了提高整個企業或者部門的工作效率，幾乎每個職員都變成了「拼命職員」，整體的目標變成了每個職員自覺的行動，既有個體之間的相互刺激，又從整體上保證了整個公司或者部門的發展。日本式經營的這種強調整體效率的管理方式構成了它們具有強大競爭力的重要源泉。

（3）強調企業經營理念建設。明晰的經營理念是日本企業最突出的特點之一。它對於企業培養員工良好的工作態度與作風，以及遵守道德規範和行為準則具有重要作用。在日本經營管理比較成功的企業中，大都建立了企業自身的「社訓」或「社示」，用以培養企業良好的文化。而「社訓」或「社示」就是我們所說的企業總綱領或總方針，是全體員工共同遵循的經營宗旨或經營目標。松下電器產業公司，以「綱領、信條、精神」作為企業「社訓」的主要內容。其綱領是指履行本分，通過生產物美價廉的產品，提供優質服務，為社會多做頁獻；其信條是指發展提高、親和協力、至誠至上、團結一致；其精神是指產業報國、光明正大、親如一家、奮發努力、禮節謙讓、順應同化、感謝報恩。本田技研工業公司，以「三滿意」作為企業的「社示」，即員工對自己生產的產品滿意，銷售店對經銷本田商品滿意，顧客對本田的商品滿意。為了實現「三滿意」，要形成員工主動鑽研技術，開發新產品，為提高產品質量和性能，生產出世界最好的產品而自強不息的企業風尚。

（4）以集團為單位的競爭。日本產品之所以能以「高質量、低價格」出口到國外，很大程度上是國內市場激烈競爭的結果。例如，最初摩托車行業領先的是東發公

---

① 參見：高增杰. 日本式經營的「功」與「罪」[EB/OL]. 人民網（日本版），2002-01-14.

## 企業文化塑造的理論與方法

司,排名第二的本田遠遠落在后面。幾年之后,本田統治了國內市場,東發只能向國外發展了。

現代經濟運作的主要原則是社會各基本單位在平等的條件下相互競爭。西方的競爭以個人為本位,而日本卻以集團為本位。這種以集團為基本單位的社會競爭在整體上形成了「對外競爭、對內和諧」的格局。日本人認為,社會並非個人競爭的場所,而是一個隊與另一個隊集體競爭的地方。為了與另外一個公司所建立的團隊競爭,一個公司的雇員組成的隊伍應該像一個統一體那樣行動。要在集體競爭中擊敗所有對手,保持企業內部的親密和諧就顯得特別重要了。所以,企業在雇傭職員時,特別注重其忠誠感和潛在能力,而「專業本領」卻不是最重要的了。在這種保持親密感的團隊中,老板與員工都有一種需要終身承擔的義務。於是,一種強烈的「家長式的」、「家族的」、「同事的」氣氛彌漫於公司之中。在雇員之間以及雇員與經理人員之間,那種具有血緣關係似的團結感情十分盛行。

引申至國際競爭圈中,日本人覺得國家就像一個放大的企業,它作為一個嚴密的整體參與世界貿易競爭。因而企業對於政府猶如雇員對於企業一樣,信奉的仍是傳統儒教的忠誠原則。在美國,賺錢是獲得社會尊敬的最有效的一種方法;而在日本,一個人除了賺錢以外,還必須為社會和國家做「某些事情」。

(5) 以人為中心的思想。企業即人、企業為人、企業靠人,日本企業管理的成功很大程度上得益於以人為本管理。首先,他們著力於人力調配的最優化。近幾年日本的大企業為引進富有新思想、具有開拓性的人才,以便進可「搶人」,退可「留人」,對原來刻板的人事制度進行了大幅度的改革,以職位的平等競爭來推動企業的發展,利用競爭機制促使企業內部選拔管理人才的創新。日本許多大公司對於內部的職缺,或開拓新事業所需的人才,除照常錄用大學生外,開始嘗試內部公平報考制度,層次從中層幹部一直到新崗位的負責人。為防止業務分類過於繁雜、組織機構過於繁雜和龐大的「大企業病」,許多企業相繼撤除了組織間的壁壘,以便人員流動更為靈活,這可使每個人的創造性得到充分的發揮。其次,注意工作效能最優化。隨著新技術革命的發展和智能科學的運用,為適應人類勞動結構及工作機能的重大變化,日本企業勞動用工制度正在發生變革。例如,允許人們兼職服務、交叉任職等,這不僅有利於人才發揮多種智能優勢,施展多方面的才華,而且也有利於推動企業的發展,多方位實現人的價值。勞動工作管理正向著靈活機動、寬鬆宜人的管理模式轉變。許多企業家都著手在企業內部開發部門試行自由時間制和彈性工作時間制。智能型的管理部門及其崗位上的一部分職員,可根據工作需要和生活習慣,完全自由地安排工作時間,使一部分「寶貴人才」有一個寬鬆的工作環境,在最佳時間內發揮最佳效能和工作效能。日本企業還通過淡化所有權、讓員工參與管理等辦法調動員工工作的積極性,形成經營者和員工、企業的「命運共同體」。

豐田公司為了調動員工參與管理,在總廠及分廠設了130多處綠色的意見箱,

## 第十三章　中國式企業文化的建設和管理

並備有提建議的專用紙，每月開箱 1~3 次。僅 1980 年便有 859,000 條建議，比 1979 年增長 50%，建議採納率是 93%，付出的獎金達 9 億日元。據統計，35 年間提出的建議共有 442 萬條，豐田有 45,000 名從業人員，平均每人提 100 條建議。這些建議即使不採用，豐田的有關部門也付以 500 日元作為「精神獎」，給予獎勵。現行最高的「合理化建議」的獎金可高達 20 萬日元。此外，對技術上的重大革新創造，還另有重獎。公司設有專人負責收集、整理合理化建議，研究其可用價值，評級發獎，並盡快採用。

經過半個世紀的經營，豐田公司已成為日本汽車製造業中規模最大的生產廠家，生產量為日本之冠，已擠入世界汽車工業的先進行列，僅次於美國的通用汽車公司，居世界第二位。

（6）教育為經營之本。日本企業非常重視教育、技術培訓和文化事業。在日本企業中，最早系統地提出「經營即教育」理論的是松下電器產業股份公司的前總經理松下幸之助。他從 1918 年創辦松下電器產業公司以來，始終把「經營即教育」作為企業文化建設的重要內容，並以此指導企業經營活動。他曾多次指出：「人的智能、科學知識和實踐經驗都屬於社會財富，而且比黃金更有價值。」有一種無言的默契，即經營是社會對企業委託。這就是說，企業家應時刻記住企業的社會責任，自覺地協調企業利益與社會利益，為社會發展貢獻力量。要實現這一重任，必須依靠企業全體員工，統一企業員工的思想和行為，而統一最好的方法就是教育。為了使員工具有經營意識，提高其經營本領，造就富有開拓進取精神、熱衷於為社會服務的集團，就必須堅持不懈地進行教育。松下還教育員工樹立「經營的目的是為社會服務，利潤才是服務的報酬」的思想意識。松下電器產業公司能夠從只有製造雙插座的幾名員工的小企業，發展到今天能夠生產各類電器產品和擁有海內外 20 萬員工的世界 15 家最大公司之一，它的成功經驗就在於把「經營即教育」的思想，始終貫徹於企業的經營實踐之中。

重視「經營即教育」，寓經營於教育之中的日本，不僅僅是松下電器產業公司，還有豐田和日立公司等世界知名的大企業，這些企業在長期經營實踐中，形成了一種共識，即在經營中實施教育，這不僅構成了企業文化的重要特徵，也使得企業在激烈的市場競爭中立於不敗之地。

（7）通過妥協達到一致。不管多大的企業，從最小的、剛創立的小店鋪到超級企業帝國，都注意在企業中給每一個人發言的機會。一件事情的決策必須在涉及的人全都認可了才能去做，日本人把這叫作「Nemawashi」（綁根，指園丁在移植樹木時小心翼翼地將所有根須都包纏起來）。領導人在做重要決定時，必須設法將所有成員的意見都統一起來。這個操作過程是很乏味的，也相當漫長，但最終獲利的是企業，因為所有的人都在一個目標下排成了隊。

在西方的民主中，公民之間的利益競爭、不同意見的公開辯論是達到公意的必經通途；而在日本的民主中，卻滲透著協調一致的集體傳統。他們總是避免公開的

## 企業文化塑造的理論與方法

對抗，更樂意私下協商和居中調停。他們覺得，決定不應由任何個人做出，而應該通過協商由集體共同做出。其目的是達到一致——開會的意義總是為了要達到普遍同意和沒有人持強烈的異議。依靠個人發布的命令，不管其權威多大，都是令人不快的，即使是由接近多數投票通過的決定也未必能使日本人滿意。人們往往對日本的等級制度與集體決策並感到不可思議，其實這二者在日本傳統中是相輔相成的統一體。如果說中國的等級觀念往往與官位的高低相聯繫，因而多少帶有一種冷冰冰的行政隸屬意味的話，那麼日本的等級觀念則染上了一層溫情脈脈的家族色彩。這種縱向、橫向間反反覆復的協調商量、集體決策，對於日本的經濟騰飛和企業的做大做強是十分有益的。

（8）家族主義是日本企業文化的顯著特色。日本過去一直是以農業為主的國家，因此日本民族具有明顯的農耕民族的某些文化特徵，它首先表現為集團內部的互助合作，即「家族主義」的價值觀念。在生產經營活動中，表現為「穩定性」，形成以相互依賴為基礎的企業生活大家庭，企業文化也正是以這種民主文化為基礎。日本企業普遍推行的「年功序列工資制」、「終生雇傭制」，造就了員工對公司的歸屬感和家族意識。而「企業工會制度」成為協調勞資關係的有效措施，減少了勞資雙方的矛盾和對抗，因而員工與企業結成了「命運共同體」、「利益共同體」和「生活共同體」。強調企業是一個大家庭，工人、雇員和上層領導之間有一種親屬式的團結感。這種以公司為家，對企業忠誠，敬業樂業的精神，是日本企業的支柱，是企業文化的源泉。自1987年以來，日本遇到了日元升值的嚴重挑戰，企業的對策是依靠企業文化，「進一步開發人力資源」，群策群力，集思廣益，共渡難關。許多公司舉辦「同宿研修」活動，即經理人員與員工同吃、同住和同樂，共同探討改善公司經營管理的問題。這種具有日本特色的企業文化，是日本企業在日元升值的巨大壓力下，繼續保持在國際市場競爭中的優勢，也是企業立於不敗之地的精神動力。

許多日本企業家認為，企業不僅是一種獲得利潤的經濟實體，而且還是滿足企業成員廣泛需求的場所。因此，日本的企業管理十分強調員工對企業要有強烈的榮譽感和認同感，要與企業共存共榮。家族主義精神要求和諧的人際關係，因此「和為貴」的思想是日本企業文化的核心。

日本企業在積極引進外來管理文化的基礎上，對自己的傳統進行了創造性的轉化，進而獲得了巨大實效，在經營活動中形成了自己的一些特色，構成它們與其他一些國家企業行為方式上的差異。

4. 日本企業文化管理給我們的啟示

（1）高度的企業向心力是增強企業競爭力的關鍵所在

日本企業之所以在第二次世界大戰後短短幾十年時間內迅速崛起、壯大，在世界市場上取得巨大優勢，其根本原因之一就是日本企業通過實施以人為本的管理，普遍具有很強的向心力。無論從其穩定的雇傭制度、內部晉升制度、年功升薪制度、內部福利制度中，還是從情報共享制度、經營參與制度裡，都可以看出，它們都在

## 第十三章　中國式企業文化的建設和管理

盡力滿足企業員工需求，目的在於加強企業的內部向心力。

（2）集體主義與協作精神是企業成功的根本基礎

通觀日本企業人力資源管理的諸種觀念、制度和方法，會發現貫穿其中的一條主線是集體主義和協作精神。保留大量不確定的責任界限和需要根據實際情況隨時加以靈活確定責任的工作區域，是建立集體觀念和強化協作精神的基本條件；終身雇傭制、企業內部福利制度、情報共享制度旨在加強企業勞動市場內部化的措施，都會極大地提高企業凝聚力，促進集體化水平的提高；有利於就業人員合理晉升的內部開放晉升制度能更好地將組織成員吸引在組織內部；資源均等分配制度的一個重要目的也是為了提高集體觀念和增強協作精神。

（3）經營民主是調動企業成員積極性、主動性和創造性的基本方式

日本企業中廣泛實行的提案制度、自主管理制度以及勞資協議制度、內部工會制度等，旨在提高經營民主化，調動了企業成員的積極性、主動性和創造性，提高了企業決策的科學性。

（4）人力資源靈活的市場適應性是企業獲得競爭優勢的重要前提

日本企業廣泛採取繼續教育、崗位輪換、情報共享、職工參與管理等制度措施，不斷向企業員工輸送新觀念、新知識、新技術，讓他們參與各種不同工作崗位的實踐，不斷得到鍛煉，使之成為能夠高度適應市場變化和企業經營需要的人才。這正是日本企業能夠根據市場需求變化，迅速轉變經營方向，採用新技術，開發新產品，贏得市場主動權的奧秘所在。

## 二、以韓國為代表的「亞洲四小龍」的企業文化

在「亞洲四小龍」中，臺灣、中國香港本屬中國的一部分，新加坡是主要以華人為主的國家，它們受中國傳統文化教育影響自不待言。相比之下，韓國的企業文化特點更鮮明一些。

1. 韓國文化所受的影響

韓國文化主要受三方面的影響：

（1）中國儒家思想的影響。韓國自古以來就受到中國傳統文化的影響，在李朝時代，儒教就被定為國教。傳統的儒教思想在以家庭為中心方面表現得特別明顯。在韓國家庭裡，父親作為家庭的長輩，一定要成為夫人和子女尊敬和效仿的典範，並以其權威來治家。這種家長式的權威行為，直接在企業主和管理者的領導方式中表現出來。所以韓國企業都具有集權、仁愛、提倡吃苦耐勞、服從家長專制的特點。儒家思想對韓國的現代化和經濟發展起到了促進作用。韓國成均館大學安炳周教授說：「儒家思想對防止現代化發展中產生的私欲、利己主義等不良傾向和社會思想的墮落，可以起到調節作用。因為在價值觀方面，儒家文化倡導為別人做犧牲和忘我精神是受到普遍尊重和讚揚的良風美德，這些傳統思想正是西方所沒有的。」以

## 企業文化塑造的理論與方法

儒家學說為核心的傳統文化已經深深滲透在韓國企業經營者和員工的思想意識和行為規範之中。

（2）日本對韓國的影響。日本的影響主要是由於1910—1945年期間韓國曾是日本的殖民地，日本文化中忠誠、服從等民族文化特徵在韓國的企業中也有比較突出的表現。第二次世界大戰后雖然日本的影響減弱，但在1965年后，隨著日韓關係的正常化，日本對韓國文化的影響又日益加強。日本常常是韓國企業為了生產出口美國的產品所需的中間產品和技術的集中採購地。

（3）美國對韓國的影響。韓國在第二次世界大戰后多年依靠美國的援助，美國的影響逐漸超過了日本在韓國的影響。韓國企業將美國作為其主要的出口市場，深受美國科學技術及管理思想的影響。

2. 韓國企業文化的特徵

基於上述主要國家對韓國文化的影響及韓國自身歷史傳統與經歷，韓國企業形成了「東道西器」的具有韓國特色的企業文化。

（1）強烈的權威和溫情兼備統治的仁學管理文化。這是「東方管理之道」的典型特點。由於大多數韓國企業所有權與管理權不分，公司的所有者或其家庭積極地參與到公司管理中。受儒家思想的影響，企業的創始人非常重視家庭血緣關係，不少親戚會被安插到公司的高層，一併牢牢地把握著企業的掌控權。在韓國企業中，權利派系的形成深受某些社會關係的影響，比如來自同一地方或畢業於同一學校。此外公司的老板也傾向於選擇與其有血緣、地緣或學緣關係的人進入公司的管理層。韓國企業領導層在管理過程中享有巨大權威。80%的管理權集中於公司高層，中下級管理人員只擁有極其有限的權利。

但是，這種高度集權化並不意味著專制獨裁。韓國企業的領導人深受儒家文化的影響，強調調和與和睦，尤其是在不同行政階層間，領導們非常重視與其下屬的人際關係，盡力體諒下屬的需求和感受。在決策過程中這種以和為貴的領導方式表現得淋漓盡致。重大決策均是在向下屬諮詢並與其充分商議之後由高層做出的。這樣，公司高層在管理下屬職員的時候，能夠發揮其權限和權威來統治其部下，下屬也在期待其溫情和慈愛的同時順從他們的權威意識。這就形成了韓國企業獨特的仁學管理文化——強烈的權威和溫情兼備的統治。

（2）嚴謹認真的工作態度和勤勉的勞動意識。韓國企業十分注重科研，有非常嚴謹的求實的思維方式和認真的工作態度，這與西方企業管理思想有著重要聯繫。同時，企業成員每天工作時間長，被公認為是非常勤奮的員工。長時間勞動不僅適用於普通勞動者階層，而且在高層經營者和一般管理者階層中也同樣適用。早上七點召開幹部會議、晚上八點以後下班的企業比比皆是。儒家思想崇尚的勤勞在很大程度上促成了韓國人的這種較高的職業道德水平。對於那些50歲以上的韓國人來說，由於經歷過近代韓國的動盪與貧困，從而形成了一種生存危機感，而這種危機感又轉化為強大的工作驅動力。韓國強調的富有積極性和挑戰性的企業文化代表了

## 第十三章　中國式企業文化的建設和管理

很多企業成員的共有價值。韓國企業界大力倡導經營者身先士卒的表率作用，使勤奮成為韓國勞動者普遍具有的勞動素質。因此，企業成員認真嚴謹、腳踏實地的工作態度以及勤勉的勞動意識形成了韓國企業文化的一個重要特徵。

（3）共同體式的企業文化。韓國企業強調組織成員的人和團結，積極致力於培養共同的奮鬥目標。提倡每個員工的責任承擔、愛社心和主人精神，並積極採取「員工持股制度」、「家庭成員式待遇」和「工會公開企業經營狀況」等制度，從而形成了共同體式的企業文化。企業努力在為其職工提供良好的硬件工作設施，創造舒適整潔的工作環境的同時，非常注意建設良好的工作軟環境，即和睦透明的企業生活氛圍。正是由於這種深深根植於企業內部的集體主義精神和良好的工作環境有力地推動了韓國企業的健康發展。

（4）對不同的群體實行不同的激勵方式。各公司對員工的具體激勵措施取決於公司的規模、經濟效益和領導層的決定。儘管措施不同，但一般來說高工資和好的工作環境是最主要的激勵因素。具體來看，老員工們認為高工資是促使他們為公司努力工作的最重要原因，而獎金的分配也是至關重要。近年來韓國企業在經營過程中雖然強調能力與業績，但是獎金的分配方案卻不完全符合上述標準，老員工或多或少地會得到一定的照顧。30歲以下的年輕職員則認為民主、有發展前景的工作環境是激勵他們工作和提高生產率的最有效途徑。韓國不少企業都根據員工不同群體的需要側重點而採取不同的激勵方式。

（5）非正式溝通發達的交流形式。很多韓國公司雇員不善於在正式會議上表達自己的觀點，尤其是反對意見。因為他們認為，公開場合提出不同的看法可能會使其同事或領導感到尷尬甚至滋生抵抗情緒。韓國文化本質上不鼓勵公開表達個人觀點，除非雙方有很密切的私人關係。然而韓國人喜歡在非正式場合各抒己見，有時是單獨與領導在非正式場合交流。韓國經理們與下屬非正式交往的次數很多，成熟的經理會不斷創造出這樣的交往機會，例如邀請其下屬共進晚餐等。下屬也可以單獨邀請經理去自己家中聊天。非正式場合的接觸被認為是上下級建立互信關係的重要手段。由於韓國公司的領導較傾向於下達較為籠統而非細節明確的指示，作為下屬則通常會據此做出他們自己的判斷而不是要求領導進一步解釋說明。良好的非正式溝通有助於建立好的上下級關係，這將幫助解決執行指令時可能的溝通障礙。校友或同鄉關係將進一步增進相互間的理解與信任，從而提高彼此溝通的有效性。

由於韓國公司採取高度集權制，與上下級間的縱向交流相比，部門之間或同部門平級同事間的橫向溝通就不是特別受重視了。甚至有些大公司如三星電子公司要求各部門注意保持距離，提倡各部門以對待外部公司的態度相互來往。因此而造成的部門之間缺乏交流已成為很多大型韓國企業獲得更佳業績的一個主要障礙。

3. 韓國企業文化的新發展

由於企業注重不斷的擴張，韓國企業的成長模式是以大規模生產經營為中心的，從而形成量的規模成長。由於從國外引進先進的技術，靠模仿起家的中小企業

## 企業文化塑造的理論與方法

比比皆是。在「能做」文化的影響下，不少韓國企業不顧自身的條件和能力，盲目地、章魚式地擴張，造成巨大的人力、物力的浪費，債臺高築，以至在1997年的經濟危機中，紛紛倒閉。這種管理模式在過去的30多年裡，在韓國經濟的發展中起到了舉足輕重的作用。但是隨著20世紀90年代世界經濟環境的快速變化，要求其組織文化有一個相應的開發與改革。但是，韓國這種強力型的組織文化在變化的時代裡成了前進路上的絆腳石，最終成為經濟危機的重要根源之一。不過經過幾年的經濟改革，韓國在社會各階層全面開展民主化建設，企業在進行機構改革和積極與國際接軌的過程中，在企業文化方面進行大力改革，尋找到了適合自身發展的企業文化，終於從經濟危機中解脫出來，取得了可喜的成績。現在，韓國傳統的管理文化正隨著商務環境的迅速變革而相應調整變化。職業經理人正在取代傳統的家族管理在企業管理中發揮著越來越重要的作用；現在韓國企業更傾向於將精神獎勵與物質獎勵相平衡以取代先前單一的獎勵措施；將西方工商管理經驗與孔子儒家文化影響下的傳統企業結構融為一體，賦予中下級管理人員更多的自主權。總之，韓國企業國際化進程與其融合與學習的態度為其基於韓國文化背景和社會環境之上的企業文化注入了新的活力。

4. 韓國企業文化給我們的啟示

韓國與中國地理位置相近，文化習俗相似，以儒家學說為核心的傳統文化融化在兩國企業經營者和員工的思想意識和行為規範之中。所以兩國企業都具有集權、仁愛、提倡吃苦耐勞、服從家長專制的特點。但是，韓國在第二次世界大戰後多年在美國的援助下，受美國文化的影響較深，加之其外向型經濟的發展和對外貿易的繁榮也不同程度受到西方文化及日本文化的影響，注重民主、科學、時間效益觀念強，有強烈的自我意識和自我表現的慾望，強調個性自由，標新立異。企業十分注重科研、腳踏實地的工作態度。韓國企業融合東西方文化的精華，在過去幾十年高速成長過程中發揮積極作用的組織文化因素和企業的文化管理戰略，非常值得我們認真學習和借鑑。我們可以在不同的社會環境中，取其合理的要素，剔出不適宜的方面，將其正確地融會到自己的優秀文化傳統及現有的管理方式中去，創造具有中國特色的企業文化管理概念與體系。

## 第三節　吸收中國優秀管理文化精髓

儒家文化的精髓作為中國優秀的管理文化對企業文化的產生和發展起到了開源的作用。但是，由於時代的局限，儒家文化用於企業文化的還主要在於仁義禮智信等信條層面的內容，對於儒家文化與中國管理文化深層次、整體意義上的文化精髓還沒有很好地發掘與運用。如今，全球經濟一體化，企業越來越需要發揮整體效應，

# 第十三章　中國式企業文化的建設和管理

以取得競爭優勢，獲得良好的發展。此時，迫切需要我們從整體的角度，從事文化整合，建立適應時代需要的企業文化。

中國有 5000 年的歷史文化，豐富的文化底蘊和內涵是我們得天獨厚的寶貴資源。人們所熟知的「四子」（孔子、老子、孫子、韓非子）、四書（《大學》《中庸》《論語》《孟子》）、四種觀念學派（儒家思想、道家思想、兵家學派、法家學派）代表了中國管理文化的精髓。中國香港、臺灣以及中國大陸的企業在中國傳統文化的背景下，在企業的經營實踐中，也形成了有自己特色的企業文化。我們在新時代的企業文化建設中，如果能在豐富的歷史文化背景和儒家道德倫理的基礎上，融合管理文化的精華，那麼，我們的企業文化建設將更容易找到正確的方向和方法。

## 一、吸收中國傳統管理文化的價值觀與方法論

1. 現代企業文化建設的價值基礎

（1）以「仁」、「和」思想構成企業最本原的價值基礎。儒家的仁學，注重「人」與「人際關係」，強調人的地位和人的作用。仁學是一種以人為本，處理好人際關係的學說。管理者和被管理者都注重彼此對對方的關懷，在融入西方平等的思想要素以後，就將構成企業中最本原的向心力和凝聚力。「和」的內涵是指愛人、仁慈、和諧、互助、團結、合作、忍讓。中國儒家理論強調的是「仁、義、禮」，要求人與人之間和諧相處。日本企業在儒家倫理的陶冶下提煉出「和」的觀念，並且大都依此行事。日本企業中日立的「和」、松下的「和親」、豐田的「溫情友愛」等管理思想就把儒家人本思想的重視思想統治和講求倫理道德與日本民族精神結合為一體，形成日本企業文化之魂。中國的企業文化建設如果能夠深入挖掘「仁」與「和」的深層內涵，並用於指導企業文化的塑造與管理，完全可以形成適用於新時代的有中國特色的企業文化。

（2）以「天人合一」的思想指導現代企業文化的建設與管理。中國的儒、釋、道三家，都十分強調人與自然和諧一體的思想。它們認為，人與天地萬物同為一氣所生，互相依存，具有同根性、整體性和平等性。如《莊子·齊物論》中說：「天地與我並生，而萬物與我為一。」儒家也倡導「仁民愛物」、「天人合一」，佛教提倡「護生」，道家主張自然無為。在人與自然的關係上，它們都強調不為不恃，因任自然。中華文化的「天人合一」思想，說明了人與自然、人與人、人與周圍的一切的關係。德國波爾教授指出：「儒家的人文主義哲學是與天道哲學相通的，這就是『天人合一』思想，它溝通了人與自然關係中的和諧和順應。在環境污染和生態平衡遭到嚴重破壞的情況下，儒家的『天人合一』思想可以避免人類在危險的道路上越走越遠。」所謂「天人合一」，是指天與人既分又和、非一非異的關係。天不是人，人不是天，所以相分、非一；但人又是天的產物，又內在融合統一，所以又相和、非異。「天人合一」認為，這個世界是一個統一的世界，都是由天地演化而來

## 企業文化塑造的理論與方法

的。人之為人本於天，人就是天的縮影。「天人合一」的思想說明，自然天地好比人的父母，人人皆我兄弟，萬物皆我同伴，天地萬物與我本是一體。

由「天人合一」思想形成的「一體論」揭示了宇宙人生的真相，即人與自然、人與人、人與周圍的一切都是一體的關係，是不可分割的。「一體論」強調的是「一」，即人與自然、人與社會、人與人要和諧、團結和統一，不是「二」，即不應該分別、矛盾和衝突。「萬眾一心」、「同心同德」、「一心一意」就是覺悟，「同床異夢」、「離心離德」、「三心二意」就是迷誤。①

「一體論」代表著個人、企業、社會、人類的共同利益。它要求企業在發展過程中，要把握好企業文化建設的方向，人盡其才、地盡其力、物盡其用，合理利用自然資源，保護好人類生存環境，實現經濟和社會穩定、健康、協調發展，最終達到共同富裕。它要求在經商賺錢的同時還要有大眼光、大手腕、大氣魄，具有大商賈的長遠戰略目標，以家國同構、家國一體的價值觀念來經商，追求個人利益與家族利益、民族利益、國家利益的高度協調和統一。

(3)《周易》之「變易」思想對企業文化再造的指導。《周易》之「變易」思想是指：宇宙萬物、人類社會，無時無刻不在發生變化，市場信息更是變化多端，事物的運動變化就是「變易」。「變易」的法則是自然法則、社會法則，也是企業管理的法則。有些企業認為，我們已經有了很好的企業文化，就可以高枕無憂了。有些人也不解，為什麼××集團企業文化塑造得那麼好，還是有這麼多問題？其實，從變易的角度去理解，就完全可以解釋了。企業文化並不是一成不變的東西，它要因時而變，隨著時代的發展而發展。所以對企業文化的真正重視，就必然要求企業能夠順應時代的要求，不斷調整、更新企業文化，企業文化不但需要建設，還需要完善。

美國有一本暢銷的管理書《追求卓越》，在為這本書作序時，作序者分析了美國一些企業何以取得卓越成功后指出：「企業領導人最重要的任務是塑造及維持整個組織的價值共識，這是為什麼有的公司成功，有的失敗的最重大的分野。」無疑，吸收與維持中國傳統管理文化中優秀的價值觀對企業的長遠發展，對企業文化的建設與管理將起到非常重要的作用。

2. 現代企業文化建設與管理的方法論

(1) 上善若水——企業文化塑造的管理之道。天地萬物之間，老子最推崇水，常以水的品性闡釋道的內涵。老子指出：「上善若水，水善利萬物而不爭，處眾之所惡，故幾於道。」老子要求人們從對水的觀察中去領悟「道」，要做到「居善地，心善淵，與善仁，言善信，正善治，事善能，動善時」。這是說，居住要像水那樣安於卑下，存心要像水那樣深沉，交友要像水那樣真誠，為政要像水那樣有條有理，辦事要像水那樣無所不能，行為要像水那樣適時而為。

---

① 參見：戚克劍. 中國企業文化之根基 [EB/OL]. 中華財會網，www.e521.com.

## 第十三章　中國式企業文化的建設和管理

　　企業文化的管理就是對人的管理。對人管理的最佳狀態就是對人潛力的充分挖掘。而要做到這一點，一個最好的辦法就是順著人的本性，像水一樣去疏導員工，使大家與企業達成共識，從而形成強大的團隊力量。這種文化管理，看似柔弱，卻能像水一樣以柔克剛，出奇制勝。成都恩威集團公司有3000多員工，還有與此數目相當的業務人員散布在全國各地。公司怎樣才能把眾多的恩威人緊密地團結起來，發揮出強大的團隊效應呢？總裁薛永新提出，要學習水的品性，像疏導水那樣疏導員工，像按照水的自然規律去發揮水的作用一樣，按照人的自然規律，去協調人的感情，引導人的思想，最大限度地發揮員工的主動性和創造精神。他認為，員工是人，不是職員，更不是會說話的機器，必須以真誠的愛心來對待他們；他認為，人人都有善的種子，領導者只要能夠協助他們瞭解事業的意義和公司追求的目標，他們就會自我鞭策，勤奮工作；他認為，領導者應當使員工感到自己是被信任，被依靠的，如此，才能使大家樂於不斷創新，勇於面對風險，並享受成功帶來的喜樂。[1]

　　（2）謀道與尚勢——企業文化塑造的戰略戰術。戰爭要謀道，得道勝。孫臏說：「以決勝負安危者道也。」管理也要謀道。只要管理觀念對頭，企業才能在競爭中獲勝，才能興旺發達。什麼是「道」，從兵書中見到的有關「道」的闡述，主要有三種：一作政治原則、觀念形態講，《孫子·計篇》中說：「道者，令民與上同意也，故可以與之死，可以與之生，而不畏危。」二作規律法則講，《孫臏兵法·八陣》中說：「知道者，上知天之道，下知地之理，內得其民之心，外知敵之情。」三作方法經驗講，如《吳子·料敵》中說「夫安國之道，先戒為寶。」在上述三種主要用法中，最重要的是作為政治原則、觀念形態、思想體系講。

　　企業管理也有謀道問題。企業管理是涉及企業生產力、生產關係、上層建築這些方面的管理。這些方面都有一個用什麼政治原則、價值觀念、思想準則發揮作用的問題。比如，用什麼「道」對待國家、社會、消費者的利益，用什麼「道」從事生產經營活動，用什麼「道」作為凝聚劑，處理好各方面人際關係，使企業形成精神，產生力量，用什麼「道」開展競爭等。日本被稱為「經營之神」的土光敏夫就寫有《經營管理之道》一書，書中就總結了他的經營取勝觀念之道，運用經營規律取勝之道，用經營技巧取勝之道。

　　謀道才可以得勝。那麼，如何來謀道呢？孫武說：「道者，令民與上同意也，故可以與之死，可以與之生，而不畏危。」在這裡，孫武不僅給「道」下了定義，還就如何謀道問題提供了看法。杜牧註說，這是指令與上（下）同意的意思。其實，《孫子·謀攻篇》中，講到知勝問題時，也說：「上下同欲者勝。」儘管這兩句話，內涵不完全一樣，一從謀道說，一從知勝說，一說是「同意」，一說是「同欲」。但有一點卻一樣，都是就上下關係有感而發的。上，君主、將帥；下，百姓、士卒。所謂「上下同意」、「上下同欲」，就是要使上下意見、利益溝通起來，統一起來。

---

[1] 李樹林. 中國企業管理科學案例庫（第四集）[M]. 北京：中國經濟出版社，1998.

## 企業文化塑造的理論與方法

假如把「上」理解為集中,把「下」理解為民主,那麼,「上下同意」、「上下同欲」,就是說要在民主基礎上搞集中,在集中指導下發揚民主。在如此「上下同意」、「上下同欲」的思想指導下謀道。

《左傳·曹劌論戰》中有一段話似乎為「令民與上同意」這句話做了形象解釋。說是齊國興兵打魯國,魯莊公準備迎戰。魯人曹劌請見莊公。有人規勸曹劌,說有位有勢的人會幫助魯莊公謀劃,你非官無祿,一介布衣,何必多此一舉。劌答:有位有祿者觀點鄙陋,其謀未必遠大。於是晉見了莊公。劌問莊公憑什麼與齊國戰,莊公答:把衣食分給凍餒的人,而不據為己有,可以戰否?劌說:小惠不能遍及眾人,民眾是不會聽從你的使喚的。莊公說:我以犧牲玉帛虔誠地告祭神明,而不改變舊禮,可以一戰否?劌說:一時小信,不能感動神明,神不會賜福於你。莊公又說:對大小案件,我雖不能明察全部,但務必盡我全力弄清其情況而不含冤,如此可以交戰了吧!曹劌對這個說法滿意了,說:你能盡己之心,察獄之情,不使有枉,是忠於一端的行為。公既能忠於民心,民也必忠於你心,這樣可以與之一戰。從領導的角度去分析這個故事,有三點值得注意:一是正確的「道」是「上」多方地、反覆地聽取下面意見得來的,莊公是在聽取了曹劌幾番議論后,對作戰觀做出最后取捨的;二是「上」要虛心地、不擺架子地聽取下面的意見,儘管提意見者是一介小民,像曹劌那樣,也不要隨意拒絕;三是「上」要善於集中,在多方聽取意見后,該決斷時要敢於拍板做決斷。這一切,也就是孫武所說的「道者,令民與上同意也,可以與之死,可以與之生,而不畏危」的真諦所在。

顯然,謀道就是要上下同意謀道,上下同欲謀道,這個思想已被一些企業家運用了。日本企業家將其與儒家思想結合創立了溫情主義的合作型管理模式。日本經營家大橋武夫把兵法中「上下同欲」的思想移花接木地用到他經營東洋精密公司上來,將其作為該公司的經營方針而獲得成功。

戰爭取勝靠勢,經營管理取勝也要靠勢。尚勢就是要謀強大的抗爭之勢。此思想用之於經營,就是謀競爭中造就一個強大的組織勢態,制人而不制於人。何謂「勢」,《孫子·勢篇》說:「激水之疾,至於漂石者,勢也。」這話是說,洶湧奔騰的水能把石塊漂浮起來,就是勢;又說:「善戰人之勢,如轉圓石於千仞之山者,勢也。」這話是說,善於指揮戰爭的人造勢,造就一個像在 800 丈(1 丈 = 3.33 米,以下同)高山上滾下的圓形巨石來,那就是勢。孫武在《形篇》還講了一句類似上述意思的話:「勝者之戰民也,若決積水於千仞之溪者,形也。」戰民,指揮士卒。這話是說,指揮者在指揮士卒作戰時,強大之勢像決 8000 尺(1 尺 = 0.33 米,以下同)高處的溪流一樣,積水一瀉千里,這是力的體現。

謀勢,《孫子》是把「勢」與「形」分兩篇加以議論的,需要探討其中關係。《勢篇》有一段話講「勢」、「形」二者關係,說:「勇怯,勢也;強弱,形也。」「形」是物質運動中見之於外的東西,如戰爭表現出來強弱,是物質的運動狀態;「勢」卻是存在於物質運動內部的質,如戰爭中戰士的勇與怯,是運動中的物質之

## 第十三章　中國式企業文化的建設和管理

力。戰爭中因為有勢在起作用，於是產生了戰局轉圓石之形，決積水於千仞之山之形。

謀勢，要據事物運動規律去謀。在《孫子‧勢篇》中，孫子在講了「任勢者，其戰人也，如轉木石」那段話後，接著說：「木石之性，安則靜，危則動，方則止，圓則行。」這裡講的就是事物的運動規律問題。所謂木石之性，就是木石運動的規律：木石系重物，用力搬艱難，用勢移動易。方狀止，圓狀滾。據此木石特性，用力搬它事倍功半，用勢動它事半功倍。謀勢，就要像轉圓形木石那樣地去謀。

在我國企業管理中常說要提高企業素質。提高企業素質就是造勢，提高企業屈人而不屈於人之力，造就勝人而不勝於人之勢，經得起宏觀和微觀形勢變化等的挑戰。企業文化管理就是要提高企業的素質，使企業根據生產經營活動的規律行事，從搞好內部管理入手，根據企業外部形勢的現狀與趨勢預測，據勢而動。

北京大學薛旭教授是研究海爾的專家，曾擔任青島啤酒、捷達轎車等公司顧問。作為一名研究企業戰略與市場行銷的專家，薛旭認為，孫子兵法是海爾思想的重要來源。孫子講善勝者求之於勢，不責於人，講究以勢求利，勢如破竹。海爾一開始的技術、價格、渠道、隊伍與其他企業相比並沒有優勢，但海爾善於造勢、累積優勢，最終在消費者心中形成了品質高、服務好的品牌優勢。薛旭說：「孫子的知勝七計講『主孰有道？將孰有能？天地孰得？法令孰行？兵眾孰強？士卒孰練？獎罰孰明？』現在我們的企業往往只重視其中的一方面，例如許多企業將獎罰孰明作為發展的主要手段，其實這只是七計中的最後一條，這怎麼能成功？中國企業發展尚未能構築在七計之上。」

中國的功利主義和實用主義傳統，往往使企業在應用兵法權謀的過程中，對於兵法中一些有意義的「道」的方面棄之不顧，而將兵法權謀中的機變和巧詐發揮到極致。所謂「兵者，詭道也」，國與國之間背信棄義，人與人之間爾虞我詐，最後出現推崇智巧、蔑視商業規則和商業倫理的現象，使整個商業社會出現嚴重的信用危機和倫理危機。要改變這種思想，必須通過企業文化管理使企業走到正道上來。

（3）「以道為常，以法為本」——文化與制度的軟硬制約合一。以韓非為代表的法家強調要制定一套嚴密的法規制度。在韓非的管理思想體系中，法是治國的根本原則。他主張：「以道為常，以法為本。」（《韓非子飾邪》以下只引篇名）這是說治國理民要按事物的客觀規律辦事，以法作為治國的根本。有了既定的法律，按法律辦事，就可以匡正君主的失誤，制約臣僚的行為，治理混亂，整治錯誤，益國益民。所以，一民之軌，莫如法。意思是統一人民的行為規範，最好的辦法就是建立和健全法制，依法行事。但法家的思想又與儒家有相通之處，因此法家思想強調的是法制與人本思想相結合。所以，現代企業管理手段應該軟硬結合，既重制度約束和經濟、行政手段的運用，更重思想引導、精神激勵，以此建立適合本企業具體背景的文化體系。

韓非還對立法的基本原則、法的性質、執法與賞罰等問題，提出了若干理論性

# 企業文化塑造的理論與方法

的概括。他認為，立法的原則有兩條，一是「必因人情」（《八經》）。只有制定順應人性自為、好利惡害和制約君臣異利、君民異利的法律，才能起到治理臣民、治好國家的目的。二是「法不兩適」（《問辯》）。這是說，在君民異利、君臣異利時法律不能等同地維護對立雙方的利益。法律的首要任務是保護以君主為代表的國家的利益，對國家有利的予以保護，侵犯國家利益的則予以制裁。「法不兩適」的基本精神是在法律面前公私不能平等，公利至上，國家至上。但是，並不排除對臣民有利的一面，在從維護君主利益出發的前提下，可以給予臣民一些利益以實現君主的最大利益和長遠利益。韓非還強調了立法內容和運作方法的公開性、公平性、功利性、易行性、穩定性和適時性。①

韓非的法制思想給我們的企業文化以有益的啟示。要想制定出優秀的企業制度，首先要建立一種能尊重人性、積極發揮職工創造性和積極性的體制和制度，如質量管理制度、財務制度、銷售制度、獎懲制度等，這些規章制度是「硬管理」，是必要的，但是它是屬於剛性的，無法顧及人的複雜情感及多方面的需要，所以制度的調節範圍和功能是有限的，即使是積極的體制和制度，也不是維繫企業組織的唯一手段，最根本的任務還在於培養共有的文化。企業文化對每個企業成員的思想和行為都具有約束和規範作用。「企業文化」管理思想注重的是與企業的精神、價值觀、傳統等「軟因素」相協調、相對應的環境氛圍，包括群體意識、社會輿論、共同禮儀和習俗、英雄形象及其物質文化等，從而形成強大的心理壓力，這種心理約束進而對企業成員的行為進行自我控制。「以道為常，以法為本」要求文化與制度的和諧統一，沒有相應文化的支撐，制度只是一紙空文，或者需要很高的管理成本才能勉強維持；沒有現代企業管理制度，企業文化就是散漫的、自發的，極有可能產生負效應。

## 二、中西合璧——臺灣與中國香港企業文化形成的特色

1. 以整體價值觀念為核心的臺灣企業文化

臺灣的企業文化以企業整體價值觀念為核心，樹立各有特色的企業精神，在許多方面體現了東西方文明的兼容並蓄。有些企業既追求科學的專精，又堅持和發展人性化的互動，為維繫企業內外關係，促進企業不斷躍升，發揮了獨特的魅力。

（1）人和萬事興。臺灣企業從發展實踐中意識到，在商業行為盛行的情況下，人們之間的關係逐漸淡化，常把人的本性掩蓋了，面對全球競爭，迴歸人本精神的管理理念極為重要。企業認識到，高科技與人性化可以並存，「買賣不成仁義在，瞭解見面三分情」；利益不會是長久的激勵因素，還必須以真心關懷、依賴、認同與遠景的塑造來凝聚人。以人和萬事興著稱的統一企業樹立「健康、快樂、愛心、

---

① 潘承烈、虞祖堯. 中國古代管理思想之今用 [M]. 北京：中國人民大學出版社，2001.

## 第十三章　中國式企業文化的建設和管理

關懷」的企業精神，創出兼顧人性與理性、傳統與現代的「東方管理哲學」。總裁高清願的座右銘是「待人誠實忠信、處事盡心盡力」。他倡導企業不僅要達成工作目標，更要做好「人治」；要「做人好」，而不是「做好人」。他向下放權，鼓勵員工敢說實話，時常主動與員工交流溝通，傾聽屬下的心聲。由於人際關係協調融洽，加上經營風格勇於實踐，統一企業躍升為臺灣最大的食品公司，迅速發展成為國際化的集團公司，年營業額高達 50 億美元。

（2）誠信通天下。臺灣許多企業很重視繼承發揚中華民族傳統美德，把誠信作為立業之本，興業之道。企業認為，現代市場經濟，更需要誠信文化，誠信文化可以使企業通行無阻，越戰越勇。臺北正隆紙業有限公司樹立「忠、誠、信、實」經營理念，恪守對客戶的服務、品質、交期和成本的承諾，40 年始終如一。為確保交期需求，不惜代價引進物流系統，送貨服務網路覆蓋臺灣全島，並將客戶滿意度納入公司管理體系。信譽度的不斷提高促使公司迅速發展，成為臺灣第一、亞洲第四、世界百強的紙業公司。

（3）全員抓環保。受「天人合一」思想影響，臺灣企業普遍重視環境保護。一些污染企業都立下嚴格規矩，要求先治理後生產，做到排「污」而不「污」，較好地保護了生存空間，使環保成為企業文化的重要內容。如正隆紙業以綠色經營為目標，制定「全員參與、珍惜資源、保護環境」的政策，推動資源回收利用、節約能源、污染防治、工業治廢、清潔生產活動，從而塑造了潔淨的生活環境，產出了綠色產品，贏得了環保標章。

（4）學習型組織。臺灣一些精明的企業家認為，企業要保持長盛不衰，必須辦成學習型組織。著名的臺積公司專設了學習發展部，一手抓經驗的累積和傳播，一手抓知識的更新與換代。按臺灣學者的話說，就是把原本屬於個人或群體內隱的經驗、知識、智慧，傳遞給別人或外化成書面資訊；或是將原本就有的外顯資訊、情報、知識，再做一次外化整編成內化進入所需的個人腦內、心中，並成為一種行為習慣。臺積公司就是這樣做的。企業把各種建廠專業知識加以累積，並成系列地建檔，將各種作業實踐整合成標準化流程，讓沒有經驗的人只要參考有關知識存檔，就可立即上崗；同時，還建立「手冊」制。如技術員的「教戰手冊」，包括開什麼會議，每個人要負責什麼事，甚至連經營團隊胸前別的花不要有花粉的，也打入檔案中。「哪天我不在公司了，這些科學的東西還會在」，公司在人事考核中，還把能不能將自己的工作經驗記錄、編碼、儲存並與人分享經驗，列為重要考核項目之一。

在世界科學技術迅猛發展的新形勢下，臺積人感到僅靠已有經驗的累積和複製遠不能適應企業發展的需求；他們更重視知識的更新和換代。公司建立了龐大的訓練中心，不斷為臺積人安排各種訓練，幾乎每年都要辦上千個訓練課程，從領導高層到工程師再到作業員都自覺參加不同種類的學習、進修；除在訓練中心學習外，還有到附近大學上課的，有派專車將員工送到較遠的技術學院上課的，組織工程師一年兩個星期去英國進修，還請世界級教授到公司演講。總之，臺積所有人都有危

## 企業文化塑造的理論與方法

機意識，所有人都在學習。這在當今知識經濟到來、競爭日益激烈的時代更具現實意義和深遠意義。

2. 注重實用的中國香港企業文化

當企業文化於20世紀八九十年代在全球盛興之時，這個管理名詞在中國香港企業界並不盛行，因為在中國香港這個多元文化雜交的環境裡，功利性淡化了人們對於企業文化本身的認識，幾乎所有人都將企業文化視同為口號式的內容，單從中國香港教育和培訓的課程設計中就可以看到這種急功近利的文化趨向，「找工」是「找錢」。這就是企業界的文化基調，人們之間的關係無非就是在工作與金錢這兩者之間尋求平衡。追求功利、注重效率的社會文化傾向制約了企業文化管理的發展。

但是，由於中西文化交匯度高，香港人一方面辦事講求效率，追求利潤，凡事以高度實用為原則，行動高效靈活；另一方面，由於受傳統儒家思想影響，中國香港有義利兩全、誠實經營、勤儉持家等文化傾向。加之世界管理思想的影響，中國香港的企業形成了自己的特色文化。

（1）腳踏實地，誠信為本。中國香港企業普遍有腳踏實地、以誠信立業的風尚。李嘉誠由一位家境貧苦的少年發展成為聞名世界的商界巨人，他的成功秘訣就是踏踏實實做事，認認真真做人，誠信為本經商。他從中華民族的優秀文化中吸取了不少寶貴的營養。他待人處事的原則就是「以誠相待，信譽第一」，他的座右銘是「堅持『誠』、『義』、『信』三個字」。他說，這三個字是終身用得著的。另外，「恕」字也很重要，要寬恕別人，因為人總是人，人不是神，人不免會有這樣那樣的錯誤，可以原諒的地方，應該原諒，留個余地才好。這條原則，為他創造了良好的人際關係，鋪平了一條不斷取得成功的道路。

在商界與文化界都取得很大成功的藍海文是吸吮中華傳統文化營養長大的，在他的詩中，人們可以感受到儒家的敦厚、道家的空靈。他在吸收中華文化的精華方面別具匠心。他說：「民（人）無信不立。」我們祖先把信用看作生命一樣的重要，所以皇帝說的話不能改。遵守信用自天下第一人開始，說的話就一定算數，所以才有「君無戲言」。在商界闖蕩了幾十個春秋的藍海文認為一個人如果不講信用，即使是富甲天下，也談不上什麼尊嚴；一個社會，如果不把守信作為一種行為準則，爾虞我詐，即使再繁榮，也不是一個文明的社會。

（2）艱苦創業，創新經營。中國香港眾多經營有成的企業都具有這一特點。工商巨擘霍英東從一個最底層的「舢板客」，成為中國香港、中國內地兩地炙手可熱的工商巨子，他的發跡和驕人的業績，都源於艱苦創業、創新經營。古稀之年的霍英東傳授給子女的經驗是：「刻苦耐勞是成功之本。」有人總結霍英東的發展史，認為他的經營成功主要在於四個方面：一是勇氣和膽量；二是創新經營，無論是首創的樓宇預售，還是機械化淘沙業，都充分表現了他的這種經營意識；三是善於抓住

## 第十三章　中國式企業文化的建設和管理

機會，當機立斷；四是百折不撓的意志。[1]

金利來王國的締造者曾憲梓的發跡史也演繹了同樣的道理。在今天，只要人們問起金利來集團的任何一個成員：「什麼是金利來的精神？曾憲梓先生成功的秘訣是什麼？」他們會毫不猶豫地回答說：「勤、儉、誠、信。」的確，這四個字正是曾憲梓取得成功的法寶，他奉之為經商做人之道。[2]

（3）得於社會，用於社會。很多中國香港企業家都認為，財物取之於社會，應該用之於社會。他們樂於贊助社會慈善福利事業，賑濟救災失業和醫療、文化教育、體育事業，深得人們敬仰。

（4）順勢應時，共同發展。進入新世紀以來，中國香港企業家對企業文化的重視程度日益增加。中國香港企業文化協會副秘書長、中國香港中匯投資集團董事長黃建基先生在閱讀了經盛管理諮詢公司總經理葉生的新作《企業靈魂，企業文化管理完全手冊》以后說，中國香港企業忽視企業文化的現狀已經在改變，特別是中國香港在中國內地的企業，其企業文化已逐漸提升到企業核心競爭力的角度。他說，這些企業家對於企業文化的認識及熱衷超出他的想像，這使他非常驚訝。他說：「『人類因夢想而偉大，企業因文化而繁榮。』我將書中這句話給我的同事及企業界朋友分享時，他們無不感到其內涵的深遠。中國企業生存時間很短，在加入世貿後許多企業都面臨規則重新設立的門檻，我在中國內地工作時所認識的企業界朋友，他們都努力在改進自己，提升管理水平，以增強企業的競爭能力，大家在一個方面的認識是共同的，就是中國企業成功的關鍵在於能否在民族文化的背景下建立適合自己的管理模式，這點與書中所提倡的觀點是高度一致，這可能就是筆者所說的企業文化是一種核心競爭力吧。」

請看中國香港好村莊集團的經營理念：

21世紀的中國正全力邁向工商發達、網路綿密的現代化社會。在新的世紀裡，中國的市場已然發生了巨大的變化，由低價劣質的產品占據市場的時代已然結束，取而代之的將是高科技、高品質的產品，第三次的通路革命已經興然而起。我們本著創新、專業的經營理念，將好村莊品牌推入市場；堅持以專業的技術、優良的品質、完善的服務、系統全面的經營模式，迅速有效地占領市場。我們遵循品牌價值，與您共同發展、互惠互利、資源共享，共創雙贏局面；努力打造值得您信賴的品牌——好村莊！我們的經營目標：我們本著一步一個腳印、永續不斷地創新、漸進的經營方針，創建獨特的品牌形象；以前瞻性的眼光，以高品質、高格調的品牌形象，強化市場競爭力，創造營運佳績，力爭讓「好村莊」成為流行、時尚、安全的代名詞。

從這裡，我們看出，好村莊集團公司，秉承以時尚文化帶動時尚產品的全新經

---

[1] 單純. 儒商讀本人物卷 [M]. 昆明：雲南人民出版社，1999：187–189.
[2] 單純. 儒商讀本人物卷 [M]. 昆明：雲南人民出版社，1999：205.

# 企業文化塑造的理論與方法

營理念，以產品的高品位和時尚性為基礎，以專業的培訓系統、全面周到的售後服務、完善的服務機制和促銷保障體系，為所有的顧客提供「好村莊」產品代理商標準統一的服務保證。這實際上是一篇企業文化的宣言。

## 三、新中國成立以來的企業文化的積極與消極因素

新中國成立以來的企業雖然在計劃經濟的體制下缺乏競爭意識和行為，還不能成為完全意義上的企業，也丟掉了很多中國傳統文化中優秀的東西。但是，作為中國人，歷史的積澱使人們不自覺地形成一定的思維習慣與行為習慣，加上中國共產黨在不斷地成長壯大，在軍事、政治鬥爭中取得了一定的經驗。這些生產經營單位受到這種管理思想與經驗的影響，也曾經開展了深入細緻的思想政治工作，取得了一些成效。這對我們進行新的企業文化建設也具有一定的借鑑意義。

（一）新中國成立以來的企業文化的積極因素

1. 重視人的積極性

毛澤東同志曾經說過：世間一切事物中，人是第一可寶貴的。在共產黨領導下，什麼人間奇跡都可以創造出來。毛澤東的這個論斷也是儒學思想在當世的體現。在20世紀五六十年代，中國很多的管理者就是在這種思想的指導下，關心人，尊重人，認真細緻地進行思想政治工作，激勵了很多人滿懷熱情地為國家為民族做出了很大貢獻。特別是航空航天國防尖端工業的科研人員和工作人員，幾十年來，許許多多的人走出家門、走出校門、走出城市，毅然投身到技術尖端、工作秘密、環境艱苦的國防工業戰線，並在此安營扎寨，白手起家，一干就是十幾年、幾十年，創造出了一個又一個驚人的成果，他們不計名利報酬，為了國家民族事業貢獻青春，像春蠶一樣，至死臨終絲方盡，使我國的衛星、火箭終於騰上雲霄、飛越大洋。很多優秀人才放棄了國外舒適的生活條件，回到國內，為了中華民族的振興貢獻力量。一個國家的興旺發達取決於這個國家的國民付出的努力，一個企業的興旺發達、營利虧損，也取決於這個企業的人，取決於人心的背向。在一段時間裡，中國人民的積極性的確被調動起來了，生產積極性高漲，凱歌高奏，對未來充滿希望。這其中，就有值得企業文化建設借鑑的很多東西。

現在我們強調以人為本，就是要求企業的各項經營管理活動都以提高人的素質、調動人的主觀能動性為根本。企業在管理好財、物、信息、時間的同時首先必須抓住人的工作這個根本。要使全體員工明確組織目標和自己的職責、組織目標和個人目標利益的一致性；使其懂得為企業就是為自己，以及廠興我富、廠衰我窮、廠敗我亡的利害關係，從而發揮最大的熱情、責任心和積極性，去做好本職工作，實現組織目標。古人雲：「得人心者得天下，失人心者失天下。」一個真正的有雄才大略的企業家，在千頭萬緒之中，首先就要抓好「人」，以「人」為本方成大業，乃當今有成就的企業家之共識。

## 第十三章　中國式企業文化的建設和管理

2. 重視精神力量

企業精神是企業文化的靈魂。企業精神，若是合乎科學，合乎實際，它會具有非常強大的戰鬥力。20世紀60年代初，我國大慶油田會戰成功，威震寰宇。那時，我國外有經濟的封鎖和債主的催逼，內有自然災害侵襲，經濟相當困難，既沒有先進的機器設備和生產手段，更沒有豐厚的工資報酬。大慶油田，荒野一片，冰天雪地，職工生活十分艱苦，但是，有一股精神力量在每個大慶人的心裡點燃了一把火：要甩掉「貧油國」的帽子！正是這種被激發起來的英雄氣概，使人們的精神力量發揮到極致。沒有獎金的誘惑，沒有「官帽」的吸引，但是，鐵人王進喜跳進了油池，用身體代替攪拌機去攪拌原油⋯⋯

在長期的歷史發展過程中，在艱難的工作和生活條件下，國有企業的職工以自強自立的決心、艱苦創業的意志、報效祖國的氣概，培育出了「鐵人精神」、「大慶精神」、「兩彈一星精神」、「青藏鐵路精神」、「載人航天精神」等有力的企業精神。這是我們國有企業將政治力轉化為文化力的優勢和傳統特色。這些精神又進一步激發了廣大幹部職工振興企業、報效祖國的激情，體現了國有企業艱苦奮鬥、振興中華的主旋律和核心價值觀。不僅為我國的社會主義建設做出了不可磨滅的巨大貢獻，而且為新時代的中國式企業文化建設提供了不竭的精神動力，極大地豐富了中華民族的精神寶庫。

企業精神之力會轉變成物質之力。正確的價值觀，如潤物的細雨那樣，還具有對后人、他人起潛移默化、綿延散發的作用。然而，企業精神不是自發形成的、僵化不變的，它被人們所雕塑，被形勢所構築。只有隨著時代的變化不斷完善，這樣的企業精神才有生命力。

3. 認真細緻的思想政治工作

由於這類材料很多且易找到，這裡從略。

(二) 新中國成立以來的企業文化的消極因素

新中國成立以來企業管理文化中積澱下來的積極因素對維持國內的生產經營起到了很大作用。然而，由於計劃經濟的長期作用和企業缺乏實質意義的經營運作，企業中有太多的不利於現代企業文化構建的文化因素，這是一種消極的文化因素，對企業文化建設將形成負面影響，不得不防。

1. 曲意逢迎，虛假浮誇之風

由於官商合一，企業負責人由政府部門負責人任命，所以他只對某幾人甚至某人負責。又由於企業實質上也不是某幾人或者某人所有，所以就出現用人不正、缺少監督的現象。因此，中國內地企業往往很難留住能人。他們重視的人要麼能為領導塗脂抹粉，粉飾太平；要麼有上層關係「老虎屁股摸不得」。這種用人文化形成曲意逢迎、虛假浮誇的文化氛圍，假、大、空的文化現象至今仍然在一些國有企業盛行。

## 企業文化塑造的理論與方法

2. 熱衷於編計劃、爭資源，員工自主性差

計劃經濟時代存在著「等、靠、要、包」的思想。這種思想和行為慣性不單扭曲了企業文化，同時也污染了員工的思想和行為。例如，各部門向上報計劃、報預算往往盡量往高報，等待上面「攔腰砍一刀」，不顧整體規劃和實際情況；各部門只是爭資源、爭項目，只想著本部門如何壯大，而不是著眼於企業的整體發展；企業職能部門熱衷於編制度、設置權力門檻，而不是提供服務；員工自主性差，形成了「等、靠、要、包」的思想慣性，不思進取。這些都是計劃經濟體制下形成的思維慣性。企業要跳出計劃經濟思想的桎梏，就要重塑企業文化。

3. 「四老一大」現象嚴重

在新中國成立以來的國有企業中，甚至在改革開放以來建立和發展起來的其他所有制企業，儘管已經建立了強勢的企業文化，企業已經獲得了很大成功，但是都仍然存在著這種現象。

所謂「四老一大」，是存在於某些員工當中的「老習慣」、「老朋友」、「老油條」、「老臣意識」和「大手大腳」的行為。「老習慣」，即企業按照以往的習慣來辦事情。企業文化形成以後，必然形成一定的習慣性的行為方式。有些優秀的老習慣，如「客戶總是對的」、「為客戶提供完美的服務」、「勤儉敬業」等應該繼續發揚光大。但是，當外部環境發生變化以後，以往的有些條件已經不能適應企業現在的發展，那麼，老習慣就必須適應新條件了。不少企業就是因為老習慣錯過了很多好機會，或者在危機到來時處置不當造成損失。「老朋友」是指企業的員工在一起待久了，就會出現某些相互關係異常密切的人群，人群中的成員互為「老朋友」。本來，企業提倡團結精神、注重凝聚力的培養，員工之間友好團結是企業提倡的一種企業文化。但是，「老朋友」發展到某種極端時，就出現了一些阻礙企業發展的現象，例如形成聯繫緊密、黨同伐異的「小團伙」。凡事沒有是非觀念，沒有原則，以派系定是非。「小團伙」與「小團伙」之間「明爭暗鬥」，就容易形成內部矛盾，激化內部鬥爭。如果某幹部跟其下屬某些人群的關係緊密，形成「小團伙」，在幹部評價下屬員工、發放獎金、提拔等時，往往會根據與下屬的關係親密程度來決定，而非根據其實際能力和貢獻，從而影響幹部工作的公平性。「老油條」，即員工對事情開始變得無所謂。「老油條」對批評和表揚都無所謂，出現「不溫不火」、「麻木」的心態。「老油條」對領導進行負強化，即在領導對其表揚、獎勵、提拔、重視後反而行為退化，使企業的正常管理出現困境。「老臣意識」，即員工自認為自己是元老，處處以元老自居。有老臣意識的人居功自傲，自我意識膨脹，極不利於形成勇於創新、團結和諧的企業文化。「大手大腳」，即員工在成本控制方面開始放鬆，花錢開始大手大腳。企業進入成熟期后，聲譽日增，效益看好，員工們尤其是握有重權的領導常常容易隨便花錢，導致成本大幅上升和浪費資源的風氣產生。「四老一大」是一個處於成熟期企業經常碰到的問題，是企業所不希望發生的問題。要解決以上問題，就必須利用企業文化進行預防式管理。

第十三章　中國式企業文化的建設和管理

## 第四節　塑造有中國特色的優秀企業文化

　　中國式企業文化要建立在人類文化的高度，在東西方企業文化經驗的基礎上。這不是簡單的拼湊，而是有機嫁接，是文化的整合。中國「海納百川，有容乃大」的傳統思想為這種嫁接打下了堅實的根基。這也是符合中國人的思維方式和行為方式的。因為，中國的思維方式與行為方式就是中庸，就是合理地吸收，就是在成功基礎上的創造。借鑑日本企業的「和魂洋才」，以及韓國企業的「東道西器」的成功之道，讓我們清楚地認識到引入國外先進的東西一定要同本國本企業實際相結合的道理。因此，中國現代企業文化的塑造和管理必須建立在中國優秀傳統文化的基礎上，建立在中國人習慣性的思維和心理積澱中，建立在中外成功的企業文化塑造與管理實踐經驗的基礎上。要從中國的國情和本企業的實際出發，注重在以我為主基礎上的博採眾長，在融合提煉的基礎上形成自成一家的風格，努力培育出與時代相適應的有中國特色的企業文化。

### 一、以優秀的傳統文化為根基，創建中國特色的企業文化

　　國務院國資委研究中心企業研究部副部長高雲飛說，在中國管理企業，管理者面對的是習慣於中華文化的中國人，應該採取符合中華習俗的方式方法。隨著中華民族的復興和中國經濟的崛起，不僅中國管理哲學要在世界上大行其道，中國人也一定能夠創造出更具有民族性加世界性的中國式管理實踐和理論。

　　創建現代企業文化，中國企業有天然的文化上的優勢。中國傳統文化有許多都與現代管理思想不謀而合，是適應現代企業文化建設的因素，這些思想深深植根於普通中國人的頭腦中，如果能恰當地運用於企業文化的建設，將會大大增加企業的競爭優勢，成為企業快速增長的強大動力。我們要以中華優秀傳統文化為養料，以現代化的歷史尺度和人的幸福的價值尺度進行深入的發掘、開採，取其精華，剔其糟粕，傳承創新，從而促進企業文化民族化和現代化。

　　1. 以「仁義」安人，建立企業人行為的根本道德原則

　　在中國傳統文化中，仁學，講求尊人、敬人、愛人和安人之道。「仁」與「愛」聯繫在一起常常顯示了人與人之間關係的規定性。人與人之間相愛是人際和諧、團結、協作的前提，也是社會、團體、組織和諧的前提。人與人相愛是人類文明的一種標誌，是進行文明自律的管理不可缺少的重要條件。陳德述先生在他的《道之以德──儒學德治與現代管理的道德性》一書中詳細論述了儒家提倡仁愛，墨家提倡兼愛，道家提倡無私之愛，甚至道教和佛教都極力宣揚行善積德、懲惡揚善的民族

## 企業文化塑造的理論與方法

文化傳統。① 顯然，中國文化在管理上，強調要通過仁愛的教化，修己安人，使人性不斷得到昇華，從而求得人際關係的和諧與合作的順利。以「仁」治世，可以安定人心，興利除害，求得興旺。

在人與人之間真誠相愛的基礎上，來處理「義」與「利」的關係，就顯得容易多了。「義」是儒家的基本道德規範之一。「義」的基本含義是「善」或「美」。「義」指人性之善和品德之美。「義」與「仁」是不能分割的，是「仁」的一個方面的內容，是仁德的一種表現。「義」的其他含義都是從「善」和「美」意義中引申出來的。②

對企業人的行為規範來說，「義」有非常實用的意義。第一，「義」是適宜的意思。「義者，宜也」（《中庸》），「裁制事物使合宜也」（《釋名釋言語》）。因此，「義」有適宜、合理的意思。在現代管理系統中，正確解釋「義」的含義，對處理不同的社會分工、不同社會的等級秩序和管理系統的不同能級的相互關係具有重要價值。企業如果不只是用規章制度來規定，還能用「義」來正確處理每個企業人的地位、身分、職責、權利與義務，使各行其是，各負其責，各取其利。那麼，企業就可能是有序的、穩定發展的組織；反之，有權者貪得無厭，各個層級的人無序行事，企業的規章制度形同虛設，那麼，企業的生存都會出現困難。在這裡，「義」與「禮」有了相似的意義。企業應該要求每個成員都應依照自己所處的地位，去扮演合適的角色，表現合理的行為，使每個成員工作行為合理化，生活行為秩序化。第二，「義」有正的意思。墨子說：「義者，正也。何以知義為正也？天下有義則治，無義則亂，我以此知義為正也。」（《墨子・天志下》）這與儒家的思想相符。儒家講「政者，正也」，「其身正，不令而行，其身不正，雖令不從」。古往今來，被稱為「義人」的，都是身正合宜之人。第三，「義」中含「利」。墨子明確指出：「義，利也。」（《墨子・經上》）義中自然含利，利人、利物，在一定意義上也就是利己了。

在企業運作中，正確的經營方針是根本。古人常說的「求財須有道，不義害自己」，「不義而富且貴，於我如浮雲」，經營企業如果先考慮怎樣才能為社會提供最優質的產品和服務，如果全體企業人都能曉此大義，自然就會給企業贏得信譽，從而產生不為盈利卻又自然盈利的結果，這就是所謂的先義后利，「義」中含「利」。企業以愛心和真誠來對待員工和客戶，才能求得穩定和諧、團結一致，才能實現「和」的美好結果——和衷共濟、共求發展。在一個企業裡，眾多企業人和睦相處、團結共事，這個企業才有力量、有希望。隨著社會的發展，企業內部的分工越來越細，更需要人與人之間的相互理解、尊重和支持，才能完成一個共同的任務。

---

① 參見：陳德述. 道之以德——儒學德治與現代管理的道德性 [M]. 成都：西南財經大學出版社，1993：57–66.

② 參見：陳德述. 道之以德——儒學德治與現代管理的道德性 [M]. 成都：西南財經大學出版社，1993：137–140.

## 第十三章 中國式企業文化的建設和管理

因此，無論是企業的管理者還是一般員工，都應在「仁義」的內涵中來尋找行為規範，使企業與自己的行為合乎中國人根本的道德原則，從而使企業的管理更為有序、有效。

2. 以「忠誠」育人，使企業人成為盡責、盡心、盡力的人

中國的傳統文化一直強調「忠誠」，「忠」是與人謀事的基本要求。忠誠的意思就是要盡心竭力。「忠」是儒學人格精神的核心。在《論語·里仁》中，孔子自稱一貫之的是「忠恕」之道。「食君之祿，忠君之事」是對拿俸祿者的基本要求，「精忠報國」是數千年來中國仁人志士的最高人生目標，正如民族英雄文天祥說的：「人生自古誰無死？留取丹心照汗青。」

由於歷史上有太多的忠臣下場淒涼悲慘，加之「文革」的掃蕩，民間對愚忠非常反感，忠誠意識淡漠。所以，現代企業文化決不提倡「愚忠」式的忠臣，也不要製作一些假大空的東西讓員工去頂禮膜拜，最好從員工的為人處世中，從其工作、生活的細節中去提倡一些具有實際意義的東西。在平常的為人處世中，民間有「食君之祿，忠君之事」的說法，有「受人之托，忠人之事」的理念。這對企業文化中建立自覺自主意識很有意義。無論是職業經理人還是企業的各級幹部與員工，都應要求「受人之托，忠人之事」。職業經理人受董事會之托，就應忠於企業之事，不僅要顧及眼前利益，為企業贏得良好的經濟效益和社會效益，還應該兼顧企業的長遠利益，為企業的宗旨和目標盡自己分內之事。企業的各級管理人員和員工也應該在受到各級組織之托以後，不僅要忠於自己直接領導所托之事，還要在企業文化的氛圍中，為企業的目標與發展盡自己的力量。

對員工來說，有職分才有名分，在職分上不盡忠，來源於對名分的不尊重，結果就要丟掉名分，忠於職分就能保留名分，最終帶來福分。這樣一個連環扣的中心就在忠誠。忠誠導致信任，信任才能委託重任。在信任度比較缺乏的社會，忠誠顯得更為重要。只有忠誠才能讓領導信任，領導才敢放權，才敢委以重任。「食君之祿，忠君之事」，這是優秀傳統文化對人的基本道德要求。忠誠於別人的人，才會有一個好的道德風貌，才會贏得別人的信任；同樣，當你是領導時，才能讓別人忠誠於你。盡心竭力地工作，不斷地學習，才能擁有穩定的不斷發展的職業生涯。在21世紀初引起巨大轟動的被譽為承載著百年智慧的小書《致加西亞的信》中，美國的哲人阿爾伯特·哈伯德強調了這個世界需要員工的一種精神：忠於上級的托付，迅速地採取行動，全力以赴地完成任務——「把信送給加西亞」。所有的組織，無論是企業、機關的管理者還是老板，都會深有體會地發出感慨——到哪裡能尋找到「把信送給加西亞」的人？

對企業來說，在知識經濟的時代裡，員工對企業的「忠誠度」將直接影響企業的發展。一個忠誠而沒有能力的員工對於企業的發展可能沒有多大的作用；然而，一個有能力但不忠誠的員工對企業的發展可能會造成很大的危害。后者可能為了個人利益而出賣企業利益，甚至成為商業間諜；也可能使企業做出錯誤的決策，或者

## 企業文化塑造的理論與方法

失去有利的商機；也可能散布不利於企業的輿論使企業的人才流失。顯然，公司要想成功，其員工的主動性、責任感和忠誠都是至關重要的，那「送信的人」是企業夢寐以求的棟梁之材。然而，企業所有者也應該考慮，如果你要營造一個使每一位員工都努力工作而不問報酬的環境，那麼你應該首先想一想，為此你對員工承擔了什麼？如果你要員工忠於企業，那麼企業對員工的承諾又是什麼？顯然，如果企業與員工之間、員工與員工之間，都互相忠誠、互相尊重、互相幫助、互相理解，由此形成積極健康、活潑和諧的氛圍，這就是能促進企業發展的企業文化的理想狀態。

企業領導者如果以身作則，用「受人之托，忠人之事」、「盡心竭力」的意識貫穿於企業人的教育中、工作的細節中，那麼，在正常的激勵機制下，企業中就會形成一種盡力干好本職工作的氛圍，使全體員工成為盡責、盡心、盡力的人，並逐漸成為將愛崗（本職工作）、愛公司與愛國結合起來的人，那麼，這股巨大的人格動力，將卓有成效地推動企業的興旺發達。

3. 以「信譽」示人，造就光輝的企業形象

儒學中「信」的地位極其重要。孔子認為為政的要素有三：兵、食、信。其中信最為緊要。無兵，國亡；無食，人死；國亡、人死均不足惜，國不可無信；人不可無信。這個「信」字在儒家看來，是立民、立兵、立國的根本。信，即誠實、講信用，要求與人交往要言行一致、守信不移。

講信譽，就是要塑造光輝的企業形象。對商品對服務的承諾要落到實處，任何破壞商品質量、短斤少兩和劣質的服務都是對信譽的損害，都是對企業形象的損害。社會上那些偽劣商品的製造者、行銷者，恣意妄為，給國家、集體、人民群眾的利益帶來極大的危害，甚至造成人身生命安全的重大損失，貽害無窮。雖然這些人可能贏得一時的利益，但是，他們總是搬起石頭砸自己的腳，會遭到應有的懲罰。講信譽要注重合同協議的兌現，任何托詞推諉、損害他人的行為都是失德失信的，都會對企業信譽造成嚴重的傷害。

今天，社會的發展對信譽的要求已經到了一個非常迫切的地步。人們在呼喚，讓「3·15」不再成為投訴日！然而，翻開報紙，「亂用標籤，含乳飲料冒充牛奶」、「醫院亂收護理費」[①]、「兒童服裝近八成不合格」[②] 等標題令人膽寒。當然，我們也欣喜地看到，「誠信不是口號」的企業宣言。四川移動通信有限責任公司總經理李華說：「以誠動人，以信致遠。四川移動成立五年來，一直將誠信作為公司賴以生存的基石和發展的原動力。」四川移動認為，競爭力是企業誠信的回報；社會責任是企業誠信的體現；有道德有文化是企業誠信的支撐。[③] 我們相信，這是企業的真心話，我們更願意相信，有無數的企業願意這樣做，使天天都是3·15，或者3·15

---

① 摘自《華西都市報》2005年3月15日A11版。
② 摘自《華西都市報》2005年3月15日A12版。
③ 摘自《華西都市報》2005年3月15日B13版。

## 第十三章　中國式企業文化的建設和管理

不再是投訴日。那麼，將有無數的企業擁有光輝的形象，有很多的經濟指標將上升。

《論語·衛靈公》中講「德」時說：「君子義以為質，禮以行之，遜以出之，信以誠之。」這話的意思是指君子辦事以合宜為原則，依禮制去實行，而且用謙遜的話說出來，用誠實的態度做成功。一個人應該如此，那麼一個企業、一個團體也應該如此。拿今天的話來說，就是企業對顧客應該講究坦誠，應該注重企業道德。

總之，我們從中國的傳統文化中深深地懂得了人與人之間的關係是一種相愛、相安的關係，這就是中國管理的根本道德原則。儒家認為，在心為德，施之為行。我們今天以中華文化的精華或積極精神來促進企業的建設發展，至少應該汲取儒學的以「仁愛」安人、以「忠誠」育人、以「信譽」示人的一貫思想；結合企業在市場經濟中的自身實際，提高企業全體員工的整個經營和活動的行為質量，這不光是中華傳統文化人格道德的標準和要求，也是今天市場經濟的時代要求。我們弘揚中華傳統文化的積極精神，目的就是要使我們的企業在中國文化的根基上興旺發達。

## 二、重視中國人的心理積澱，塑造適宜的中國式企業文化

在企業文化的建設中，最難辦的一件事情是企業文化的落實問題。不少企業把企業文化理念變成了需要時喊的口號和牆上的標語或者對外宣傳時的道具。怎樣才能將企業文化的核心理念落實為企業文化的管理呢？除了必要的制度強化以形成一定的文化氛圍以外，在非強制性的領域，必須要充分利用中國人的心理積澱，塑造適宜的中國式的企業文化。

在中國傳統文化中，有一些現象反覆出現，實際上對中國的各項管理形成了重要影響。西南財經大學的羅珉教授把它稱為中國「傳統文化的假設」。「傳統文化假設主要是指我國獨特的歷史文化對管理運行的影響，並且這種影響比其他假設要更深刻、更廣泛、更複雜。從某種意義上講，獨特的歷史文化背景可能是導致中國管理學獨特性或個性化的最根本原因。」[1] 羅珉教授在其《現代管理學》一書中，對中國傳統文化在管理方面的影響做了四個方面的基本假設：一是「面子」的假設；二是「關係」的假設；三是「家」的假設；四是「有限自利性」的假設。[2] 這四種基本假設概括了中國人在歷史文化的積澱中自然形成的心理與行為方式，對於企業文化建設的有效性具有較大的指導意義。

1.「面子」的基本假設與現代企業文化的形象建設

在關於「面子」的基本假設中，羅珉教授認為，傳統文化思想中「面子」或「臉面」是最重要的假設。面子可以是一種名譽、信譽、名聲和人情，也可以是一種權力和影響。在經濟交往中，「面子」在中國更多地被看作一種名譽、信譽、名

---

[1] 羅珉. 現代管理學 [M]. 2版. 成都：西南財經大學出版社，2004：79.
[2] 羅珉. 現代管理學 [M]. 2版. 成都：西南財經大學出版社，2004. 以下關於四個假設的基本內容均出於此書，不再一一註釋，請參見原書。

## 企業文化塑造的理論與方法

聲和人情；在組織的管理中，「面子」在中國更多地被看作一種人情、權力和影響。「面子」是一種有助於節約交易成本的人際資本。「面子」是這種人際資本的表象，其背後的實質性東西是人際關係中的核心內容——信任關係。因此，在相互信任的行為主體之間發生交易行為就會因為「面子」的緣故而節約交易成本。「中國商業信用關係和君子協議是以『面子』為基礎的，而非靠法律執行的正式的書面協議。」[①]

「面子」實際上是一種非制度化的約束機制，對管理有著非常複雜的影響。一方面，「面子」的介入常常使企業管理制度弱化，管理者不能單純地追求效益、效率的最大化。這可能導致不能夠對組織內部資源進行有效的配置，使管理者進行規範化管理的動機和效果減弱，降低管理水平。另一方面，「面子」也是一種約束力量。在一定條件下，它更傾向於一種公眾認可的態度。這往往使管理者的道德責任增加，特別是企業的社會責任問題，應該說，除了企業家本身的一種道德責任意識和企業宣傳的需要外，更多的就是「面子」的作用了。企業家的「面子」（無論國企還是民營企業都是如此）和企業「面子」（企業形象）的需要使人們願意犧牲一定的經濟利益，不得不把目光轉向長遠。對企業中人來說，顧及別人的面子與顧及自己的面子，常常可以使自己的行為更傾向於守信。所謂「一諾九鼎」、「一言既出，駟馬難追」、「無信何立於天下」均不僅與道德有關，在很多情況下，還與「面子」有關。在一定的環境和一定的條件下，特別是在沒有保證履行協議的法律制度的環境中，在由一定人際關係構成的圈子內，「面子」以心理強制和環境強制的形式減少欺騙行為的發生。

有效地利用「面子」的約束力量，發揮「面子」的正面效應，對企業文化建設具有重要作用。

在內部管理中，企業文化建設的落實可以借助「面子」形成一種力量。在企業文化塑造與管理的過程中，有一個關鍵問題就是企業人的認同與支持。在充分啟動企業人的理性，分析清楚企業面臨的挑戰特別是危機與機遇後，人們的心理慣性還會使新的理念在企業中受阻。那麼，這時除了強制性的制度就是「面子」顯身手的時候了。當有一定身分、地位，特別是威望的人反覆做某些頑劣者的工作後，可能暫時還沒有得到他們的認同，但是，出於「面子」的考慮，也會暫時表示支持，至少保留意見不會鬧事。這就為新政的推行贏得了寶貴的時間。這些不認同者會隨著時間的推移，在心理上從不適應到適應，最後在事實面前，在一定的文化氛圍中完全認同企業的價值觀。事實上，在建設新中國的歷史階段，在深入細緻的思想工作的成效中，「面子」也起到了重要的作用。在新員工加盟時，雖然不能讓他們馬上接受企業的價值觀，但是，由於企業文化氛圍的影響，由於「面子」的作用，他們

---

① 雷丁、張遵敬，等. 海外華人企業家的管理思想——文化背景與風格 [M]//羅珉. 現代管理學. 2版. 成都：西南財經大學出版社，2004.

## 第十三章　中國式企業文化的建設和管理

也會在表面上服從企業文化。經過長期的反覆的訓練，一部分人會由表面認同到內在的認同，就是所謂的「內化」，最後，真正成為一個符合企業價值觀的企業人。

在企業形象塑造的過程中，充分利用「面子」觀念可以使企業人的個人行為趨向於對企業有利的一致性；使企業的整體行為更為趨近社會的公共道德水平。企業的「面子」一方面可以為企業贏得更多的忠誠者與回頭客，另一方面也使企業的社會責任能夠順利地實現，使企業的發展與社會的發展達到和諧一致。

2.「關係」的基本假設與企業文化的網路建設

「關係」的基本假設主要是指正式的組織關係和契約關係之外的人際關係。它揭示了中國社會文化和組織文化中「順」與「不順」的實質。中國人辦任何事情都要講「關係」，有關係就有希望，沒關係就可能沒希望；關係好了，一切都好辦了。四川民間甚至有「人對了，飛機都要刹一腳」（即關係好了，飛機都要停一下）的說法，可見關係的重要性。

臺灣學者黃光國以社會交易理論為基礎，發展出一套「人情與面子：中國人的權力游戲」的理論模式。其模式假設：在儒家倫理影響下，個人在做關係判斷時，會將自己與對方之間的關係大致分為三類，並依照不同的社會交易法則與對方交往。這三種關係分別是情感性的關係（遵循需求法則）、混合性關係（遵循人情法則）及工具性的關係（遵循公平法則）。所謂情感性關係指的是家庭（家族）內成員之間的關係；混合性關係是指個人在家庭（家族）之外所建立的各種關係，包括親戚、朋友、鄰居、同學及同鄉等；工具性關係是指個人可能為了達成某些目的，而和他人進行交往，其中只含有少許情感成分，交往雙方並不預期將來會建立起長期性的情感信任關係。[①] 實際上，這三種關係是可以相互發生轉化的。在工具性的關係中可能因為某些原因，例如時間的延長和空間的接近導致感情的發展，轉化為混合性的關係，再因某些契機（例如姻親）和交往的需要（例如結拜、認領）而轉化為情感性的關係。情感性的關係也可能由於時空的阻隔和價值觀、性格的不同而淪為一般的親戚關係，在長期互不來往的情況下形同陌路，又由於某些需要而找上門來，形成一種工具性的關係。

在現代企業文化網路層次的塑造與管理過程中，「關係」具有重要作用。

首先，關係是減少不確定性管理因素的手段。企業在變化急遽的環境下面臨著人際關係的很大的不確定性，組織雖然可以通過雇傭合同約束員工的行為，但這種約束在一定情況下並沒有很大的約束力。有良好的上下交往的人際關係，可以在某些不確定性因素中增加確定性，使員工在一定的關係影響下，在一定的情感因素中，對企業做出更積極的貢獻。所以，不少企業在「事業留人，待遇留人」之後又加上「情感留人」，就是這個道理。現代企業文化網路的塑造與管理過程就是充分利用各種關係進行疏通和交流的過程。良好的人際關係可以增加文化網路的正面效應，使

---

① 羅珉. 現代管理學 [M]. 2版. 成都：西南財經大學出版社，2004.

## 企業文化塑造的理論與方法

不確定的非正式群體的傳言被遏制，使有利於組織的溝通順利進行。

其次，關係可以降低交易成本。特別是當一個組織或組織成員之間非正式關係緊密時，人們相互熟悉，「信息不完全」和「信息不對稱」的問題也不很嚴重，就會產生「社會信用並不是對契約的重視，而是發生於對一種行為的規則熟悉到不假思索時的可靠性」。① 密切的關係除了可以在員工和供銷商之間降低交易成本之外，對企業文化信息網路的形成，以及建設成本的降低也起到相當大的作用，其包括花費時間評估新的員工和新的供銷商、談判、協調、行為的控制和檢查等。

最後，關係還有利用外部資源實現效率和使組織獲得經濟價值之外的社會價值等積極作用。但是「關係」這個工具如果運用不好也會使企業文化網路變質，給組織帶來不利的影響。

第一，過分注重「關係」，可能使個人意願凌駕於組織制度之上，降低組織效率。在過分注重關係的組織中，某些有影響的人的話就是規定，就是制度，企業的現代化制度就被虛化，而這是企業發展壯大的致命傷。關係密切的領導與員工可能為維持這種密切的關係，而對一些人員額外照顧，這就影響了競爭的公平性，使正常的競爭被限制，組織效率自然降低。

第二，小團體內的關係緊密，而企業與小團體關係疏松，易導致小團體之間各自為政，正式渠道的企業文化信息傳遞不暢，非正式渠道的各種流言盛行，嚴重影響企業積極向上的企業文化氛圍的形成。

第三，關係方法運用不當，可能使組織對某些部門失控，造成人才和財產的損失。當組織內出現關係密切的小團體以後，組織與這些小團體之間就可能因為「關係」雙方對預期價值的不對稱性而出現裂痕，特別是對組織影響巨大的研發和行銷部門在貢獻與報酬和其他激勵方面認可的不一致，可能出現集體跳槽的現象。這是組織危機中發生率較高的危機之一。

企業文化建設是企業各部門各方面的共同任務。要避免「關係」的副作用，就必須在工作中，在上下級之間，在部門與車間、部門與部門之間存在的互助關係的基礎上，建立正確導向的企業文化網路。利用現代企業管理制度，遵循企業文化建設的自身規律要求，將各部門的聯繫以一定的程序固定下來，形成工作網路，這是加強企業文化建設的基本要求，是避免「關係」負效應和企業文化建設工作無序化的前提和保證。

企業文化建設的領導層應是由企業領導和主管部門負責人組成的領導小組，而負責具體組織、協調、綜合、督促工作的是一個擔負主要工作的主管部門。在嚴格按照工作條例和具體分工的基礎上，理順主管部門與其他各部門的關係，使各方面在工作中保持配合的默契，既要做主角又要做配角，從而形成一盤棋的格局。這種企業文化工作網路的建立過程就是整個企業相互瞭解、互相激勵的過程，也是雙方

---

① 費孝通. 鄉土中國［M］//羅珉. 現代管理學. 2 版. 成都：西南財經大學出版社，2004：85.

## 第十三章　中國式企業文化的建設和管理

和多方增進友誼、密切關係的過程。這對於打破企業中小團體的各自為政的格局有非常重要的作用。隨著企業文化建設的逐步深化，以及各項考評機制的逐步完善，理順企業中上級與下級的關係，可以使文化網路深入到各基層單位。企業文化的各項工作可以橫向到邊，縱向到人，促使文化建設的效果不斷提高。

總之，企業的負責人絕對不能無視中國人對關係的這種思維方式和辦事方法，無視對企業中人際關係的管理，必須以企業的目標和願景為基礎，以建立優質的企業文化網路為工具，適當地適時地運用個人威望和關係施加良好的影響，使企業內形成「上下同欲」、「上下同意」的為企業目標而努力的企業文化氛圍，使關係真正為企業的發展所用。

3.「有限自利性」的基本假設與企業文化的行為制度建設

「有限自利性」的基本假設是指中國人對人的自利主義行為的容忍度和接受度有限。超過一定的限度，其自利性行為就會引起他人的反感、不舒服，甚至遭到他人的攻擊。羅珉教授特別指出中國人對人的自利的容忍度和接受性是感情型的，有一套特殊的價值取向標準來承認結果和財富的差異。中國人對他人的自利主義的目標是「苟富貴，無相忘」。這種思想反應在人的行為上，也說明人的行為超過某一臨界點（社會容忍度）時，會遭到「報應」。中國歷史上從北宋開始特有的以「均貧富」為旗號的周而復始出現的農民起義，往往是在貧富差距超過某一個臨界點（社會容忍度）時，就會出現以「平均主義」為旗號的農民起義，以實現社會財富的再分配。因此，中國傳統文化中既有自利行為的目標，但超過某一臨界點時，可能也有某種利他主義的目標，個人才能在社會組織中更好地生存下來。人們總是盼望著自己成為利他主義的對象。

羅珉教授關於傳統文化中「有限自利性」的假設對現代中國企業文化建設中的行為規範的建設有著重要意義。在企業行為規範的建設中，無論是企業的整體行為還是企業員工的個人行為，是企業內部行為還是企業對外的行為表現，都與一定的利益密切相關。對企業的行為來說，要讓企業實施適宜於企業長遠發展的整體行為，必須將企業建成為學習型的組織，讓企業通過學習，與時代靠近，與社會形成和諧的關係；對企業中人來說，要讓企業人的行為適應企業發展的需要，必須通過培訓，讓企業人有正確的心理預期與報酬預期，讓每一個人能清楚自己的位置與目前價值與未來價值之間的聯繫，與員工一起，做好員工的職業生涯設計，讓員工在現時的工作中有成就感和快樂感，在切實的盼望中，在對未來的較準確預期中，獲得恰當的激勵，從而發出適宜的行為。

4.「家」的基本假設與企業文化的思想內涵建設

「家」本是以性愛為基礎，以血緣、收養等為紐帶所形成的一個社會的最基本

## 企業文化塑造的理論與方法

的單位。① 由於「家」具有經濟性和社會性的特徵，因而「家」又常常成為各種社會組織和經濟組織的喻體。在一些宗教團體中，人們互稱「弟兄姊妹」，在一些社會小團體中，人們相互之間稱兄道弟，都顯示出「家」的意義的擴展。儘管「家」的比喻在世界範圍內均有，但是，在中國，「家」更有特別重要的意義。維繫「家」運行的是關係倫理，天理人倫是中國管理的基礎。儒家的仁義禮智信都和「家」的基本要求有關。中國人「家」的概念、「家的團體文化」和小團體的「家的意識形態」是一個堅固的堡壘，恐怕連萬里長城也比不上——國學大師梁漱溟和學者殷海光都做過這樣的比喻。② 羅珉教授認為，中國的組織文化，既不是個人主義的文化，也不是個人集體主義的文化，而是小團體的「家的文化」。「『家』就是輕個人重團體的具體體現。」筆者非常讚同這樣的觀點。在現代企業文化的思想內涵建設中，「家」的假設具有重要的意義。在管理思想上，羅珉教授把「家」的假設歸納為「家長制」、「人情至上」和「等級制」三種情況。這是符合中國企業的管理現狀的。筆者認為，這其實是在三種管理觀念支配下產生的結果。

企業之家的代理人就是企業的家長，是企業自然的權力中心。「家長制」使企業負責人（包括上級委派的負責人）成為企業的當然權威，使企業員工產生當然的依附感。這種依附感可能產生「忠心」，也可能產生隨意性和「怨恨」。「忠心」是因為組織成員認定企業這個「家」就是他們永遠的依託、永遠的栖息地，所以，也就可能盡心竭力、無怨無悔；更深一層還會出現對「家長」的盲目服從，不願或不敢指出「家長」的錯誤。在規章制度事實上缺位的時候，「家」中人的隨意性表現為公私不分、以公為私。在20世紀70年代時流傳的「黨是我的媽，廠是我的家，沒錢找黨要，沒東西廠裡拿」的民謠，就是那個時代人們對企業這個「家」的感覺，直到現在，很多人仍然覺得辦公用品拿回家沒什麼不妥，在辦公室打私人電話是很正常的。「怨恨」是由於企業與員工事實上是一種利益關係，當企業由於這樣那樣的緣由需要裁員的時候，人們心裡的美好的「家」的感覺會破滅，就會產生「不是家」的怨恨。例如2001年和2004年聯想的兩次裁員，就使人們頗為失落，很多人發出了「聯想不是家」的怨嘆。

由於企業組織結構在人們心中有「家」的基本假設，那麼，小「家」中的人就很容易被融進大「家」之中，在權力許可的前提下，這個「家」中就會充滿了事實上的親戚朋友老鄉同學，就構成了一個獨特的關係網。在這個網中，就會不由自主地出現人情至上的情況，給決策帶來重要的影響。所以，中國人在管理中，常常出現情、理、法的三種手段。人們常常更重視合情合理，因為這容易被眾人理解，符合人們心中的價值標準，只有在情理都不能解決時，才會想到法，而且要合理合法。

---

① 註釋：在中國古代，諸侯的封地為「國」，大夫的採邑為「家」。這裡的「家」已經與婚姻、血緣、收養等為紐帶的「家」有了很大的區別。但是長期對中國的各類組織形成巨大影響力的是帶有濃濃親情色彩的家的本意。

② 羅珉. 現代管理學 [M]. 2版. 成都：西南財經大學出版社，2004：89.

## 第十三章 中國式企業文化的建設和管理

事實上,管理是離不開人情的。制度不合理就是「惡法」,標榜「合理」卻不能被認同,不能贏得人心,就不能被落實。管理者動機不純正,再合理的規定,也會被認為是不合理的。所以,如何「安人」,才是管理的最終目標。[①]

「家」的基本假設使「家」的管理思想自然擁有了等級的觀念,根據人們關係的親疏,也就有了各種「差序格局」[②],這就使企業在使用與提拔人才方面傾向於「任人唯親」。組織的接班人必須是由組織的「家長」提名或任命。企業中高層經理的安排,是從關係、忠誠、才干等順序上來綜合考慮的,往往也是親戚朋友捷足先登。只有在企業遇到生存與發展的關鍵時刻,需要能人幫助渡過難關時,這種情況才會得到改變。

同時,「家」的基本假設使中國特色的管理也必須以「家寧」、「家興」、「家順」為特點,這就使管理帶有更多的東方式的「情感」特色。企業成為員工情感交流和滿足的重要場所,所以將「家」本位思想融入企業文化的建設中必將使得員工更有歸宿感,更有安全感,這就能夠使得企業的穩定性得到增加,也使得企業的經營管理更加穩定。現代企業成功並不完全取決於企業管理的純理性的制度、計劃、生產技術,而是與人的情感需要、審美向往、對人情味的追求的企業文化密切相關。一個優秀的企業家,主要不在於對員工的控制、驅使和責罰,而在於能通情達理、與人為善,善於激發員工的熱情,協調員工之間的關係。

因此,在「家」的基本假設下,企業文化的最深層次的思想內涵必須考慮企業之「家」的觀念對企業的複雜影響。既要從人本管理的角度去考慮企業人的價值觀和方法論,考慮企業人在「家」的感覺,去梳理企業理念,去建立企業精神,釀造一種濃鬱的適宜於人創造性發揮的良好溫馨的「家」的氛圍,又要在現代企業制度的規定下,讓「家」符合「法」的要求,讓時代精神注入「家」中,讓「家」的穩定性與時代的靈活性相結合,在企業人的觀念中形成傳統與現代相結合的最佳點。只有恰當地考慮中國人的心理積澱,有效地利用它,並與時代精神契合,才能塑造適宜的企業文化。

以上假設反應了中國人在傳統文化的薰陶下,在長期的各種活動中已經形成了一些特定的心理要素,這些心理要素經過歷史沉澱已經變為一種思維慣性,不由自主地支配著人們的行為。如果能合理地利用這些心理要素進行企業文化的建設和管理,那麼,在企業文化的塑造與認同之間就可以找到一座橋樑,可以順利跨過文化的磨合期。

## 三、整合人類思維方式與行為方式的優勢,創建現代中國式企業文化

臺灣地區學者曾仕強認為,中國式管理是指以中國管理哲學來妥善運用西方現

---
① 楊國樞,曾仕強.中國人的管理觀 [M].臺北:桂冠圖書公司,1988.
② 羅珉.現代管理學 [M].2版.成都:西南財經大學出版社,2004:91-92.

## 企業文化塑造的理論與方法

代管理科學，並充分考慮中國人的文化傳統以及心理行為特性，以達成更為良好的管理效果。中國式管理其實就是合理化管理，它強調管理就是修己安人的歷程。現代中國式企業文化的創建，必須站在時代的高度、歷史的高度，在整合人類思維方式與行為方式的特點的基礎上，去借鑑世界企業文化塑造的經驗。這樣，企業在人類文化的寶庫中去尋找適合自己的東西，才能將自己的弱點和不足轉化為特點，並進而通過良好的文化整合，轉化為優勢。

1. 融合東西方民族的思維方式進行中國式企業文化的塑造

作為民族性之表現的思維方式，是指由思維的多種要素、形式和方法而組成的長久、穩定、普遍起作用的思維結構與思維習慣。各民族文化的比較研究表明，每個民族都有自己整體的思維傾向，從而形成自己特有的思維類型，並成為決定該民族文化如何發育的一項重要而穩定的控制因素。然而，民族的思維方式既非先驗的存在，又非一成不變。它是該民族的人群與其生存環境之間相互作用的結果。因而，伴隨著現代化的進程和國際文化交往的充分展開，人們又完全有能力自覺地對本民族的思維方式進行再認識與調整，以適應現代化進程的客觀要求。思維方式的現代化，實為人的現代化的重要內容。它既應包括新的乃至他民族的思維要素、形式和方法的攝取，又應包括本民族傳統思維要素、形式和方法的揚棄與繼承，是它們的優化組織與再構成。

(1) 東方儒家文化圈的整體思維方式。東方以中國為代表的思維方式表現了重視事物的整體功能聯繫、輕視實體的形質認識，強於綜合、弱於分析，重視頗具模糊性的直覺體悟、疏於清晰的邏輯論證等傾向。它具有整體性、直覺性、模糊性、內向性、意象性等特徵。[①] 這不僅影響了中國人的思維方式，對東方民族特別是日本人的思維方式產生了極大的影響。

整體性思維，把人和自然界（包括社會）都看成一個有機的整體，雖然也認識到這一整體是由不同部分所構成，但認為部分不能遊離出整體，更注重各部分在結構與功能上的動態聯繫，力圖對整體在經驗事實的基礎上做抽象的綜合性把握。整體性思維，雖也認識到任何事物都包含相互對立的兩個方面，也具有二元論思想的要素，但它不同於西方的二元論思想，更重視對立的兩方面的相互依存、轉化與包含。孔子雖講「叩其兩端」（《論語·子罕》），但其最終目的是「允執厥中」（《論語·堯曰》），達致和諧統一。因而，「天」（自然界）與「人」、「身」（肉體）與「心」（靈魂），主體與客體等，不是截然對立的，而是相互依存，處於相互統一的整體結構中，渾然一體，不能相分。

一般地說，曾處於儒學文化圈的民族的思維，多是從全局出發。即便在第二次世界大戰后日本已融入西方的思維模式，但在個人與整體（團體或社會）的關係中，當代日本人仍表現出舉世公認的強烈的團體本位主義。在第二次世界大戰后的

---

① 張岱年，成中英，等. 中國思維偏向 [M]. 北京：中國社會科學出版社，1991.

## 第十三章　中國式企業文化的建設和管理

日本，雖已從思想與法律制度上承認與保護個人的權利、人格尊嚴和自我完成，但仍有強調個人與團體不可分割、整體重於個人的傾向。日本人的團體本位主義認為，不是以個人的幸福、人格尊嚴和自我完成為優先，而是以團體的目標和利益為優先；不是將自我的尊嚴和成就與團體的利益和規則相對立，並不認為個人的尊嚴和成就首先依靠個人的才智、奮鬥和機遇，而是認為自我尊嚴和成就須經由團體而達成。在人與自然的關係上，日本人依然追求與自然共為一體的親和感，難於割舍融入自然生命的強烈欲求。努力尋求個體與整體，自我與自然的依存、融合，可謂日本人的民族性。

整體性思維對中國式現代企業文化建設具有非常有益的影響。

第一，整體性思維形成的整體觀念有益於企業集體主義風範的形成。中國傳統文化中由整體性思維形成的整體觀念，把全局利益看得高於局部利益，把整體利益看得高於個體利益，凸現了中華民族以小我成全大我，以犧牲個人利益和局部利益去維護整體利益的獨特品格，形成了以國家、民族利益為上的思想風貌。這種整體為上的集體主義道德，積極影響著以培育企業精神為核心內容的企業文化的形成和共同的價值觀念的樹立。對於一個企業來說，當絕大多數成員的價值觀積極向上時，就能夠使職工把維護企業利益、促進企業發展當作有意義的工作，從而激發出勞動熱情和工作主動性。在我國作為企業文化思想內涵之一的企業精神，雖然因企業門類有別、性質各異而有所不同，但共性卻是「廠興我榮，廠衰我辱」等表述，這實質上就是集體主義在企業文化中的延伸和體現。

第二，現代成熟的企業文化建設與管理必須有整體性思維。改革開放以來，我國引入了不少管理的新概念、新理論和新方法，但是，都沒有達到理想的效果。原因在於，不少企業急功近利，只取來一些近期能見效的東西，對真正能給企業帶來長遠影響的東西卻沒有耐心去學習和運用。例如 CIS，不少企業關注的是它的漂亮衣服和它帶來的近期廣告效應，卻沒有對 CIS 進行全面深入的理解和運用，最後，CIS 就成了一件時髦的裝飾品。現在一些企業對待企業文化管理也照此辦理，企業文化就成了宣傳的工具，成了標語和口號。要真正塑造優秀的企業文化，並進行有效的管理，就必須有整體性的思維。在管理思想方面，對企業文化的思想內涵必須進行整體把握，確立企業正確的價值觀。沒有正確的價值觀，沒有適應於價值觀的有效的落實在各項工作中的理念，單純照搬別人的規章制度和行為規範，這樣的企業文化沒有根基，也就沒有生命力。企業理念的確立與實施是一個艱苦的工作，特別是對舊觀念的改造需要花費很大的功夫。企業的報紙、廣播、閉路電視、局域網等現代化宣傳工具可以廣泛宣傳改變舊觀念和舊習慣，樹立起適應現代管理的時效觀念、人才開發觀念、信息觀念、競爭觀念等各種新觀念的典型人和事，使職工處處受著企業文化的薰陶；在管理基礎方面，可以結合管理體制的改革，建立標準企業體制、信息系統、全面質量管理系統，從點滴入手，使企業文化深入到每一項管理活動中去，起到指導約束和調節作用。企業文化建設，一定要有整體性觀念，要

## 企業文化塑造的理論與方法

建立和健全培養企業文化力的體系，不僅要把宣傳、組織、保衛、教育、人事等企業的各部門的一切工作納入培養企業文化的總體任務和目標上來，還要求發揮非正式渠道的作用。

第三，現代成熟的企業文化建設與管理必須考慮結構的整體性。前面提到的企業文化結構包括企業的思想內涵、信息網路、行為規範和企業形象等內容。這些內容相互影響、層層滲透，最后長成了企業文化的參天大樹。如果單一地強調某一方面，都不能形成有持續競爭力的優秀的企業文化。例如，如果只強調思想內涵部分，甚至只強調企業精神，最后的結果就是文化理念不能落實，企業哲學成為企業負責人的「衣服」。如果只強調理念和制度與行為，沒有相應的全體企業人認可的文化氛圍，那麼，就沒有厚實的基礎，就不可能造成持續的文化力。

第四，企業文化措施落實的整體性。要進行全面的企業文化管理，除了企業經營者要有胸襟氣度，要有思維與管理的整體性外，還應有從高到低、從上到下每一個環節落實的措施，讓企業的文化力無處不在。企業文化的主要內容應該貫穿於企業生產經營的每一個環節、每一項具體的工作中。從制定「企業理念」、生產經營目標，到落實年、季、月、旬計劃；從提高當日效益，到增加企業后勁，都應培養、錘煉、滲透企業文化精髓。①

東方的整體性思維強調對自然界和人類社會的整體性認識，但缺乏對構成這一整體的各個部分及其細節的追究。東方民族的傳統思維方式重直覺，即僅重視思維的結果，卻忽視思維的結構與過程，因而既疏於經驗實證，又忽視形式邏輯。其思維與語言的模糊性更不利於精密而準確地思維與表達。這是東方民族思維方式的弱點與不足。要建造適應時代需要的中國式企業文化，還必須學習西方的思維優勢，對我們的思維方式進行有益的改造。

（2）西方重個體與元素分解的思維方式。西方人的思維是理性分析的思維。它將整體的事物和過程分解為各個部分和階段，把複雜的事物劃分為比較簡單的形式和元素，強調規則、秩序和邏輯程序和對經驗事實的概念分析，總是要把一切東西還原成最小的個體，例如元素，從而建造概念結構。這種分析方法促進了各個分門別類學科的發展。西方科學主義的邏輯思維特質，決定了他們依靠法規、條例來進行管理。這種思維方式的基本要求是精確、量化、分解、邏輯和規範。由此制定的管理模型就是強調以制度為主體，以防範為特徵。

中國式企業文化建設，必須借鑑西方重個體與元素分解的思維方式，進行必要的理性的文化分析。

第一，要對自己的文化淵源進行追索：我的公司從哪裡來？是否有正確的文化根基？是否已經建立了企業共同的價值觀，並且已經梳理出了切合實際的企業理念？這些理念有分理念的輔佐嗎？對自己的文化淵源進行追索實際上是一種必要的文化

---

① 陳麗琳．莊子的「道」「技」觀與企業文化建設［J］．西南民族學院學報，2003（4）．

## 第十三章　中國式企業文化的建設和管理

診斷。過去是什麼也許並不重要，但重要的是它對現在和將來的影響。如果不能剔除不健康的文化因子，引入健康向上的文化因子，就不能達到文化管理的目標。

第二，要對自己的未來有一個清晰的認識：我的公司有沒有足以令員工激動並願意與公司共進退的發展目標？是否有一個能激勵人的企業願景？每個人都有對未來的企盼，無論現實是否美好如意，只要有盼頭、有希望，就有干勁，一個沒有願景的企業是不會讓企業人產生激情和貢獻的力量的。

第三，要明確公司的使命：我為什麼存在？我可能繼續存在嗎？能對社會做出怎樣有益的貢獻？現代優秀的企業家把企業看作是一種社會化的個性系統，努力通過企業文化建設，培育企業形成健康的個性與靈魂，使企業成為為公眾和社會創造價值的機構，能夠與社會共生共榮、共同發展。例如，惠普的核心價值觀：追求卓越的貢獻和成就；相信和尊重個人；在商業活動中堅持誠實和正直；靠團隊精神達到共同目標；鼓勵靈活性和創造性。世界聞名的惠普之道就是關懷和尊重每個人和承認他們每個人的成就，珍重個人的尊嚴和價值。海爾的市場觀念：賣信譽不是賣產品；否定自我，創造市場。海爾的售後服務理念是：用戶永遠是對的，海爾真誠到永遠。企業弄清楚了存在的理由，才能更好地選擇安身立命的方式，才能建設優秀的企業文化。

第四，要進行良好的企業文化管理：我們公司應該是一個怎樣形象的公司？我怎樣形成統一的核心價值觀？我是否將我的思路、價值觀與員工分享？員工認可嗎？我有沒有經常刻意去創造一種讓員工充滿激情的工作氛圍？我是否已經讓員工知道：我們是什麼？我們為什麼？我們幹什麼？我們有怎樣的服務戰略？怎樣的服務體系？怎樣的服務品牌？在企業的各項活動中，已經發生了怎樣的故事？這些故事能為我的企業文化管理服務嗎？如果在企業文化建設中，缺乏對這些問題的思考和自上而下、自下而上的溝通，管理層沒有傾聽員工的意見，所制定的制度和採取的措施也沒有反應員工的願望與需求，最後沒有達到預想的效果應是情理之中的事情。其實，員工應成為企業文化建設的主動參與者和積極的創造者，企業文化作為員工共享的信念和期望的模式，它的培育過程必須讓全體員工積極主動地參與。加強交流溝通、積極鼓勵員工參與並反饋情況是企業文化避免管理誤區和管理盲點的重要手段。

運用理性的分析思維可以將企業文化建設策略化、制度化。海爾集團有一個企業文化建設的流程被業界稱為「海爾三步曲」：第一步提出理念與價值觀，第二步推出典型人物與事件，第三步是在核心價值觀的指導下建立保證人物與事件不斷湧現的制度與機制。例如，海爾提出「人人是人才」、「賽馬不相馬」的理念，繼而推出「部長競聘上崗」、「農民合同工當上車間主任」等案例，最後構造「人才自薦與儲備系統」、「三工並存、動態轉換」、「末位淘汰制」等管理機制。這些制度管理為文化管理帶來了便捷，使海爾形成了聞名的制度文化層。

當然，如果海爾的這種文化建設模式能在更好的人文環境中實施，在良好的企業文化網路的基礎上塑造，就可以更好地避免形式主義與制度的強制帶來的弊端，

## 企業文化塑造的理論與方法

使海爾人在文化的軟約束中將自豪與快樂結合在一起,給企業文化以更大的力量。

企業文化建設是一項系統工程,因此需要整體思維,需要一個總體的目標來整合文化系統,允許用非量化的手段去評價。然而這種合理的解釋,往往被無限引申,使得企業文化建設的目標更加虛化,往往令企業無從把握。要避免這種海市蜃樓式的企業文化,就必須在總體目標的指引下,將企業文化落到實處,必須有具體的、實在的實施過程。這就決定了企業文化建設的目標體系必須是宏觀與微觀、整體與具體的結合。大目標是由各個小目標組成的,沒有各項具體的指標,大目標就是空的。一般來講,指標是具體的,必須量化。各項具體工作不僅不能放松;相反,應當紮紮實實地抓好。因為正是各項小目標的實現,才能完成大目標的聚化過程,企業文化建設的目標才能實現。

中國式企業文化管理,應當在整體思維的基礎上,重視理性分析,重視個體與元素的分解,建立科學的有效的管理結構,並納情於理,移情於法,以建立「情、理、法」相統一的管理形式。

2. 融合東西方民族的行為方式進行中國式企業文化的塑造

行為方式是人們在自覺的活動中所採取的形式、方法、結構和模式的總稱。它也像思維方式一樣具有民族性。確定一個民族行為方式的是該民族的思維方式、情感與意志的趨向等因素。從這一意義上也可以說,民族的行為方式是該民族思維方式的外化。從要素構成的角度考察行為方式的內在結構,可以認為它是由行為主體、行為手段和行為對象等要素組成的整體。按照日本人的整體性思維方式,個體是不能脫離整體而存在的。在日本人看來,如何出言或行事,不是單純地取決於作為行為主體的個人的情感與意志,不是簡單地決定於他們的動機或目的,而是首先要確定個人在團體或人際關係中的位置,然后依照團體或社會約定俗成的規則或慣例,來決定個人的行為手段與行為程序。因而,個人的行為自主性的程度便受到極大的限制。人們不是根據普遍性的原理主動而積極地行動,而是必須遵循無數具體場合的倫理或禮節來約束自己的行為,從而表現了這種行為方式是團體優先的、他律性的。日本人覺得只有匯入社會或團體的洪流,與他人保持步伐一致,才能取得安全感並獲得社會承認。

「守禮」與「知恥」是日本人自幼年起便不斷接受的生活訓條。它們極大地影響了日本人對其行為形式的確定和對行為結果的預期。「禮」是社會或團體公認的行為規範,「恥」是不符合公認規範的行為所招來的負面結果,是由他人的評價引致的。被人恥笑,感到恥辱,對日本人來說是最為難堪的事了。有許多人因畏懼他人的冷眼而自殺。美國著名文化人類學者露絲·本尼迪克特甚至認為,日本文化的特徵是「恥感文化」,而與之相對照的西方文化則是「罪感文化」。她說:「真正的恥辱感文化靠外部的約束力來行善,而不像真正的罪惡感文化那樣靠內心的服罪來行善。」她認為「恥感文化」是他律性的,而「罪感文化」是自律性的。

日本人的「恥感文化」與中國儒家文化也有共同之處。孔子是十分重視「禮」

## 第十三章　中國式企業文化的建設和管理

的，曾說：「為國以禮。」(《論語·先進》)，認為禮是治國的根本。「禮」又被孔子視為人們的社會行為規範，應「非禮勿視，非禮勿聽，非禮勿言，非禮勿動」(《論語·顏淵》)。而遵守「禮」的目的是使人們「有恥」，即有恥辱感。雖不能說日本人的「恥感文化」便是中國儒學影響的結果，但卻不妨認為，它們都以他律性的外部強制力（被人恥笑）來約束人們的行為，在這一點上，兩者不無共同之處（當然，我們也不能忽視儒學更有強調確立道德主體性的一面）。缺乏自律性的人們極可能有兩種截然不同的面孔與行為，於瞬間發生 180° 的大轉彎。在明了其規範的熟悉環境中，在眾目睽睽之下，日本人大多彬彬有禮而行動從容；然而一旦進入生疏的環境，或避開世人注目，就會行為失範，或畏畏縮縮而無所適從，或成為粗野的莽撞漢。

企業文化管理的一個重要層次就是行為規範。這種行為規範要符合企業的利益和發展就必須在思維方式上得到支撐。思維方式的內在規定性除了社會歷史傳統等因素以外，還與一個人的信仰和行事觀念有關，而這些，都是后天習得的。所以，不少企業都把培訓作為一項重要工作，一些企業嘗試利用宗教進行教化。

如在松下王國裡，它的每家下屬公司都設有一個神社，專門用來供奉神靈，公司的高級職員每週都要來這裡，由主持神社的和尚給他們講法，使他們淨化心靈，更好地執行公司的有關命令。被譽為「經營之神」的松下幸之助，他一生中最尊重的顧問就是一個和尚，其通過各種宗教活動，把宗教的各種教義、精神和企業巧妙地結合起來，然后灌輸給企業員工，使員工們相信工作目的並不只是為了個人和社團，更多的是追求人類生活的共同幸福。

豐田汽車公司也明確提出：「尊崇神佛，心存感激，為報恩感謝而生活。」正是這種「感激」、「報恩」的思想，使企業員工的奉獻精神發揮得淋漓盡致，生產已不單單是滿足個人物質生活的需要，更重要的是它能給員工這種精神上的滿足。有人說：「日本企業就像一個個的宗教組織，都具有自己的宗教思想，企業最高領導者就是教主，他為實施自己的教義，不斷向他的教徒傳播他的經營哲學，企業員工則是一群宗教的狂熱信徒，為維護他們的信仰，可以舍生取義，因此日本企業能夠取得令人難以想像的成績。」

歐美很多的跨國企業的企業宗教化現象也比較普遍。1985 年版《美國最適合就業的 100 家大公司》一書描述 IBM 公司把自己的信念像教會一樣制度化，結果形成了一家充滿虔誠信徒的公司。《基業長青》一書中寫道：高瞻遠矚的公司通常是以理念為核心，表現得像教派一樣，而教派或社會運動常常是環繞著魅力型教派領袖運轉。諾世全公司創造出大家對價值觀虔誠的尊敬，為員工服務顧客的英雄事跡塑造有力的神話。迪士尼公司對秘密運作和控制的沉迷以及精心創造神話、培養公司對全世界兒童生活至為特別和重要的形象，全都有助於創造一種類似教派一樣的信仰，這種信仰甚至延伸到顧客身上。宗教是充滿力量的，是狂熱的、充滿激情的，是快樂和幸福的。誰掌握了人的精神，就掌握了他的一切。

## 企業文化塑造的理論與方法

宗教的力量就是精神管理的力量，這一點，可以給我們的企業文化行為方式的建設以一定的啟示，因為，只有企業文化的內化才能形成良好的行為規範，而內化是需要精神力量的。

中國人的行為方式也是他律型的，這對企業文化的有效內化形成了一定的困難，但是，如果企業有一種文化能讓員工認可並習得，那麼，在他律的基礎上，在企業文化氛圍的陶冶中，企業人也完全有可能成為自律型的人，或者至少成為帶有自律因素的人。

東海菸草專賣局，是個帶有壟斷管理色彩的單位，在構建服務文化、實施用戶滿意工程當中遇到的阻力和難度是可想而知的。它們採用了員工喜聞樂見的易於接受的方式方法，使「先做人后做事，做好人做好事」的價值理念漸漸地滲透到員工心中。它們在樓道內用生動形象的漫畫（文化溝通的有效手段）勾勒出應強化的「客戶、服務、危機、創新、奉獻」等十大意識的深刻內涵，開展讀書演講活動，發動員工寫體會獻計策，用群眾語言詮釋服務理念。在推行微笑服務中，職工踴躍寫出50多篇體會文章，其中批發部總結的《服務讚歌》合轍押韻、生動形象、好學易記、貼近實際，很快在員工中傳送開來：微笑服務是個寶，人生交往少不了；你笑我笑大家笑，微笑生財效益高；送貨上門要微笑，顧客歡迎心情好；你笑買主跟著笑，當買一條買十條；介紹品種要微笑，品牌包裝都介紹；顧客聽了心舒暢，高中低檔它都要；銷菸收款要微笑，清清楚楚點鈔票；唱收唱付數字準，不多不少錢正好；缺少品牌要微笑，說聲抱歉貨未到。貨到立即送上門，不要客戶上門找；送貨遲了要微笑，賠禮道歉莫忘掉；風雨無阻不歇班，保證以后按時到；快樂伴隨每個人，忘卻煩惱心情好。這種文化管理運用了人們對開心、愉快的需要，把個人利益和心理需要結合起來，形成一種共同的行為方式，有他律的形式，也有自律的因素。

商品經濟的擴展為人們的行為選擇提供了多樣性目標。然而，由於個體行為的無協調的自由以及人們的利益衝突，也會導致與個人行為目的或初衷相違背的結果。每個行為主體都追求自己的行為自主與自由而忽視與其他個體行為關係的協調，不僅會彼此妨礙其自主與自由，而且會使人們陷入難於擺脫的孤獨。這恰恰違背了人們追求自主、自由與個人幸福的初衷。因而，現代的理想的行為方式，應當是自由協調型的，即是說，一方面社會要為個人行為的自主、自由和合理提供必要的條件，充分承認與促進其發展；另一方面社會又要在總體上通過中心協調、定點協調和現代化的隨機協調相結合的方式來調節各個人的行為關係，使之達到協調一致的狀態。在這種情況下，人們的行為才是既自主、自由、又相互協調，才能真正感受到生活的幸福與生命的意義。日本民族傳統行為方式中，有關社會員工行為關係協調的某些認識與形式（其形成與儒學的影響亦有關），即使在現代化社會中仍不會喪失其生命力。

中華民族具有相當感性的心理特徵。中國人的「面子」的觀念、「家」的觀念、

## 第十三章　中國式企業文化的建設和管理

「有限自利」的假設，都啟示我們，中國人的行為與環境和心理需要有關。中國人喜歡參與，重要的事情有我的一份，我就有成就感，不參與就沒有面子。因此，在管理上，要讓員工感到有參與的成就感，並把這種自主精神利用在管理上，即成功帶給我快樂，失敗會使我難過。這樣，就會變為一個整體感：榮辱與共。

建設先進的企業文化是一個由企業的核心層精心設計、管理層積極推進、企業內部全體員工在管理實踐中認知認同並將其視為準則而共同遵守貫徹執行的過程，是一個循序漸進的養成和實踐的過程，最終體現在員工的自覺行為。企業領導者在推進企業文化建設的過程中起主要作用，他們應當是企業文化的積極倡導者。員工是企業文化建設的主體，是企業文化建設的實踐者和建設者。一方面，企業領導者要充分發揮高度的文化自覺，當好企業文化建設的決策者。對企業長遠發展進行戰略思考，出思路、出理念，形成科學的經營哲學、價值觀念和行為規範，並以身作則，身體力行，進行相應的體制創新、制度創新和管理創新都需要企業領導者的努力。另一方面，構建企業文化體系需要集中員工的智慧。培育企業精神、樹立企業形象、打造企業品牌需要員工的創造，開展各種活動等都需要員工的參與，企業文化的深層次滲透如果沒有員工的參與是不可能實現的。

建設先進的中國式企業文化要注意把領導者倡導和員工認同的文化理念用規範的制度和完整的工作機制一以貫之地落實下去，成為員工的共識，體現到企業整個經營管理過程中，而不能搞少數人的形象工程。

總之，企業文化的建設與管理就是一個學習、探索、成熟與不斷完善的過程，也是企業的思維方式與行為方式的建造與優勢整合的過程。建設現代中國式企業文化沒有現成的道路可走，只有經歷「學習——假設——實踐——驗證——學習——假設——實踐」的曲折探索，這是企業文化在企業中的生成機理和作用機理。學習別國別的企業的先進經驗固然重要，但根據自己企業的基本情況提出企業文化的假設更重要，而驗證這種假設並付諸實踐就更是重中之重。在現代中國式企業文化的建設歷程中，我們必須對自己的思維方式與行為方式進行再認識與調整。這樣才能建設符合時代與企業需要的企業文化體系，並在優秀的企業文化土壤中培育出相應的管理模式。

### 思考題

1. 東西方企業文化各有哪些特點？在我們進行企業文化塑造時可以吸取哪些優點？

2. 怎樣吸收中國優秀的管理文化精髓，塑造現代的適宜企業生存和發展的企業文化？

3. 華為的企業文化展示了中國傳統文化的哪些特點？如果你是華為管理者，你對華為的企業文化建設提出怎樣的建議？

# 第十四章　跨文化管理

## ● 章首案例：廣州標致解體的原因——文化差異

　　1985年3月15日，廣州汽車廠與法國標致、中信汽車公司、國際金融公司、法國巴黎銀行在花園酒店隆重簽字，共同組建廣州標致汽車有限公司（以下簡稱廣州標致）。五方股東的股比分別是46%、22%、20%、8%和4%。廣州標致由廣州汽車製造廠和法國標致汽車公司共同管理。

　　在當時那個特定的歷史時期裡，由於一汽大眾尚未成立，上海大眾也未成氣候，廣州標致一出爐就成了眾人哄搶的「香餑餑」，在國人心中，標致「雄獅」的知名度絕不亞於寶馬、奔馳。到1991年，廣州標致在國內的市場佔有率就達到了16%，市場前景被普遍看好。但從1994年起，廣州標致業績開始下滑。截至1997年8月，廣州標致累計虧損10.5億元人民幣，實際年產量最高時才2.1萬輛，未能達到國家產業政策所規定的年產15萬輛的標準。中法雙方在重大問題上存在分歧，合作無法繼續。1997年9月，中法兩國簽訂協議，終止合作。法國人優雅地標價「1法郎」，將其在廣州標致22%的股權轉讓給中方。標致汽車的故事成了廣州工業史上的一塊大傷疤。

　　有人對廣州標致的企業文化進行過問卷調查，有27%的被調查者認為中法雙方的價值觀相互衝突，有7%的被調查者認為企業沒有形成共有的價值觀和明確的企業精神，沒有形成同心協力的群體意識，產生了文化衝突沒有及時緩和和解決，雙方的管理層對文化衝突沒有引起足夠的重視，失去了協調兩種文化衝突的最佳時機。

　　翻看中國工業史，在眾多的合資企業中，廣州標致並不是唯一的失敗者。合資

## 第十四章　跨文化管理

企業失敗的原因各不相同，但最根本的衝突是一樣的——文化衝突。在跨國經營中，站出來說話的通常是「資本」，而實際在幕后操縱的卻經常是「文化」。資本的力量容易使人們走遍天下，而文化的困惑卻常常令跨文化企業舉步維艱！

文化是一個群體在價值觀念、信仰、態度、行為準則、風俗習慣等方面所表現出來的區別於另一群體的顯著特徵。企業是在一定的地域環境中形成的社會經濟組織。任何企業都會受到所在地的環境條件、思想觀念、風俗習慣等因素的制約和影響。企業文化的產生與地域文化是密不可分的，在影響企業發展的諸多環境因素中，地域文化通過影響當地的人力資源、經濟狀況、社會文化環境等因素直接或間接作用於企業，對企業文化和戰略的影響是通過對企業高層、企業組織群體的影響實現的。因而，地域文化對企業文化的影響是深遠的，它很大程度上決定了企業的發展思路和發展戰略，尤其當企業高層有著相應的地域文化背景時，這種影響力會非常明顯。儘管目前各種地域文化不可避免地相互融合，地域文化的差別有逐漸淡化的趨勢，但這種影響力仍將長期存在。忽視文化管理的企業是沒有生命力的企業，忽視跨文化管理的企業也是極其脆弱的，任何一個小的文化衝突都可能釀成企業的一場大的災難。

## 第一節　跨文化管理概述

### 一、跨文化管理研究興起的背景

跨文化管理起源於古老的國際間的商貿往來。跨文化管理真正作為一門科學，是在20世紀70年代后期的美國逐步形成和發展起來的。它研究的是在跨文化條件下如何克服異質文化的衝突，進行卓有成效的管理，其目的在於如何在不同形態的文化氛圍中設計出切實可行的組織結構和管理機制，最合理地配置企業資源，特別是最大限度地挖掘和利用企業人力資源的潛力和價值，從而最大化地提高企業的綜合效益。

興起這一研究的直接原因是第二次世界大戰后美國跨國公司進行跨國經營時的屢屢受挫。實踐證明，美國的跨國公司在跨國經營過程中照搬照抄美國本土的管理理論與方法到其他國家很難取得成功，而許多案例也證明對異國文化差異的遲鈍以及缺乏文化背景知識是導致美國跨國公司在新文化環境中失敗的主要原因。因此，美國人也不得不去研究別國的管理經驗，從文化差異的角度來探討失敗的原因，從而產生了跨文化管理這個新的研究領域。

除此以外，日本在20世紀60年代末和70年代初企業管理的成功也是導致跨文化管理研究興起的重要原因。在這一時期，日本的跨國公司和合資企業的管理日益

## 企業文化塑造的理論與方法

顯示出對美國和歐洲公司的優越性,在這種情況下,美國也明顯感覺到了日本的壓力,產生了研究和學習日本的要求。

美國人對日本的研究大體上有兩種方式:一種是專門介紹日本總結出好的東西;另一種是聯繫美國來研究日本,進行對比。經過研究,美國人發現,美日管理的根本差異並不在於表面的一些具體做法,而在於對管理因素的認識有所不同。如美國過分強調諸如技術、設備、方法、規章、組織機構、財務分析這些硬的因素,而日本則比較注重諸如目標、宗旨、信念、人和價值準則等這些軟的因素;美國人偏重於從經濟學的角度去考慮管理問題,而日本則更偏重於從社會學的角度去對待管理問題;美國人在管理中注重的是科學因素,而日本人在管理中更注意的是哲學因素等。[1]

日本人在自己民族文化的基礎上建立了更適合企業環境的管理系統。這個系統走在了美國管理系統的另一個側面,補充了它的不足。這一研究結果的發現使得人們對文化以及不同文化下管理行為的研究變得更加風行。

### 二、跨文化管理的含義

跨文化管理又稱為「交叉文化管理」,指企業在跨國或者跨地區跨民族的經營中,對不同文化類型、不同文化發展階段的子公司或者相應機構所在地的文化採取有效的管理方法,克服異質文化的衝突,合理地配置資源,特別是最大限度地挖掘和利用人力資源的潛力和價值,進行卓有成效的管理,並據以創造出企業獨特的文化,實現企業的目標。

處於不同文化背景的企業人員由於在價值觀念、思維方式、習慣作風等方面的差異,在企業經營的一些基本問題上往往會產生不同的態度,如經營目標、市場選擇、原材料的選用、管理方式、處事作風、作業安排及對作業重要性的認識、變革要求等,從而給企業的全面經營埋藏下危機。

跨文化管理要在不同形態的文化氛圍中設計出切實可行的組織結構和管理機制,在管理過程中尋找超越文化衝突的公司目標,以維繫不同文化背景的員工共同的行為準則以及滿足異域公眾、媒體和客戶的需要。異域經營的企業只有進行了成功的跨文化管理,才能使企業的經營得以順利運轉,競爭力得以增強,市場佔有率得以擴大。

跨文化管理並不僅僅局限在跨國經營和跨國併購上,而是廣泛地存在於不同地域、不同民族、不同行業、不同所有制之間的整合。技術、產品可以比較容易從一個市場複製到另一個市場,然而文化卻不可能照章複製。用管理大師德魯克的話說,跨文化管理基本上就是一個把政治、文化上的多樣性結合起來而進行統一管理的

---

[1] 參見:張文禮.論現代企業文化建設中團隊精神的培育 [J].現代商業,2009 (29).

## 第十四章　跨文化管理

問題。

### 三、跨文化管理的種類

實際上，跨文化管理並不單純是跨國經營，它還包含有更複雜的內容。至少有以下四類：

1. 跨國經營

跨國經營主要是指企業以國際市場為導向，直接對外投資，在國外設立分支機構，廣泛利用國內外資源，在一個或多個領域從事生產經營活動。它使一國的企業擺脫了單純的地域和政體界限，成為面向整個世界的國際企業。跨國經營是企業在全球範圍內優化配置生產要素，充分利用人力資源與自然資源，實現「跨文化優勢」的結果。跨國經營企業面臨的是一個在諸多差異之間進行生產經營活動的經營環境，企業經營環境的跨文化差異是企業跨文化管理的現實背景。一般來說，跨國經營企業所面臨的經營環境包括經濟環境、政治環境、法律環境、社會環境、文化環境等。

在跨國公司中，來自不同文化背景的人在政治、經濟、個人信仰、價值觀方面都存在差異，他們在工作熱情、組織協調以及領導職權方面的認識都會有不同，形成文化衝突自然難以避免。這些衝突將滲透到企業的戰略、組織、經營、人力資源、研發等各項管理工作中，一旦得不到有效的協調，將會成為企業發展的嚴重障礙。由此，越來越多的跨國企業開始認識到文化衝突存在的客觀性和重要性，著力加強跨文化管理的研究與實踐。

跨國公司的組織形式是為著謀求「低交易費用」的產物，只不過它的邊界跨越了國界。跨國企業需要「全球化技能」來解決資源分配、決策制定、轉移價格等問題，同時也需要「地方化技能」來解決地方適應、分散經營、轉移能力等方面的問題。跨國公司的「全球化」和「地方化」戰略有時候是衝突的，不同的跨國經營方式對其全球化、地方化技能的要求是不同的，能否正確處理好全球化和地方化的關係已經成為跨國企業成功與否的重要因素，也是跨文化管理的一項重任。

2. 跨地區經營

地域文化又稱區域性文化，是指一個國家內一定區域的人們在行為、語言、宗教、習俗等方面的共同方式，主要表現在行政區劃、地理位置、地形氣候和自然資源分佈等因素的差異，以及宗教、生活習俗、消費特點的不同。文化的差異性，在很大程度上表現為地域性，如我國東部與西部地區、南方地區與北方地區等也存在著明顯的文化差異。這些處於不同勢位的地域文化之間既可以友好相處，但同時也存在著文化的自傲和對其他地域文化的偏見。有些企業雖然沒有走出國門，但是，很可能在其他城市和地區建立了分支機構，或者涉及與異地供應商、經銷商和消費者等群體的關係問題。

## 企業文化塑造的理論與方法

3. 跨民族經營

世界上民族眾多，任何一個民族的文化演進路線都有自己的軌跡。中國就有56個民族，每個民族都有自己的文化特徵與民情風俗；美國也有100多個民族，雖然美國的民族不是原住民，絕大部分都是移民和他的后代，但是，也大多有自己的文化習俗；俄羅斯也有100多個民族；印度有十幾個大民族，還有幾十個小民族。各民族企業在經營中，都存在與他民族的供應商、銷售商、顧客、員工和政府媒體機構等不同機構不同民族的人士建立聯繫和共事的問題，這就存在一個跨文化管理的問題。

4. 企業併購

企業併購包括兼併和收購兩層含義、兩種方式。國際上習慣將兼併和收購合在一起使用，統稱為M&A（Mergers and Acquisitions），在我國稱為併購。這是企業法人在平等自願、等價有償基礎上，以一定的經濟方式取得其他法人產權的行為，是企業進行資本運作和經營的一種主要形式。其動機是企業戰略的落實，其實質是社會資源的重新配置。諾貝爾獎獲得者喬治·J. 斯蒂格勒說，這100年來，世界上前500強大企業，無一不是通過資產兼併而擴展起來的，無一是僅僅靠內部累積發展起來的。企業併購為眾多企業帶來了迅速發展的機會，但是，也有很多企業併購失敗，枉費了財力人力。據加拿大學者的研究，併購企業的失敗率為30%~40%，導致失敗的原因很多，其中一個重要原因就是沒有處理好跨文化的衝突與融合問題。

此外，還有現在企業管理中因彈性用工而導致的派遣機構「派遣」到組織的各類國際化或者跨區域的人才和勞務人員，還有企業在發展中形成的複雜文化現象。例如，聯想就是這種複雜文化的代表。聯想在人文因素方面有歷史上形成的聯想老文化；有聯想收購、併購的IBM文化；有戴爾文化，因為聯想高管大部分來自於戴爾。其他的還有宏基的等其他企業的文化因素，所以，聯想是在多元化的公司背景下形成的文化。聯想在地域因素方面形成了多區域的文化，包括四個大區域，每個大區域都有自己獨特的特點。由此聯想形成了當前明顯的多元的複雜性的特點。這多種文化的形態共存之時，怎麼能夠整合形成一個新的文化體系，是聯想迫切需要解決的問題。因此，現在新的文化團隊的核心使命和核心目標是如何創造一個統一的，具有創新思維的多贏文化。

## 四、跨文化管理的意義與價值

企業在跨國經營時，必然和異文化、亞文化發生持續接觸，可能由文化差異而導致衝突。文化衝突在企業的不同層面展開，會導致企業成本增高、經營困難或經營失敗，甚至給企業造成巨大損失。如美國麥肯納利和德斯哈內1990年曾統計，美國企業派往國外從事對外貿易的人員中，失敗率（即未完成任務被迫返回美國）高達20%~50%，每人給公司所造成的經濟損失為55,000~150,000美元。按此換算，

## 第十四章　跨文化管理

每年給美國公司造成的損失大約為 20 億美元。我國企業在跨文化管理中也有很多教訓。因此，企業的跨文化管理是擺在企業面前的一道必須解決的難題。

1. 全球化經營使企業必須面對諸多差異化的環境

在跨文化管理產生以前，儘管人們已經認識到文化環境與公司的決策有關，但是企業家很少注重文化的研究。尤其是在國內的經營環境中，很少有企業把它作為一個主要的因素加以考慮。

著名的美國《國際商業周刊》有文寫道：在文化方面，19 世紀工業革命的一個重大意義就是它把過去沒有必要或沒有機會彼此相互聯繫的人們聯繫到了一起……不同的語言、文化和價值都被國際商業的基本原理融合在一起……其結果是提高了生產力，增加了財富。如今，不斷增長的全球經濟一體化趨勢，使得人們對文化與管理的關係及其重要性的認識不斷加深，某種意義上，對文化差異的管理成為影響跨區域公司成敗的關鍵因素之一。

實行全球化經營，企業面臨的是一個個與母國有著諸多差異的生產經營環境，包括經濟環境、政治環境、法律環境、社會環境、文化環境等。但其中，文化環境對於企業的經營來說，其影響是全方位、全系統、全過程的。這是因為文化是社會生活的總和，它包括諸如一般行為、信仰、價值觀、語言和社會成員的生活方式等要素，它也是某區域內人們的價值觀、特性或行為的特徵表現。由此可見，企業經營環境的跨文化差異是企業在全球化經營中所必然要遇到的一大難題。跨文化差異導致跨文化衝突，跨文化衝突管理的成功與否是關係企業全球化經營成敗的關鍵所在。

在廣州標誌跨文化管理失敗的案例中，其首先的文化衝突就表現在表層的物質文化層面。法國的資金技術密集型產業的現代化大生產管理方式移植到中國後，必須面對大量低水平的手工勞動操作。法方人員從習慣於高技術、大規模生產的工作環境回落到較初級的汽車生產方式中，在沒有一定的心理和文化適應期的情況下，衝突難以避免。

在行為文化層面，廣州標致採用了法國標致的組織機構設置，實行層級管理，強調專業化分工和協作，同時沿用法國標致的全套規章制度。但是，這套規章制度有很多地方不符合中國的國情。法方人員在許多情況下採取強制的方式要求中方人員貫徹實施其管理模式，這往往使中方被管理者對規章制度產生逆反心理，並在管理的空隙中盡可能地應用中國的管理方式，使制度化管理難以貫徹實施。

在深層的精神文化層面，廣州標致建立 12 年來，中法雙方的高層管理人員並沒有致力於企業共同價值觀的塑造，沒有意識到共同價值觀的塑造可以減緩文化衝突，沒有提煉出比較符合廣州標致實際情況的企業精神，這就使中法雙方未能齊心協力、統一行動。加之中法合資雙方沒有致力於協調投資目標期望的差異，導致許多決策出現意見分歧，使決策權共享這一合資企業的重要特徵無法實現。

廣州標誌併購故事的落幕是一種跨文化衝突導致管理失敗的顯著代表，而更為

## 企業文化塑造的理論與方法

常見的，則是中國企業從總部派往國外的經理人嚴重不適應當地經營環境及模式，導致海外業績始終差強人意。國內一位進行了幾次大手筆海外併購的某企業考慮到德國去視察當地分公司時，在週末召開了業務會議——這個行為違反了德國人不在休息時間辦公的習慣，導致了當地德國經理的極大不滿，以致其最終辭職。

在新形勢下，企業跨國經營已經成為中國經濟發展的一個重要趨勢，進行全球的投資以實現資源的有效配置，可以充分而有效地利用國際市場，參與國際競爭，提高國際競爭力。中國企業在跨地域經營的過程中，不可避免地會遇到上述文化差異和跨文化管理問題。因此，研究跨文化管理問題對於轉型經濟中的中國企業顯得極為必要。

2. 跨文化管理形成跨文化優勢

文化差異的確會給企業跨文化經營帶來一定的投資風險與經營障礙。但是，如果根據公司特性發掘文化優勢做出適宜於企業文化的戰略抉擇，實施合理有效的跨文化管理，異域文化也能給公司的發展帶來新的思維和力量，幫助公司打造核心競爭力，實現成功的跨國經營。

就企業整體優勢的打造來說，在不同的文化背景下，不同的社會文化習俗、信仰傳統、市場狀況、技術水平、人力自然資源的條件，能給跨文化管理的企業創造豐富的市場機會和豐厚的利潤回報。這就使得企業在跨文化經營中形成一種「跨文化優勢」。例如，可以提高公司對於地方市場上文化偏好的應變能力以及拓寬產品市場，發現潛在消費群，有利於市場開拓；可以從具有不同國家背景的人員中聘用員工，充實當地公司人力資源的能力；通過視角的多樣性和減少關於一致性的要求來提高公司的創造力；提高組織在面臨多種需求和環境變化時候的靈活應變能力，增強系統的靈活性。

就企業內部管理來說，不同文化在一個企業中存在，使多元化的合作、兼容與集思廣益成為可能。來自不同文化背景的人員能夠彼此理解對方的文化，並通過相互交叉滲透建立起雙方的共識和認同，將會產生形成新型而獨特的混合文化，形成跨文化優勢。在成本控制方面，可以減少公司在週轉和聘用非當地人士擔任經理方面的花費；在創新性文化塑造方面，文化的差異還可以在更廣闊的視角範圍形成持續的爭論和廣泛交流，可以全方位地理解和分析問題，獲得更多的備選方案，形成良好的創新文化氛圍，加速知識的創新；在解決問題方面，可以更嚴格地分析各種因素的影響力，提高制定決策的能力和決策質量。

跨文化管理的企業之間在政治制度、文化傳統、信仰習俗等方面的文化差距很大，然而文化的互補性也潛藏著跨文化的巨大優勢。如美國肯德基公司在中國的成功經營堪稱是實現跨文化優勢的典範。德國、美國汽車公司在中國投資的成功也是利用跨文化優勢的例證。

3. 不同文化層面的融合促使職場中人提升自己的跨文化能力

我國的海外企業在不同文化層面上的相互滲透和融合的過程中，不但要通曉東

# 第十四章 跨文化管理

道國、所在國的國情、民情,不同地區、不同民族各不相同的風俗、文化習慣,而且還要在與不同文化背景的人打交道時,將上述跨國經營、跨文化經營的理念靈活地運用於企業營運、企業談判、企業涉外交往的各個領域之中。

對於職場中的個人來說,全球化經濟迫使來自不同文化的個體和群體在一起工作和學習,相互取長補短,擴展視野,增加知識;讓產品被不同習俗的人群所接受和使用,更需要有更廣闊的民族、地域文化知識和較強的說服力。對許多跨國公司的管理人員來說,跨文化管理已成為他們日常事務的一部分。他們與來自不同文化的人共事,通常老闆、直接主管或同事都來自於與自己不同的國家。比如在微軟工作的員工,面對的就是這樣的情形。可能一個七人團隊就來自五個不同國家。因此,管理人員不僅得學習某一種特定的文化,而且還得學會如何同時應對五種文化分別對員工自身工作態度和行為的影響,以及對他們之間的交往互動的影響。

此外,跨國公司在國外都有長期的業務,管理人員即使不被外派常駐某國,也會需要經常出差,與國外的同事或客戶打交道。如何在短暫的旅行中有效地解決業務上的問題就成為一個嚴峻的挑戰。因為如果是在公司和商場,不管你去哪個國家,從表面上看,公司職員和商人的穿著打扮,有時甚至使用的語言(常常是英語)都會有很多的相似之處,以致使你忽略文化的因素,而做出別人都與你相似的假設;但在碰到關於重要問題的交流和談判中,又確實感到思維方式的不同以及舉止反應的差異。這時,如若你沒有良好的跨文化知識,就會感到難以應付。

## 第二節 跨文化管理中出現文化衝突的原因

不同的群體、地域或國家的文化互有差異,這是因為他們的「心理程序」是在多年的生活、工作、教育下形成的,具有不同的思維。文化衝突,有來自於風俗習慣的,有來自於價值觀念的,有來自於行為舉止的,有來自於自然環境的,表現形式也多種多樣。可見,正是這種文化在群體上的差異性導致了跨國經營中的文化衝突。

### 一、忽視文化差異形成文化衝突

文化衝突是指各種形態的文化或其文化因素之間由於存在著較大差異而導致的相互對立、相互排斥的過程。文化衝突的內在原因是不同文化孕育的不同文明的衝突。當今社會的文化衝突主要是三大文明的衝突,即基督教文明、儒家文明以及伊斯蘭文明。跨文化衝突的核心在於文化背後的使命、戰略、經濟利益、盈利水平,以及短期、中期和長期目標的不一致,文化在其中是一個界面和載體。

地域文化衝突是指企業在跨地域經營過程中,由於地域性文化差異造成的文化

## 企業文化塑造的理論與方法

衝突，跨地域經營企業不可避免會產生地域文化衝突。管理大師德魯克指出到不同的地域、文化背景進行跨地域經營的企業，作為「一種多文化的機構」，一般會產生文化差異，而文化差異的客觀存在，又會在企業中造成文化衝突。一些管理者以自我為中心，死守教條，不知變通，勢必導致管理上的失敗。

著名學者戴維‧A.利克斯也認為：「大凡跨國公司大的失敗，幾乎都是僅僅因為忽視了文化差異──基本的或微妙的理解所招致的結果。」據克普爾和爾朗德公司1993年所做的調查顯示，在併購失敗的決定因素中，文化的差異位居首位，若兩種企業文化不能有效互補，則會使企業成員喪失一種文化確定感，進而產生行為的抵制，從而影響企業的預期目標。總的來說，地域文化衝突主要表現在交流與溝通、激勵體系、決策過程、人際關係管理、倫理及法制觀念等方面。

文化衝突是人類文化發展過程中的普遍現象，同時也是文化發展的重要動力。企業跨地域經營產生的文化衝突，對企業來說，既是挑戰也是機遇。文化衝突的結果可能是文化的融合，也可能出現文化的取代，還可能是兩種或兩種以上文化的隔離，宣告文化接觸的失敗。

### 二、不瞭解對方的思維模式導致文化衝突

思維模式是民族文化的具體表徵。美國人與中國人的思維模式有明顯的不同，這常常是企業跨文化溝通中構成衝突的原因。美國人的思維方式是歸納式的、實證式的，他們只相信在實踐檢驗后，才能歸納出結論；而中國人的思維方式是演繹式的、推理式的，由此及彼，只要邏輯推理正確就能得出結論。

一家中美合資企業，準備在中國市場上推出一種新型通信設備，但公司中美兩方領導卻在推出方案上發生了衝突。中方經理認為，這種新產品是國內首創，應該迅速投入市場；美方經理卻認為這種產品雖然在美國通信網路上運行良好，但在中國通信網路上的運行效果卻不知道，應該先試銷，等市場反饋信息后改進產品，再大規模投放市場。中方經理強烈反對這種意見，認為這樣做會貽誤市場時機，競爭者會捷足先登。雙方為此爭得面紅耳赤，不可開交。

即使同是西方的公司，思維方式也有差異性。一家美國公司和一家瑞典公司均想與一家南美公司達成一項合同。美國公司做了一個完美的產品介紹，企圖用價廉物美爭取合同；瑞典公司卻用一週時間去瞭解客戶，到最后一天才介紹產品。結果是：儘管瑞典公司產品價格偏高，質量也不如美國公司好，卻爭取到了訂單。原來南美公司的思維方式是「誰對我好，我就把訂單給誰」。可見，思維方式的不同，造成了企業運作方式的差異，也造成了經營中的跨文化衝突。

### 三、感性認識的不同導致文化衝突

感性認識是認識主體通過感覺器官在與對象發生實際的接觸后產生的，是對客

## 第十四章　跨文化管理

觀事物局部的、現象的和外在的認識。感性認識的特點是直接性和形象性。一個人獨特的感性認識是在自己特殊文化背景中通過親身經歷獲得並發展起來的，存在某種慣性，其變化不及環境變化的速度，一旦進入異域文化，這種慣性常常導致錯誤的估計和判斷。例如，我國文化崇尚勤奮，所謂「廢寢忘食」、「挑燈夜戰」、「沒日沒夜」等詞語都是讚揚那些忘我工作的人。在這樣的文化習俗影響下，中國的企業管理者習慣於忘我地工作，幾乎沒有固定假日的感覺，只要是工作需要，沒有時間概念。

2001年，當華立集團進軍美國，收購了飛利浦在美國CDMA研發中心的時候，華立集團直接面臨了美國文化的衝擊。儘管華立集團董事長汪力成對此有比較充分的準備，他想這樣的併購一定會有抵觸，但大部分員工會接受。「因為我告訴他們，這是一個中國人控股的美國公司，所有的運作都將按照美國的程序，今后我們請的CEO、CTO也都會是美國人，而不是從中國派過來的。當我把這些運作計劃告訴他們之后，他們都認為這是完全按照美國化的高科技公司的運作方式，像硅谷的很多高科技公司，但比美國公司更具優勢的是我們有強大的中國市場做背景。」

在華立集團收購的研發中心裡，由一名美國員工Dannis負責CDMA核心技術的研發，汪力成為了表示對其工作的重視，按中國人的習慣，每隔兩天就給他發一封電子郵件，詢問工作進展。然而沒過10天，該員工就向汪力成提交了辭職報告。

汪力成對此大惑不解：「我如此關心你，你為什麼還提出辭職？」該員工說：「你每隔兩天就發郵件給我，這說明你對我不信任；如果信任我，我會按時完成任務；如有問題，我自然會向你報告。」

汪力成明白了，自己的感覺與海外員工的感覺是不一樣的。經過再三解釋，汪力成終於與這位員工消除了誤解。此后，雙方調整了溝通方式，汪力成不再發郵件，這位員工定期向汪力成做匯報。

購並海外公司后，最大的挑戰在於如何整合雙方的文化衝突。雖然感性認識是認識的初級階段，是人們對事物的各個片面、現象和外部聯繫的反應，但是，它卻可能導致文化衝突，從而影響管理的有效性。

### 四、溝通障礙導致溝通誤會演變成文化衝突

溝通是人際或群體之間交流和傳遞信息的過程，但由於語言或非語言障礙的存在，人們對時空、習俗、價值觀等的認識也有所不同。這些障礙常常導致溝通誤會，甚至演變為文化衝突。

例如，對文化意義符號系統的不同理解就常常造成跨文化衝突。不同的文化採用不同的符號表達不同的意義，或者符號雖然相同，表達的意義卻迥然不同。例如：西班牙人想將百威啤酒（BUDWEISER）翻譯成「啤酒國王」，使用了「CERVEZA」這個詞，可是啤酒（CERVEZA）在西班牙語中是一個陰性名詞，因而翻譯的結果是

## 企業文化塑造的理論與方法

「啤酒女王」。

美國的一家公司在英國大力推出一種藥品，但幾乎無人問津。因為這種藥品的包裝盒上註有「打開蓋后，請按下底部」的字樣。這句說明文字在美國無傷大雅，但對英國人來說，俗語中的蓋子指上半身，底部指屁股，所以，此話的含義頗為色情和滑稽，因而在英國無人問津。

成都的名小吃「麻婆豆腐」，中國人一想到它，就聯想到又麻又燙又嫩的豆腐形象，使人產生食欲。英國人則把它譯成「麻婆的老祖母做的豆腐」或者乾脆譯為「Mapo Toufu」，使人一想到它就大倒胃口。這便是對符號意義的不同理解所造成的文化衝突。在跨文化中意義符號含有情感和信息，但是，我們最終依賴的信息是他人頭腦中創造的信息，而不是我們傳遞的信息。所以如何解決跨文化中的意義共享是企業進行跨國經營的一大問題。

### 五、對關係重要性的理解不同導致文化衝突

對於中國人來說，建立和維護「關係」是非常重要的。中國人會把建立關係放在商業目的之前，認為有了關係才能達到商業的目的；甚至暫時沒有商業目的也必須重視建立和維護關係，因為這種關係神通廣大，憑藉它可以創造出若干商業機會來。

中國的一些 MBA 們指出，他們上學目的之一就是為了「上網」，上「知識之網」，也上「關係之網」，有了這兩個網，讀書才有含金量。西方大多數企業對中國人及公司如此重視關係甚為不解。他們認為關係和人緣是次要的，公司的商業目的和完成商業的計劃才是主要的。許多西方合資企業的董事長，對中方總經理每月報銷大量餐飲娛樂費用大為不滿，認為是花公家的錢辦私人的事，是不正當的行為。中方經理則叫苦連天，聲稱這是業務的重要內容，沒有這項開支，公司的業務就要停止運行。對這類事情，中西方經營者衝突頻起，很難達到認同。

因此，加拿大 Bombardier International 總裁兼首席作業官羅伯特·格林希爾（Robert Greenhill）指出：「在中國發展合作關係的時候，首先是關係，最重要的是關係。關係在前，合同在后，從關係再到計劃最后才到合同，這種流程基本上和西方的做法是相反的，是倒過來的。在西方首要關注的是法律關係、法律合同，再共同制訂商業計劃。如果商業計劃大家滿意后，再來發展我們的關係。」

人際關係先於勞動與工作質量，人們之間相處，更多的精力用在人際交往上而不是工作中。因為，只要有關係，什麼事都好辦，這種想法在合資企業中也很普遍。很多時候，人們寧可違反制度也不願意得罪人，所以，企業管理制度經常受到破壞，從而影響了合資企業的效率及效益。

造成跨文化衝突的原因是多種多樣的，除了上述原因外，宗教信仰、政治文化、生活態度的不同，以及種族優越感、以自我為中心的管理等也會導致跨文化衝突。

第十四章　跨文化管理

中小企業經營者只有認真研究不同文化的特質，才能妥善解決跨文化的衝突和矛盾，把不同文化中的優點結合起來，採取有效的跨文化管理措施，實現國際化經營戰略。[①]

可以說，解決地域文化衝突是跨地域經營企業必須面對的一個十分重要的課題。企業在跨地域經營過程中必須考慮地域間文化差異對企業營運績效的影響。這種影響主要體現在不同區域獨特的文化環境生成不同的創業心理與組織結構，而不同的創業心理與組織結構與其所面臨的市場環境之間的適應程度顯著地影響著企業的經營績效。研究表明，企業與市場環境的適應程度越高，企業的經營績效越高；反之，這種適應程度越低，經營績效越低。同時，由於企業文化明顯地影響著企業經營績效，而地域文化與企業文化緊密相關，因而地域文化衝突對企業經營績效具有較大影響。

## 第三節　跨文化管理的戰略與方法

### 一、建立跨文化管理的階段性戰略

（一）主體確認戰略

主體確認是跨文化管理應該考慮的一個重要戰略。

1. 主體確認戰略實施的工作環境

在企業剛併購與跨國公司初創時期，也即跨文化管理初期，企業的內外環境發生了巨大變化，兩種以上的文化錯綜交織，價值觀呈現多元形態。強勢文化群體面對若干跨文化管理群體，組織結構還不夠嚴密。這時的企業文化可能有較多的原生態成分，也就是說，企業文化具有明顯的各原地域或各原組織文化拼合的情況，甚至還沒有形成一個統一的整體的企業文化。由此導致的行動不一致和配合不佳的情況是必然的。

企業必須從戰略高度和全局來考慮眾多的環境和文化因素在不同國家和地區的不同存在狀況，並且引導企業確認主體文化，形成有利於企業發展的向上的文化力。

2. 實施主體確認戰略的有利因素和不利因素

（1）實施主體確認戰略的有利因素

其一，在跨文化管理初期，實施主體確認戰略有利於穩定企業各文化群體與利益群體的心態，建立規範化的企業秩序，而這正是迅速清除混亂局面的必要條件。

其二，實施主體確認戰略可以利用原主體企業的優勢，迅速樹立主心骨，將原優勢企業的優勢文化的核心內容整合成一套有利於企業發展的價值觀體系，並迅速

---

[①] 晏雄. 中小企業國際化戰略中的跨文化管理問題研究[J]. 商場現代化, 2007（11）.

## 企業文化塑造的理論與方法

用以指導企業的行動。

其三，通過文化的整合建立適應新的環境與需要的企業文化體系，逐漸形成向上的企業文化力，最后轉化為企業的核心能力。

總之，在這一階段，很多企業好像在希望的田野上，文化處於一種激情的狀態，刺激和推動著企業發展。企業文化中有一種對未來的強烈期盼，如果引導正確，將形成很強的向上精神。環境的複雜，決定了企業必須擁有或建立一套能適應市場經營環境的企業文化核心價值觀體系，必須制定能適應市場環境並能夠給企業帶來成就的企業經營策略，以及形成有利於充分利用企業各種資源的創新思想與信用信譽；否則，就極有可能在新的開拓中敗下陣來。有針對性地實施主體確認戰略可以使跨文化管理的企業在短時間內跨過文化困惑的陷阱，建立自己的主流文化，使企業在新的環境中有序地開展各項工作，贏得市場競爭的先機。

（2）實施主體確認戰略的不利因素

在一對一兼併或一個跨國公司到另一個國家開子公司時，雙方的文化因子都很活躍。相對弱勢的一方往往有很強的地域文化優勢和行業文化優勢，這時如果不顧及相對弱勢一方的文化因素，強行植入主體文化，特別是帶有種族或者國家、地域優勢，不恰當地運用管理習慣，就會遭遇「文化保衛戰」，使一些工作陷於停頓甚至使企業舉步維艱。

3. 主體確認戰略的工作內容

實施主體確認戰略要建立發展式企業文化，應強調創新成長與運作的規範性。

實施主體確認戰略應抓好七個管理因素與工作要點（如圖 14-1 所示）：

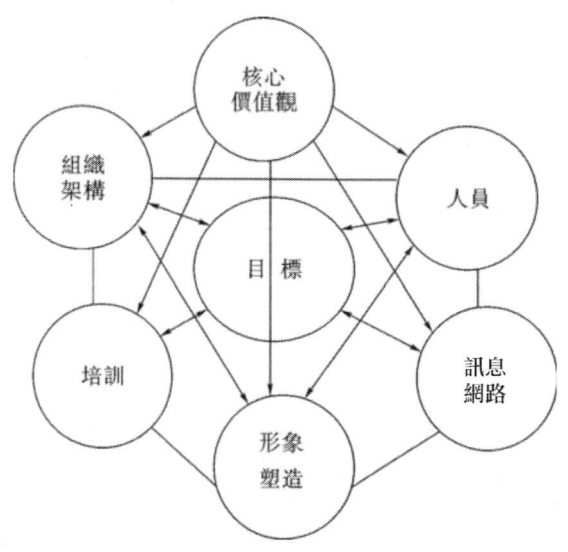

圖 14-1　主體文化確認戰略的七個重要因素與其相互關係模型

## 第十四章　跨文化管理

（1）確立企業核心價值觀，並貫徹到企業的所有組織活動中。

（2）在原企業目標的基礎上確立新企業長期、中期、近期目標，並在其中全面貫徹企業的核心價值觀。

（3）確立企業組織架構。

（4）調配各級組織的管理與工作人員。

（5）組織培訓，調整企業人員的思維方式與行為方式。

（6）在各種正式組織與非正式組織內與各級組織之間建立各類文化信息網路。

（7）在以上各因素組合的基礎上樹立有利於企業發展的企業形象。

主體確認戰略首先要完成的是確認核心價值觀，在此基礎上宣傳企業各項工作的理念，逐步使核心價值觀轉化為共有價值觀。因此，企業核心價值觀與其他因素之間都有密切聯繫。組織架構和人員密切相關，它們與目標、培訓、信息網路和企業形象塑造又形成相互依存的關係。培訓和信息網路一個是核心價值觀的輸出，另一個是輸出兼反饋，將核心價值觀轉變為共有價值觀，對企業目標的實現具有重要作用。企業要形成有利於企業目標實現的文化氛圍，取決於以上各要素的合理安排和有效成果。企業形象就是以上因素的綜合性反應。

IBM公司核心的價值觀：尊重個人、顧客服務、追求卓越。這被稱為IBM成功的三大基石。「IBM就是服務」是IBM企業文化的精髓，也是一句響徹全球的口號和IBM的全球文化戰略。無論到了哪一個國家或者地區，IBM都會不折不扣地進行這一戰略的主體確認。因此，關心企業內每一個人的尊嚴與權利，不只是在方便的時候；給全球任何企業以最佳的服務，不是偶然為之，而是永遠這麼做；堅信所有的工作和計劃皆必須以卓越的方式執行和完成，就成了IBM各項工作的信條和培訓的核心內容。IBM圍繞企業文化展開的對業務人員的培訓，長達15個月，把IBM的企業文化推到了登峰造極的境界。適宜於世界經濟發展與消費者需要的母公司的文化理念，在得到正確貫徹的時候，會產生巨大的能量。這一點，IBM公司在很多國家和地區的成功已經得到證實。

4. 實施主體文化戰略的關鍵程序

（1）確認植入的是有助於企業發展的優勢文化因子，否則實施主體文化戰略很難保證成功。

（2）做好培訓工作，使優勢文化滲透到全體員工的心中。

（3）以企業的發展為目的，以平等的正常的心態做好相關的文化溝通工作。

（4）要針對具體的地域和群體的文化情況，具體制定有關主體確認的政策和策略，使主體文化能夠順利地融入企業。

（二）多方滲透戰略

1. 多方滲透戰略實施的工作環境

企業的內外環境已經初步安定，組織結構已經初步完成，企業核心價值觀已初步確立，多個文化主體並存，文化的整合成為企業迫切需要解決的問題。這時，就

## 企業文化塑造的理論與方法

需要不同文化之間的相互調整與適應，既要讓主體文化的核心價值觀廣泛地滲透到一切文化因素中去，形成良好的企業文化氛圍；同時，讓各文化因子在相互協調的基礎上激發出新的因素，使企業人因此產生企業發展與自身發展一致的美好願景，從而團結一心，為共同的事業奮鬥。

2. 實施多方滲透戰略的有利因素與不利因素

（1）實施多方滲透戰略的有利因素

實施多方滲透戰略在跨文化管理初步穩定時期具有很好的作用：首先，它以春風化雨的形式樹立有利於企業發展的企業文化，使員工在滿懷信心地憧憬未來的高激勵中發揮出最好的工作效率和水平。其次，有利於調動企業各文化群體與利益群體的積極性，建立更加具有活力的企業氛圍，而這正是企業大發展的必要條件。

（2）實施多方滲透戰略的不利因素

實施多方滲透戰略的不利因素主要在於，不同文化群體之間的相互調整與適應是很難在短時間內完成的，主體文化的核心價值觀滲透到有關文化因素中時，協調成本會較高。

3. 多方滲透戰略實施的工作內容

（1）實施多方滲透戰略的特點

實施多方滲透戰略應強調適應市場，以工作為導向。為實現企業目標尋求文化群體的相互適應，以建立共同的文化結合區，使企業文化在文化的結合區內交流融合，最終形成一種適應跨文化條件的企業管理的有效模式。

（2）多方滲透戰略運作方式

完成目標，嚴格考核，要求獎懲完全兌現；以原主體文化為基礎，將各文化主體融合為一個新的集體；保持原主體文化先進性元素的主體地位，保存不同文化的特徵為進一步發展做準備。

（3）實行多方滲透戰略的管理要素

實行多方滲透戰略，應抓好兩個層面，四個管理因素（如圖14-2所示）。

兩個層面：個人層面和組織層面。這兩個層面有密切的聯繫。組織層面的文化融合從個人文化涵化開始。文化有「力」和「場」兩種特性。個人的文化力組合在一起，就形成了群體組織的文化場。文化場通過對個人文化力的控制顯示出來。根據環境心理學的觀點，個人的發展與環境文化有密切關係。一定的環境形成一定的文化氛圍，這就是對人具有一定作用的文化場。個人被異文化的文化場作用，是一個向不同於自己原來文化的異文化學習、調整和發展的過程，這個過程在文化人類學中稱為「涵化」。文化人類學家郝斯科維茨給涵化下的定義是：「由個別分子所組成而具有不同文化的群體，發生持續的文化接觸，導致一方或雙方原有文化模式的變化現象。」在跨文化管理中，只要人們在機體上依賴於異文化的環境，涵化就不可避免地發生。因此，個人有很強的文化適應力。

四個管理因素：①時間滲透；②空間滲透；③精神滲透；④行為滲透。實行多

## 第十四章　跨文化管理

方滲透戰略應該以企業的核心價值觀為中心，整合眾多的文化要素；在原企業地域文化的基礎上融合新企業所在地的地域和行業文化特徵，建立適應企業發展的內外環境。在信息網路的基礎上強調人際關係，關心照顧組織內外的關聯人。

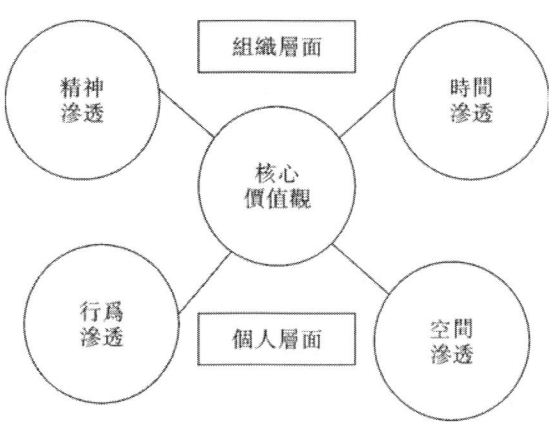

圖 14-2　多方滲透戰略模型

將這四個管理要素與個人和組織有機地結合起來，就形成了四個實施多方滲透戰略的方法。

①精神滲透法。文化理念的精神滲透是力量最強大、效果最佳的滲透。只有精神滲透才能建立信仰，只有信仰才能產生堅定不移甚至舍生忘死的行動。要實現精神滲透，需要滲透的內容必須滿足兩個條件：必須符合人性與時代發展的需要，必須符合客觀規律的性質；必須以細緻入微的方法，結合每一經營事件進行潛移默化的滲透。經營理念滲透必須與員工的切身利益結合，以利益的落實和擴大為載體，經營理念的滲透才會為員工所接受，才具有操作性。精神滲透必須以企業經營者的堅定信仰為楷模，以經營決策的正確性為確證，以經營者人格對經營理念的一貫忠誠為示範，才能保證經營理念精神滲透的有效性。

②行為滲透法。把行為和理念密切結合，使行為成為理念的傳達形式；用經營理念統率經營行為，使經營行為規範化、模式化；把規範化、模式化的經營行為長期堅持下去，推廣到企業的一切員工中去；對行為模式進行訓練，用訓練的方式予以鞏固；按規範化、模式化的標準，堅持不懈地矯正員工的集體行為；對採用規範化、模式化行為的理由進行闡釋宣傳，使人人懂得企業的成長與進步和它們的密切聯繫；以領導和骨幹員工、老員工的模範行為做好示範，使行為模式由簡單的模仿到順從、認同，直至內化。

③時間滲透法。長期地、堅持不懈地、不間斷地對企業經營理念進行超文化的累積；以水滴石穿的精神，把企業的經營理念滲透到員工的心靈中去；企業文化管理要做到春風常吹，潤物細無聲；就像白天與黑夜永遠連接交替作用一樣，時間會使企業文化理念最終成為員工的信仰，陶冶出集體的性格。

## 企業文化塑造的理論與方法

④空間滲透法。無所不在地、事事處處地把企業的文化滲透到企業活動的一切場所、一切事件中。其使企業的文化處處存在、處處體現、處處作用於員工，員工無處不接受企業文化的指令，在企業活動的範圍內，無處不感染企業文化的氛圍。

文化在空間上的連續與在時間上的連續相統一，可以造成強大的文化場和文化力，使員工受到強大的文化滲透作用和改造作用，使客體文化全方位向主體文化轉化。①

ABB曾是一家由瑞士和瑞典兩家企業合併的跨國公司，但是如今的ABB已經完全國際化了。它的董事會11名成員分佈在7個國家，8位管理委員會成員來自4個國家，公司的生產和服務分佈在全球50個國家和地區，而且每個區域機構都賦以自我發展的能力。ABB已無法確認為某國的跨國公司，而是一個「四海為家」的跨國公司。類似的公司在全球越來越多，每一個公司的實力都相當驚人。它們在不同文化、不同經濟政治體系中縱橫捭闔。這些公司的戰略將不僅僅與某個環境相聯繫，在不同的文化、經濟、政治、社會體系衝突與交融中，跨國公司將建立獨特的管理模式，包括管理基本哲學思想、價值觀、政策與行為方式。② 而這些必須建立在經過多方滲透而形成的新的文化體系的基礎上。

（三）多元文化戰略

當今時代，電子商務的發展已經將世界經濟密切地聯繫在一起。在世界文化多元的環境下，富有多元文化的企業最適於生存。企業組織的文化多元，容易形成特色、產生個性、呈現差異和展開競爭，這對企業適應變化多端的市場環境具有很好的調節作用。具有多元文化的企業容易充滿活力和創造力。特別是採用多元化發展戰略的企業，更應該推行多元文化戰略。企業文化的多元化發展，有助於企業家從多元中提煉一元，從差異中找到同一。這樣形成的統一的企業理念，才是活生生的、具有生命力的東西。

1. 多元文化戰略實施的工作環境

實行多元化文化戰略的企業，不僅是經營不同產業的產品系列，組織結構採用戰略事業單位（SBU）或事業部制的企業，其他跨國企業或併購企業也可以採用。因為，文化的多元性使企業得以迅速適應新的市場條件，能夠聘用和提拔來自不同背景、具有不同思維方式的人才，這樣有利於與其他企業建立有意義的夥伴關係。能包容各種不同意見、不同經歷背景的人才，推崇採用不同方法去解決問題的多元文化企業組織，是最易在當今世界商海中獲得成功的弄潮兒。

圖14-3有三個文化主體，並形成了一個共有的核心部分D和至少兩兩相交的三個部分E、F、G，還有很多部分是完全獨立的。在跨國公司或者併購企業中，這就是真實的情況。在理順了各種關係以後，人們發現，無論你用什麼戰略、什麼方

---

① 黎永泰，黎偉．企業管理的文化階梯［M］．成都：四川人民出版社，2003：81-82．
② 張揚，周海煒．管理文化視角的企業戰略［M］．上海：復旦大學出版社，2001：11．

## 第十四章　跨文化管理

法，各文化群體都仍然存有自己的空間，形成自己的文化信息網路和思維方式與行為方式。與其埋怨由差異而形成的衝突與矛盾，不如利用差異形成新的優勢，在複雜的市場環境中占領新的制高點。

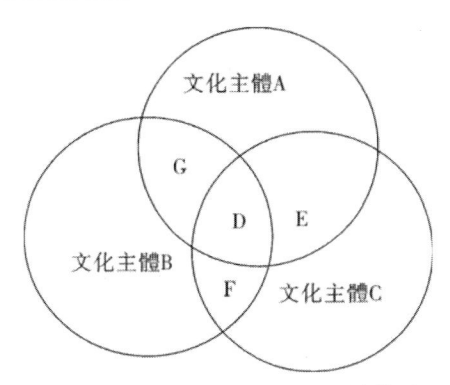

圖 14-3　多元文化戰略的工作環境模型

2. 多元文化戰略實施的有利因素

在跨文化的企業內部，由於價值觀和文化假設的不同，不同的文化群體之間在制定和執行戰略時，常常出現文化衝突。特別是當戰略決定被認為是來自於上層時，例如公司決定做什麼而下屬被認為僅僅是執行這些決定時，人們常常會因為意見不同而產生意識差異和行為差異。但是，這種差異如果能有效地處理，不一定會挑起爭端和矛盾，而是可以被用來創建一種創造性的壓力，從而導致兩種意見的共存而且共同決定採用方法以及如何採用。不同的戰略組成如同積木一樣只能在相互搭配時才能達到最佳效果。對於兩種看法的考慮可能會有助於解決一些競爭的困境，在短時間內提高效率的同時發展了遠期內部核心的競爭力。①

3. 多元文化戰略實施的方法

在不同的國家、地區，將自己的核心價值觀導入，又充分尊重所在國家與地區的文化習俗，有意識地使異文化和所在國文化有機整合，是多元文化戰略實施的基本方法。合異以為同，散同以為異，中國古老的辯證思維為多元文化戰略的實施提供了很好的方法。外資企業在中國取得成功，其中一個重要的因素是積極地融入當地的文化。在「植根中國，以中國為家」的思想指導下，從產品開發、生產、銷售、售後服務到人才培養，全部在中國進行，同時原企業的文化優勢也在各種管理實踐中凸現出來。所以，外資企業的本土化戰略實際上是其多元文化戰略的實施。在這些企業裡，已經有很多成功的經驗，值得我們借鑑和學習。

從行業的意義上來說，以電子商務為主流的時代，競爭的內涵已經發生了變化，

---

① （瑞士）蘇珊·C. 施奈德，（法）簡-路易斯·巴爾索克斯. 跨文化管理 [M]. 石永恆，譯. 北京：經濟管理出版社，2002：194.

## 企業文化塑造的理論與方法

競爭中的合作使企業不斷融入多元文化。全球性的合作已經使很多企業實現了優勢互補和自然的文化整合。因此，多元文化其實就是合作文化、和諧文化。企業文化的融合能力已經體現為企業在市場中適應能力的標誌。

以上三個跨文化管理的階段性戰略，是指在某些階段以某種戰略為主，並不是完全割裂的單一模式。企業在進行跨文化管理時，可根據企業的具體情況斟酌選用，也可以採取在某一個階段以某種戰略為主，同時選用其他戰略的方法，使企業在跨文化管理中能夠減少文化衝突，盡快實現企業目標。一家著名的國際銀行的CEO在一次演講中說道：「戰略是一個動態的過程，不是靜止不動的觀點，它們是通過感覺賦予活力的。它不是通過邏輯思考組織到一起的一套有序的事實、人物和觀點；計劃是由動機創建的集體心靈感受變化的集中體現。」這種對於戰略的看法，強調了感覺或者情感的作用，而不僅僅是理性的分析。它認為戰略是一個集體過程，而且是動態的過程，是隨時間的推移而變化的。這種戰略觀正是與文化密切聯繫的戰略觀，是關注意識與潛意識的戰略觀，對於跨文化管理企業階段性戰略的探討提供了很好的支持。

### 二、承認差異，理解差異，引導差異的方法

1. 承認並理解文化差異的存在，高度重視跨文化管理

承認並理解差異的客觀存在，克服狹隘主義的思想，重視他國語言、文化、經濟、法律等的學習和瞭解，是跨文化管理的必要前提和培養跨文化能力的必要條件。

理解文化差異有三層含義：一是要理解消費者觀念、價值觀和社會需求的差異。由於企業經營本身即是為了滿足客戶的需求，當這個需求在很大程度上以文化為基礎時，企業就應該努力去理解所要開拓的市場文化規範。二是要理解東道國文化如何影響當地員工的行為，根據其文化特徵制定管理的制度，確定管理的有效方法。三是理解母國文化如何影響公司派去的管理人員的行為，提前進行有關的跨文化培訓，使管理更有效率。

不同類型的文化差異可以採用不同的克服措施。因管理風格、方法或技能的不同而產生的衝突通過互相傳授和學習來克服，則比較容易改變；因生活習慣和方式不同而產生的衝突可以通過文化交流解決，但需較長的時間；人們基本價值觀念的差異往往較難改變。只有根據企業的實際情況，把握不同類型的文化特徵，重視其文化差異才能有針對性地提出解決文化衝突的辦法。

地域文化衝突主要體現在溝通、激勵體系、決策過程、倫理及法制觀念等方面，並通過創業心理、企業經營結構、文化相容性等層面對企業的經營績效形成不同影響，而這些因素與市場環境適應性越強，則企業經營績效越優。實施跨文化管理是地域文化衝突的一般性解決機制。跨地域企業可以通過企業文化與地域文化的整合、重構，全方位改善企業經營績效。其具體措施主要有發揮企業家的核心作用、實施

# 第十四章　跨文化管理

人才本地化策略、開展跨文化培訓、打造具有核心競爭力的企業文化以及建立適應當地地域文化特徵的企業管理制度等。

如果一位跨國公司的管理者不理解文化差異，單純地認為自己的文化價值體系較其他優越。那麼在東道國企業的管理中，他的行為將可能被當地人所記恨，也可能遭到抵制，引發衝突，造成管理失敗。管理是一種藝術，而非一種教條。精明的跨國公司的管理者不僅需要具備在本土管理公司的能力，更應高度重視跨文化管理，具備在不同文化環境中從事綜合管理的知識和能力。

2. 利用企業文化信息網路同化、規範與融合各方文化

利用企業文化信息網路在企業內建立各種正式非正式的、有形無形的跨文化溝通組織與渠道，是同化、規範和融合各方文化的好方法。通過各種渠道促進不同的文化相互瞭解、適應、融合，從而在母公司文化和當地文化的基礎之上構建一種新型企業文化，以這種新型文化作為國外分公司的管理基礎。這種新型文化既保留著母公司企業文化的特點，又與當地的文化環境相適應，既不同於母公司的企業文化，又不同於當地的文化，而是兩種文化的有機結合。這樣，可以讓各種不同文化背景的人能夠理解文化差異，獲得跨文化能力。

在《21種領導人：創新型領導者如何管理企業》中，特納教授曾以AMD公司在前東德芯片廠的管理為例，探討了一個精心設計的「超越國界的企業文化」的建立過程。在一次大師論壇上，特納教授以中興通訊為案例進行分析，從中總結出跨文化管理的三條具體措施：同化、規範與融合。同化，是指通過溝通使外籍員工認同公司的願景，增強其主人翁意識和歸屬感以及對公司品牌的自豪感，增進其對公司基本架構和營運情況的瞭解，幫助他們最大限度地融入公司的日常運作。規範，是要求企業制定清晰、完整、穩定的公司政策和各種規範，並要求所有中外員工共同遵守，進行規範化管理。融合，則是要發揮中國企業人性化管理的獨特優勢，在曉之以理的基礎上，再動之以情，對外籍員工在工作、學習和生活等各方面加強人性化的關懷，幫助他們排除陌生感、孤獨感。

跨文化管理的目的就是要使不同的文化進行融合，形成一種新型的文化。而這種新型的文化只有根植於企業所有成員之中，通過企業成員的思想、價值觀、行為才能體現出來，才能真正實現跨文化管理的目的，所以，必須利用各種渠道通過溝通使不同文化背景的各方都能被公司的主流文化同化。通過公司制度，規範人們的行為，加強對企業所有成員的文化管理，讓新型文化真正在管理中發揮其重要作用，從而使全球化經營企業在與國外企業的競爭中處於優勢地位。

3. 進行跨文化培訓的方法

在我國合資企業中，絕大多數都偏重對員工的純技術培訓，卻忽視了對員工尤其是管理人員的跨文化培訓。而跨文化培訓恰恰是解決文化差異，搞好跨文化管理最基本最有效的手段。

通常來講，跨文化培訓的主要內容應包括：

## 企業文化塑造的理論與方法

（1）價值觀與文化理念的培訓

作為文化重要組成部分的價值觀，是一種比較持久的信念，它可以確定人的行為模式、交往準則，以及判別是非、好壞、愛憎等。這裡所講的「文化差異」也主要是指以價值文化為核心的社會文化的差異，它更容易引起文化衝突。不同的文化具有不同的價值觀。很多人總是有意無意地把自己的文化視為正統，看不慣外國人的言行舉止。如果跨文化管理的各方都能換位思考，尊重和理解對方的文化，以平等的態度交流，在此基礎上，找到兩種文化的結合點，發揮兩種文化的優勢，那麼，文化差異就反而會形成跨文化優勢，在企業內部逐步建立起統一的價值觀。換位意識是文化管理者的必備素質，同樣也是跨文化管理者的必備素質。

如果一個公司缺乏明確的價值準則或價值觀念不明確，它能獲得經營上的成功幾乎是不可能的。因為必須形成集體的力量，才能保證企業立於不敗之地。通過培訓，可以在企業核心價值觀的基礎上建立一種雙贏的文化，達成一種平衡。這種價值觀必須具有開放性、兼容性、持久性等特點，把不同地區的不同文化加以融合，以適應本地化管理的需求。建立共同價值觀，可以提高員工的凝聚力、向心力，人們為著共同的目標而奮鬥時，往往忽視導致衝突的因素。

（2）對跨文化的地域、民族與公司文化的認識與瞭解

企業可以利用研討會、課程、跨文化管理顧問、書籍、網站、討論和模擬演練等方式指導管理人員和員工跨越不熟悉的文化領域。跨文化培訓的主要內容有對文化的認識、語言學習、跨文化溝通及衝突處理、地區環境模擬等。這樣可以縮小可能遇到的文化距離，使之迅速適應環境。通過培訓，可以進一步瞭解其他文化的具體細節，因為對細節的處理能體現一個跨文化管理者的專業素養。

（3）跨文化溝通與衝突處理能力的培訓

首先，要訓練管理人員和員工分析當地的文化特徵。管理人員要弄清楚當地文化是如何決定當地人的行為的，掌握當地文化的精髓。較為完善的文化敏感性培訓能使員工更好地應付不同文化的衝擊，減輕他們在不同文化環境中的苦惱、不適應或挫敗感，促進不同文化背景的人之間的溝通和理解，避免他們對當地文化形成偏見。

（4）進行文化適應性的訓練

領導者應該學會用中性詞來描述與文化相關的事物，盡力避免或消除文化偏見。還可以讓管理者或者員工通過各種方式與不同文化背景的人相處，讓他們親身體驗不同文化的衝擊，增加他們的跨文化溝通、協作或者管理能力。

通過引導不同文化背景的員工建立工作和生活關係，促使他們能更快地彼此相互適應。在跨文化培訓方面，許多公司都採取了很多措施。日本富士公司為了開拓國際市場，早在1975年就在美國檀香山設立培訓中心，開設跨文化溝通課程，為期四個月。韓國三星公司每年都會派出有潛力的年輕經理到其他國家學習，學習計劃由學員自己安排。但是公司會提出一些要求，如學員不能坐飛機、不能住高級賓館，

## 第十四章　跨文化管理

除了提高語言能力外,還要深入瞭解所在國家的文化和風土人情等。通過這樣的方法,三星公司培養了大批諳熟其他國家市場和文化的國際人才。通用電氣公司在內部設立企業學院——Croton Ville 管理學院,通用電氣前行政總裁傑克・韋爾奇每月都要花兩天時間親自到 Croton Ville 給他的經理們講課,十幾年風雨無阻,從而 Croton Ville 成為通用電氣全球發展的「引擎」。

在經濟全球化浪潮中,企業的跨文化管理是擺在企業面前的一道必須解決的難題。全球化經營使企業必須面對諸多差異化的環境,文化的差異常常演變為文化衝突,導致管理的失敗。有效地進行跨文化管理,可以消弭文化衝突,將文化差異轉變為跨文化優勢。企業應該根據自己的情況選擇階段化的跨文化管理戰略和跨文化管理方法。跨文化管理要從價值體系入手,落實到日常管理流程等各項具體的管理工作中。利用企業文化的信息網路可以較好地同化、規範與融合各方文化。企業的跨文化培訓對跨文化管理具有重要作用。企業通過信息網路確立企業的核心價值觀,並通過人力資源的各項管理措施落實其價值體系,使企業的主流文化成為企業的行為規範。這樣,企業就能在物質層面、行為層面和精神層面得到較好的結合,形成良好的企業形象,達到企業的預期目標。

### 思考題

1. 廣州標致跨文化管理失敗的主要原因是什麼?如果當初你是廣州標致的 CEO,你可以為這個企業的跨文化管理提供怎樣的決策?
2. 華立集團收購飛利浦在美國 CDMA 研發中心的案例中,汪力成與海外員工的感覺有什麼不同?這種感覺值得重視嗎?怎樣消除這種感覺差異?
3. 你對跨文化管理的戰略與方法有何建議與意見?有具體的措施嗎?

# 附　錄

## 附錄1：DISC行為模式調查問卷[①]：

姓名：　　　性別：　　　職務：　　　年齡：　　　學歷：　　　DISC傾向類型：

| 自我評價：步調 | 自我評價：優先順序 |
|---|---|
| 下面有一些句子，用來幫助你判斷自己的步調。 | 以下句子可以用來判斷你的優先順序。 |
| 在下面的每一組句子中，圈選出最符合自己的句子： | 在每一組中圈選你認為最能貼切地描述你的句子： |
| 1. 我做決定通常很迅速。或者…… | 1. 我對待生活的態度嚴肅。或者…… |
| 2. 我喜歡從容地做決定。 | 2. 我傾向於輕鬆的生活。 |
| 3. 我說話快速，感情豐富。或者…… | 3. 我傾向於保留自己的態度。或者…… |
| 4. 我說話慢條斯理，並且較少使用煽動性的言語。 | 4. 我樂於與別人分享自己的感受。 |
| 5. 我閒不住。或者…… | 5. 我喜歡與人交流事實與數據。或者…… |
| 6. 我願意享受安靜、閒暇的時光。 | 6. 我喜歡訴說與聆聽有關人物的故事。 |
| 7. 我喜歡活躍的生活方式。或者…… | 7. 我傾向於根據事實、客觀情況及證據做決定。或者…… |
| 8. 我的生活方式很低調。 | 8. 我傾向於根據感覺、經驗或人際關係做決定。 |
| 9. 同時身兼數職能讓我精神煥發。或者…… | 9. 我對閒聊沒有興趣。或者…… |

---

[①] 查爾斯·博伊德，等. 按天性培養孩子 [M]. 劉萍，譯. 南昌：江西人民出版社，2007.

## 附　錄

表(續)

| 自我評價：步調 | 自我評價：優先順序 |
|---|---|
| 10. 我喜歡一次只做一件事。 | 10. 我對閒聊比較感興趣。 |
| 11. 我容易對慢步調的人失去耐性。或者…… | 11. 我對交往的對象比較挑剔。或者…… |
| 12. 我不喜歡倉促行事。 | 12. 我願意發展新的人際關係，並深入瞭解他人。 |
| 13. 我樂意告訴別人自己的想法與感受。或者…… | 13. 大家可能會認為我不容易接近。或者…… |
| 14. 我樂意保留自己的想法與感受。 | 14. 大家可能會認為我易於接近。 |
| 15. 我不介意碰運氣，願意嘗試新鮮事物。或者…… | 15. 我喜歡獨立工作。或者…… |
| 16. 我不喜歡碰運氣，喜歡用熟悉的方法做事。 | 16. 我比較喜歡與別人合作。 |
| 17. 在社交場合中，我會主動向別人介紹自己。或者…… | 17. 我樂意討論時事與手中正在進行的工作。或者…… |
| 18. 在社交場合中，我常會等別人來介紹我。 | 18. 我喜歡談論人物、故事與奇聞軼事。 |
| 19. 我沒有足夠的耐心去傾聽別人說話。或者…… | 19. 我自認為是一個比較拘謹的人。或者…… |
| 20. 別人說話時，我會很仔細地去聽。 | 20. 我自認為是一個比較輕鬆自在的人。 |
| 21. 我喜歡領導他人。或者…… | 21. 別人認為我愛思考。或者…… |
| 22. 我願意遵從指示，盡力配合。 | 22. 別人認為我重感覺。 |
| 23. 我的反應迅速及時。或者…… | 23. 完成一件事時，是我感覺最棒的時候。或者…… |
| 24. 我的反應傾向於三思而行。 | 24. 當別人接納我時，我感覺最好。 |
| 分別計算單雙數的總數，填入空格內： | 分別計算單雙數的總數，填入空格內： |
| 單數句總數：＿＿＿＿<br>雙數句總數：＿＿＿＿ | 單數句總數：＿＿＿＿<br>雙數句總數：＿＿＿＿ |

# 企業文化塑造的理論與方法

## 附錄2：企業文化調查訪談提綱

由企業文化專門機構對影響企業文化建設的重要因素進行調查，對這些因素調研分析可以在企業文化建設中把特色突出出來。

### 一、企業的現狀調查

1. 企業目前的優勢體現在那些方面？
2. 企業的劣勢有哪些？
3. 本行業有什麼特色？有怎樣的優勢？
4. 企業所在地有怎樣的地域特色或者民族特色？這些地域或者民族的文化特徵對塑造企業文化會起到怎樣的作用？
5. 本企業值得保留的理念或者文化傳統有哪些？必須更新的企業理念有哪些？
6. 企業面臨哪些機遇與挑戰？
7. 目前有哪些方面最迫切需要提高和改善？
8. 目前支配企業的主要有哪些理念和觀點？
9. 企業不同業務單元文化的一致性和差異性有哪些？
10. 如果要進行文化改進或者變革，突破口和突破阻力在哪裡？
11. 必須去掉的文化陋習有哪些？
12. 現行的文化與企業家或者其他典型人物的聯繫在哪裡？
13. 現行的文化與創業時期的聯繫在哪裡？
14. 企業文化與日常經營活動有怎樣的關聯？正相關還是負相關？
15. 企業文化與管理制度有怎樣的聯繫？
16. 員工參與企業文化建設的熱情和創造性如何？
17. 企業是否有專門的企業文化建設規劃？

### 二、期望企業達到的狀況

1. 您期望的企業文化是什麼？優勢在哪裡？
2. 您認為企業文化改進或者變革的方向應該在哪裡？
3. 根據本企業的情況，您認為應具備怎樣的核心價值觀？
4. 在新形勢下，企業應該有怎樣的經營理念？
5. 您期望企業內形成怎樣的文化氛圍？這樣的氛圍對企業的發展有怎樣的作用？
6. 您希望企業內形成一種怎樣的精神？這樣的精神對企業的發展會產生怎樣的影響？
7. 現狀文化與期望文化有怎樣的差距？怎樣才能縮小這些差距？
8. 您認為本公司文化變革的風險以及應對措施可能有哪些？

## 三、對企業文化塑造的建設因素調查

(一) 思想內涵層面的調查

1. 本企業有怎樣的願景和使命？
2. 有使員工願意與企業共進退的目標嗎？
3. 本企業有核心價值觀嗎？企業的經營理念是什麼？
4. 企業有自己的歌曲嗎，這首歌的歌詞能否振奮員工的精神？還有什麼歌曲能給你力量呢？
5. 企業有自己的旗幟嗎？有升旗儀式嗎？如果有，在這個儀式上，你有怎樣的感受？
6. 在企業的發展歷程中，您認為最重要的三件事是什麼？
7. 最令您難忘的一件事是什麼？
8. 您最受感動的一件事是什麼？
9. 您認為對企業貢獻最大的三個人是誰？
10. 他們最寶貴的精神是什麼？
11. 他們對您最大的啓發是什麼？
12. 您認為公司發展必須具備什麼樣的精神（理念）？
13. 公司有什麼樣使命/目標能使您覺得您的工作重要？
14. 本企業有凝聚力嗎？舉例說明。

(二) 信息網路的調查

1. 企業領導經常把他們的價值觀、實現目標的思路與員工分享嗎？
2. 企業存在哪些組織？正式組織有哪些？非正式組織有哪些？
3. 企業傳播信息的渠道有哪些？你通常是通過正式渠道（會議、文件、公司刊物、牆報、公司網路、上級傳達）還是非正式渠道（各種小道消息、其他部門領導說起、領導下基層時聽說）瞭解公司動向？
4. 您瞭解公司的目標嗎？您是從文件、廣播、口頭傳說、宣傳欄還是其他地方瞭解公司的目標的？
5. 舉例說明企業內一件重要事情的發生以及發展過程您是通過什麼渠道瞭解的。
6. 企業有自己的網站嗎？網站中的企業文化欄目平均多久更新一次？是一週、一個月還是半年及以上？
7. 哪些人員接受過企業文化培訓？培訓的效果如何？
8. 企業是否存在能凸現文化的儀式和典禮？（如廠慶、旅遊、文化論壇、展覽活動、傳統文體活動等）
9. 公司的管理具有透明度嗎？公司的信息系統能夠讓員工共享公司的經營價值觀嗎？
10. 內部溝通管道暢通嗎？公司有關領導和員工之間的溝通經常採用什麼方式

## 企業文化塑造的理論與方法

交流呢？

11. 在公司內部，您有向上司提出自己的意見和建議的機會嗎？
12. 您的上司在工作中願意徵詢您的意見和建議嗎？
13. 您經常向公司的意見箱或BBS等員工意見表達系統上投送意見和建議嗎？
14. 您有做好您的工作所需要的材料、設備及相關資源嗎？

（三）員工行為規範調查

1. 本企業的領導人在行為上有什麼獨特的風格特徵？這些特徵對企業各個層面的人士的行為是否形成了較大的影響力？
2. 本企業的領導風格和工作方法應該調整嗎？
3. 本企業有怎樣的經營管理特色？
4. 您認為企業的核心價值觀是否貫穿企業行為的各方面，並對各項工作產生強有力的支撐和推進？
5. 本企業有哪些重要的行為制度規範，這些制度規範在執行中有哪些問題？
6. 公司對您的工作要求清晰嗎？您知道多少？
7. 公司對員工出色的工作給予表揚嗎？一般以怎樣的形式進行？
8. 公司對違反制度的員工給予懲罰嗎？一般以怎樣的形式進行？
9. 管理者尊重員工的個性嗎？他們通過什麼途徑瞭解員工的個性特徵？
10. 管理者注意根據員工個性的不同進行差別化的管理嗎？員工有機會做自己擅長的事嗎？
11. 公司主管及同事是否關心員工的個人情況，鼓勵個人發展，讓員工在工作中有機會學習和成長？
12. 公司是否存在著這種情況：計較利潤的細微差異，而不是關注顧客、競爭對手與外部世界的變化？
13. 公司是否存在營造一種平等的氛圍，支持和保護員工講真話，提出合理化建議，每個員工的意見是否受到重視？
14. 公司主管及同事經常關心您在工作中遇到什麼問題，有什麼實際困難嗎？他們曾給予您什麼樣的幫助和支持呢？
15. 您認為怎樣才能使您感到在工作中很快樂，又能讓公司得到很好的發展？
16. 你認為公司存在哪些不合理制度？這些制度對優秀員工的積極性有哪些挫傷呢？
17. 公司員工能夠有權參與公司的文化建設、目標、決策、制度、管理系統的制定嗎？員工能夠自主管理嗎？
18. 企業的人力資源管理對企業文化建設有怎樣的作用？是支持，是無關，還是阻礙呢？
19. 公司是否存在富有創新精神和能力的員工因厭惡日益滋長的官僚主義和等級制度而辭職嗎？

20. 上級布置的任務是否能按時完成？
21. 您是否經常與同事交流和工作相關的內容？
22. 如果同事工作中有差錯，你是否指出？
23. 如果同事有困難，您願意幫助嗎？
24. 當同事在工作中遇到困難，他（她）是否請求您幫助？
25. 同事工作狀況一般是：積極主動、等待安排任務、任務不能按時完成？
26. 對經常沒按時完成任務的員工，管理者是否會對其進行處罰？以什麼形式？
27. 對提前完成任務的員工，管理者是否會對其進行表揚或獎勵？以什麼形式？
28. 處罰或獎勵是否按規章制度執行？

(四) 企業環境與形象文化調查
1. 企業的環境體現了文化內涵嗎？舉例說明。
2. 廠房的形狀是否與其他公司不同？公司大樓前是否有標誌性建築？
3. 企業有廠規、廠訓、廠徽、廠歌等企業文化標誌物嗎？
4. 產品是否有特殊標記（品牌）？您是否滿意產品的外形？
5. 企業做過知名度、美譽度調查嗎？與同行業企業相比，差距大嗎？
5. 現在企業面臨的環境有怎樣的特點？在此環境中企業的定位是什麼？
6. 競爭者或者競爭形勢對企業文化存在怎樣的影響？
7. 關鍵顧客或供貨商是否對企業文化存在影響？
8. 流行的思潮是否對企業文化存在影響？
9. 企業的戰略模式是否對企業文化存在影響？
10. 企業的營運模式是否對企業文化存在影響？
11. 企業有完整的 CIS 設計嗎？CIS 應用的效果如何？
12. 公司管理人員能有效平衡好員工的利益（發展）和公司的利益（發展）嗎？
13. 公司關注員工培養嗎？其主要在哪些方面？是技能培養、精神激勵性學習、職業規劃性學習還是企業文化培訓呢？
14. 公司是否注意在企業內部形成學習的環境氛圍？
15. 公司關注員工滿意和社會責任方面的成果嗎？
16. 廠區內公共通道是否能見到垃圾？工區內物品是否擺放整齊？環境是否整潔？
16. 當您提出反對意見時，管理者會不會耐心地傾聽？
17. 沒按時完成任務，管理者是否會聽原因？

# 企業文化塑造的理論與方法

## 附錄3：企業文化問卷調查樣表

問卷調查說明

尊敬的公司員工：

您好！為瞭解公司在企業文化建設中的相關問題，促進企業文化建設的正向發展，我們決定對本公司進行有關情況的調查，希望得到您的支持與協助。非常感謝您的積極參與！

填寫問卷注意事項：

1. 請單獨填寫，並客觀發表意見。
2. 請注意閱讀各題型的答題要求（單選、多選、排序或闡述）。
3. 為了能夠盡快完成本次調查，希望您在完成問卷填寫后立即交與發卷人。

說明：請在對應的選項上打「√」，如無特別說明，只選一項。

1. 您認為本企業文化應該繼承歷史文化中的哪些內容？（選出最重要的3項）

   A. 創新　　　　　B. 求實　　　　　C. 拼爭　　　　　D. 奉獻
   E. 勤儉節約　　　F. 自力更生　　　G. 其他＿＿＿＿＿＿＿＿

2. 您認為中國傳統文化對本企業文化的主要影響是（選出最重要的3項）：

   A. 仁愛互助，同心同德

   B. 做事講究道義，對自然、社會和他人負責

   C. 以誠待人，互相尊重　　　　D. 遵守承諾，取信於人

   E. 忠心為國，自強不息　　　　F. 唯上，盲目服從

   G. 唯書，因循守舊　　　　　　H. 唯官，等級森嚴

   I. 知足常樂，隨遇而安　　　　J. 做事穩健

   K. 事不關己，高高掛起　　　　L. 勤儉節約

3. 您認為改革開放，中國入世和市場經濟對本企業文化的主要影響是（選出最重要的3項）：

   A. 開放意識　　　B. 市場觀念　　　C. 精品意識　　　D. 服務觀念
   E. 危機感　　　　F. 人才觀念　　　G. 學習意識　　　H. 成本觀念
   I. 質量觀念　　　J. 競爭意識　　　K. 節約意識

4. 你認為本企業現有的企業文化對企業發展有多大的促進作用？

   A. 有很大作用　　B. 有一定作用　　C. 沒有　　　　　D. 說不清

5. 您認為本企業的科級以上領導與下級溝通主要採取何種方式？

   A. 開展座談會，與員工面對面的交談，傾聽員工心聲

   B. 直接到生產第一線慰問員工，瞭解員工想法

   C. 以問卷調查的形式，直接瞭解情況

   D. 舉辦豐富多彩的「領導—職工」聯誼活動

## 附　錄

6. 您認為在本企業內部，上下級之間會經常交換意見嗎？
   A. 常常充分溝通　　　　　　　　B. 溝通，但不充分
   C. 偶爾溝通　　　　　　　　　　D. 說不清

7. 您認為本企業的領導在工作中常表現為哪種角色？
   A. 教練　　　　B. 家長　　　　C. 工作分配者　　　　D. 監工
   E. 絆腳石

8. 您認為在本企業內部，各級領導傾向於採用正激勵（如表揚，獎勵），還是負激勵（如批評，扣獎）？
   A. 傾向於正激勵　　　　　　　　B. 傾向於負激勵
   C. 兩者都經常採用

9. 您認為您的收入與您的工作業績關聯如何？
   A. 很大　　　　　　　　　　　　B. 有關聯，但不是主要因素
   C. 無關

10. 您認為在本企業內部，有了制度卻沒有嚴格執行的現象常見嗎？
    A. 常見　　　　B. 偶爾發生　　　　C. 從沒有

11. 您認為本企業員工的工作態度如何？
    A. 積極主動　　　B. 一般　　　C. 非常被動　　　D. 時好時壞

12. 您認為本企業員工的學習意識強嗎？
    A. 善於學習，並付諸實踐　　　　B. 愛學習，但不能學以致用
    C. 從不注意學習

13. 您認為本企業員工的創新意識強嗎？
    A. 很強　　　　B. 一般　　　　C. 沒有

14. 您認為本企業目前的主要競爭優勢在於（選出最重要的3項）：
    A. 由規模化生產或節約而引起的低成本
    B. 企業文化
    C. 管理
    D. 一線員工的操作能力（包括生產和銷售）
    E. 品牌效應
    F. 顧客導向的市場意識及預見力，管理層的領導力與領導風格

15. 您知道本企業的核心價值觀、本企業精神和員工典範嗎？
    A. 全部知道　　　　　　　　　　B. 知道，但不全
    C. 不太清楚　　　　　　　　　　D. 完全不知道

16. 您認為本企業的使命應該包括哪些內容？（選出最重要的3項）
    A. 打造民族工業的脊梁　　　　　B. 為員工提供發展空間
    C. 為股東、為客戶創造價值　　　D. 為地區發展做出貢獻
    E. 促進社會進步

# 企業文化塑造的理論與方法

　　F. 節約資源，實現人類可持續發展，促進人與自然和諧統一
　　G. 其他＿＿＿＿＿＿＿＿＿＿

17. 您認為未來本企業的價值觀念應該是強調哪些內容？（選出最重要的3項）
　　A. 優勝劣汰　　　　　　　　　　B. 質量是企業的生命
　　C. 服務社會及顧客　　　　　　　D. 以人為本
　　E. 居安思危　　　　　　　　　　F. 嚴格控制成本
　　G. 誠信經營　　　　　　　　　　H. 國際化發展
　　I. 其他＿＿＿＿＿＿＿＿＿＿＿＿

18. 您現屬於什麼崗位？（僅用於統計目的）
　　A. 一般員工　　　　　　　　　　B. 一般管理人員和技術人員
　　C. 部長及副部長管理人員　　　　D. 副總經理及以上管理人員

19. 您的年齡是多大？（僅用於統計目的）
　　A. 18～25歲　　B. 26～30歲　　C. 31～35歲　　D. 36～40歲
　　E. 41～45歲　　F. 45～50歲　　G. 51歲以上

## 附錄4：以人為本企業文化的相關案例

### 案例一：突如其來的集體辭職事件

　　背景：H公司為服務性企業，地處寸土寸金的商業要地，隸屬於著名的企業集團，當時正處於籌備開業階段，除高管層和少數員工已到崗外，公司正處於大規模招聘員工狀態。

　　衝突雙方當事人：Y小姐，銷售總監，外籍，28歲，此前無內地工作經歷，最高職務為高級銷售經理。A、B、C、D四名銷售部員工均為女性，其中A和B為剛畢業的大學生，職務為管理實習生，C和D為有經驗的銷售經理，年齡與Y小姐相當。

　　調解人：孫小姐，職務為人力資源主任，級別比Y小姐低兩級。由於公司當時沒有合適人選，人力資源總監的職位空缺，即人力資源部沒有和Y小姐級別相當的管理人員。

　　X先生，市場和銷售總監，外籍，Y小姐的頂頭上司，有多年國內工作經驗。

　　起因：這起集體辭職事件是由A的辭職念頭引起的，理由是她無法忍受Y小姐的工作方式和對待下屬的方式。由於B、C、D也對Y小姐強烈不滿，於是，一同向人力資源主任孫小姐提出辭職申請。

　　處理過程：當孫小姐明白她們的來意后，將她們帶到了一個空著的接待室，並請她們詳細說明辭職的原因。她們說：已經忍耐Y小姐很久了，Y很武斷，要求她們必須按照她的方式工作，即使她錯了，也不聽她們的意見建議；Y也很刻薄，說

## 附 錄

話時從不給人留有餘地和面子,但又常常裝得很關心人,與人關係很親近;Y喜歡探聽她們的私人生活;Y還經常讓她們在不必要的情況下加班,她們將其歸因於Y獨自一人在國內工作,無法打發下班后的時間,又忌妒她們和男朋友約會。

在瞭解了她們的不滿之後,孫小姐向她們詢問除了對Y不滿外,對公司及她們的工作本身是否滿意,除了A表示她一進辦公室心情就很壓抑外,其他人都表示沒有其他不滿,並對工作感到滿意,對公司的前景也充滿信心。

孫小姐對她們辭職的原因瞭解後,並問她們X先生知不知道此事。她們表示,X先生人很好,如果他是她們的上司就好了,可是中間隔了Y,而Y又在X先生面前表現得很好,所以X先生並未過問過她們的事,她們也從未跟X先生談過她們對Y的不滿。

孫小姐建議她們先收回辭職的決定,並告訴她們她會馬上和X先生談論此事,還向她們保證她本人、X先生以及公司管理層都不願意看到她們集體辭職,一定會採取措施解決她們和Y之間的問題,但需要時間,請她們理解並建議她們等一段時間,比如說一個月,如果問題仍未得到解決,她們再辭職也不晚。最終,她們接受了孫小姐的建議。

孫小姐約了X先生,向他說明他所管轄的部門可能出現的集體辭職事件,與他交流了對Y的評價以及對此事件的看法,並建議他出面解決此事。X先生很感激孫小姐所做的工作,並保證會盡力留住他的員工。

結果:X先生採取了一系列措施,包括分別與衝突雙方談話,暫時收回Y小姐的大部分管理權,加強對Y的指導,加強對銷售部門的管理和監督等。其間,孫小姐也多次跟蹤瞭解事情的進展及她們的感受。最后,除了A因始終無法擺脫心理上的陰影而在一個多月後辭職外,其他三人均很滿意事情的處理結果,並愉快地留在公司繼續工作。

本案例來源:王天文.對一起集體辭職事件的處理分析——人際技能在團隊管理中的作用 [J]. 中國人力資源開發, 2004 (12).

問題:

1. 該集體辭職事件有何原因?
2. Y小姐有怎樣的行為模式?
3. A、B、C、D四位有怎樣的行為模式?
4. X先生的處理正確嗎?他的工作方式有何問題?
5. 如果孫小姐不做有關工作,會出現怎樣的文化現象?

**案例二:一封讓老板看后一夜沒睡的辭職信!**

來到這個新環境,開始感覺還不錯,真是想好好干下去。事實上也是如此,我很久沒在一個公司干過這麼長時間。我原來有很多項目,本想拉到公司來做。但是公司很多事情和你的行為讓我感到失望。我以為,跟隨一個英明果斷、有人格魅力

283

## 企業文化塑造的理論與方法

的領導打工,我才有發展和前(錢)途。

在私企干了這麼久,我非常瞭解老板之辛苦,老板也很難,所以我有利益上的不滿很少說。當我無法忍受的時候,就辭職。但我覺得有些事情不得不說給你聽(我不說沒有人會說給你聽,這也是我要辭職的一個原因):

(1)作為老總,有些瑣碎之事,你不該過問。老總就應該做一些比較大、有水平的事情,整天盯著下邊的員工畢竟讓人不舒服。例如,哪臺計算機給誰使用、怎麼又遲到早退啦、關於報銷之類的事,等等。小事雖小,卻使老總形象毀於一旦。

我從沒有見過老總親力親為計算每個員工的年薪,並親自發到每個員工的手中。這也太平易近人了吧?

(2)糾偏過正。辦公開支是應該節省,網是不能無限制地上,車是不能隨便地打,話費是不能隨便地報,出差費用是不能太高……但是不要太過,否則員工會怨聲載道的。

(3)要講公平。遲到扣錢,那麼加班呢?工作要講效率,而不能光看工作時間,能不能完成工作要看自覺性,何必非要上下班打卡呢?準時上班我卻打瞌睡,有個屁用!比如你自己,遲到多少回了,能說你上班沒努力嗎?

你給我上保險,我很高興,但這件事情你干得沒水平。為什麼每個人的待遇不一樣?有的人上,有的人卻沒有(也許我是不知好歹)?這對別人是不公平的,你怎麼能夠留住人心呢?這種小把戲完全是個人行為,而不是公司行為。

(4)說話要算數。我來的時候,阿毛明確說過:今年年薪按照一年算。但阿毛走了,也無據可尋,你記得不記得,我就更不知道了。我來公司已經賣了力氣,交給我的工作我都完成了,而且×××的項目我已給公司賺回了我的年薪,而且今年會有更多的項目(但你也許認為很小)。公司網路和布線方面沒什麼利潤,和我沒有任何關係。居然年終沒有雙薪和獎勵,而且扣錢,這使我決定走人。

(5)用個人行為來管理公司,認為公司是我的,管理公司可以說是隨心所欲,公司管理得一塌糊塗,全憑一個人說了算,狹隘的私有財產心理在作怪,典型的小農經濟思維方式。

(6)我比較喜歡自由的工作,沒有束縛,喜歡有施展自己能力的空間,公司不適合我。

我與某些人的工作方法和思考問題的方式(用戶太至上,公司尊嚴何在?)基本無法溝通,我不想再去西北地區做項目,因此我在公司無用武之地。

九個月來,我像個打雜的,一會兒去蘭州十幾天(本來也就需要一兩天),一會兒去東單電話局做本來無法完成的調試(不可完成的任務),或對用戶說一些不著邊際的謊話,做了很多沒有意義和受累不討好的工作,也沒學著什麼東西(倒是敲了幾萬字的方案)。浪費了不少時間,卻沒有完成工作的滿足感和成就感。

我所做的工作與我來公司預期想像的完全不一樣。我想你至今也不知道我擅長的是什麼,我喜歡什麼工作、厭惡什麼工作。

# 附　錄

（7）公司像個小作坊，當一天和尚撞一天鐘，沒有安全感，大家在一起有混的感覺。無論公司以前怎麼輝煌，至少現在公司缺少大氣，而且我們拿項目靠的不是技術實力。換句話說，公司舍得在搞關係上揮金如土，而在技術上卻一毛不拔，一年了，沒有任何技術資金投入。這也許就是作技術的與商人的區別。

（8）公司問題太多，不寫了，你也不一定愛看。

總之，這次，我之所以在公司做了不足一年便提出辭職，是因為公司給我的發展空間有限，而且自己表現出的能力，老板不懂得欣賞。我多年跳槽的準則是：既然老板不給自己發展機會，自己也不會給老板機會，辭職走人。

10萬年薪，你也許能夠找到比我好的職員，但你千萬不要以為僅僅靠這10萬年薪就可以留住一個技術人員的心。本來現在就是一個雙向選擇、互炒魷魚的時代，少了誰公司都照樣運轉。我對公司實心實意，公司也要對得起我。

（本文來源：世界經理人互動社區．www．ceconlinebbs．com．）

# 參考文獻

[1] （美）特雷斯·E. 迪爾，阿倫·A. 肯尼迪. 企業文化——現代企業的精神支柱 [M]. 唐鐵軍，等，譯. 上海：上海科學技術文獻出版社，1989.

[2] （美）托馬斯·小彼得斯，小羅伯特·H. 沃特曼. 成功之路 [M]. 余凱成，等，譯. 北京：中國對外翻譯出版公司，1985.

[3] （美）理查德·帕斯可爾，安東尼·阿索斯. 日本的管理藝術 [M]. 張宏，譯. 北京：中國科技翻譯出版社，1984.

[4] （美）威廉·大內. Z 理論 [M]. 孫輝君，等，譯. 北京：中國社會科學出版社，1984.

[5] （美）愛德加·H. 沙因. 企業文化與領導 [M]. 朱明偉，羅麗萍，譯. 北京：中國友誼出版公司，1989.

[6] （瑞士）蘇珊·C. 施奈德，（法）簡·路易斯·巴爾索克斯. 跨文化管理 [M]. 石永恆，譯. 北京：經濟管理出版社，2002.

[7] （美）釋迦里. 管理箴言 [M]. 江森，譯. 南昌：江西人民出版社，2002.

[8] （美）約翰·科特，詹姆斯·郝斯克特. 企業文化與經營業績 [M]. 曾中，等，譯. 北京：華夏出版社，1997.

[9] （美）湯姆·彼德斯. 管理的革命 [M]. 韓金鵬，譯. 北京：光明日報出版社，1998.

[10] （美）詹姆斯·錢匹. 企業 X 再造 [M]. 閆正茂，譯. 北京：中信出版社，2002.

[11] （日）澀澤榮一. 《論語與算盤》[M]. 寧文，等，譯. 北京：九州出版社，1994.

[12] （日）河野豐弘. 改造企業文化 [M]. 彭德中，譯. 北京：遠流出版公司，1990.

[13] （美）賴瑞·巴克. 聖經管理解碼 [M]. 黃莉莉，等，譯. 北京：團結出版社，2002.

[14] （美）彼得聖吉. 第五項修煉 [M]. 王秋海，等，譯. 上海：上海三聯書

# 參考文獻

店,1999.

[15]（日）水谷內徹.日本企業的經營理念[M].東京：日本同文館,1992.

[16]（美）鮑伯·班福德.人生下半場[M].楊曼如,譯.南昌：江西人民出版社,2004.

[17]（美）羅伯特·克里斯托弗.日本心魂[M].賈輝豐,譯.北京：中國對外翻譯出版公司,1987.

[18]（美）彼得·德魯克.管理的前沿[M].許斌,譯.北京：企業管理出版社,1988.

[19]（美）克勞德·小喬治.管理思想史[M].孫耀君,譯.北京：商務印書館,1985.

[20]（美）比爾·蓋茨.未來時速[M].姜明,等,譯.北京：北京大學出版社,1999.

[21]（日）松下幸之助.經營管理全集[M].北京：春風文藝出版社,1993.

[22]（美）愛德華·斯圖爾特,密爾頓·貝內特.美國文化模式[M].衛景宜,譯.北京：百花文藝出版社,2000.

[23]（美）查爾斯·博伊德,等.按天性培養孩子[M].劉萍,譯.南昌：江西人民出版社,2007.

[24]劉光明.企業文化[M].4版.北京：經濟管理出版社,2004.

[25]黎永泰,黎偉.企業管理的文化階梯[M].成都：四川人民出版社,2003.

[26]劉光明.中外企業文化案例[M].北京：經濟管理出版社,2000.

[27]申望.企業文化實務與成功案例[M].北京：民主與建設出版社,2003.

[28]何志毅.民營企業案例[M].北京：北京大學出版社,2003.

[29]姜岩,等.企業文化建設與高效管理[M].廣州：廣州經濟出版社,2002.

[30]陳德述.道之以德——儒學德治與現代管理的道德性[M].成都：西南財經大學出版社,1998.

[31]閻鋼.內聖外王——儒學人生哲理[M].成都：四川人民出版社,1995.

[32]羅珉.現代管理學[M].成都：西南財經大學出版社,2004.

[33]蔣永穆.安人惠民——儒學事功與現代管理績效[M].成都：西南財經大學出版社,1998.

[34]鐘楊.仁者無敵——儒學修身與現代管理者素質[M].成都：西南財經大學出版社,1998.

[35]張立偉.心有靈犀——儒學傳播與現代溝通[M].成都：西南財經大學出版社,1998.

[36]錢津.企業文化沙龍：第3輯[M].北京：中國經濟出版社,2003.

［37］陳軍，張亭楠.現代企業文化［M］.北京：企業管理出版社，2002.

［38］陳春花.企業文化塑造［M］.廣州：廣東經濟出版社，2001.

［39］羅長海.企業文化學［M］.北京：中國人民大學出版社，1999.

［40］王子雄.中國民營企業失敗原因分析［M］.北京：中國工人出版社，2004.

［41］潘承烈，虞祖堯.中國古代管理思想之今用［M］.北京：中國人民大學出版社，2001.

［42］宮達非，等.儒商讀本：內聖卷、外王卷、人物卷［M］.昆明：雲南人民出版社，1999.

［43］江淮.世界500強啟示錄［M］.北京：知識出版社，1998.

［44］胡志剛，包曉聞.中國頂級企業經典管理模式［M］.北京：中央編譯出版社，2003.

［45］許澈.效率管理——現代管理理論的統一［M］.北京：經濟管理出版社，2004.

［46］管益忻.企業管理概論［M］.北京：人民出版社，1990.

［47］賈春峰.文化力［M］.北京：華夏出版社，1987.

［48］諶新民.新人力資源管理［M］.北京：中央編譯出版社，2002.

［49］薛永新.大道無為［M］.成都：四川人民出版社，1996.

［50］張仁德，霍洪喜.企業文化概論［M］.天津：南開大學出版社，2001.

［51］吳野，張家釗.道與人生——薛永新和恩威公司企業文化精神［M］.成都：巴蜀書社，1994.

［52］陳軍，張亭楠.現代企業文化——21世紀中國企業家的思考［M］.北京：企業管理出版社，2002.

［53］範勇.中國商脈［M］.成都：西南財經大學出版社，1996.

［54］文英編.一流企業的管理［M］.廣州：廣東旅遊出版社，1997.

［55］熊超群，周良文.創新人力資源管理與實踐［M］.廣州：廣東經濟出版社，2003.

［56］羅長海，林堅.企業文化要義［M］.北京：清華大學出版社，2003.

［57］賈強.文化制勝：如何建設企業文化［M］.瀋陽：瀋陽出版社，2002.

［58］韓衛宏.企業文化職業素養［M］.北京：機械工業出版社，2010.

［59］葛道凱，陳解放，蘇萬益.現代企業文化與職業道德［M］.北京：高等教育出版社，2008.

［60］潘新.企業文化與就業技能訓練［M］.合肥：安徽科學技術出版社，2008.

［61］黎群，李衛東.中央企業企業文化建設報告［M］.北京：工業經濟出版社，2010.

［62］王成榮．企業文化學教程［M］．2版．北京：中國人民大學出版社，2009．

［63］雷振德，王遊霽．班組管理與企業文化［M］．北京：科學出版社，2010．

［64］陳麗琳．企業文化的新視野［M］．成都：四川大學出版社，2005．

［65］中國人力資源開發網．www.zhao100.com．

［66］中國企業文化網．www.ce-c.com．

［67］企業文化網．www.7158.com.cn．

［68］世界企業文化網．www.wccep.com．

# 后 記

　　經過10余年對企業文化學科的教學與探討，在對幾十家國有與民營企業進行有關調查以后，我對企業文化有了更深的認識，並收集了大量材料進行比較研究。

　　在本書的寫作過程中，我在觀點和材料上參考了很多企業管理與企業文化的書籍和有關網站上的可貴材料，都盡可能在引用後加以註釋，但是，由於有些材料收集時間跨度較大，或者記錄時不是很詳細，可能還有一些材料未能給出引用註釋，我在此對有關專家、學者表示深深的謝意和歉意。

　　由於筆者的水平有限以及時間倉促等原因，錯漏一定不少，盼望有關專家、學者提出寶貴意見。

陳麗琳

國家圖書館出版品預行編目(CIP)資料

企業文化塑造的理論與方法 / 陳麗琳 編著. -- 第二版.
-- 臺北市：崧燁文化，2018.08

　面；　公分

ISBN 978-957-681-515-7(平裝)

1.組織文化 2.組織管理

494.2　　　　107013521

書　　名：企業文化塑造的理論與方法
作　　者：陳麗琳 編著
發行人：黃振庭
出版者：崧燁文化事業有限公司
發行者：崧燁文化事業有限公司
E-mail：sonbookservice@gmail.com
粉絲頁　　　　　網　址：
地　　址：台北市中正區重慶南路一段六十一號八樓 815 室
8F.-815, No.61, Sec. 1, Chongqing S. Rd., Zhongzheng Dist., Taipei City 100, Taiwan (R.O.C.)
電　　話：(02)2370-3310　傳　真：(02) 2370-3210
總經銷：紅螞蟻圖書有限公司
地　　址：台北市內湖區舊宗路二段 121 巷 19 號
電　　話：02-2795-3656　　傳真：02-2795-4100　　網址：
印　　刷：京峯彩色印刷有限公司（京峰數位）

　　本書版權為西南財經大學出版社所有授權崧燁文化事業有限公司獨家發行電子書繁體字版。若有其他相關權利及授權需求請與本公司聯繫。

定價：500 元

發行日期：2018 年 8 月第二版

◎ 本書以POD印製發行